Uni-Taschenbücher 13

W0070338

Eine Arbeitsgemeinschaft der Verlage

Wilhelm Fink Verlag München
Gustav Fischer Verlag Stuttgart
Francke Verlag Tübingen
Harper & Row New York
Paul Haupt Verlag Bern und Stuttgart
Dr. Alfred Hüthig Verlag Heidelberg
Leske Verlag + Budrich GmbH Opladen
J. C. B. Mohr (Paul Siebeck) Tübingen
R. v. Decker & C. F. Müller Verlagsgesellschaft m. b. H. Heidelberg
Quelle & Meyer Heidelberg · Wiesbaden
Ernst Reinhardt Verlag München und Basel
K. G. Saur München · New York · London · Paris
F. K. Schattauer Verlag Stuttgart · New York
Ferdinand Schöningh Verlag Paderborn · München · Wien · Zürich
Eugen Ulmer Verlag Stuttgart
Vandenhoeck & Ruprecht in Göttingen und Zürich

Klaus Loeffler

Anatomie und Physiologie der Haustiere

7. Auflage
247 Abbildungen

Verlag Eugen Ulmer Stuttgart

Klaus Loeffler, geb. 1929 in Berlin. Studium der Tiermedizin in Hannover und München. 1954 Approbation und 1955 Promotion in Hannover. 1955—1956 Assistent an einer privaten Tierklinik in Hamburg. 1956—1959 Assistent am Anatomischen Institut und bis 1964 an der Klinik für kleine Haustiere der Tierärztlichen Hochschule Hannover. 1959 Staatstierärztliche Prüfung. 1963 Habilitation für das Fachgebiet allgemeine und experimentelle Therapie und Kleintierkrankheiten. Ab 1964 Wissenschaftlicher Rat an der LH Hohenheim, Umhabilitation für das Fachgebiet Anatomie der Haustiere. 1969 apl. Professor. Seit 1971 Inhaber des Lehrstuhls für Anatomie und Physiologie der Haustiere der Universität Hohenheim. Professor Loeffler ist zugleich Leiter der Tierklinik der Universität Hohenheim. Hauptarbeitsgebiet: Morphologische und physiologische Grundlagen der Mechanik und der Klinik des Skelettsystems.

CIP-Titelaufnahme der Deutschen Bibliothek

Loeffler, Klaus:
Anatomie und Physiologie der Haustiere/Klaus Loeffler.—
7. Aufl. — Stuttgart: Ulmer, 1987.
(UTB für Wissenschaft: Uni-Taschenbücher; 13)
ISBN 3-8001-2580-3

NE: UTB für Wissenschaft/Uni-Taschenbücher

© 1970, 1987 Eugen Ulmer GmbH & Co.
Wollgrasweg 41, 7000 Stuttgart 70 (Hohenheim)
Printed in Germany
Einbandgestaltung: A. Krugmann
Satz und Umbruch: Adam Götz, Stuttgart-Bad Cannstatt
Druck: K. Grammlich, Pliezhausen
Bindung: Reclam, Ditzingen

Vorwort

Meinem Lehrer
Prof. Dr. Richard Nickel
zum Gedenken

Dieses Buch soll in erster Linie den Studenten der Allgemeinen Agrarwissenschaften und der Agrarbiologie als Leitfaden für die Erarbeitung des Vorlesungsstoffes dienen.

Auf die Darstellung der Anatomie und Physiologie des Hausgeflügels wurde verzichtet, weil sonst der Rahmen dieses Grundrisses gesprengt worden wäre. Die morphologischen und physiologischen Verhältnisse weichen in so hohem Grad von denjenigen der Säugetiere ab, daß eine vergleichende Darstellung in den einzelnen Kapiteln umöglich ist. Sie bedürfen einer gesonderten Darstellung und Beurteilung. Hingegen wurden zahlreiche Einzeldaten in das Buch aufgenommen, obwohl viele über das für den Studenten notwendige Wissen hinausgehen. Damit sollte nicht zuletzt die Möglichkeit gegeben werden, das Buch auch als kurzgefaßtes Nachschlagwerk zu gebrauchen.

Den wissenschaftlichen Bezeichnungen wurden die Nomina anatomica veterinaria 1968 zugrunde gelegt. Bewußt wurde von diesen dort abgegangen, wo sich sehr umständliche Benennungen an Stelle der älteren Bezeichnungen ergaben bzw. dort, wo sich die Benennungen nicht mit der Überzeugung des Autors vereinbaren ließen. Für eingedeutschte Fachausdrücke wurde die deutsche Schreibweise benutzt.

Bei der Arbeit an diesem Buch fand ich vielfältige Hilfe und Unterstützung. Mein ganz besonderer Dank gilt Herrn HUBERT HEIDENREICH für die Ausführung der Zeichnungen. Dabei dienten zahlreiche bewährte Abbildungen als Grundlage, weil es uns nicht sinnvoll erschien, gute Darstellungen durch neue, aber nicht bessere zu ersetzen. Die Herkunft des Originals ist stets durch Zitat ersichtlich. Für ihre Hilfe bei der Ausarbeitung und Durchsicht des Manuskript danke ich meinen Kollegen Frl. Dr. M. HOMANN, Herrn Dr. D. MARX und Herrn Dr. W. VOLCKART. Sie gaben mir zahlreiche Ratschläge und opferten viele freie Stunden. Durch ihre Schreibarbeiten unterstützten mich Frl. R. MEYER und vor allem Frau R. STABEL. Auch ihnen bin ich großen Dank schuldig, ebenso wie Herrn ROLAND ULMER und den Mitarbeitern seines Verlages, die durch verständnisvolle Berücksichtigung meiner Wünsche zur Text- und Bildgestaltung die Herausgabe des Werkes in der vorliegenden Form ermöglichten.

Stuttgart-Hohenheim   Klaus Loeffler

Inhaltsverzeichnis

Abkürzungen und Lagebezeichnungen

Abkürzungen (im Plural wird der letzte Buchstabe verdoppelt)

A.	= Arteria	N.	= Nervus
Duct.	= Ductus	Proc.	= Processus
For.	= Foramen	V.	= Vena
Gl.	= Glandula	superf.	= superficialis (-is, -e), ober-
Lig.	= Ligamentum		flächlich
Ln.	= Lymphonodus	prof.	= profundus (-a, -um), tief
M.	= Musculus	s.	= sive (seu), oder

Gedachte Ebenen im Tierkörper

Medianebene, Mediane	die vom Kopf zum Schwanz durch die Mitte des Tieres gelegte Vertikalebene
Sagittalebenen	alle Parallelebenen zur Medianen
Transversalebenen	alle im rechten Winkel zur Medianen gelegten Vertikalebenen
Horizontalebenen	alle waagrechten Ebenen

Lagebezeichnungen

lateral (lat.)	zur Seite hin, seitwärts
medial (med.)	zur Mitte hin
median	in der Medianebene gelegen
dorsal (dors.)	zum Rücken hin
ventral (ventr.)	zum Bauch hin
kranial (kran.)	kopfwärts
kaudal (kaud.)	schwanzwärts
oral	mundwärts
apikal	spitzenwärts, am Kopf identisch mit oral
okzipital	hinterhauptwärts
temporal	schläfenwärts
proximal (prox.)	rumpfwärts (besonders an Gliedmaßen)
distal (dist.)	rumpfabgewandt
volar (vol.)	hohlhandwärts
plantar (plant.)	fußsohlenwärts
dexter (dext.)	rechts
sinister (sin.)	links

Zell-Lehre, Zytologie

Die kleinste lebende Einheit lebender Organismen ist die Zelle.
Nach Zerstörung der Zelle können einzelne Teile noch Funktionen
ausüben, sich aber nicht lebend erhalten.
Die Viren sind einfacher gestaltet als die Zellen. Sie sind aber nicht
die einfachsten Formen des Lebens und Vorläufer der Zellen, sondern stellen eine hohe Spezialisierungsform dar. Die Vermehrung
der Viren setzt das Vorhandensein lebender Zellen voraus.

1 Historische Vorbemerkungen

Die Voraussetzung für alle Untersuchungen an Zellen war die Erfindung des Mikroskops (wahrscheinlich durch Z. JANSEN, 1590, in
Holland), um dessen Verbesserung und Anwendung sich seiner-
zeit besonders ANTONI VAN LEEUWENHOEK (1632–1723, Delft) verdient gemacht hat.
Der Name „Zelle" wurde von dem englischen Naturforscher RO-
BERT HOOKE (1635–1703) geprägt, der 1665 die Wabenstruktur des
Holundermarks und anderer Pflanzenstiele beobachtete und be-
schrieb. Die einzelnen Kästchen (Cellulae) deutete er allerdings
fälschlich als Teile des Leitungssystems.
Der englische Botaniker ROBERT BROWN (1773–1858) sah als erster den Zellkern (1831) und erkannte in ihm das Betriebszentrum
der Zelle. Doch erst MATTHIAS JAKOB SCHLEIDEN (1804–1881) und
THEODOR SCHWANN (1810–1882) faßten die Zelldeutungen zusammen und definierten die Zellen als kleinste Grundeinheit des tierischen und pflanzlichen Organismus.
RUDOLF VIRCHOW (1821–1902) stellte 1855 den berühmten Satz auf
„Omnis cellula e cellula" und begründete 1858 die Zellularpatho-
logie, nach der alle Krankheiten auf Veränderungen der Zelle beruhen. Früher wurden die Krankheiten auf Störungen der Körper-
säfte zurückgeführt (Humoralpathologie).
MAX SCHULTZE definierte 1861 die Zelle als „ein mit den Eigenschaften des Lebens begabtes Klümpchen von Protoplasma, in wel-
chem ein Kern liegt". Seit dieser Zeit schritt die Zellforschung
stürmisch voran. Als Abschnitte seien nur genannt die Beobachtung der Reifeteilung (1881) sowie der Nachweis der Konstanz der
Chromosomenzahl und der Individualität der Chromosomen
(1909) durch BOVERI, die Erkennung der Mitochondrien als selbständige Zellorganellen durch BENDA 1898 und des „apparato reti-

culo interno" GOLGIS als typischen Bestandteil der tierischen Zelle durch RAMON Y CAJAL 1908.

Eine neue Ära der Zellmorphologie und -physiologie begann nach der Erfindung des Elektronenmikroskops (KNOLL u. RUSKA 1932) und besonders mit der Einführung histochemischer und biochemischer Arbeitsmethoden nach dem Ende des letzten Weltkrieges. Eine kaum mehr überschaubare Zahl neuer Erkenntnisse konnte gewonnen werden. Trotz allem scheinen wir aber noch weit von der Klärung des letzten, großen Rätsels der Zytologie entfernt zu sein, der Frage „was ist das Leben".

2   Hilfsmittel der Zytologie

Die lebende Zelle muß zur Betrachtung erst vorbereitet werden, sonst ist sie zu dick, zu weich und zu wenig kontrastreich (Ausnahmen sind möglich).

Die Präparate werden in der Regel nach folgendem Plan angefertigt:

Fixation: zur Denaturierung des Eiweißes und zum Haltbarmachen meist in $10^0/$oiger Formaldehydlösung, aber auch in Speziallösungen, die schonender sind.

Einbettung: in Paraffin, Zelloidin u. a.

Schneiden: mit dem Mikrotom oder ohne Einbettung mit dem Gefriermikrotom.

Färben: meist Färbung und Gegenfärbung mit sauren und basischen Stoffen (Eosin, Hämatoxylin, Spezialfärbungen), histochemische Methoden, Fluoreszenzmikroskopie.

Eindecken: meist mit Deckglas und Einbettungsmittel (früher Kanadabalsam, neuerdings auch Kunststoffe).

Bei der Untersuchung der Präparate spielt das Auflösungsvermögen des benutzten optischen Systems eine wichtige Rolle.

Die Grenze liegt mit dem bloßen Auge bei etwa 100 μ,
mit dem Lichtmikroskop bei 0,1—0,2 μ,
mit dem Elektronenmikroskop bei 10 Å

$$1 \mu = \frac{1}{1000} \text{ mm} \quad \text{(strenggenommen müßte statt } \mu \text{ heute } \mu\text{m stehen)}$$

$$1 \text{ Å} = 1 \text{ Ångström} = {}^1/_{10} \text{ Millionstel mm} = {}^1/_{10\,000} \mu$$

Die Grenze im Auflösungsvermögen des Lichtmikroskops ist durch die Wellenlänge des sichtbaren Lichts (0,4—0,75 μ) gegeben.

Die Elektronenmikroskopie erfordert spezielle Arbeitsmethoden, wie Kunststoffeinbettung, Bedampfung oder Färbung, Durchleuchtung mit Elektronenstrahlen, photographische Aufnahme.

Neben den genannten Hilfsmitteln gibt es noch zahlreiche Spezialverfahren (Phasenkontrast-, Polarisations-, Interferenzmikroskopie, Dunkelfeld, Aufsicht, Beobachtung lebender Zellen in Kulturen etc.).

Bei der Betrachtung und Deutung der Präparate muß man sich stets vor Augen halten, daß nur ein Moment aus den Lebensabläufen herausgegriffen und fixiert wurde.

3   Morphologie der Zelle

Alle tierischen Zellen weisen im Prinzip den gleichen Bau auf (Abb. 1). Man unterscheidet im wesentlichen:

1. Zell-Leib, Zytoplasma
   a) Elementarmembran, unit-membrane
   b) Grundplasma, Hyaloplasma
   c) endoplasmatisches Retikulum, Ergastoplasma
   d) Mitochondrien
   e) Golgi-Apparat
   f) Ribosomen
   g) Lysosomen
   h) Zentralkörperchen, Zentrosomen
   i) Zilien und Geißeln
   j) Metaplasma
   k) paraplasmatische Substanzen
2. Zellkern, Nucleus
   a) Kernmembran
   b) Karyoplasma
   c) Kernkörperchen

Die tierische Zelle wird, im Gegensatz zur pflanzlichen Zelle, nicht von einer echten Zellwand umschlossen, sondern nur von einer dünnen Membran, der sog. **Elementarmembran.** Im **Zelleib** sind meist ein **Zellkern** sowie verschiedene **Zellorganellen** gelegen. Der Raum zwischen Zellkern, Organellen und Elementarmembran wird von dem **Grundplasma** (Hyaloplasma) ausgefüllt. In dieses können außerdem sog. **paraplasmatische Substanzen** eingelagert sein. Man versteht darunter Stoffe, die an dem Zellstoffwechsel nicht direkt beteiligt sind, sondern als Farb-, Speicher- oder Schlackenstoffe zum Teil nur vorübergehend in den Zelleib eingeschlossen sind. Die in manchen Zellarten vorkommenden spezifischen Gebilde wie Tonofibrillen, Myofibrillen oder Neurofibrillen werden **Metaplasma** genannt.

Zellform

Die Zellform ist sehr vielgestaltig. Es gibt Lebewesen, die nur aus einer Zelle bestehen (z. B. Protozoen). Bei höheren Lebewesen legen sich die Zellen zu Zellverbänden, sog. Geweben zusammen.

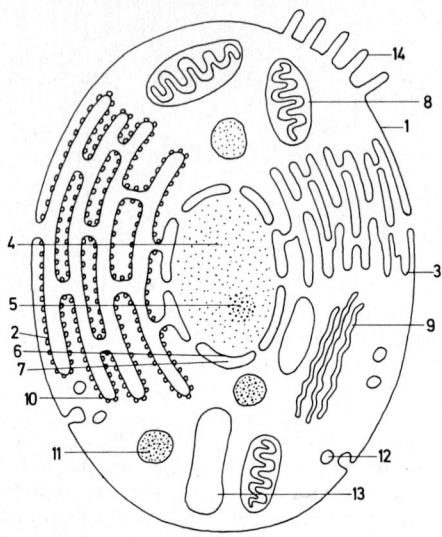

Abb. 1. Schema einer tierischen Zelle. 1 Zellmembran; 2 endoplasmatisches Retikulum mit Ribosomenbesatz; 3 endoplasmatisches Retikulum ohne Ribosomen; 4 Zellkern; 5 Kernkörperchen; 6 Kernmembran; 7 perinukleärer Raum; 8 Mitochondrien; 9 Golgi-Apparat; 10 Ribosomen; 11 Lysosomen; 12 Pinozytosebläschen; 13 paraplasmatische Einschlüsse; 14 Mikrovilli.

Die Zellform ist dann abhängig von:
1. mechanischen Kräften durch Lagerung der Zellen zueinander,
2. der Funktion der Zelle.

Man unterscheidet:
Runde Zellen: z. B. Eizellen, Blutzellen (Erythrozyten abgeflacht zum besseren Gasaustausch).
Kubische Zellen: Drüsenausführungsgänge, viele Drüsenzellen.
Zylindrische Zellen: an vielen Schleimhäuten, evtl. mit Flimmern.
Polygonale Zellen: z. B. tiefe Schichten des mehrschichtigen Plattenepithels.
Spindelförmige Zellen: glatte Muskulatur.
Verzweigte bzw. aufgezweigte Zellen: Bindegewebe, Melanophoren, Herzmuskelzellen, Nervenzellen.

Zellgröße

Die Größe der Zellen im Säugetierorganismus schwankt im allgemeinen zwischen 4 μ und 20 μ. Besonders groß sind die Eizellen, die einen Durchmesser von ca. 100 μ haben können. Die größte tierische Zelle ist das Eigelb des Straußeneis. Die Zellen können sehr lang und dünn sein, z. B. Nervenzellen, deren Kerne im Rückenmark liegen und deren Fortsätze sich bis zur Gliedmaßenspitze hin erstrecken, oder Muskelzellen in langen Muskeln.

Die Größe ist beschränkt durch:

' 1. Kern-Plasma-Relation. Der Kern als Steuerungszentrum muß
   die gesamte Zelle beeinflussen können. Seine Größe steht daher
   zur Zellgröße in einem bestimmten Verhältnis.

2. Verhältnis der Oberfläche zum Inhalt. Stoffe müssen in genügender Menge diffundieren können.

Elementarmembran, unit-membrane

Die Elementarmembran umgibt die tierische Zelle und verschiedene ihrer Organellen (Mitochondrien, Golgi-Apparat etc.). Sie
besteht aus einer inneren und einer äußeren elektronenoptisch
dichten Schicht. Dazwischen liegt eine Zone, die elektronendurch-
lässig ist. Sie ist ca. 75 Å dick. Die Schichtung entsteht durch typische
Lagerung von Eiweißmolekülen an den Oberflächen und Phospho-
lipiden im Zentrum. Dabei ist der zentrale Lipoidanteil elektro-
nendurchlässig. Die Eiweißmoleküle und die ihnen zugewandten
Phosphatgruppen sind elektronendichter. Durch diese typische
Schichtung wird die Elementarmembran in ein hydrophobes Zentrum mit hydrophilen Oberflächen gegliedert und wirkt als starke
Schranke zwischen dem Zellinneren und dem Interzellularraum.
Nur so ist es der Zelle möglich, ein inneres Milieu aufzubauen und
zu erhalten, das sich von dem der Umgebung unterscheidet.

Die **Funktionen** der Elementarmembran sind:

1. Umkleidung funktionell zusammengehöriger Enzym- und Struk-
   tursysteme.

2. Stoffaufnahme und -abgabe.

3. Verankerung der Enzyme, die es ermöglichen, Ionen und andere
   Stoffe entgegen dem Konzentrationsgefälle aus der Zelle oder
   in die Zelle zu bewegen.

Die *Zelloberfläche* ist entweder glatt (Zellen des strömenden Blutes) oder kann einzelne, fingerförmige Ein- und Ausstülpungen
zeigen (Fibrozyten, Histiozyten, Epithelzellen). Die Oberfläche
von Zellen, die zur Resorption befähigt sind, weist unzählige, feine Ausstülpungen auf, die als **Mikrovilli** bezeichnet werden. Im
Lichtmikroskop stellen sich diese Mikrovilli als sogenannter „Bürstenbesatz" dar. Hierdurch wird die aktive Zelloberfläche um ein
Vielfaches vergrößert. (Über die größeren und zu den Zellorganellen gehörenden Zilien s. Seite 20.)

Zur Stoffaufnahme kann sich die Elementarmembran einstülpen.
Bei der Aufnahme kleiner Flüssigkeitströpfchen, *Pinozytose* (Abb.
5 b), bilden sich kleine Bläschen, die sich von der Membran lösen
und in das Zellinnere wandern. Korpuskuläre Stoffe (z. B. Bakterien, Gewebsstücke, Farbstoffpartikel) werden durch *Phagozytose*
(Abb. 5 a) aufgenommen. Dabei werden sie erst mit Scheinfüß-

chen, Pseudopodien, umschlossen. Nur spezielle Zellen sind zur Phagozytose befähigt. Aus der Zelle werden Stoffe durch Vakuolen, meist aber durch kleine Bläschen, in einem der Pinozytose entgegengesetzten Vorgang (*Extrusion*, Abb. 5 c) abgegeben (vgl. auch Sekretionstypen Seite 45). Als *Zytopempsis* (Abb. 5 d) wird das aktive Durchschleusen von gelösten Substanzen durch platte Zellen bezeichnet. Auf ihrem Weg durch die Zelle sind die Substanzen von einer Membran umhüllt.

Auf der Zellmembran befindet sich eine 50—100 Å breite Schicht aus Mukopolysacchariden und Eiweiß, die durch Ca-Ionen stabilisiert wird. Dadurch findet sich im elektronenoptischen Bild ein Abstand von 100—200 Å zwischen zwei Zellen. Sie hat Bedeutung für die Zelladhäsion und zellständige immunbiologische Vorgänge.

Als besondere Formen der perizellulären Schicht sind die Zona pellucida der Eizelle und die Basalmembran aufzufassen. Die **Basalmembran** grenzt Epithelzellen und Muskelzellen gegen das Bindegewebe ab und wirkt als Filter für makromolekulare Stoffe und als Mikroskelett, indem sie die Kontraktionsrichtung von Muskelzellen steuert und das Kollabieren von Kapillaren verhindert.

Unter der Zellmembran befindet sich die sog. **submembranöse Protoplasmazone** (Ektoplasma, Exoplasma), die dichter ist als das übrige Zytoplasma. Durch ihre Oberflächenspannung und Viskosität trägt diese Zone zum Zusammenhalt des Zelleibes bei. Durch Änderungen ihres Aggregatzustandes kann sie die Stoffwechselvorgänge der Zelle beeinflussen.

Die Elementarmembran steht an einzelnen Stellen mit dem Lamellensystem des endoplasmatischen Retikulum (s. unten) in Verbindung, das seinerseits in die Kernmembran übergeht. Damit besteht zumindest theoretisch die Möglichkeit, Stoffe aus dem Interzellularraum durch das Kanalsystem des endoplasmatischen Retikulum in den Kern einzuschleusen.

Grundplasma, Hyaloplasma

Das Grundplasma ist ein Kolloid, dessen Zustand von dem Zellmilieu, aber auch von dem der Umgebung der Zelle abhängig ist. Es besteht vermutlich aus einem Maschenwerk von Polypeptidketten, die durch Seitenketten verbunden sind. Die Verbindungsstellen werden als „Haftpunkte" bezeichnet. Änderungen des kolloidalen Zustandes erfolgen durch Lösung bzw. Bindung der Seitenketten. Die Bindungen zeigen unterschiedliche Empfindlichkeit gegenüber Temperatur, Salz- und Wasserstoffionenkonzentration. Das Grundplasma ist Träger einer Reihe von Enzymen.

Endoplasmatisches Retikulum, Ergastoplasma (Abb. 1/2,3; 2)

Neben dem Gitterwerk des Hyaloplasmas findet man in allen tierischen Zellen mit Ausnahme der roten Blutkörperchen ein deutlich in Erscheinung tretendes Membransystem aus Doppellamellen, das endoplasmatische Retikulum. Es hat die Gestalt eines Gitterwerkes aus hohlen, gefensterten Platten (Durchmesser 50 bis 300 μ), die durch Querverbindungen kommunizieren (Abb. 2). Das Kanalsystem steht über die Zellmembran mit dem Kern in Verbindung. Die Kommunikationen öffnen und schließen sich nach Bedarf. Die Oberfläche ist mit kleinen Granula besetzt, die reich an Ribonukleinsäure (RNS) sind und als **Ribosomen** (s. Seite 19) bezeichnet werden. Das Ergastoplasma ist an der Produktion von Protein und Steroiden beteiligt. Man findet es besonders in Drüsenepithelien. Das Plasma zwischen den Lamellen des endoplasmatischen Retikulum wird als **Retikuloplasma** bezeichnet. In manchen Zellen kommen Membranen des endoplasmatischen Retikulums ohne Ribosomenbesatz vor. Diese Membranen findet man besonders in Zellen mit intensivem Stoffwechsel. Sie erfüllen z. B. bei den quergestreiften Muskelzellen als sarkoplasmatisches Retikulum durch Kalziumbindung bzw. -freigabe entscheidende Funktionen bei der Kontraktion der Myofibrillen.

Zellkern, Nucleus

Der Zellkern wird durch die zarte, elastische *Kernmembran* begrenzt. Sein Plasma heißt *Karyoplasma*. Die Kerngestalt ist kugelig, eiförmig, aber auch langgestreckt, gewunden oder zerklüftet. Sie paßt sich meist der Zellform an. Die Größe beträgt durchschnittlich 3—25 μ. Das Volumen des Kerns kann mit der Zelltätigkeit schwanken. Im Kern liegen ein oder mehrere *Kernkörperchen (Nucleolus, Nucleoli).*
Die **Kernmembran** ist wahrscheinlich ein Abkömmling des endoplasmatischen Retikulum und wird wie dieses von zwei, meist in regelmäßigem Abstand voneinander liegenden Lamellen gebildet. Der Raum zwischen den Lamellen ist der *perinukleäre Raum* (Abb. 1/7). Innere und äußere Membran besitzen Poren (ϕ ca. 500 Å). Dadurch sind Kernraum und Zytoplasma verbunden. Der

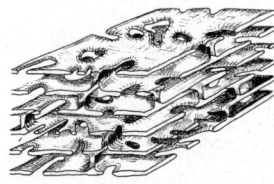

Abb. 2. Schematische Darstellung des endoplasmatischen Retikulum (nach BARGMANN 1964).

Abb. 3. Mitochondrie, schematisch (nach BARGMANN 1964, verändert).

perinukleäre Raum steht mit dem Retikuloplasma in Verbindung. Die Struktur des lebenden Kerns wechselt zwischen Homogenität und verschwommenem Gerüstbau. Durch Fixierung tritt das Kerngerüst, das im Leben zwar vorgebildet, aber maskiert ist, deutlich hervor. Zwischen den Maschen des Kerngerüsts befindet sich das **Karyoplasma.** Dieses ist sehr reich an *Desoxyribonukleinsäure* **(DNS)**, die Träger der genetischen Information ist. Diese Information wird mit Hilfe der Boten-RNS (messenger-RNS, m-RNS) an den Zelleib weitergegeben (vgl. Eiweißsynthese Seite 29). Die DNS ist in den **Chromosomen** lokalisiert. Diese bleiben im sog. Arbeitskern zwischen den Teilungszeiten zwar erhalten, maskieren sich aber durch Quellung und Entspiralisierung, so daß sie nicht identifiziert werden können. Erst wenn die Teilung eingeleitet wird, treten sie als spezifisch geformte Individuen in Erscheinung. Bei manchen Tieren gibt es Dauerchromosomen. Als besonders wertvoll für die Erbforschung haben sich die Riesenchromosomen in den Speicheldrüsen der Taufliege (Drosophila) und einiger Mückenlarven erwiesen.

Die Kernkörperchen enthalten große Mengen RNS. Sie bauen bei Vielzellern die Ribosomen auf und synthetisieren einen Teil der transfer-RNS (t-RNS).

Mitochondrien (Abb. 1/8; 3)

Die Mitochondrien sind runde bis längsovale Gebilde, die nach KLIMA (1967) von einer doppelten Lage von Elementarmembranen umschlossen werden. Von der inneren Lage falten sich vielgestaltige Lamellen, Schläuche oder Leisten ab, die das Lumen vielfach untergliedern und die Membranoberfläche vergrößern. Die Form der Mitochondrien wechselt von Zelltyp zu Zelltyp, macht aber auch in ein und derselben Zelle offenbar einen Wandel je nach Funktionszustand der Zelle durch. Sie sind in jungen Zellen zahlreicher als in alten.

Die Mitochondrien sind enzym-, protein- und lipoidreich. Ihre Hauptaufgabe ist die *Energiegewinnung durch Glykolyse.* Die gewonnene Energie wird in Form des *Adenosintriphosphat* **(ATP)** gespeichert und bei Bedarf an die Zelle abgegeben.

Darüber hinaus enthalten die Mitochondrien noch zahlreiche andere Enzyme, die von Zelle zu Zelle variieren. Sie können als die Kraftwerke und Laboratorien der Zelle angesehen werden. In ihrer Gesamtheit werden sie als *Chondriom* bezeichnet. Ihr Plasma ist das *Chondrioplasma.*

Golgi-Apparat (Abb. 1/9)

Im Jahre 1898 entdeckte der italienische Histologe GOLGI (1843 bis 1926) in Nervenzellen ein Netzwerk, das er apparato reticulo interno nannte. In elektronenmikroskopischen Aufnahmen stellt sich dieses Maschenwerk als ein Membranstapel dar, von dem sich kleine Bläschen abschnüren können. Zwischen den Doppellamellen der Membranen bilden sich häufig, besonders in Drüsenzellen, Vakuolen *(Golgi-Vakuolen)*. In den Vakuolen werden Stoffe zu Sekretgranula kondensiert, deren Vorstufen im endoplasmatischen Retikulum gebildet werden. An Knorpelzellen konnte nachgewiesen werden, daß in den Golgi-Vakuolen das Tropokollagen, die Ausgangssubstanz für das Kollagen, gebildet wird. Die Golgi-Vakuolen können sich abschnüren und das darin eingeschlossene Produkt zur Zelloberfläche transportieren, wo es abgeschieden wird.

Ribosomen (Abb. 1/10)

Weitere sehr wesentliche Zellorganellen sind die Ribosomen (Palade-Körnchen). Sie sind kleine, kugelige Gebilde, die sehr viel *Ribonukleinsäure,* ribosomale **RNS,** enthalten und sich aus einer größeren und einer kleineren Untereinheit mit je einem eigenen RNS-Molekül aufbauen. Sie lagern sich in großer Zahl dem endoplasmatischen Retikulum an und sind an der Eiweißsynthese beteiligt (siehe Seite 29). Hierbei können mehrere Ribosomen durch eine die Information tragende m-RNS verbunden sein. Solche Bildungen bezeichnet man als *Polysom.* In vielen Zellen kommen auch isolierte Ribosomen vor, die nicht mit dem endoplasmatischen Retikulum verbunden sind. Die RNS der Ribosomen wird in den Kernkörperchen gebildet und durch die Poren der Kernmembran in das Grundplasma abgegeben.

Lysosomen (Abb. 1/11)

Die Lysosomen sind kleine, runde Granula von der Größe der Ribosomen. Sie werden von einer Elementarmembran umschlossen und enthalten hydrolytische Enzyme (Proteasen und Nukleasen). Ihre Aufgabe ist im Abbau zelleigenen Eiweißes zu sehen. Teile des Zellplasmas werden abgeschnürt, mit einer Membran umgeben und mit Hilfe der Enzyme der Lysosomen abgebaut, ohne daß das übrige Zelleiweiß beeinträchtigt wird (KLIMA 1967). Nicht in allen Zelltypen konnten Lysosomen gefunden werden.

Zentralkörperchen

Die meisten Zellen besitzen zwei Zentralkörperchen, *Zentriolen, Zentrosomen.* Diese sind oft von einem hellen Plasmahof oder einer radiär strukturierten Plasmazone *(Sphäre)* umgeben. Zentralkörperchen und Sphäre werden als *Mikrozentrum* bezeichnet. Während der Zellteilung bilden die Zentriolen die Kernspindel aus. Die Spindelfibrillen bilden sich aus röhrenförmigen Untereinheiten, die ihrerseits wieder aus acht stabförmigen Riesenmole-

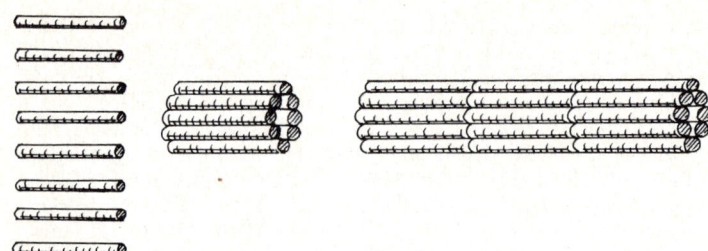

Abb. 4. Aufbau der Spindelfibrillen, schematisch. Acht fibrilläre Einheiten (links) setzen sich zu einem Hohlzylinder zusammen (Mitte). Mehrere Hohlzylinder bilden eine Spindelfibrille (rechts). (Nach PAWELETZ und LETTRÉ 1968.)

külen bestehen (Abb. 4). Die Verlängerung bzw. Verkürzung der Spindelfasern erfolgt durch Einbau bzw. Herausnahme der Untereinheiten. Spindelfasern können auch ohne Zentralkörperchen entstehen. In den neugebildeten Zellen bildet sich ein neues Zentriol durch polare Abschnürung aus dem ursprünglichen Zentriol. Außerdem gehen aus den Zentriolen die *Basalkörperchen* der Zilien und Geißeln hervor. Wie diese weisen sie eine neunstrahlige Innenstruktur auf.

Zilien und Geißeln

Zilien und Geißeln sind Bewegungsorganellen der Zellen. Teils dienen sie der Fortbewegung der Zellen, wie z. B. die Schwanzfäden der Spermien, teils sitzen sie der Zelloberfläche auf und transportieren durch koordinierten Wimpernschlag Partikelchen entlang der Organoberfläche (z. B. Schleimhaut der Atmungsorgane, Eileiter). Der prinzipielle *Bau* aus 1 zentralen Fibrillenpaar und 9 peripheren Doppelfibrillen wurde bei den Zilien und Geißeln aller Eukaryonten nachgewiesen. Der Unterschied zwischen Zilien und Geißeln ist daher nur ein größen- und zahlenmäßiger. Zilien sind klein und bedecken eine Zelloberfläche als dichter Besatz. Die größeren Geißeln kommen einzeln oder in geringer Zahl vor. Der typische Bau zeigt sich am deutlichsten in ihren mittleren Abschnitten. Zur Basis und zur Spitze hin können gewisse Abwandlungen auftreten. Alle Zilien und Geißeln sitzen auf **Basalkörperchen,** die durch Abschnürung aus den Zentriolen hervorgegangen sind. Diesen auch als *Kinozilien* zu bezeichnenden Bewegungsorganellen sind die *Stereozilien* gegenüberzustellen. Sie sind große, unbewegliche Zellausstülpungen. Man findet sie z. B. im statischen Organ des Ohres.

4 Physiologie der Zelle

An der Zelle können wir prinzipiell folgende **Kennzeichen des Lebens** nachweisen:

Stoffwechsel
Empfindung (Erregbarkeit, Irritabilität)
Bewegung (Geißeln, Pseudopodien)
Vermehrung
Wachstum

KONRAD LORENZ (1967) rechnet zu den Kennzeichen des Lebens außerdem das *Sammeln von Informationen.*

Der Zelltod ist durch den irreversiblen Ausfall dieser Funktionen gekennzeichnet. In Zellen höherer Organismen kommen nicht immer alle Kriterien vor.

a Stoffwechsel

Man unterscheidet aufbauende und abbauende Stoffwechselvorgänge (Assimilation und Dissimilation bzw. anabole und katabole Reaktionen).

Die Bausteine des Stoffwechsels werden von der Zelle aus dem Interzellularraum aufgenommen. Hierhin gelangen sie auf dem Blutweg und durch den Säftestrom.

Stoffaufnahme

1. auf physikalischem Weg durch Osmose oder Diffusion
2. aktiv durch Phagozytose oder Pinozytose
3. durch Enzymwirkung

Bei **osmotischen Vorgängen** sind die folgenden Spannungszustände wichtig:

Isotonie = gleicher osmotischer Druck intra- und extrazellulär
Hypertonie = vermehrter osmotischer Druck extrazellulär.
Hypotonie = verminderter osmotischer Druck extrazellulär.

Phagozytose = Umfließen eines Korpuskels mit Pseudopodien und Aufnahme in den Zelleib, meist unter Bildung einer Vakuole (Abb. 5 a).

Pinozytose = Aufnahme kleinster Teilchen durch Einstülpung und Abschnürung eines Teiles der Zellmembran (Abb. 5 b).

Während die Phagozytose lichtmikroskopisch beobachtet werden kann, ist die Pinozytose nur im elektronenmikroskopischen Bild zu sehen.

In der Zelle spielen bei der Stoffaufnahme aber nicht nur osmotische Prozesse oder die Phago- und Pinozytose eine Rolle, sondern es findet auch ein aktiver Stofftransport unter Energieverbrauch mit Hilfe von Enzymen statt.

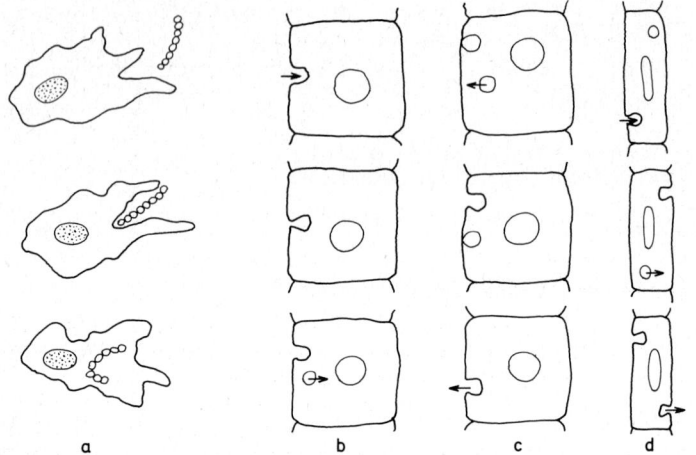

Abb. 5. Stoffaufnahme bzw. -abgabe durch die Zelle. a. Phagozytose.
b. Pinozytose. c. Extrusion. d. Zytopempsis.

Der Zellstoffwechsel kann beeinflußt werden u. a. durch Wärme
(Fieber) und Kälte (Winterschlaf der wechselwarmen Tiere, Hiber-
nation für Operationen) sowie durch Hormone und Medikamente
bzw. Gifte (z. B. Arsen).
Im Alter überwiegen die katabolen, in der Jugend die anabolen
Vorgänge. Im Prinzip laufen jedoch in der Zelle Dissimilation und
Assimilation stets gleichzeitig ab. Die durch Dissimilation gewon-
nene Energie wird zur Assimilation, zum Aufbau, verwendet.

Produkte des Zellstoffwechsels sind:

1. Körpereigene, hochmolekulare **Eiweiße, Kohlenhydrate** und
   Fette, zum Teil gespeichert.
2. **Exkrete** (gehören zum Teil schon zu den Schlackenstoffen), **Sekrete** und **Inkrete** (Hormone).
3. **Schlackenstoffe,** die teils ausgeschieden (CO_2, Harn, Schweiß),
   teils abgelagert werden (Gicht).
4. **Energie,** Wärme und elektrische Energie zur Reizübertragung
   und als Aktionsströme (EKG, EEG, Myographie).

Die *Ausscheidung der Schlackenstoffe* erfolgt durch die Nieren,
den Darm, die Lungen und die Haut, gelegentlich auch durch den
Speichel.
Zellen, die Sekrete, Inkrete oder Exkrete produzieren, werden
Drüsenzellen genannt. Man unterscheidet Drüsen äußerer Sekre-

tion (Exkrete, Sekrete) und Drüsen innerer Sekretion (Inkrete). Außerdem gibt es gemischte Drüsen, wie die Bauchspeicheldrüse. Etwa $^2/_3$ der im Zellstoffwechsel gewonnenen Energie werden zur *Wärmeproduktion* verwendet, $^1/_3$ zu *mechanischer Arbeit* und ein kleiner Teil zur Erzeugung von *elektrischer Energie* (Aktionsströme). Die Zelle benötigt für ihren Stoffwechsel Proteine, Kohlenhydrate, Fette, Sauerstoff, Wasser, Mineralien, Vitamine und Hormone. Auf diese Grundstoffe soll hier nur kurz eingegangen werden.

Bau und Synthese der Proteine

Eine sehr wichtige Substanz des tierischen Organismus ist das Eiweiß. Eiweiße, die nur aus Aminosäuren bestehen, heißen **Proteine**. Eiweiße, die noch eine prosthetische Gruppe enthalten, sind die **Proteide**. Proteine sind maßgebend am Aufbau aller Strukturen beteiligt. Sie sind auch Bestandteil der Enzyme, mit deren Hilfe die Zelle ihre Leistungen vollbringt und steuert.
Aminosäuren sind Fettsäuren, die in α-Stellung zur Karboxylgruppe noch eine Aminogruppe besitzen. Etwa 30 Aminosäuren sind bekannt.
Sie können bei saurer Reaktion mit der Aminogruppe, bei alkalischer Reaktion mit der Karboxylgruppe Salze bilden (= ampholytische Eigenschaft). Aus der Ampholytnatur erklärt sich ihre starke Pufferwirkung.
Lebensnotwendige Aminosäuren, die nicht im Körper synthetisiert werden können, werden als *essentielle Aminosäuren* bezeichnet. Sie müssen dem Körper mit der Nahrung zugeführt werden.

Wichtige Aminosäuren sind:

Monoaminomonokarbonsäuren

Glykokoll   Alanin   Valin   Leucin   Isoleucin

Monoaminodikarbonsäuren (sie haben besondere Bedeutung bei der Transaminierung)

Asparaginsäure   Glutaminsäure

Diaminomonokarbonsäuren

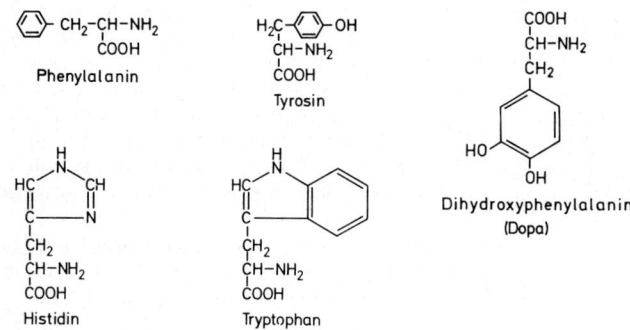

CH_2-NH_2		$COOH$
$(CH_2)_3$		$CH-NH_2$
$CH-NH_2$		CH_2
$COOH$		CH_2
		CH_2-NH_2
Lysin	Arginin	Ornithin

Zyklische Aminosäuren

Phenylalanin

Tyrosin

Dihydroxyphenylalanin
(Dopa)

Histidin

Tryptophan

Sekundäre Aminosäuren

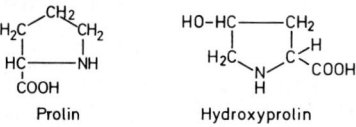

Prolin

Hydroxyprolin

Hydroxyaminosäuren

CH_2-OH
$CH-NH_2$
$COOH$

Serin

CH_3
$CH-OH$
$CH-NH_2$
$COOH$

Threonin

Schwefelhaltige Aminosäuren

H_2C-SH
$CH-NH_2$
$COOH$

Cystein

$H_2C-S-S-CH_2$
$CH-NH_2 \quad CH-NH_2$
$COOH \quad COOH$

Cystin

$H_2C-S-CH_3$
CH_2
$CH-NH_2$
$COOH$

Methionin

Peptidbildung

Bei der Peptidbildung reihen sich Aminosäuren zu Di- und Polypeptiden aneinander. Die Karboxylgruppe einer Aminosäure reagiert mit der Aminogruppe der anderen (Peptidbindung — CO — NH —).

Peptone sind Peptide, deren Struktur nicht bekannt ist. Bis zu einem Molekulargewicht von 10 000 spricht man von Peptiden. Größere Moleküle werden als Proteine bezeichnet.

In den bekannten Proteinen kommen ca. 22 Aminosäuren vor. Da diese in jeder beliebigen Kombination vereinigt sein können, ergeben sich große Variationsmöglichkeiten. Ein Proteinmolekül vom Molekulargewicht 10^5, das aus 20 verschiedenen Aminosäuren besteht, könnte 10^{1250} Isomere bilden. (1 g H_2O hat $6 \cdot 10^{23}$ Moleküle. Die Zahl aller Wassermoleküle der Ozeane beträgt 10^{46}). Aus dieser Tatsache erklärt sich, daß die Eiweißkörper nicht nur artspezifisch sind, sondern daß *jedes Individuum sein spezifisches Eiweiß besitzt.* Lediglich bei eineiigen Zwillingen ist sehr große Gleichheit gegeben. Die Individualspezifität und ihre immunologischen Auswirkungen sind bei Organtransplantationen von großer Bedeutung.

Die Reihenfolge der Aminosäuren bestimmt die **Primärstruktur,** die räumliche Lagerung der benachbarten Aminosäuren zueinander die **Sekundärstruktur** der Proteine. Häufig findet man die schraubig-gewundene Anordnung, die sog. α-*Helix* (Abb. 7). Die Struktur derselben wurde durch Röntgenuntersuchungen ermittelt. Die Helixstruktur wird durch Wasserstoffbindungen erhalten. In einem Eiweißmolekül können zwei oder drei Aminosäureketten vereinigt sein.

Durch Wasserstoffbrücken und Sulfidbindungen zwischen den Aminosäuren wird die Helix nochmals gefältelt. Die Fältelung bedingt die **Tertiärstruktur** der Proteine.

Primär-, Sekundär- und Tertiärstruktur der Proteine bestimmen ihren Charakter und ihre Funktion. Während Primär- und Sekundärstruktur konstante Größen sind, welche die Natur des Eiweißkörpers bestimmen, ist die Tertiärstruktur durch die losen Bindungen variabel. Änderungen der Tertiärstruktur können reversibel sein. So sind die Aktivitätsänderung von Enzymen und die Variationen im Kolloidalzustand des Eiweißes erklärbar.

Wenn die Peptidketten nicht stark gewunden sind, reagieren benachbarte Ketten leicht miteinander. Die Lösungen solcher Proteine sind viskos (= kolloidales System). Die Stärke der wechselseitigen Bindungen solcher kolloidaler Systeme hängt auch von den Eigenschaften der Umgebung ab (pH, Temperatur, Salzkonzentration etc.).

Antiaminosäuren sind besondere Aminosäuren, die in ihrer Struktur geringgradig verändert sind und hemmend auf die Reaktionen der vom Organismus benötigten Aminosäuren wirken, z. B. *Äthionin*, bei dem die endständige Methylgruppe des Methionins durch eine Äthylgruppe ersetzt ist. Es verhindert den Einbau von *Methionin* in Eiweiß.

COOH
|
CH–NH$_2$
|
CH$_2$
|
CH$_2$–S–[CH$_3$]

COOH
|
CH–NH$_2$
|
CH$_2$
|
CH$_2$–S–[C$_2$H$_5$]

Methionin   Äthionin

Enzyme sind Proteine, die bei chemischen Reaktionen im Organismus als Katalysatoren wirken. Häufig ist das Protein noch mit einem anderen Molekül verbunden *(Koenzym)*. Die Vitamine stehen in enger Beziehung zu den Koenzymen, aber auch Metalle wie Eisen, Kupfer, Mangan, Magnesium, Kobalt u. a. Die Enzyme haben eine ausgesprochene *Wirkungsspezifität*. Die *Benennung* erfolgt durch Anhängen der Silbe -ase an die Reaktion, die katalysiert wird, oder an die Substanz, die umgesetzt wird (z. B. Oxydase, Hyaluronidase). Die Spezifität der Enzyme wird durch die Sekundär- und Tertiärstruktur bedingt. Die Moleküle des Substrats müssen Zugang zu den aktiven Gruppen des Enzyms finden (Schlüssel-Schloß-Prinzip).

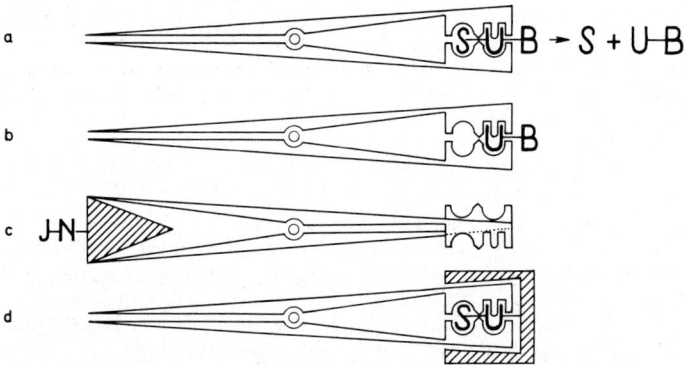

Abb. 6. Schematische Darstellung einiger Enzymhemmungseffekte.
a. Spaltung des Substrats (SUB) durch aktives Enzym.
b. Kompetitive Hemmung des Enzyms durch einen Stoff, der dem Substrat sehr ähnlich ist.
c. Allosterische Hemmung des Enzyms durch einen Inhibitor (IN).
d. Irreversible Hemmung durch Bindung eines Hemmstoffs an die aktive Gruppe des Enzyms.

Die Wirkung vieler Enzyme kann durch Stoffe gehemmt werden, die eine ähnliche Struktur haben wie das Substrat. Sie bilden mit dem Enzym zwar einen Komplex, reagieren aber nicht. Diese Art der Hemmung wird **kompetitive Hemmung** genannt (Abb. 6 b). Diese kann überwunden werden, wenn das Substrat eine größere Affinität zum Enzym besitzt als der Hemmstoff, oder wenn das Substrat reichlicher als der Hemmstoff vorhanden ist. Kompetitive Hemmungen sind z. B. bekannt zwischen p-Aminobenzoesäure

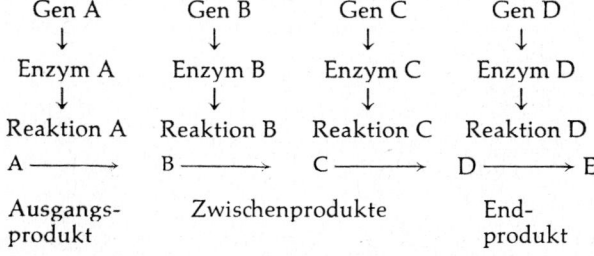

Aminobenzoesäure   Sulfonamid

und Sulfonamiden (s. Formeln) sowie zwischen Vitamin K und Kumarin. Eine Enzymhemmung kann auch dadurch zustande kommen, daß Stoffe mit Seitengruppen der Enzyme reagieren und deren Tertiärstruktur dadurch derart ändern, daß die spezifische Wirkung verlorengeht (**allosterische Hemmung**, Abb. 6 c). Auch dieser Vorgang kann reversibel sein. Eine **irreversible Hemmung** ist durch Bindung des Hemmstoffes an die aktive Gruppe des Enzyms möglich (Abb. 6 d). Solche Hemmungen können durch Substratvermehrung nicht aufgehoben werden. Eine derartige Bindung findet zwischen Kohlenmonoxid und Hämoglobin bei Kohlenmonoxidvergiftungen statt.

Das System der Enzyme wird durch die Gene gesteuert. Die Wirkung der Gene als Kontroll- und Steuersystem beruht demnach auf der Regelung der Enzymsynthese.

Gen A	Gen B	Gen C	Gen D
↓	↓	↓	↓
Enzym A	Enzym B	Enzym C	Enzym D
↓	↓	↓	↓
Reaktion A	Reaktion B	Reaktion C	Reaktion D
A ⟶	B ⟶	C ⟶	D ⟶ E

Ausgangs-   Zwischenprodukte   Endprodukt   produkt

Fehlt z. B. das Enzym A, so kann das Endprodukt nur gebildet werden, wenn der Stoff B der Zelle auf anderem Wege zur Verfügung gestellt wird.

Bei der Eiweißbildung spielt das **Chromatin** des Zellkerns somit eine entscheidende Rolle (s. Seite 29). Es setzt sich zusammen aus:

1. Histonen = niedermolekularen Eiweißstoffen
2. höhermolekularen Eiweißstoffen
3. Desoxyribonukleinsäure (DNS)
4. Ribonukleinsäure (RNS)

Wichtigste Substanz ist die **DNS**. Sie prägt die Zell- und Individual-spezifität. Die DNS-Moleküle zeigen spiraligen Aufbau (Abb. 7). Außenständig wechseln Desoxyribose- und Phosphorsäure-Moleküle. Nach innen stehen die Basen *Adenin, Thymin, Guanin, Cytosin*. Thymin und Cytosin sind Pyrimidine. Adenin und Guanin sind Purine. Zwei parallel-laufende DNS-Moleküle sind mittels Wasserstoffbrücken zwischen den Basen vereinigt. Es verbinden sich aber immer nur Adenin + Thymin sowie Guanin + Cytosin (Watson-Crick-Modell der DNS).
Base und Desoxyribose bilden ein **Nukleosid**. Eine Phosphatgruppe verbindet C_3 des einen Zuckers mit C_5 des folgenden. Nukleosid

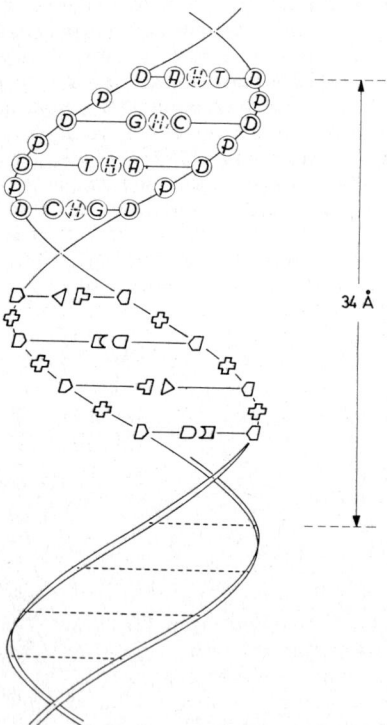

Abb. 7. Schema der DNS-Doppelhelix (Watson-Crick-Modell). D Desoxyribose; P Phosphor; A Adenin; T Thymin; C Cytosin; G Guanin; H Wasserstoff.

34 Å

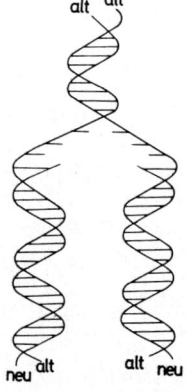

Abb. 8. Verdoppelung der DNS nach dem Reißverschluß-prinzip.

und Phosphatgruppe werden **Nukleotid** genannt. Die DNS baut sich also aus vielen Nucleotiden auf. Die Reihenfolge der Basen im DNS-Molekül ist der *Code für die genetische Information*. Für die Anordnung der Basen gibt es ca. 10^{200} Möglichkeiten. Die Neubildung der DNS *(Reduplikation)* bei der Zellteilung geschieht durch Lösung der Stränge. Jeder Strang bildet den Komplementärstrang neu, da jede Base nur mit der Partner-Base reagieren kann.

Unter bestimmten Bedingungen kann auch fremde DNS in das Erbgut aufgenommen werden. Die neuen Eigenschaften werden dann vererbt. Dieser Vorgang wird *Transformation* genannt. Sie ist bei Einzellern experimentell gelungen.

Im *RNS-Molekül* tritt *Ribose* an die Stelle der Desoxyribose, außerdem *Uracil* an die Stelle des Thymin. RNS-Moleküle kommen immer in Einstrangform vor. Sie enthalten neben den genannten Basen relativ große Mengen sog. *„seltener Basen"*. Diese sind ebenfalls Purin- bzw. Pyrimidinabkömmlinge (s. HABERS 1969).

Proteinsynthese (Abb. 9)

Die DNS bestimmter aktiver Genorte gibt ihre Information an eine RNS ab **(Transkription)**. Solche Genorte konnten an Riesenchromosomen beobachtet werden. Sie bilden lokale Anschwellungen, sog. *Puffs (Balbiani-Ringe)*. Dort lösen sich lokal die beiden DNS-Moleküle der Helix, so daß sich am codogenen Strang RNS mit komplementärer Basenfolge an der DNS bilden kann. Tatsächlich konnten an Puffs auch erhöhte RNS-Konzentrationen nachgewiesen werden. Die RNS, jetzt **messenger-RNS (m-RNS)** genannt, wandert aus dem Kern aus und lagert sich einem oder mehreren Ribosomen an (Polysomenbildung). Zur Proteinbildung wird nach den heutigen Vorstellungen eine weitere RNS benötigt. Diese **transfer-RNS (t-RNS)** oder auch lösliche RNS (l-RNS) transportiert Aminosäuren aus dem Grundplasma, die zuvor durch Anlagerung von Adenosinmonophosphat (AMP) von dem ATP aus den Mitochondrien „aktiviert" wurden, zu den Polysomen. Hier werden sie entsprechend dem Code der m-RNS, also in ganz bestimmter, durch die DNS der Genorte diktierter Reihenfolge gekoppelt **(Translation)**. Dabei wandern die Ribosomen an der m-RNS entlang und bestimmen den jeweiligen Ort des Einbaus. Ist ein Ringschluß der m-RNS erfolgt, so wiederholt sich die Reaktion so lange, wie der Ring erhalten bleibt. Sind die Enden der m-RNS frei, so wird das Ribosom für andere Reaktionen frei.

Die Zelle stellt somit eine Lebenseinheit dar, in der Kern und Zytoplasma ein sich selbst wiederholendes Reaktionssystem bilden, wobei neben Vererbung auch Anpassungsvorgänge eine wesentliche Rolle spielen. Der Kern hat seine dominierende Rolle erst im

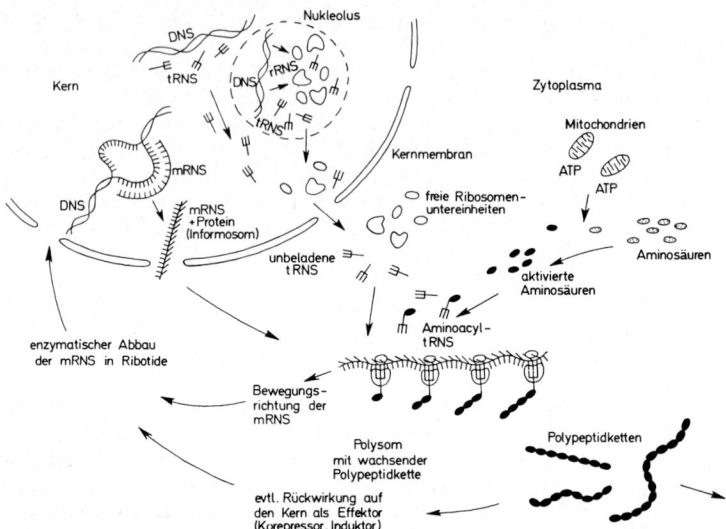

Abb. 9. Schematische Darstellung der Proteinsynthese in der Zelle (in Anlehnung an Zeichnungen von HARBERS 1969).

Laufe der phylogenetischen und ontogenetischen Entwicklung erlangt, da die Übertragung der Kontrollfunktion an *einen* Ort wirkungsvoller ist. Die Kerne sind als sekundäre, während der Entwicklung entstandene Einheiten anzusehen. Die Bakterien besitzen z. B. keinen Kern.

Die Übertragung der Information von der DNS über die RNS ins Zytoplasma wird von den Gesamtstoffwechselvorgängen reguliert. Die **Regulation der Proteinsynthese** erfolgt über drei Genarten. Ein *Operatorgen* steuert mehrere nachgeschaltete *Strukturgene*, an denen die Information übertragen wird. Das Operatorgen und seine Strukturgene werden **Operon** genannt. Das Operatorgen wird seinerseits von einem *Regulatorgen* gesteuert, das sich nicht in seiner unmittelbaren Nähe befindet. Das Regulatorgen bildet einen *Repressor*, der das Operatorgen blockiert. Aus dem Zellstoffwechsel stammende Substanzen können als *Effektoren* entweder den Repressor unterstützen *(Korepressoren)* oder ihn inaktivieren *(Induktoren)*, so daß das Operatorgen in Funktion treten kann. Die Effektoren können Produkte der Proteinsynthese sein (Feed-back-Beziehung).

Auch zwischen Kern und Mitochondrien bestehen regulierende Mechanismen. Durch Koenzymsynthese regelt der Kern die ATP-

Bildung der Mitochondrien und diese wiederum die Energiezufuhr zum Kern.

Die Kernmembran kann ebenfalls regulierend eingreifen, indem sie Ein- und Austritt der Substanzen fördert oder hemmt.

Die Gene bestimmen die Natur der zytoplasmatischen Syntheseprozesse. Der Charakter des Zytoplasmas legt fest, welche Gene wirken können. So erklärt sich, daß in verschiedenen Zelltypen, die jedoch alle den gleichen Chromosomensatz besitzen, ganz unterschiedliche Zelleistungen vollbracht werden (differentielle Gen-Aktivierung).

In diesen Steuerungsmechanismus greifen auch Hormone ein. Sie werden von Drüsen innerer Sekretion in die Blutbahn abgegeben und regulieren die Funktionen spezifischer Zellen. Hormone sind als ursprünglich intrazellulär bestimmte Informationsträger anzusehen.

In diesem sehr differenzierten Steuerungsmechanismus können diverse *Fehlregulationen* auftreten. So kann man sich gewisse Alterungsprozesse dadurch erklären, daß an Genorten defekte m-RNS gebildet wird. Dadurch wird die Enzymsynthese im Zytoplasma gestört. In der Zelle sammeln sich Substratmoleküle an.

Die *Krebsentstehung (Karzinogenese)* beruht höchstwahrscheinlich ebenfalls auf einer Störung der DNS-RNS-Proteinsynthese. Es fehlt die Hemmung der DNS durch das Zytoplasma, wahrscheinlich durch Schädigung des endoplasmatischen Retikulum. Die Krebszellen wachsen ungehemmt, entdifferenzieren sich und ordnen sich nicht mehr in den Gewebeverband ein.

Eine weitere Abwandlung erfährt die Proteinsynthese durch das Eindringen von *Virus-DNS oder -RNS* in die Zelle. Die Virus-Nukleinsäure induziert in der Wirtszelle eine Produktion von Virus-Nukleinsäure und Virus-Eiweiß. Ohne lebende Zellen ist eine Virusvermehrung nicht möglich. Das Virus ist auf die „Produktionsanlagen" der lebenden Zellen angewiesen. Je stärker der Zellstoffwechsel abläuft, desto stärker ist auch die Virusproduktion. Deshalb sind bei Virusinfektionen Ruhe und Drosselung der Stoffwechselvorgänge wichtig.

Kohlenhydrate

Die Kohlenhydrate sind wichtige Energielieferanten des tierischen Organismus. Die hochmolekularen Kohlenhydrate (Polysaccharide, zusammengesetzte Zucker) werden im Rahmen der Verdauung bis zu einfachen Bausteinen abgebaut. Diese einfachen Zucker, Monosaccharide, sind Abkömmlinge mehrwertiger Alkohole. Je nach der Zahl ihrer Kohlenstoffatome teilt man sie in Monosen, Diosen, Triosen usw. ein. Wichtig sind vor allem die Pentosen und Hexosen mit 5 bzw. 6 Kohlenstoffatomen, besonders die Glukose. Einige Zucker haben Ringstruktur. Bei den Wiederkäuern werden die Polysaccharide in erster Linie zu Fettsäuren abgebaut und als solche resorbiert. Die wichtigsten sind Essigsäure, Proprionsäure, Valeriansäure und Buttersäure.

Die Kohlenhydrate werden vom Organismus entweder in der Leber und der Muskulatur als körpereigenes Polysaccharid, Glykogen, gespeichert, zur Fettsynthese herangezogen oder in der Zelle zur Energieproduktion zu CO_2 und H_2O verbrannt. Welcher der genannten Wege eingeschlagen wird, hängt vom Ernährungszustand des Tieres, seiner Arbeitsleistung und von der Art der Fütterung ab. Ein Teil der Kohlenhydrate wird auch als Baustoffkohlenhydrate mit Proteinen und Lipiden gekoppelt (z. B. in Mukopolysacchariden, DNS, RNS u. a.).

Lipide (s. auch Seite 53)

Lipide stellen energiereiche Stoffe dar, die über die Nahrung dem Körper zugeführt oder aber endogen synthetisiert werden. Je Gewichtseinheit haben sie im Durchschnitt einen Energiegehalt, der das 2,25fache des physiologischen Brennwertes der Kohlenhydrate und der Proteine beträgt. Neben der Funktion als *Nährstoff* und als *Energiedepot* im Tierkörper sind Lipide beim *Aufbau von Zellorganellen* (Zellmembran, Mitochondrien u. a.) beteiligt (= *Strukturlipide*). Alle Lipide enthalten *Fettsäuren* unterschiedlicher Kettenlänge und unterschiedlichen Sättigungsgrades. Einige Fettsäuren können vom tierischen Organismus nicht synthetisiert werden, sie müssen über das Futter zugeführt werden. Der Bedarf der Tiere an diesen *essentiellen* Fettsäuren ist relativ klein. In *einfachen Lipiden* (z. B. Glyzeride, Wachse) sind die Fettsäuren mit ein- oder mehrwertigen Alkoholen (Glyzerin, Sterol) verestert. *Zusammengesetzte Lipide* (z. B. Phosphatide, Sphingolipide) enthalten neben Fettsäuren und Alkoholen Phosphorsäure, Stickstoffverbindungen, Vinyläther, Kohlenhydrate u. a. m. Strukturlipide tragen vielfach hydrophile und lipophile Seitenketten und sind dadurch befähigt, sowohl mit fettlöslichen wie auch mit wasserlöslichen Stoffen in Kontakt zu treten.

Mineralstoffe

Der Bedarf wechselt von Zelle zu Zelle. Kationen (+) : vor allem Kalium, Natrium, Kalzium, Magnesium. Anionen (−) : besonders Chloride, Karbonate, Phosphate, Sulfate.
Spurenelemente (besonders wichtig für Enzymsysteme) : z. B. Eisen, Kupfer, Mangan, Zink, Kobalt, Jod.
Mineralstoffe als Mengenelemente kommen in der Zelle als Verbindungen der Anionen mit den Kationen vor. Wesentlich sind

z. B. Karbonate, Phosphate und Chloride. Kationen können aber auch an Eiweiß gebunden sein. Durch diese Bindungen werden sie osmotisch inaktiv.

Bedeutung der anorganischen Stoffe im Organismus

Obwohl die anorganischen Stoffe keine Energieträger sind, werden sie vom Organismus dringend benötigt. Leben ohne Mineralstoffe ist unmöglich.

Die Mengen- und die Spurenelemente haben u. a. Bedeutung für folgende Funktionen:

1. Regulierung der Reaktion der Körperflüssigkeiten (schwach alkalisch), Pufferfunktion gegen Übersäuerung (Azidose).
2. Regulierung des osmotischen Druckes der Körperflüssigkeiten (Extrazellularraum, Intrazellularraum).
3. Einlagerung in Gewebe (Knochen, Zähne, Knorpel) als mechanische Funktion.
4. Erregungsübertragung von Nerv zu Nerv und vom Nerv zur Muskulatur durch Polarisation und Depolarisation.
5. Bestandteil von Enzymen, Hormonen sowie des Blut- und des Muskelfarbstoffes.
6. Blutgerinnung.

Der Mineralstoffbedarf muß daher durch die Nahrung gedeckt sein (Lecksteine, Mineralstoffmischungen, Zufütterung von Spurenelementen in bestimmten Gebieten). Aber auch eine Überdosierung kann schaden (Fluorose, Jodismus).

Hohe Mineralstoffverluste, besonders an Na^+ und Cl^-, treten beim Erbrechen und beim Durchfall auf. Damit sind dann Störungen des Wasserhaushalts verbunden, die, vor allem bei Jungtieren, schnell zum Tod führen können.

Wasser

70—80 % des Körpers bestehen aus Wasser. Es wird benötigt als Lösungsmittel (Corpora non agunt nisi soluta seu solubilia!), als Transportmittel, als Quellwasser für Kolloide und für die Wärmeregulation.

Der Tod durch Verdursten tritt schneller ein als der Tod durch Verhungern. Durch Austrocknung (Dehydrierung) kommen alle Körperfunktionen zum Erliegen.

Wasserverluste des Organismus treten unter physiologischen Bedingungen beim Kot- und Harnabsatz sowie bei der Atmung und Transpiration auf.

Wasserzufuhr: als Trinkwasser, als Wasser in Nahrungsmitteln, durch Wasserbildung bei der Verbrennung von Fett, Eiweiß und Kohlenhydraten.

Es entstehen beim Verbrennen von

1 kg Eiweiß	0,4 kg Wasser
1 kg Stärke	0,5 kg Wasser
1 kg Fett	1,0 kg Wasser

Etwa $^1/_6$ des Wasserbedarfs kann aus der Verbrennung im intermediären Stoffwechsel gewonnen werden.
Der Hauptteil des Wassers im Organismus ist an Kolloide in den Zellen bzw. im Bindegewebe gebunden.

Wirkstoffe

Die chemischen Prozesse in der Zelle werden von Enzymen, Hormonen und Vitaminen ausgelöst und gesteuert.

Enzyme (Fermente) sind Eiweißstoffe mit spezifischer Wirkung (Katalysatoren) (s. Seite 26).

Enzymdiagnostik: Der quantitative Nachweis der aus den Zellen in das Blutplasma gelangenden Enzyme wird in neuerer Zeit zur Diagnose von Organerkrankungen (z. B. Herz- oder Leberleiden) herangezogen.

Hormone (s. auch Seite 382). Die Hormone sind Informationsträger, die von Drüsen, Gewebsbezirken oder Einzelzellen ins Blut oder in die Lymphe abgegeben werden und andere Zellen bzw. deren Stoffwechselregulationen beeinflussen. Sie regeln neben dem Nervensystem die Beziehungen der Organe zueinander. Die Hormondrüsen und das Nervensystem beeinflussen sich wechselseitig.

Vitamine. Die früher durchgeführte scharfe Trennung zwischen Hormonen und Vitaminen läßt sich nicht mehr aufrechterhalten. Die Vitamine sollten nach der ursprünglichen Definition aus der Außenwelt stammen und zumindest als Vorstufe mit der Nahrung aufgenommen werden. Die Hormone sollten hingegen im Organismus produziert werden. Vitamin C, Vitamin B und Vitamin K können jedoch vom Tierkörper oder den Mikroorganismen des Magen-Darm-Traktes gebildet werden. Andererseits gibt es wirksame Steroide aus Pflanzen mit Hormonwirkung (z. B. Östrogene aus Rotklee, Phytoöstrogene). Vitamine wirken wie die Enzyme als Katalysatoren, zum Teil auch als Koenzym. Bei ihrem Fehlen treten Vitaminmangelkrankheiten auf. Bei manchen Vitaminen können aber auch durch Überdosierung Schäden verursacht werden.

Steuerungsmöglichkeiten der Zelle

1. Aktivierung und Freisetzung von Substraten und Ko-Faktoren. Da die Aktivierung von Ko-Faktoren langsamer vor sich geht als die übrigen Stoffwechselreaktionen, ist der gesamte Stoffwechsel von der Aktivierung der Ko-Faktoren abhängig (Schritt-

macherreaktion), z. B. Aktivierung von ATP und DPN (Adenosintriphosphat und Diphosphonukleotid).

2. Vermehrung der Gesamtmenge an aktiven Enzymen durch Aktivierung vorhandenen Enzyms oder Synthese neuer Enzymmoleküle oder durch Beseitigung von Hemmstoffen. Auch Endprodukte können als Hemmstoffe wirken, indem sie ein oder mehrere Enzyme der Synthesekette inaktivieren (allosterische Hemmung), oder indem sie die Synthese eines oder mehrerer Enzyme hemmen (Repression).

b Erregbarkeit

Als Reize können wirken: Chemische, thermische, mechanische Reize, Lichtreize, elektrische und nervöse Reize.
Beispiele: Reizung der Geschmacksknospen, der Geruchszellen, der Netzhaut, der Tastkörperchen oder der Muskelzellen.
Die Erregbarkeit der einzelnen Zelle kann noch eine Zeit über den klinischen Tod des Gesamtorganismus (Stillstand von Atmung und Kreislauf) hinaus vorhanden sein, z. B. Bewegungen des Darmes und der Skelettmuskulatur nach dem Schlachten, schlagendes Hühnerherz in Nährlösung.
Die Reizbeantwortung muß nicht immer mit Tätigkeit verbunden sein. Es gibt auch lähmende Reize.
Die Reaktionsfähigkeit ist bei einzelnen Tierarten, Individuen und Zelltypen verschieden, und zwar erfolgt die Reaktion unterschiedlich schnell und intensiv.
Die Verschiedenheit der Reaktion beruht auf der unterschiedlichen Gesamtverfassung des Organismus und seinen anatomischen und physiologischen Besonderheiten.

c Bewegung

1. *Aktive* Zellfortbewegung: Bewegung durch Ausstülpung von Scheinfüßchen = Pseudopodien (z. B. amöboide Bewegung der Leukozyten) oder durch Geißeln (Spermien).
2. Zellbewegung am Ort: Kontraktion von Muskelzellen und Myoepithelien, Flimmerbewegung.
3. Säftestrom in der Zelle.

d Fortpflanzung und Vermehrung

Die Fortpflanzung der Individuen dient der Artvermehrung unter Erhaltung des genetischen Materials. Diese wird durch die Reduplikationsfähigkeit der DNS gewährleistet. Dabei öffnet sich die Watson-Crick-Spirale (s. Seite 28) an einem Ende und jeder DNS-Faden vervollständigt sich durch Bildung eines kongruenten Partners zu einer neuen Watson-Crick-Spirale (Reißverschlußprinzip,

Abb. 8). Störungen in der identischen Reduplikation können zu Mutationen führen.

Die Körperzellen besitzen die Fähigkeit, sich durch Teilung zu vermehren. Gealterte oder geschädigte Zellen werden durch neue ersetzt. Diese *Regenerationsfähigkeit ist verschieden groß*. Die Zellen des Epithel- sowie der Binde- und Stützgewebe haben eine sehr gute Regenerationsfähigkeit. Beim Muskelgewebe ist sie geringer und beim Nervengewebe fehlt sie. Die Nervenzellen können nicht ersetzt werden.

Man unterscheidet die *Mitose,* die *Meiose* und die *Amitose* (Endomitose). Bei der Mitose wird jede Tochterzelle wie die Mutterzelle mit einem doppelten Chromosomensatz ausgestattet, bei der Meiose erhält jede Tochterzelle nur den einfachen Chromosomensatz (Reduktionsteilung, Reifeteilung). Bei der Amitose werden keine freien Chromosomen erkennbar. Die Vervielfältigung des Chromosomenmaterials erfolgt im Stadium des Ruhekerns.

Mitose

Prophase: Die Chromosomen werden als lange, dünne Fäden sichtbar. Sie teilen sich in zwei identische Fäden *(Chromatiden).* Durch spiralige Aufwindung werden sie kürzer und dicker. Die Kernmembran wird aufgelöst. Wenn die Zelle ein Zentrosom besitzt, teilt sich dieses und die beiden Tochterzentrosomen treten zu Beginn der Prophase auseinander und wandern zu den Zellpolen. Die Nucleoli verschwinden gegen Ende der Prophase.

Metaphase: Die *Kernspindel* bildet sich aus den Zentrosomen und langen, kettenartigen Eiweißmolekülen (etwa 15 % des zytoplasmatischen Eiweißes sind daran beteiligt). Die *Spindelfasern* und Kernspindel werden auch in Zellen ohne Zentrosom ausgebildet und dann Polkappen genannt. Die Chromosomen heften sich mit ihrem Spindelfaseransatz *(Centromer)* an die Spindelfäden und ordnen sich in der Äquatorialebene an, „Äquatorialplatte", **Muttersternbildung** (Monaster).

Anaphase: Die Chromosomen wandern zu den Polen (Bildung neuer Spindelfasern zwischen den Chromosomen). Dadurch bildet sich der **Tochterstern** (Diaster).

Telophase: Um die Tochterkerne bilden sich neue Kernmembranen. Die Chromosomen entspiralisieren sich und werden unsichtbar. Die Kernkörperchen bilden sich wieder aus. Von der Mitte ausgehend werden zwischen den Tochterzellen neue Zellmembranen gebildet. Die Kernspindel löst sich auf.

Interphase: Sie ist die Ruhezeit zwischen zwei Teilungen. Der Interphasenkern wurde früher gern als „Ruhekern" bezeichnet. Besser ist die Bezeichnung **„Arbeitskern",** denn nur in der Interphase

ist der Kern in der Lage, seine „Arbeit", die Steuerung des Zellstoffwechsels, zu vollbringen.

Meiose, Reifeteilung

Prophase: Wie bei der Mitose treten die Chromosomen in Erscheinung. Auf ihnen werden gelegentlich kleine, chromatinreiche
Punkte erkennbar, die sog. *Chromomeren.* Die homologen Chromosomen des doppelten Chromosomensatzes legen sich eng aneinander und umschlingen sich *(Chromosomenpaarung).* So entstehen
Bivalente, auch *Tetraden* genannt, da vier Chromatiden beteiligt
sind. Sind die Geschlechtschromosomen verschieden, so paaren sie
sich nicht. An den Chromosomen werden die Chromatiden sichtbar. Die Chromosomen eines Bivalents trennen sich bis auf einen
oder mehrere Berührungspunkte (Chiasma) wieder und bilden
kreuz- oder schlaufenförmige Figuren. Die Berührungspunkte
wandern gegen das Ende der Chromosomen *(Terminalisation).*
Metaphase: Auflösung der Kernmembran und Ausbildung der
Kernspindel. Die Bivalente wandern in die Äquatorialebene.
Anaphase: Die Bivalente teilen sich. Je ein Chromosom wandert
polwärts.
Telophase: Ausbildung einer Kernmembran um die Tochterkerne.
Zellmembranbildung zwischen den Tochterzellen.

Der Meiose schließt sich im allgemeinen eine Mitose an, die wegen
großer Unterschiede zur Mitose der somatischen Zellen als Meiose II bezeichnet wird. Das Endergebnis sind dann vier Zellen mit
haploidem Chromosomensatz.

Bildung der Keimblätter

Da die Gewebe des Körpers aus verschiedenen Keimblättern hervorgehen, soll die Keimblattbildung kurz gestreift werden.
Die befruchtete Eizelle macht mehrere Furchungen durch. Je nach
Dottermenge der Eizelle und der damit verbundenen Größe unterscheidet man mehrere **Furchungstypen.**

Totale Furchung

a) adäqual bei kleinen (oligolezithalen) Eiern, z. B. Amphioxus-Ei
b) inäqual bei mittelgroßen (mesolezithalen) Eiern, z. B. Froschei,
   Molchei.

Partielle Furchung

a) diskoidal (scheibenförmig)
b) superfiziell (oberflächlich)
a + b bei großen, polylezithalen Eiern der Reptilien und Vögel.
Bei kleinen und mittelgroßen Eiern, die in diesem Zusammenhang
nur interessieren, bilden sich zuerst zwei senkrechte, dann eine

äquatoriale Furche aus. Diese teilt die vier Zellen entweder in acht gleichgroße Zellen (adäquale Teilung), oder die oberen Zellen sind kleiner (Mikromere oder animale Zellen) und die unteren größer (Makromere oder vegetative Zellen).
Durch weitere Teilungen entsteht ein Zellhaufen, der maulbeerartiges Aussehen zeigt **(Morula).** Seine Größe ist jedoch nahezu gleich der ursprünglichen Eizelle. Anschließend rücken die Zellen epithelartig aneinander. Es bildet sich ein Hohlraum **(Blastula mit Balstozöl).** Die vegetativen Zellen stülpen sich in die Blastula ein. Das Blastozöl verschwindet. Damit ist die Gastrula mit Gastrozöl entstanden. Die äußere Haut ist das **Ektoderm,** die innere das **Entoderm** (äußeres und inneres Keimblatt).
Das **Mesoderm** entsteht aus der dorsalen Urdarmwand durch Ausschaltung und Abfaltung einzelner Zellgruppen.
Diese recht klaren und einfachen Verhältnisse findet man z. B. beim Lanzettfischchen (Branchiostoma lanceolatum). Bei den höheren Wirbeltieren bilden sich ebenfalls drei Keimblätter aus, allerdings auf etwas kompliziertere Weise (s. dazu Lehrbücher der Zoologie und der Entwicklungsgeschichte).

Es bilden sich aus dem Ektoderm:

a) das gesamte Nervensystem, Zellen der Sinnesorgane und Teile des Auges (Retina, Irismuskulatur, Linse)
b) Oberhaut, Epithel der Hautdrüsen, Haare, Federn u. a., Anhangsorgane der Haut
c) Epithel der kutanen Schleimhaut der Mundhöhle, des Afters und des Scheidenvorhofs

aus dem Entoderm:

a) Epithel der Speiseröhren-, Magen- und Darmschleimhaut und die Anhangsdrüsen des Darms
b) Epithel der Atmungsorgane
c) Epithel der Schilddrüse und des Thymus
d) Epithel des Mittelohrs, der Blase, eines Teiles der Harnröhre und die Chorda dorsalis

und aus dem Mesoderm:

a) Nierenepithel, Epithel des Brust- und Bauchfells, des Herzbeutels und der Keimdrüsen
b) die gesamte Skelettmuskulatur
c) die glatte Muskulatur
d) Herzmuskulatur
e) Knochenmark, Lymphgewebe, Blutgefäße, Milz
f) Binde- und Stützgewebe, Dentin, Zahnzement.

Gewebe und Organsysteme

Ein Gewebe ist ein geschlossener Verband aus gleichartigen und gleichwertigen, einseitig ausgebildeten Zellen samt der von ihnen gebildeten Zwischenzellmasse, also ein Verband von Zellen mit gleichem Bau und gleicher Funktion.

Im *Embryo* herrschen zunächst die *Zellen* vor. Erst allmählich scheiden diese die Zwischenzellmasse (Interzellularsubstanz) ab. Im *ausgebildeten Organismus* kommt der Zwischenzellmasse einzelner Gewebe (besonders Binde- und Stützgewebe) außerordentliche Bedeutung zu.

Die *Zwischenzellmasse* kann als Kittsubstanz in dünner Schicht den Zellverband zusammenhalten (Epithelgewebe), sie kann aber auch an Masse und Ausdehnung die Zellen überragen (z. B. Bindegewebe). Als Kittsubstanz ist sie mehr oder weniger homogen, während sie andernorts durch Fasereinlagerung deutlich strukturiert ist. Durch Einlagerung von Mineralien bedingt sie die Festigkeit der Knochen.

Es sei betont, daß die Zwischenzellsubstanz und ihre Fasern Produkte der Zellen des jeweiligen Gewebes sind.

Gewebearten

Epithelgewebe

Es bedeckt als *Deckepithel* Oberflächen, sowohl die der Haut als auch die der Hohlorgane, der Körperhöhlen und der Gefäße. Als *Sinnesepithel* dient es der Reizaufnahme. Außerdem bildet es das funktionelle Gewebe der Drüsen (*Drüsenepithel*).

Binde- und Stützgewebe

Als *Bindegewebe* vereinigt es die einzelnen Bestandteile des Organismus (nicht Trennung der Bestandteile, wie es dem Präparator erscheint).

Als *Knorpel-* und als *Knochengewebe* stützt es den Gesamtorganismus.

Muskelgewebe

Das Muskelgewebe ist das Element der aktiven Bewegung durch die Kontraktilität der intrazellulären Muskelfibrillen (Myofibrillen). Man unterscheidet *Skelett-, Herz-* und *glatte Muskulatur*.

Blut und Lymphe, zellhaltige Körpergrundflüssigkeiten

Sie dienen dem Transport der Nahrungsstoffe, des Sauerstoffs und des Kohlendioxids, der Dissimilationsprodukte, der Hormone, Enzyme u. a. m. *(Transportgewebe).*

Nervengewebe

Es dient der Reizaufnahme, der Erregungsleitung und -übertragung, der Informationsspeicherung und der Regelung der Organfunktionen.

Man unterscheidet das *Zentralnervensystem (ZNS)* mit Gehirn und Rückenmark, das *vegetative Nervensystem (VNS)* mit Sympathicus und Parasympathicus sowie die *peripheren Nerven.*

1   Epithelgewebe

Das **Deckepithel** bedeckt alle Körperoberflächen, sowohl außen als auch innen. Es schützt diese Oberflächen vor mechanischen, chemischen und thermischen Einflüssen sowie vor Mikroorganismen und Austrocknung. An verschiedenen Stellen, wie z. B. im Darm und in den Körperhöhlen (Bauch- und Brustfell) ist es zur Resorption befähigt.

Das **Drüsenepithel** bildet die funktionellen Anteile der Drüsen (Parenchym). Seine Zellen sind zur Bildung von Sekreten oder Exkreten befähigt, die über Ausführungsgänge in Organlumina oder an die Außenwelt befördert werden.

Das Epithel der innersekretorischen Drüsen bildet Hormone. Diese werden direkt in das Blut oder die Gewebslymphe abgegeben.

Das **Sinnesepithel** (z. B. Riechepithel, Hörzellen, Haarzellen des Gleichgewichtsorgans, Epithel der Geschmacksknospen) kann Reize aufnehmen und an die Nervenendigungen weitervermitteln.

Das Epithelgewebe entwickelt sich aus allen drei Keimblättern (s. Seite 38).

Aus dem *Ektoderm:* Epithel der Haut, der kutanen Schleimhaut der Mundhöhle und des Afters, des Scheidenvorhofs, des Harnröhrenanfangs männlicher Tiere sowie das Sinnesepithel.

Aus dem *Entoderm:* Epithel des Magen-Darm-Kanals sowie seiner Anhangsdrüsen (Leber, Bauchspeicheldrüse), der Atmungsorgane, der Blase und des größten Teils der Harnröhre, der Schilddrüse und des Thymus sowie des Mittelohrs.

Aus dem *Mesoderm:* Epithel der Nieren, des Bauchfells und des Brustfells, der Keimdrüsen sowie das Endothel der Gefäße.

Die Zellen sind eng aneinander gelagert und nur durch eine dünne Schicht der Interzellularsubstanz verbunden. Sie sind scharf begrenzt und oft polar differenziert. Der *Kern* ist im allgemeinen der Zellform angepaßt. Durch die flüssige *Zwischenzellmasse* sind die

Zellen wie zwei nasse Glasplatten geringgradig gegeneinander verschiebbar, aber nicht voneinander zu lösen.
Die Epithelzellen sitzen in der Regel einer Basalmembran auf. Zwischen den Epithelzellen des Deck- und des Sinnesepithels sind *keine Blutgefäße* ausgebildet. Die Ernährung dickerer Schichten erfolgt über den Säftestrom.

Deckepithel

Einteilung des Deckepithels nach dem Aufbau und der Zellform

1. Einschichtiges Epithel.
2. Mehrschichtiges Epithel. Nur die unterste Schicht reicht an die Basalmembran. Die Benennung erfolgt nach der Form der *obersten* Schicht.
3. Mehrreihiges Epithel. Jede Zelle berührt die Basalmembran, aber nicht alle Zellen die Oberfläche.

Einschichtiges Plattenepithel (Abb. 10). Es besteht aus einer Schicht platter Zellen mit geraden oder unregelmäßigen Zellgrenzen. In der Gegend des Kerns ist der Zelleib aufgewölbt. Das einschichtige Plattenepithel bildet die innere Auskleidung der Körperhöhlen (Bauchfell, Brustfell, Herzbeutel), das Endothel der Gefäße und des Herzens, die Auskleidung der Lungenalveolen sowie die innere Deckschicht der Cornea und das Pigmentepithel der Netzhaut.
Die mechanische Beanspruchung des einschichtigen Plattenepithels ist geringer als die des mehrschichtigen Plattenepithels. Vor allem muß die Bindegewebsschicht abgedeckt werden, um glatte Oberflächen zu erhalten. Es ermöglicht einen leichten Stoffaustausch und besitzt zum Teil resorbierende und phagozytierende Fähigkeit. Mancherorts können Blutzellen zwischen seinen Zellgrenzen durchtreten.

Mehrschichtiges Plattenepithel. Das mehrschichtige Plattenepithel bedeckt Oberflächen, die stark beansprucht werden, z. B. äußere Haut und kutane Schleimhaut, Bindehaut des Augapfels.
Das mehrschichtige Plattenepithel der äußeren Haut und der kutanen Schleimhaut ist im Prinzip gleichartig gebaut. Der Grad der Verhornung der Oberfläche hängt von der Stärke der mechanischen Beanspruchung ab. Die Bindehaut des Augapfels weist wenige Schichten auf und verhornt nicht.

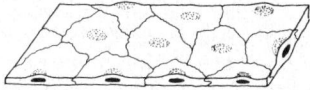

Abb. 10. Einschichtiges Plattenepithel.

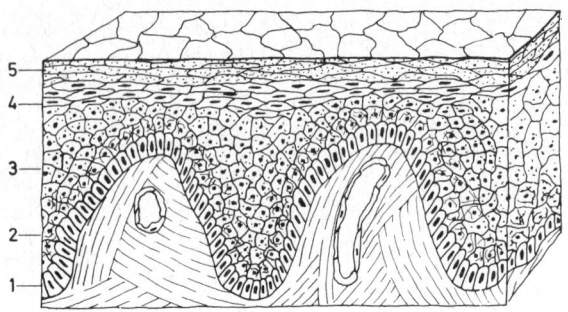

Abb. 11. Mehrschichtiges Plattenepithel auf einem bindegewebigen Papillarkörper aufsitzend. 1 Stratum cylindricum; 2 Stratum spinosum; 3 Stratum granulosum; 4 Stratum lucidum; 5 Stratum corneum.

Schichtenfolge von unten nach oben (Abb. 11):

1. *Stratum basale s. cylindricum = Keimschicht.* Hohe, zylindrische Zellen, die durch Teilung für das Wachstum der Epithelschicht sorgen. Wurzelfüßchen ragen in die Basalmembran. Mit der Basalmembran sitzen die Zellen dem Papillarkörper des Bindegewebes auf. Dieser besteht aus zahlreichen höckerigen Erhebungen, die die Oberfläche rauh gestalten.

2. *Stratum spinosum = Zone der Riffelzellen* (Abb. 12). Polygonale Zellen, die durch *Tonofibrillen* mechanisch beanspruchbar sind. Die Zellen haften mit sog. *Desmosomen* oder Haftplatten besonders fest aneinander. Früher nahm man an, die Tonofibrillen würden an den Desmosomen von einer Zelle in die andere übergehen. Elektronenmikroskopisch konnte aber geklärt werden, daß die Zellmembranen auch im Bereich der Desmosomen erhalten bleiben. Die Tonofibrillen sind statisch ausgerichtet. Der Kern ist kugelig.

3. *Stratum granulosum* (Abb. 12). In den Zellen treten Keratohyalin-Körnchen als Vorstufe des Horns auf. Die Desmosomen bilden sich zurück.

4. *Stratum lucidum.* Die Zellen und die Kerne werden platt. Das Keratohyalin wandelt sich in *Eleïdin* um, das im Mikroskop hell erscheint.

5. *Stratum corneum.* Eleïdin wird in Hornsubstanz *(Keratin)* umgewandelt. Die Kerne der platten Zellen sind zugrunde gegangen. Die Zellen sind tot und werden als Schuppen abgestoßen.

Im Stratum cylindricum und Stratum spinosum kann *Pigment* eingelagert sein. Von manchen Autoren werden das Stratum cylindricum und das Stratum spinosum als *Stratum germinativum* zusam-

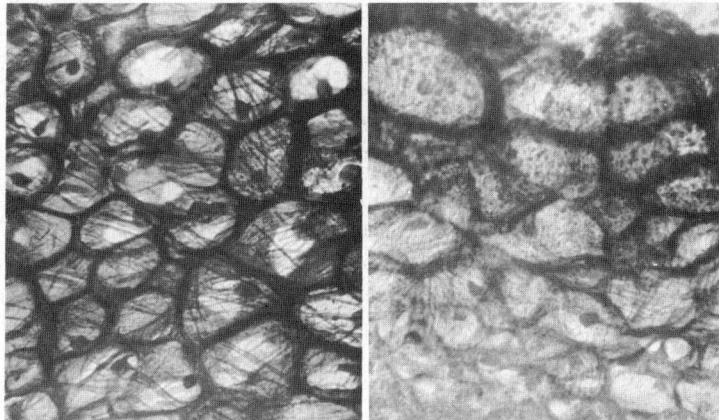

Abb. 12. Stratum spinosum (links) und Stratum granulosum (rechts) im Klauenepithel eines Rinderfötus (Mikrofotos).

mengefaßt, weil auch im Stratum spinosum Zellteilungen beobachtet wurden.

Über die Modifizierung des mehrschichtigen Plattenepithels im Hornschuh s. Seite 328.

Einschichtiges kubisches Epithel (Abb. 13). Man findet es häufig in Drüsenausführungsgängen.

Mehrschichtiges kubisches Epithel. Es kommt selten vor. Die Uterusschleimhaut der Wiederkäuer wird von einem zweischichtigen kubischen Epithel bedeckt. Große Drüsenausführungsgänge können von einem zwei- oder mehrschichtigen kubischen Epithel ausgekleidet sein.

Einschichtiges Zylinderepithel (Abb. 14). Vorkommen: Auskleidung des Verdauungskanals von der Kardiadrüsenzone bis zum Rektum, im Eileiter und in der Gebärmutter, in einzelnen Drüsenausführungsgängen.

Die Oberfläche des Zylinderepithels ist häufig differenziert. Sie kann durch *Mikrovilli* vergrößert sein (Bürstenbesatz des Darmepithels) oder *Zilien* tragen (Kinozilien des Eileiters, Stereozilien des Nebenhodenkanals). Die Kinozilien schlagen ährenwogenähnlich in einer Richtung.

Mehrreihiges Zylinderepithel (Abb. 15). Jede Zelle sitzt auf der Basalmembran, aber nicht jede Zelle erreicht die Oberfläche. Das mehrreihige Zylinderepithel der Atemwege besitzt Kinozilien.

Mehrschichtiges Zylinderepithel. Es kommt in einzelnen Drüsen-

44   Epithelgewebe

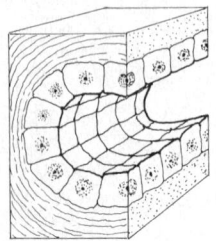

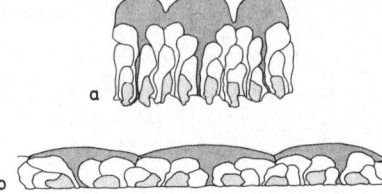

Abb. 13. Einschichtiges
kubisches Epithel.

Abb. 16. Übergangsepithel
(nach PETRY und AMON
1966). a. ungedehnt;
b. gedehnt.

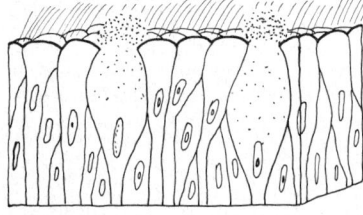

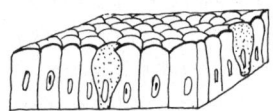

Abb. 15. Mehrreihiges Zylinderepithel mit Flimmerhaaren und Becherzellen.

Abb. 14. Einschichtiges
Zylinderepithel mit zwei
Becherzellen.

ausführungsgängen sowie an der Umschlagsstelle der Bindehaut
vom Augenlid auf den Augapfel vor.

Übergangsepithel (Abb. 16)

Dieses mehrreihige Epithel kleidet die harnableitenden Wege aus.
Selbst bei starker Dehnung kann es diese vollkommen abdecken.
Dazu tragen vor allem große, zum Teil mehrkernige Deckzellen bei.
Entsprechend dem Dehnungszustand sind die Zellen des Übergangsepithels höher oder abgeplattet. Tonofilamente und die Ent-
bzw. Einfaltung ihrer Zellmembran befähigen sie zu dieser Anpas-
sung. Die mehrkernigen Deckzellen entstehen durch Verschmelzung einkerniger Zellen.

Drüsenepithel

Die Aufgabe des Drüsenepithels ist die Abgabe von Stoffen an die
freie Oberfläche bzw. in Hohlorgane (exokrine Drüsen) oder an
den Säftestrom des Organismus (endokrine Drüsen).
Man findet einzelne Zellen (z. B. Becherzellen) oder Zellverbände.
Drüsenzellen sind polar differenziert. Die basalen, dem Blutstrom
benachbarten Abschnitte sammeln das Rohmaterial für die Sekretbildung. Im apikalen Abschnitt (zwischen Kern und Oberfläche)

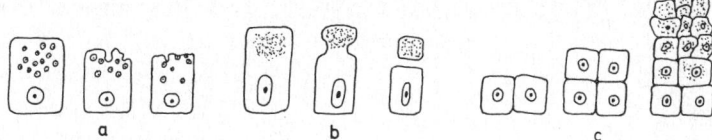

Abb. 17. Sekretionsformen. a. Merokrine Sekretion. b. Apokrine Sekretion. c. Holokrine Sekretion.

formen sich die Sekretvorstufen. Das reife Sekret tritt zur Oberfläche.

Einteilung exokriner Drüsen nach der Art der Sekretion (Abb. 17)

Merokrine Sekretion (z. B. Bauchspeicheldrüse). Die Vorstufen der Sekrete werden im Ergastoplasma gebildet. Die Sekrete entstehen in den Vakuolen des Golgi-Apparats und werden mittels Extrusionsblasen abgegeben. Dabei tritt nur ein geringer Verlust von Zellsubstanz ein.

Apokrine Sekretion (z. B. Schweißdrüsen der Tiere, Milchdrüse). Kuppenartig in die Drüsenlichtung vorspringende Zellteile, die das Sekret enthalten, werden abgeschnürt.

Holokrine Sekretion (Talgdrüsen). Die gesamte Drüsenzelle geht unter Degeneration des Kerns zugrunde. Im Golgi-Feld treten feine Granula auf, die größer werden und zusammenfließen.

Einteilung der exokrinen Drüsen nach ihrem Aufbau (Abb. 18)

Tubulöse Drüsen bestehen aus einem mehr oder weniger stark geschlängelten oder aufgeknäulten Drüsenschlauch. Die tiefen Endstücke sezernieren das Sekret, das durch die oberflächlichen Abschnitte, den Ausführungsgang, abgeleitet wird. Ein typisches Beispiel ist die Schweißdrüse.

Alveoläre Drüsen bilden kleine Bläschen, deren Wände von dem Drüsenepithel ausgekleidet werden. Die Alveolen gehen in einen Ausführungsgang verschiedener Länge über (z. B. Talgdrüsen).

Wenn der Ausführungsgang verzweigt ist, bilden sich **zusammengesetzte Drüsen.** Je nach den Endstücken werden sie als **zusammengesetzte tubulöse** oder **zusammengesetzte alveoläre Drüsen** bezeichnet. **Zusammengesetzte tubulo-alveoläre Drüsen** besitzen sezernierende Tubuli, denen endständig Alveolen angeschlossen sind (z. B. Bauchspeicheldrüse). Sitzen mehrere Tubuli bzw. Alveolen einem unverzweigten Ausführungsgang auf, so werden **verästelte Drüsen** gebildet.

Bei größeren, meist zusammengesetzten Drüsen, z. B. bei der Leber, bilden sich einzelne Untereinheiten in Form der *Drüsenläpp-*

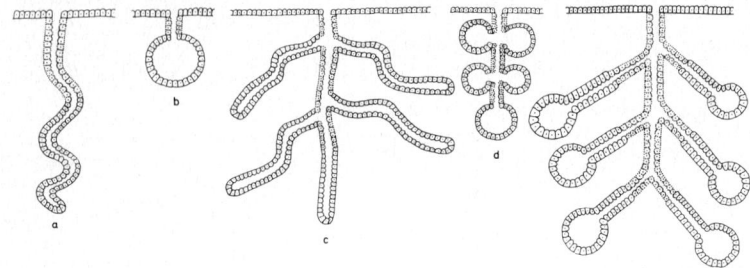

Abb. 18. Drüsenformen. a. Tubulöse Drüse. b. Alveoläre Drüse. c. Verästelte tubulöse Drüse. d. Verästelte alveoläre Drüse. e. Zusammengesetzte tubuloalveoläre Drüse.

chen. Diese werden von Bindegewebe umschlossen und zu einem Organ zusammengefaßt. Das Drüsengewebe wird als **Parenchym,** das Bindegewebe als **Interstitium** bezeichnet. Häufig werden derartige Drüsen auch von einer bindegewebigen **Kapsel** umgeben. Bindegewebszüge der Kapsel gehen in das Interstitium über. Die Blutgefäße und Nerven verlaufen im Interstitium.

Innersekretorische Drüsen besitzen keine Ausführungsgänge. Sie werden von Alveolen oder Drüsenzellhaufen gebildet, deren Zellen besonders eng von Blutkapillaren umschlossen werden.

Zur Resorption befähigte Epithelzellen besitzen Mikrovilli (Bürstensäume). Dadurch wird ihre Oberfläche bis auf das 30fache vergrößert.

Kontraktile Epithelzellen. *Myoepithelzellen, Korbzellen,* an Drüsenendstücken der Schweiß- und Speicheldrüsen sowie der Milchdrüsen und der Tränendrüsen besitzen die Fähigkeit, sich mittels Fibrillen zu kontrahieren und die Drüsenendkammern auszudrücken.

Pigmentepithelzellen enthalten zahlreiche Pigmentgranula (Melanine), z. B. Netzhaut des Auges, pigmentierte Haut.

Die meisten Zellen bilden ihr Pigment nicht selbst, sondern erhalten es von besonderen Zellen, den Melanozyten. Nur die Pigmentzellen der Netzhaut des Auges machen eine Ausnahme.

Die Melanozyten werden in der Neuralleiste gebildet. Diese tritt während der Embryonalentwicklung vorübergehend dorsal vom Neuralrohr auf und zerfällt dann wieder. Aus der Neuralleiste wandern die Melanozyten in die Unterhaut aus und gelangen über diese in das Epithel (Epidermis) der Haut und in die Haaranlagen (Abb. 19). Sie beginnen erst auf ihrer Wanderung kurz vor Erreichen der Epidermis mit der Pigmentsynthese. Farbmuster der Haut und des Fells entstehen dadurch, daß die Melanozyten in bestimm-

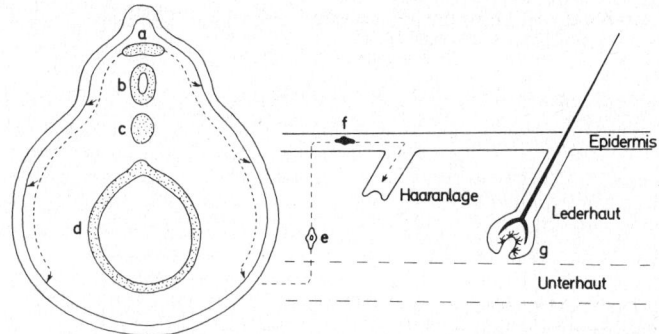

Abb. 19. Wanderung der Melanozyten aus der Neuralleiste in die Haarwurzel (nach DANNEEL 1968, modifiziert). a Neuralleiste; b Neuralrohr;
c Chorda dorsalis; d Darmrohr; e wandernde Pigmentzelle (noch ohne
Pigmentkörner); f Pigmentzelle mit Pigmentkörnern; g Melanozyten in
der Haarwurzel.

te Hautbezirke nicht einwandern können oder daß sie nachträglich
zugrunde gehen, z. B. Schimmel, die dunkelfarben geboren werden
(DANNEEL 1968).

2 Binde- und Stützgewebe

Die Binde- und Stützgewebe entstammen dem mittleren Keimblatt,
dem Mesoderm. Aus dem Mesoderm geht das embryonale Bindegewebe, das *Mesenchym*, hervor, das zugleich Muttergewebe
sämtlicher später auftretender Stützgewebe ist.
Die Zellen der einzelnen Stützgewebe sind morphologisch sehr
unterschiedlich gestaltet. Einheitlich sind dagegen die geformten
Anteile der Interzellularsubstanz. Daher soll die Interzellularsubstanz vorweg besprochen werden.

Die **Interzellularsubstanz** besteht aus:

1. homogener Grundmasse = ungeformte Interzellularsubstanz
2. Fasermasse = geformte Interzellularsubstanz.

Die **homogene Grundmasse,** Grundsubstanz, bildet in den einzelnen Binde- und Stützgeweben Sole oder Gele unterschiedlicher
Konsistenz. Sie ist z. B. relativ flüssig im Bindegewebe, fester und
plastisch im Knorpel oder durch Kalkeinlagerung gehärtet im Knochen.
Neuerdings ist die strenge Unterscheidung von geformter und un-
geformter Interzellularsubstanz nicht mehr haltbar, da die Muko-

polysaccharide, die die Bausteine der homogenen Grundmasse darstellen, im Elektronenmikroskop als geformte Substanz nachweisbar sind.

Mukopolysaccharide (MPS) sind Verbindungen von Aminozuckern mit einer Uronsäure bzw. deren Sulfat. Uronsäuren sind einbasische Säuren der Hexosen. Wichtige MPS sind z. B. Hyaluronsäure, Chondroitinsulfat A und C, α-Heparin und Keratosulfat. Durch zahlreiche elektronegative Gruppen sind die MPS besonders stoffwechselaktiv. An ihnen sammeln sich vor allem Kationen an, die hier die 7—14fache Konzentration wie im Blut erreichen.

Die MPS sind wahrscheinlich zum großen Teil an Proteine gebunden (MPS-Protein-Komplex). Diese großen Moleküle sind im Elektronenmikroskop als fädige Gebilde zu erkennen.

Die **geformte Interzellularsubstanz** besteht aus Kollagenfasern, elastischen Fasern und Gitterfasern.

Die weißen **Kollagenfasern** sehen wie gewellte, spiralig gewundene Haarsträhnen aus. Sie werden auch als kollagene Faserbündel bezeichnet und bestehen aus glatt konturierten, unverzweigten Fibrillen, die durch Kittsubstanz zusammengehalten werden. Beim Kochen ergibt die Eiweißsubstanz der kollagenen Faserbündel Leim (gr. kolla = Leim).

Kollagen ist von allen Proteinen im Körper am weitesten verbreitet (ca. 23—35 %/o des Gesamtproteins). Von der organischen Substanz der Knochen sind 85 %/o Kollagen. Es ist ein *Skleroprotein.* Skleroproteine sind Gerüsteiweiße. Sie sind unlöslich und resistent gegen proteolytische Enzyme und weisen lineare Struktur auf.

Skleroproteine sind:
1. Kollagene: Kollagen, Elastin, Retikulin.
2. Keratine: Hoher Gehalt an Cystin (bei Haaren 14 %/o), daher SO_2-Geruch beim Verbrennen.

Skleroproteine findet man nicht in Pflanzen.

Das **Kollagen** kommt im Tierreich weit verbreitet vor und ist bei allen Wirbeltieren außer den Fischen in seiner Zusammensetzung gleichartig.

Wesentliche Bestandteile des Kollagens sind Glycin und Prolin, besonders Hydroxyprolin. Die Proteine des Kollagens sind in Helixform angeordnet.

Das einzelne *kollagene Faserbündel* setzt sich aus mehreren *Kollagenfasern* (ϕ 1—12 μ) zusammen, diese wiederum aus *Kollagenfibrillen* (ϕ 200—500 mμ), die sich aus *Protofibrillen* (Durchmesser 5 mμ) aufbauen. Die kleinsten Einheiten sind die *Polypeptidketten.*

Die Kollagenfibrillen zeigen im allgemeinen Perioden von 640 Å Länge, die auf unterschiedlicher Lagerung der Polypeptidketten beruhen. Bei Dehnung verlängern sich die hellen Streifen und die dunklen verkürzen sich.

Die *Entstehung der Fibrillen* in der homogenen Grundmasse erfolgt nach neuer Ansicht durch Kristallisation. Die Zellen sind insofern an der Fibrillenbildung beteiligt, als sie entweder in ihrem Zytoplasma Filamente bilden, die aus den Zellen auswandern und sich in der homogenen Grundmasse zu Fibrillen zusammenlagern, oder in ihrem Zelleib Protein bilden, das in löslicher Form auswandert und im extrazellulären Raum zu periodisch gegliederten Kollagenfibrillen polymerisiert.

Die Kollagenfibrillen sind wenig biegungsfest, aber sehr zugfest. Bei maximalem Zug dehnen sie sich nur um etwa 5 % ihrer Länge. Sie werden daher überall dort im Organismus verwendet, wo Zugfestigkeit benötigt wird (Sehnen, Faszien, Aponeurosen). Die geringe Dehnbarkeit ergibt sich aus dem gestreckten Verlauf der Polypeptidketten.

Gitterfasern (Retikulumfasern, Retikulinfasern) sind feinste Fasern, die einzelne Zellgruppen netzartig umspinnen (Muskelzellen, Drüsenepithelzellen, Kapillaren). Ferner befinden sie sich an Grenzflächen vom Bindegewebe zu Epithel- oder Muskelgewebe. Kollagenfasern können in Gitterfasern auslaufen, so daß diese auch als Finger der kollagenen Faserbündel bezeichnet wurden (BENNINGHOFF).

Trotz der großen Ähnlichkeit zwischen den kollagenen Fibrillen und den Gitterfasern bestehen physikalische und chemische Unterschiede. So sind die Gitterfasern gut dehnbar und geben beim Kochen keinen Leim.

Bei Behandlung mit Silbersalzen adsorbieren die Gitterfasern Silber an ihrer Oberfläche und färben sich dabei schwarz, während die kollagenen Faserbündel von kolloidalem Silber imprägniert werden und sich braun färben. Diese Methode erlaubt eine gute Unterscheidung im histologischen Schnitt. Die Kollagenfasern schaffen die grobe, die Gitterfasern die feine Ordnung der Organe. Auch die Gitterfasern haben Perioden von 640 Å. Sie enthalten aber mehr Kohlenhydrate als die Kollagenfasern. Der Bildungsmechanismus und der Bildungsort sind bei den Gitterfasern die gleichen wie bei den kollagenen Faserbündeln.

Elastische Fasern. Vorkommen: Interstitium der Lunge, elastischer Knorpel, Haut, Organkapseln, Gefäßwände, elastische Bänder (besonders Nackenband), Gallenblasenwand.

Lichtmikroskopisch sind sie nicht in Fibrillen gegliedert. Im Elektronenmikroskop erkennt man jedoch, daß sie aus Elastinfibrillen

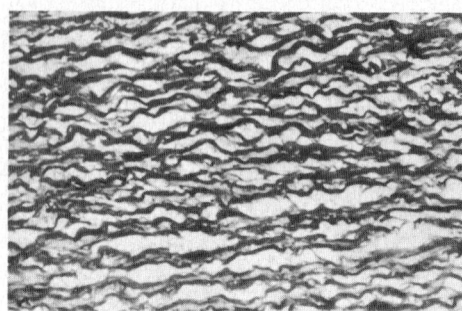

Abb. 20.   Elastische
Fasern aus dem Nak-
kenband (Mikrofo-
to).

mit einem ϕ von 350 Å aufgebaut sind, die ihrerseits aus Proto-
fibrillen von ϕ 80 Å bestehen.
Im Gegensatz zu den kollagenen Faserbündeln sind die elastischen
Fasern reich verzweigt und bilden Netze.
Sie sind *um 100—150 %/o ihrer Länge dehnbar*, haben gelbe Eigen-
färbung (Tunica flava, Aortenwand) und nehmen im Zupfpräparat
Hirtenstabform an.
Ihre *Bildung* erfolgt wahrscheinlich wie die der kollagenen Faserbündel. Sie enthalten weniger Glyzin und wenig Hydroxyprolin.
Beachte: Auch kollagene Faserbündel sind elastisch, aber nicht sehr
dehnbar. Elastizität besagt nur, daß nach Verformung die ursprüngliche Form wieder eingenommen wird (Tischtennisball).
Dieses ist auch bei den kollagenen Faserbündeln in hohem Maß
der Fall.
Die kollagenen Faserbündel und die elastischen Fasern stehen in
enger räumlicher Beziehung zueinander (Abb. 21). Einerseits ziehen die elastischen Fasern die Raumgitter des kollagenen Netz-
werkes nach Zugbeanspruchung in die Ausgangslage zurück, andererseits umspinnen Kollagenfasern die elastischen Fasern und
verhindern deren Überdehnung, indem sie dem Zug kräftigen Widerstand entgegensetzen, wenn ihre Wellung verstrichen ist.

a   Mesenchym, embryonales Bindegewebe

Das Mesenchymgewebe entsteht aus einem Zellverband epithelialen Gefüges dadurch, daß einzelne Zellen auswandern, zarte Fortsätze entsenden und mit diesen ein dreidimensionales Netzwerk
bilden. Die Ausläufer weisen elektronenmikroskopisch Zellgrenzen auf. Zwischen den Mesenchymzellen finden sich gelöste Salze
und Eiweißkörper, aber keine Faserstrukturen. Mesenchymzellen
weisen große Bereitschaft zu Orts- und Formveränderung sowie
zur Teilung auf.

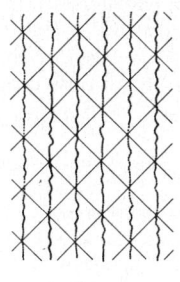
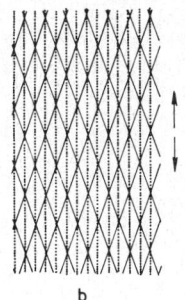
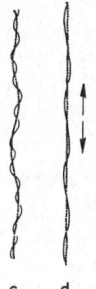

a   b   c   d

Abb. 21. Zusammenwirken kollagener Fasern (durchgezogene Linien) und elastischer Fasern (gepunktete Linien) in der Grundsubstanz.
a. Gitter der kollagenen Fasern entspannt.
b. Gitter der kollagenen Fasern unter Zugbeanspruchung. Die elastischen Fasern werden angespannt und führen das Gitter beim Nachlassen der Zugspannung in die Ausgangsstellung zurück.
c. Kollagene und elastische Faser in Ruhe.
d. Zugbeanspruchung. Die kollagene Faser bewahrt die elastische Faser vor Überdehnung, indem sie nach Verstreichen ihrer „Lockung" unnachgiebig wird.

Das Mesenchymgewebe ist das Muttergewebe aller Binde- und Stützgewebe sowie der Muskulatur.

b Gallertgewebe

Das Gallertgewebe ähnelt dem Mesenchym weitgehend, enthält aber bereits Bindegewebszellen, die interzelluläre Fasern (kollagene Faserbündel) bilden. Vorkommen: Nabelschnur.

c Retikuläres Bindegewebe (Abb. 205)

Es ähnelt von allen Bindegewebsarten im ausgewachsenen Organismus dem Mesenchym am meisten. Die **Retikulumzellen** bilden ein schwammartiges Netz, in dessen Hohlräumen Flüssigkeit und Zellen gelagert sind. Die Zellen gelangen entweder von außen in die Räume oder sie werden aus dem Verband der Retikulumzellen abgeschnürt. Die Zellausläufer werden durch Gitterfasern gestützt. Retikuläres Bindegewebe bildet das *Grundgerüst von Knochenmark, Milz und Lymphknoten.* Es ist die Vorstufe des Fettgewebes.
Aus Retikulozyten des Knochenmarks entstehen über gemeinsame Stammzellen, die Hämozytoblasten, rote und weiße Blutkörperchen. Die Retikulumzellen der Milz und der Lymphknoten bilden die Lymphozyten.

Retikulumzellen haben die Fähigkeit zur *Speicherung* und zur *Phagozytose*, z. B. zur Fettspeicherung im Knochenmark und zur Speicherung von Staubteilchen in den Lymphknoten der Lunge. Die Retikulumzellen der Milz bauen überalterte bzw. geschädigte Erythrozyten ab.

d Fettgewebe

Es entsteht aus läppchenförmigen retikulären Primitivorganen der Unterhaut und anderer Körperstellen (z. B. Fettkapsel der Nieren). Während der Embryonalzeit beteiligen sich die Primitivorgane auch an der Blutbildung.

Das Fett wird in den Zellen in kleinen Tropfen abgelagert, die zusammenfließen, bis schließlich der ganze Zelleib von Fett erfüllt ist. Der Kern wird platt und an die Zellwand gedrückt (Siegelringform). Die Zelle rundet sich ab. Die Fettzellen werden von Gitterfasern umsponnen, die in kollagene Faserbündel übergehen. Diese und die elastischen Fasern nehmen die mechanischen Kräfte auf, die auf das Fettpolster einwirken. Jede Fettzelle wirkt wie ein Druckkissen.

Neben diesen häufigen, *univakuolären Fettzellen* mit sog. weißem Fett gibt es an speziellen Lokalisationen *plurivakuoläre Fettzellen*, deren Fett viel Lipochrom enthält und daher gelb gefärbt ist. Dieses sog. braune Fettgewebe dient, besonders bei Winterschläfern, der raschen Wärmeentwicklung (zitterfreie Thermogenese).

Aufgaben des weißen Fettgewebes

1. Fettstoffwechsel
2. Fettspeicherung (Depotfett)
3. Polster- und Baufett als Druckpolster und zur Befestigung der Organe (z. B. Nierenfett), Modellierung des Körpers
4. Wärmeschutz
5. Platzhalter (z. B. juvenile Milchdrüse)
6. Füllgewebe als Ersatz für rückgebildete Organe oder -teile (Thymus, degenerierte Muskulatur)
7. Speichern von fettlöslichen Stoffen, z. B. Vitaminen

Beim Abbau des Fettes bilden sich die Retikulumzellen zu ihrer ursprünglichen Form zurück. Die Zellen verfetteten Knochenmarks können unter bestimmten Bedingungen (Anämie) ihre blutbildende Funktion wieder aufnehmen.

Vorkommen von Fettgewebe

1. Zentralnervensystem und Nerven (Isolierschicht und Polster)
2. Unterhaut
3. Bauchdecken

4. Nierengegend (Polster, Wärmeschutz)
5. Großes Netz
6. Nacken (Kammfett bei Hengst und Bulle)
7. Orbitalhöhe (Polster)
8. Herz (besonders Kranzfurche)
9. Fettmark der Knochen

Man unterscheidet zwischen **Depot- und Baufett,** die als Energiespeicher, Platzhalter, Wärmeschutz oder Polster dienen, und dem **Organfett,** das ein Strukturbestandteil der Zellen ist (vgl. S. 32).
Das Fettgewebe besitzt einen regen Stoffwechsel. Mit Hilfe markierter Fettsäuren konnte nachgewiesen werden, daß die Hälfte der Fettsäuremoleküle im Depotfett von Hunden und Schweinen im Laufe weniger Wochen erneuert wurde.
Eine Schlüsselstellung im Fettstoffwechsel nimmt die *Leber* ein. Dort finden folgende Stoffwechselvorgänge statt:

1. Hydrierung und Dehydrierung von Fettsäuren und dadurch Bildung der artcharakteristischen Fettsäuren
2. Bildung von Fetten aus Kohlenhydraten und Protein
3. Synthese von Lipoiden

Aber auch die Zellen des Fettgewebes sind an dem Fettstoffwechsel beteiligt. Sie enthalten viele Mitochondrien. Mit Hilfe der Enzyme des Fettsäurezyklus wird ständig Fett synthetisiert und abgebaut. Bei reichem Fettangebot werden die aufgenommenen Fette erst gespeichert und später zu körpereigenem Fett umgebaut.
Bei der *Mast* bildet sich das Fett zuerst in der Unterhaut, dann intermuskulär. Schließlich tritt intramuskuläre Verfettung als Marmorierung des Muskels auf. Wichtig für die Beurteilung der Fleischqualität ist das sog. *Fleisch-Fett-Verhältnis.* Dieses wird z. B. beim Schwein auf einem Querschnitt durch Unterhaut und Rückenmuskulatur hinter der 13. Rippe bestimmt.
Die Rückenspeckdicke wird am lebenden Tier mit Hilfe des Echolots bestimmt, um ein Maß für die Zuchtauslese zu erhalten.

Tab. 1. Fettanteil am Zweihälftengewicht
(nach Bogner und Matzke 1964)

Tierart	$\emptyset$ Gewicht (kg)	$\emptyset$ Fettgehalt (%)
Bullen (Höhenvieh)	505	7,4 (2,1—16,2)
Bullenkälber	94,8	2,8
weibliche Kälber	82,7	3,4
DvL Schweine	100	29,0 (21,8—38,0)
Lämmer	40	19,5

Fette mit hohem Gehalt an ungesättigten Fettsäuren sind vom Organismus besser verwertbar und bekömmlicher als harte Fette, die größtenteils langkettige, gesättigte Fettsäuren enthalten. Die **Konsistenz der Fette** ist abhängig von den Anteilen ungesättigter Fettsäuren.

Tab. 2. Schmelzpunkt einiger Fette

Hammeltalg	44—51 $^\circ$ C	Hundefett	37—40 $^\circ$ C
Rindertalg	42—49 $^\circ$ C	Hühnerfett	33—40 $^\circ$ C
Schweinefett	36—46 $^\circ$ C	Gänsefett	26—35 $^\circ$ C

Die Doppelbindungen der ungesättigten Fettsäuren werden leicht von Oxydationsmitteln angegriffen und binden leicht Halogene. Die **Jodzahl** der Fette dient als Maß für die in einem Fett enthaltenen Mengen ungesättigter Fettsäuren. Sie gibt an, wieviel Gramm Jod von 100 Gramm eines Fettes gebunden werden. An jede Doppelbindung lagern sich zwei Atome Jod an.

e   Lockeres Bindegewebe

Vorkommen: Zwischen den Organen und Gewebeschichten des Körpers (interstitielles Bindegewebe, Unterhaut, zwischen den Muskelbündeln usw.). Es verbindet die Einzelteile und ermöglicht ihr Gleiten gegeneinander (Verschiebeschicht).
Neben dieser mechanischen Funktion besitzt es aber auch Stoffwechselfunktionen. Es bildet Transportstraßen zu den Zellen und dient als Wasserspeicher und Ionendepot.
Große Bedeutung hat das lockere Bindegewebe bei der Regeneration der Stützgewebe und bei der Reparation von Defekten (Narbenbildung). Die Zellen des lockeren Bindegewebes (Abb. 22) werden **Fibrozyten** genannt. Diese sind dünne, spindelförmig erscheinende Zellen mit membranartigen und spießförmigen Fortsätzen. Ihr Kern ist relativ groß, meist oval oder nierenförmig mit zartem Chromatingerüst. Die Zellen liegen entweder netzförmig vereinigt oder einzeln in der Grundsubstanz. Sie können geringgradige Ortsveränderungen ausführen.
Neben diesen fixen Zellen kommen im lockeren Bindegewebe noch folgende Zellen vor:

1. Histiozyten (Makrophagen)
2. Basophile Rundzellen (Lymphozyten, Monozyten)
3. Plasmazellen (Immunozyten)
4. Gewebsmastzellen
5. Granulozyten (Mikrophagen)
6. Melanozyten

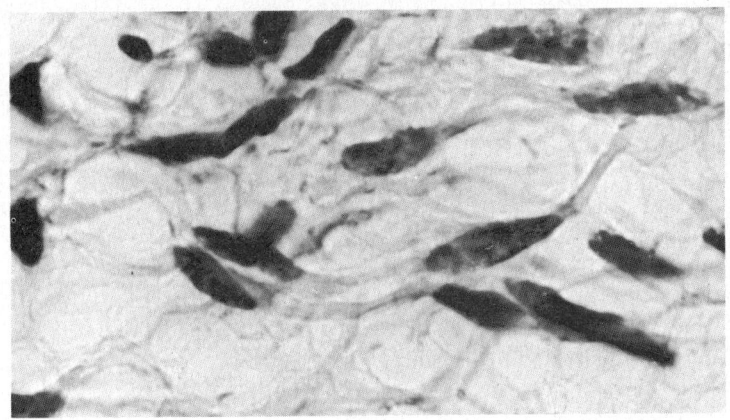

Abb. 22. Fibrozyten aus der Unterhaut eines Rinderfötus (Mikrofoto).

Histiozyten (Makrophagen) sind unregelmäßig geformte, abgeflachte Zellen, die Partikelchen (Bakterien, Gewebeteile etc.) phagozytieren und speichern können. Sie können sich langsam kriechend fortbewegen. Wahrscheinlich stammen sie von Fibrozyten ab, vielleicht auch von anderen Zellen.
Lymphozyten sind kleine runde Zellen mit schmalem Plasmasaum und rundem Kern. Sie stammen aus dem Blutstrom und den Lymphzentren. Man unterscheidet große Lymphozyten mit einem $\emptyset$ von 10—18 μ und kleine Lymphozyten mit einem $\emptyset$ von 6—10 μ (s. Seite 180).
Monozyten sind amöboid bewegliche Zellen, die größere Teilchen phagozytieren können. Sie ähneln den Histiozyten. Der Kern ist rundlich, eingebuchtet oder gelegentlich gelappt. Das Plasma ist mit feinen Granula und oft mit Vakuolen durchsetzt. Sie sind Makrophagen und lösen korpuskuläres Antigen auf, das sie in lösliches, immunogenes Antigen umbilden. Dieses wird von den Plasmazellen aufgenommen.
Plasmazellen sind mittelgroße, rundliche oder polygonale Zellen, deren rundlicher Kern exzentrisch liegt. Auf Gewebsschnitten zeigt der Kern oft typische Radspeicherstruktur durch radiäre Anordnung des Chromatins. Die Plasmazellen weisen ein ausgeprägtes Ergastoplasma auf. In reifen Plasmazellen treten „Vakuolen" mit Eiweißkörpern auf. Plasmazellen unterscheiden sich nach ihrem Alter und Funktionszustand. Plasmazellen werden aus Immunoplasten gebildet, die aus B-Lymphozyten hervorgegangen sind. Sie haben eine Lebensdauer von 10—30 Tagen. In chronisch-

entzündlichem Gewebe reichern sie sich stark an. Ihre Aufgabe in der Infektionsabwehr ist die Bildung humoraler Antikörper. Diese zirkulieren im Blut und können mit dem Blutserum übertragen werden.

Gewebsmastzellen sind runde bis vielgestaltige Zellen mit rundlichen Granula im Zelleib. PAUL EHRLICH hielt die Granula für gespeicherte Nahrungsstoffe, mit denen sich die Zellen gemästet haben. Daher gab er ihnen den Namen Mastzellen. Die Granula enthalten jedoch *Heparin* und *Histamin*. Heparin verhindert die Blutgerinnung, Histamin erweitert u. a. die Blutgefäße und wird bei allergischen Vorgängen freigesetzt. Die physiologische Funktion der Gewebsmastzellen besteht in der Bildung von Mukopolysacchariden für die Interzellularsubstanz.

Granulozyten sind kleine granulierte Zellen, die aus dem Blut stammen und durch die Kapillarwände in das Bindegewebe einwandern. Je nach der Affinität ihrer Granula zu sauren oder basischen Farbstoffen unterscheidet man neutrophile, azidophile und eosinophile Granulozyten. Alle Granulozyten können sich amöboid bewegen und phagozytieren.

Melanozyten sind Pigmentzellen, Chromatophoren. Sie stammen nicht aus dem Bindegewebe, sondern aus dem Ektoderm (siehe Seite 46), sind aber in das Bindegewebe eingewandert und ähneln den Bindegewebszellen. Das Pigment liegt in Körnchen im Zelleib. Der Kern ist in ungefärbten Zellen als helle Aussparung zu erkennen. Das Pigment (Melanin) ist ein Eiweißabkömmling von gelber bis braunschwarzer Farbe. Eine große Bedeutung haben die Chromatophoren für die wechselnde Färbung der niederen Wirbeltiere. Die Färbung wird bei diesen Tieren hormonell von der Hypophyse gesteuert.

Interzellularsubstanz des lockeren Bindegewebes

Die homogene Grundmasse ist reich an Hyaluronsäure und Chondroitinsulfat. Die Permeabilität des Gewebes kann durch das Ferment Hyaluronidase gesteigert werden.

Der Verlauf der *kollagenen Faserbündel,* der *elastischen Fasern* und der *Gitterfasern* richtet sich nach der jeweiligen Funktion. Die Fasern sind locker gelagert.

f   Straffes Bindegewebe

Vorkommen: Lederhaut, Bindegewebshaut (Propria) der Schleimhäute, Organkapseln, Fibrosa der Gelenkkapseln, der Knochenhaut und des Herzbeutels, Faszien.

Je einseitiger die mechanische Beanspruchung des Bindegewebes ist, desto regelmäßiger ist sein Feinbau. Bei den Fasern überwiegen die kollagenen Faserbündel, die wesentlich dichter gelagert sind als im lockeren Bindegewebe. Elastische Fasern führen gezerrtes Gewebe in seine Ausgangslage zurück. Die Zellen sind nach Art und Form die gleichen wie im lockeren Bindegewebe, jedoch seltener anzutreffen.

g Sehnen und Bänder

Bei den Sehnen und Bändern sind die kollagenen Faserbündel sehr dicht gelagert und parallel ausgerichtet. Sie werden gruppenweise durch gefäßeführendes, lockeres Bindegewebe zusammengefaßt (Peritenonium internum). Diese Züge lockeren Bindegewebes stehen mit dem Bindegewebe in Verbindung, das die Sehne umkleidet (Peritenonium externum).

Im lockeren Bindegewebe befinden sich auch elastische Fasern, die für eine leichte Wellung der Sehnen und Bänder sorgen. Dadurch ist ein allmähliches Anspannen möglich.

Zwischen den kollagenen Faserbündeln liegen die Bindegewebszellen, sog. **Sehnenzellen,** die mit flügelartigen Ausläufern die Faserbündel umfassen *(Flügelzellen).* Oft liegen die Zellen in Reihen hintereinander (Tochterzellen) (Abb. 23).

Sehnen dienen als Verbindungen der Muskeln mit den Knochen. Sie ermöglichen es den Muskeln, ihre Kraft auf entfernt gelegene Knochen einwirken zu lassen (z. B. Sehnen zu den Zehenknochen). Die Sehnenfasern gehen in die Sharpeyschen Fasern der Knochenhaut über und werden durch diese fest im Knochengewebe verankert.

Sehnenabschnitte mit dem geschilderten Aufbau werden **Zugsehnen** genannt. Sie unterscheiden sich von jenen Abschnitten, die über Knochenvorsprünge bzw. Sesambeine gleiten. Diese werden **Gleitsehnen** genannt und weisen mehr oder weniger starke Knorpelzelleinlagerungen auf. Dadurch nehmen sie den Charakter von Faserknorpel an (Abb. 26). An ihrer Oberfläche bildet sich ein *Polster* aus (Abb. 24; 25). Unter diesem liegt die *Druckschicht,* die in die rein sehnige *Zugschicht* übergeht. Die Fasern der Druckschicht verlaufen nicht parallel, sondern scherengitterartig verwoben, damit sie auch Scherkräfte aufnehmen können (z. B. an der tiefen Beugesehne im Bereich der Fußrolle, an der Bizepssehne im Bereich des Humeruskopfes).

Bänder verbinden die Knochenenden an den Gelenken (s. Seite 71) und geben ihnen die Führung. Sie gehen ebenfalls in die Knochenhaut und das Knochengewebe über und sind ähnlich gebaut wie die Sehnen.

Über *Hilfseinrichtungen* der Sehnen s. Seite 132.

h Elastisches Bindegewebe

Vorkommen: Nackenband, gelbe Bauchhaut.

Die Fasermasse besteht vorwiegend aus elastischen Fasern, die

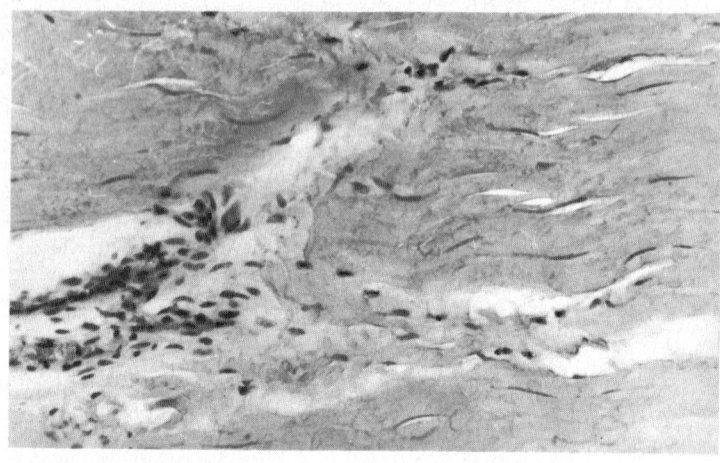

Abb. 23. Sehnengewebe. Das zellreiche Gebiet besteht aus lockerem Bindegewebe (Peritenonium internum) mit Kapillargefäßen (Mikrofoto).

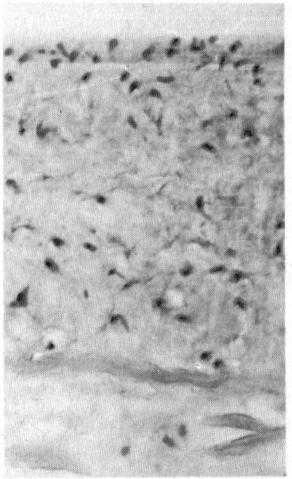

Abb. 24. Ausschnitt aus einem Polster einer Gleitsehne. Tiefe Beugesehne, Rind, Fußrollenabschnitt (Mikrofoto).

parallel laufen, aber durch Ausläufer netzartig miteinander verbunden sind. Dazwischen liegt ein Gitterwerk aus kollagenen Faserbündeln und Gitterfasern, die die elastischen Fasern quer zur Verlaufsrichtung umranken. Sie bieten Schutz vor Überdehnung. Elastisches Bindegewebe findet man überall dort, wo Bindegewebsplatten starker Dehnung ausgesetzt sind. Die Zellen sind typische Bindegewebszellen.

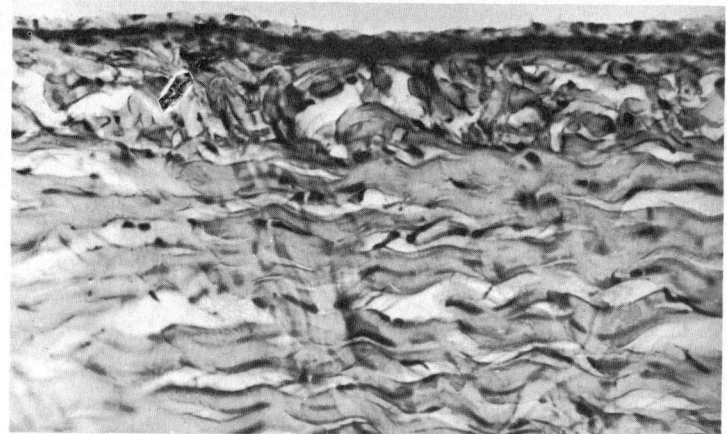

Abb. 25. Oberfläche einer Gleitsehne mit Polster. Tiefe Beugesehne, Rind, Fußrollenabschnitt (Mikrofoto).

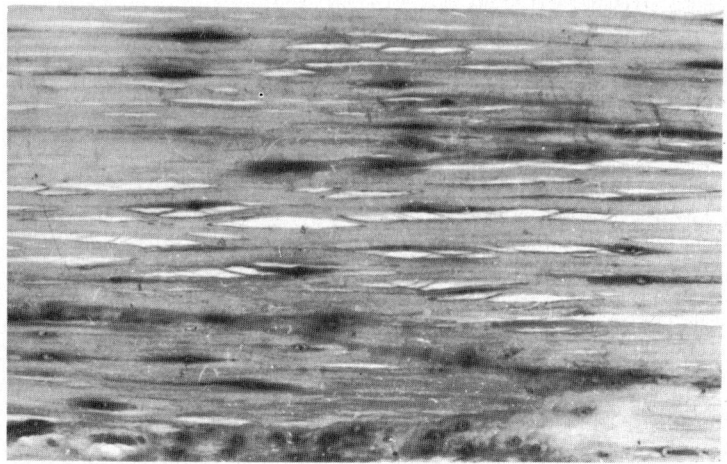

Abb. 26. Ausschnitt aus einer Gleitsehne. Tiefe Beugesehne, Rind, Fußrollenabschnitt (Mikrofoto).

i Knorpelgewebe

Das Knorpelgewebe ist besonders druckelastisch. Man findet es daher überall dort, wo mechanische Kräfte elastisch aufgefangen und Weichteile elastisch gestützt werden müssen, z. B. Gelenkenden, Zwischenwirbelscheiben, Luftröhre, Ohrknorpel, Nasenscheidewand.

Nach der Art der Fasern und ihrem Verhältnis zur homogenen Grundsubstanz unterscheidet man *hyalinen, Faser-* und *elastischen Knorpel.*

Die **Knorpelzellen** sind große, rundliche bis kürbiskernförmige Zellen, die in *Knorpelhöhlchen* liegen. Sie werden von einer *Kapsel* umgeben, die jedoch schon der Interzellularsubstanz angehört und im Nativpräparat starke Lichtbrechung aufweist. Eine oder mehrere Zellen werden von einem sog. *Knorpelhof* umgeben, der sich durch unterschiedliche Farbintensität von der übrigen Interzellularsubstanz unterscheidet. Je nach Farbstoff ist der Hof heller oder dunkler als die Umgebung gefärbt. Der Knorpelhof enthält weniger Chondroitinsulfat als die Knorpelkapsel. Oft werden mehrere Zellen von einem Hof umschlossen. Solche Zellen stammen meist von einer Mutterzelle ab und werden als *isogene Gruppe* bezeichnet. Knorpelhof und Inhalt sind ein *Territorium* oder *Chondron.* Die dazwischen liegende Interzellularsubstanz wird Interterritorialsubstanz genannt.

Im hyalinen Knorpel und im Faserknorpel umlaufen die kollagenen Faserbündel die Knorpelzellen oder Zellgruppen in Wicklungen mit unterschiedlichem Verlauf, häufig in achtertourähnlichen Zügen. Die Fasern lösen sich aus dem das Knorpelgewebe umgebenden, straffen Bindegewebe, dem *Perichondrium.* Sie verlaufen zwischen den Zellen hindurch und strahlen auf der anderen Seite des Knorpelstücks in das Perichondrium ein. Besonders deutlich konnte diese Architektur am Hufknorpel und an den Luftröhrenspangen nachgewiesen werden. Die Fasern ergeben die Zugfestigkeit des Knorpels. Bei Druck wirken die Knorpelzellen als Druckkissen. *Die Druckfestigkeit des Knorpels übertrifft seine Zugfestigkeit.*

Im **Faserknorpel** sind die kollagenen Faserbündel ohne vorherige physikalische oder chemische Bearbeitung nachzuweisen. Er enthält sehr viele Kollagenfasern und wenige Zellen.

Vorkommen: Hufknorpel, Anulus fibrosus der Zwischenwirbelscheiben, Menisken.

Im **hyalinen Knorpel** (Abb. 27) sind die kollagenen Faserbündel nicht ohne weiteres zu erkennen. Sie haben das gleiche Lichtbrechungsvermögen wie die homogene Grundmasse. Sie sind maskiert. Die Ursache dafür ist die Anwesenheit größerer Mengen von Chondroitinsulfat, die an die kollagenen Faserbündel gebunden wird und diese zum Aufquellen bringt.

Vorkommen: Gelenkknorpel, Trachealringe, Rippenknorpel, Nasenscheidewand und an vielen anderen Stellen. Vor der Verknö-

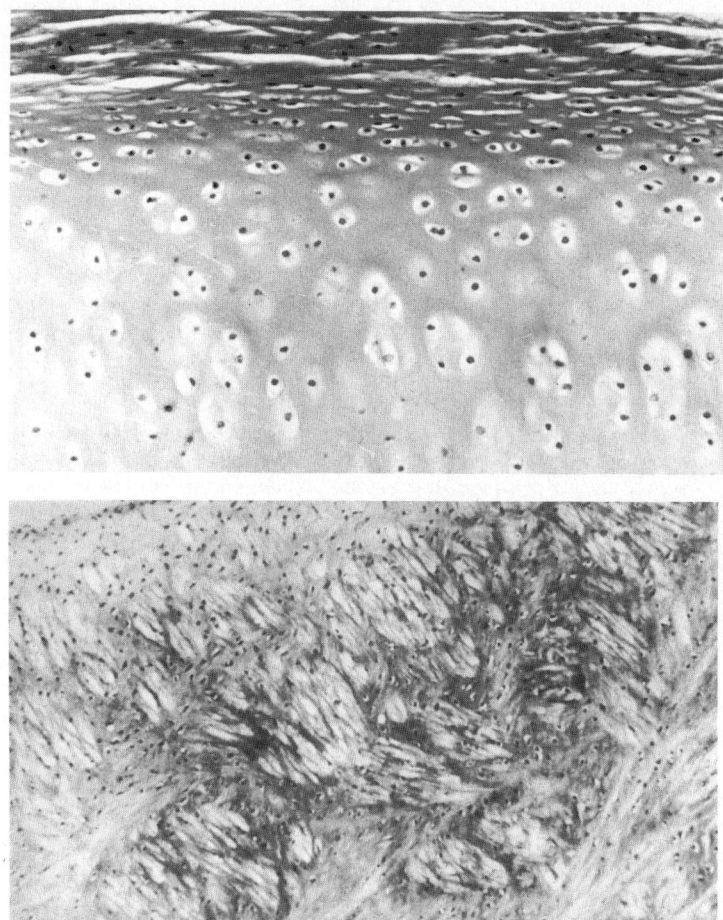

Abb. 27. Oben: Hyaliner Knorpel. Luftröhrenknorpel, Kalb. Unten: Faserknorpel, Meniskus, Hund (Mikrofotos).

cherung bestehen viele Teile des Skelettsystems aus hyalinem Knorpel.

Im **elastischen Knorpel** befindet sich ein dichtes Netzwerk elastischer Fasern, die in ihrer Hauptverlaufsrichtung ähnlich wie die kollagenen Faserbündel im hyalinen Knorpel angeordnet sind.

Vorkommen: Kehldeckel, Nasenspitzenscheidewand, Ohrknorpel.

Das Knorpelgewebe enthält nur in Ausnahmefällen Blutgefäße.
Der Diffusionsstrom fließt sehr schnell. Innerhalb von Minuten
sind intravenös injizierte Isotope bereits in den Knorpelzellen anzutreffen.

k Knochengewebe

Der wasserfreie Knochen besteht zu etwa $1/3$ aus organischer
und $2/3$ aus anorganischer Substanz. Etwa 20 % des Knochens
sind Wasser. 25 % der Trockensubstanz sind Kollagen. Das
Knochenmark ist sehr fettreich.

Knochen enthält besonders folgende Mineralien (bezogen auf
Asche): Kalzium 36,5—38 %, Phosphor 17—18 % und Magnesium
0,5—0,9 %. Diese liegen überwiegend als Apatit, besonders als
Hydroxylapatit vor.

Aufbau des Knochens

Außen liegt dem Knochen das **Periost,** die Knochenhaut, an. Dieses besteht aus straffem Bindegewebe, der *Fibrosa,* und der *Kambiumschicht* oder Osteoblastenzone. Kollagene Faserbündel, sog.
Sharpeysche Fasern, und Blutgefäße dringen vom Periost ausgehend in den Knochen ein und schaffen eine innige Verbindung
zwischen Periost und Knochen. An den Gelenkenden setzen sich
die kollagenen Faserbündel des Periost in die oberste Schicht des
Gelenkknorpels fort. Ein Teil strahlt auch in die Gelenkkapsel ein.
So kann es bei Entzündungen der Gelenke oder durch chronische
Zerrung der Gelenkkapsel zu Reizungen des Periost und zur Kno-
chenbildung, sog. Exostosenbildung, kommen. Die Fasern der Sehnen, die am Knochen ansetzen, gehen entweder in das Geflecht des
Periost über, oder sie strahlen bis in das Knochengewebe ein. Im
Periost befinden sich zahlreiche Blutgefäße und Nerven.

Unter dem Periost befindet sich die „Rinde" des Knochens, die
Kompakta oder *Kortikalis* (Abb. 29). Diese besteht aus den Knochenzellen und der von diesen gebildeten, lamellenförmig angeordneten Interzellularsubstanz. Außen und innen liegen die sog.
Generallamellen (äußere und innere Generallamellen). Um die
Blutgefäße sind die *Speziallamellen* oder Haversschen Lamellen
gelegen, die durch die *Schaltlamellen* verbunden werden. Die
Schaltlamellen sind als Reste von ab- bzw. umgebauten Speziallamellen anzusehen. Die parallel zur Knochenoberfläche verlaufenden Blutgefäßkanäle der Knochen werden als *Haverssche Kanäle*
bezeichnet.

Die **Lamellen** enthalten zwischen der homogenen Grundsubstanz,
die beim Knochen besonders fest ist, *kollagene Faserbündel,* die
in den Lamellen einen unterschiedlichen Verlauf haben. Man unterscheidet flache von steil gewickelten Lamellen. Die flach ge-

wickelten Lamellen sind auf Druck, die steil gewickelten auf Zug belastbar. Infolge der Kombination der beiden Lamellentypen in einem System wird dieses für die verschiedensten Beanspruchungen widerstandsfähig. Ein HAVERSscher Kanal mit seinen Lamellen wird **Osteon** genannt (Abb. 28). Horizontal verlaufende Gefäßkanäle sind die sog. *Volkmannschen Kanäle.*

Die **Knochenzellen, Osteozyten,** liegen zwischen den Lamellen in kleinen Knochenhöhlchen. Durch zahlreiche feinste Fortsätze stehen sie miteinander in Verbindung. Die Nahrungsstoffe und die Abfallprodukte können so von Zelle zu Zelle geleitet werden. Die inneren Zellen stehen mit den Gefäßen des Haversschen Kanals in Verbindung.

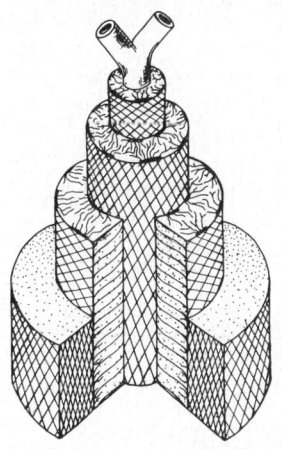

Abb. 28. Schema eines Osteon. Zentral der Haverssche Kanal mit einem Blutgefäß. Um diesen verschiedene Speziallamellen mit unterschiedlichem Verlauf der kollagenen Fasern in der Grundsubstanz (Original unter Berücksichtigung eines Schemas von KNESE aus BARGMANN 1964).

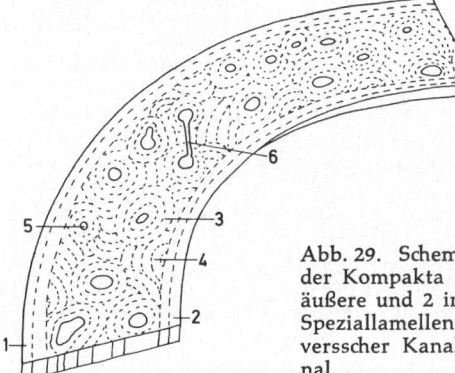

Abb. 29. Schema der Lamellensysteme der Kompakta eines Röhrenknochens. 1 äußere und 2 innere Generallamellen; 3 Speziallamellen; 4 Schaltlamellen; 5 Haversscher Kanal; 6 Volkmannscher Kanal.

Die **Interzellularsubstanz** des Knochens enthält kollagene Faserbündel, Mineralien und 1—3 % Mukopolysaccharide. Die Faserbündel der Lamellen laufen nicht nur parallel, sondern teil-

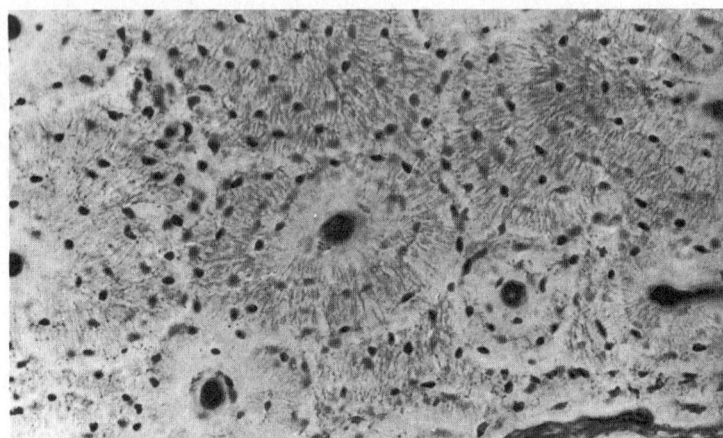

Abb. 30. Kompakta eines Röhrenknochens (Mikrofoto). Die kleinen
dunklen Punkte sind Knochenhöhlchen, die großen sind Querschnitte
durch Haverssche Kanäle. Rechts im Bild ein Volkmannscher Kanal angeschnitten.

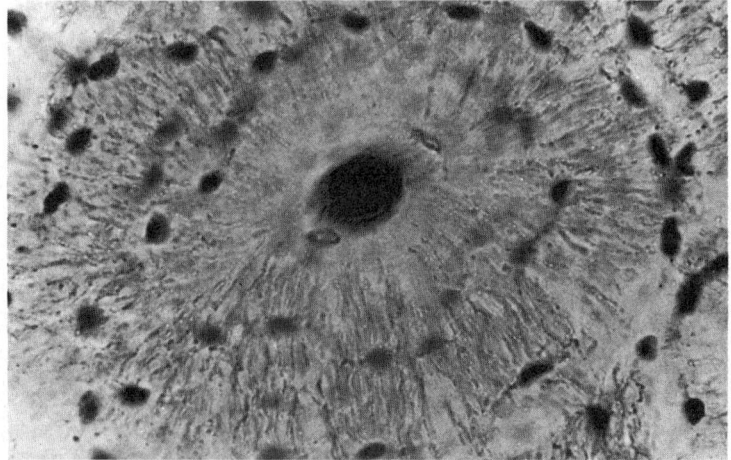

Abb. 31. Querschnitt durch ein Osteon. Beachte die von den Knochenhöhlchen ausgehenden Knochenkanälchen (Mikrofoto).

weise auch in Gittern. Fasern einer Lamelle gehen auch in das Fasersystem der anderen Lamellen über. Eventuell werden sogar Fasern der übernächsten Lamelle aufgenommen. Wichtigstes Mineral der Interzellularsubstanz ist der **Hydroxylapatit,** der in Kristallform eingelagert ist. Dabei spielt nicht so sehr seine genaue chemische Zusammensetzung eine Rolle als vielmehr sein Kristallgitter, denn einzelne Komponenten des Hydroxylapatits sind austauschbar, z. B. Strontium gegen Ca (Atombombenschäden, besonders bei Kindern!).

An die Seitengruppen des Hydroxylapatits können Stoffe angelagert werden, ohne daß die Kristallstruktur verändert wird. Dadurch wird das Skelettsystem zum *Mineralstoff-Reservoir.* In den Kristallgittern können auch Leerstellen auftreten, ohne daß sich die Struktur ändert. Jedoch hat eine zu starke Demineralisierung der Knochen bei fehlendem Nachschub Krankheiten zur Folge, z. B. Knochenweiche.

Bei der Einlagerung von Mineralien in die Interzellularsubstanz kann man nicht von „Verkalkung" sprechen, sondern muß den Vorgang als „Mineralisation" bezeichnen. Die Kristalle haben Nadelform, deren Länge unter der der Perioden der kollagenen Fasern liegt.

Die in die Interzellularsubstanz eingelagerten kollagenen Fasern sind vorgespannt wie die Eisendrähte im Stahlbeton, d. h. sie sind in gestrecktem bzw. gespanntem Zustand inkrustiert. Bei Druckbelastung läßt der Zug nach, so daß die Fibrillen vor dem Abknikken bewahrt werden (KNESE 1958). Somit wird zugfestes Material zur Erhöhung der Druckfestigkeit benutzt.

Innerhalb des Knochens befindet sich bei langen Röhrenknochen die **Markhöhle,** die vom **Knochenmark** ausgefüllt wird. Das Knochenmark besteht aus retikulärem Gewebe, in das Stammzellen (Hämozytoplasten) für die roten und weißen Blutkörperchen und die von ihnen gebildeten Tochterzellen eingelagert sind. Besonders bei jungen Tieren ist das Knochenmark ein wichtiger Ort der Blutbildung. Es ist stark durchblutet und wird *rotes Knochenmark* genannt. Im Alter bildet es sich großenteils zu gelblichem *Fettmark* um. Bei sehr alten und stark abgemagerten Tieren wird das Fett resorbiert, so daß das *Gallertmark* entsteht (Schwimmprobe). Bei sehr starken und vor allem chronischen Blutverlusten kann sich das Fettmark teilweise wieder in rotes Knochenmark zurückverwandeln.

An beiden Enden der Röhrenknochen befindet sich geflechtartiger Knochen, die **Spongiosa** (Abb. 32), die bei kleinen und platten Knochen den gesamten Innenraum einnimmt. Die Hohlräume der Spongiosa sind mit rotem Knochenmark ausgefüllt, das im Gegensatz zu dem in der Markhöhle die Fähigkeit zur Blutbildung be-

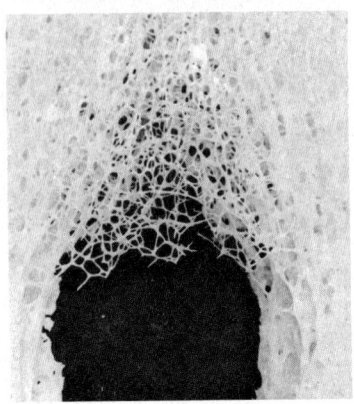

Abb. 32. Bälkchenspongiosa.
Fesselbein, Pferd (Foto).

hält. Die Spongiosa kann Bälkchen- oder Plättchenstruktur haben (Bälkchenspongiosa oder Plättchenspongiosa). Die Bälkchen oder Plättchen sind nach dem Verlauf der Druck- und Zuglinien ausgerichtet (trajektorielle Anordnung). Sie gewährleisten damit maximale Belastbarkeit bei minimalem Materialaufwand und geringem Gewicht.

Bei Vögeln und am Schädel der Säugetiere kommen pneumatisierte Knochen vor (Nasennebenhöhlen der Säuger), die mit den Atmungsorganen in Verbindung stehen und Luft enthalten.

Knochenbildung

An den meisten Röhrenknochen des Skeletts kann man einen Schaft, **Diaphyse,** und zwei Endstücke, **Epiphysen,** unterscheiden. In der Wachstumsperiode sind die Epiphysen, in denen eigene Verknöcherungszentren auftreten, durch eine knorpelige **Epiphysenfugenscheibe** von der Diaphyse getrennt. Ausgeprägte Knochenfortsätze (z. B. großer Umdreher des Oberschenkelknochens) werden ebenfalls über eigene Knochenkerne gebildet, die dann als **Apophysen** bezeichnet werden.

Der Knochen bildet sich aus vorgebildeten Elementen bindegewebiger Natur (Kopfknochen) oder aus hyalinem Knorpel (übriges Skelett). Man spricht entsprechend von *desmaler* bzw. *chondraler Knochenbildung.*

Ferner muß unterschieden werden zwischen der Knochenbildung vom Periost aus, der *perichondralen Osteogenese* (Dickenwachstum) und der Knochenbildung durch die Epiphysenfugenknorpel, der *enchondralen Osteogenese* (Längenwachstum).

Perichondrale Osteogenese

In der Kambiumschicht des Periost sind Stammzellen gelegen, die *Praeosteoblasten* bilden. Diese wiederum wandeln sich zu **Osteoblasten,** den eigentlichen Knochenbildnern, um, die ein ausgeprägtes endoplasmatisches Retikulum besitzen und mit Fortsätzen untereinander in Verbindung stehen.

Die Osteoblasten bilden homogene Grundsubstanz und Fibrillen, die dann von Kalziumapatitkristallen umschlossen werden. Die noch nicht vollkommen mineralisierte „unreife" Knochensubstanz wird als **Osteoid** bezeichnet, das auch eine andere Affinität zu Farbstoffen als Knochengewebe aufweist. Beim Fortschreiten des Knochenwachstums werden Osteoblasten in das Knochengewebe eingeschlossen. Sie wandeln sich dabei in Knochenzellen um. Die Osteoblasten bilden einen epithelartigen Saum um die zu bildenden Knochenstrukturen.

Parallel mit dem Knochenwachstum geht stets ein Knochenabbau und -umbau vor sich. Der Abbau erfolgt durch **Osteoklasten,** Zellen mit zahlreichen Kernen (bis zu 100 Kerne), die knochenwärts als Ausdruck ihrer resorptiven Fähigkeiten einen Bürstensaum tragen.

Enchondrale Osteogenese (Abb. 33)

Sie beruht darauf, daß in der knorpeligen Epiphyse bzw. in dem Epiphysenfugenknorpel ständig Zellteilungen stattfinden. Dadurch wandern fortwährend Zellen epiphysenwärts. Sie ordnen

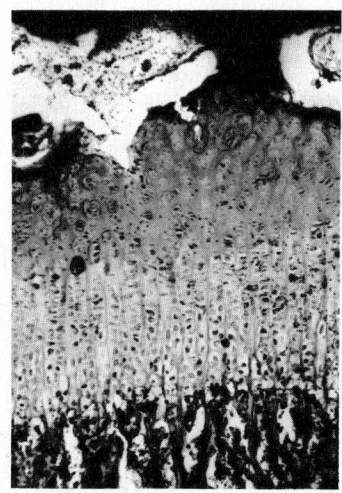

Abb. 33. Epiphysenfuge. Kronbein, Kalb (Mikrofoto). Oben: Knochenkern der Epiphyse. Mitte: Epiphysenfugenknorpel, nach unten hin Säulen bildend. Unten: primäre Knochenbälkchen der Diaphyse, direkt darüber die Eröffnungszone.

sich säulenförmig an. Die Zellen dieses *Säulenknorpels* blähen sich immer mehr auf *(hypertropher Knorpel).* Die Interzellularsubstanz wird zunehmend mineralisiert, wobei die Kristallnadeln ungeordnet liegen *(Zone der präparativen Verkalkung).* In der nun folgenden *Eröffnungszone* wird das Knorpelgewebe von Chondroklasten in der Umgebung von Blutgefäßen aufgelöst. Osteoblasten, die mit den Blutgefäßen in den Knorpel eindringen, bilden Knochenbälkchen (primäre Spongiosa). Das Schicksal der Knorpelzellen nach ihrer Befreiung aus den Knorpelhöhlchen ist noch nicht geklärt.

Bei der chondralen Knochenbildung bildet sich also zuerst um die Diaphyse eine perichondrale Knochenmanschette. Später entsteht in den Epiphysen ein zentraler Verknöcherungskern, nachdem Blutgefäße dorthin vorgedrungen sind. Lediglich an den Gelenkenden verbleibt hyaliner Knorpel zeitlebens als Gelenkknorpel. Ein Teil des Knorpels bleibt während des Wachstums als Epiphysenfugenknorpel bestehen und sorgt für das Längenwachstum.

Ende der Verknöcherung

Hund	ca. 2 Jahre
Schwein	ca. $2^1/_2$ Jahre
Rind, Schaf und Ziege	ca. $4^1/_2$ Jahre
Pferd	ca. 5 Jahre
Mensch	ca. 20 Jahre

Mit dieser Zeit ist gewöhnlich auch der Zahnwechsel beendet. Das Individuum ist ausgewachsen.

Kallusbildung bei der Knochenheilung

Nach einer Knochenverletzung, z. B. nach einer Knochendurchtrennung (Fraktur), bildet sich erst ein derb-weiches Gewebe um die Frakturenden, der bindegewebige Kallus, der durch Osteoblastentätigkeit in knöchernen Kallus übergeführt wird. Dabei soll nach neuerer Ansicht der Bluterguß an der Bruchstelle, das Frakturhämatom, durch Zurverfügungstellung von RNS und anderen Substanzen als Induktor wirken. Die in der Frakturumgebung sich ausbildenden Faserstrukturen geben die Richtung des Zellwachstums an. Wenn während der Kallusbildung durch mechanische Einflüsse die Faserstrukturen zerstört werden, wird die Kallusbildung stark beeinträchtigt. Kallus ist nur wenig dehn- und verschiebbar. Wird zerrissener Kallus weiterhin bewegt, so bildet sich knorpeliges Gewebe an den Bruchenden. Solche Bildungen werden Scheingelenke oder Pseudarthrosen genannt.

Wirtschaftliche Bedeutung der Knochen

Der Knochenanteil ist abhängig von Rasse, Geschlecht, Alter so-

Tab. 3. Knochenanteil am Zweihälftengewicht
(nach Bogner und Matzke 1964)

Tierart	⌀ Gewicht (kg)	⌀ Knochenanteil (%)
Bullen (Höhenvieh)	505	16,2
Bullenkälber	94,8	24,5
weibliche Kälber	82,7	24
DvL Schweine	100	13,2
Lämmer	40	23

wie vom Gesundheits- und Nährzustand der Tiere (s. auch GRÜTT-
NER und LIENHOP 1962).

Wegen seines Anteils an Kalzium und Phosphor dient Knochen-
mehl als *Mineralzusatz* zum Futter, wegen seines Phosphor- und
Stickstoffgehalts als *Düngemittel.* Aus den Knochen der sog. „Un-
terfüße" der Rinder gewinnt man das *Klauenöl* (Oleum pedis tau-
ri), das als bestes, säurefreies Schmiermittel für feinmechanische
Geräte und für pharmazeutische Zwecke Verwendung findet. Der
Fett- und Kollagenanteil der Knochen dient als Ausgangsprodukt
für die *Seifen-* und *Leimherstellung.*

1   Gesamtheit der Knochen, Knochensystem, Skelett

Das Skelett als Stütze des Körpers und seiner Höhlen bestimmt
dessen Größe und Form ganz wesentlich.

Das Jugendwachstum des Körpers ist in erster Linie ein Längenwachstum der Knochen. Die Weichteile müssen sich anpassen.
Aber auch die Knochen formen sich nach der Funktion um (Gewichtszunahme, andere statische Verhältnisse nach Frakturen oder
veränderter körperlicher Arbeit). Das Gehirn schafft sich Raum
für seine zunehmende Größe (Fontanellen, Hydrocephalus).

Die Knochen bieten den Muskeln und Sehnen sowie den Bändern
Ansatz, wobei oft Hebelwirkungen auftreten. Dabei ist fast immer
der Lastarm größer als der Kraftarm. Das ist zwar unökonomisch,
andernfalls würden sich aber plumpe, unproportionierte Körper-
formen ergeben.

Die Festigkeit der einzelnen Knochen ist verschieden. Außerdem
bestehen tierartliche, rasse- und individuell bedingte Unterschiede.
Die Biegebruchfestigkeit des Knochens liegt zwischen der von Hart-
holz und der von Gußeisen, bei wesentlich höherer Elastizität
(HAYEK 1967).

Die Beschaffenheit des Skeletts ist für die Tierbeurteilung wichtig, denn das Skelettsystem ist die Grundlage für viele Leistungen
der Muskulatur. So haben z. B. Rennpferde lange Knochen und

lange, dünne Muskeln, Kaltblutpferde hingegen kurze, dicke Knochen und massige Muskeln. Geburtsschwierigkeiten treten u. a. bei zu engem Becken auf. Bewegungsstörungen können durch ungenügende Mineralisierung oder durch Demineralisierung der Knochen hervorgerufen werden.

Verbindungen der Knochen

Spaltfreie Verbindungen der Knochen werden *Synarthrosen* oder auch *Fugen, Hafte* genannt.
Besteht ein Gelenkspalt, so spricht man von einem echten *Gelenk, Diarthrose.*

Hafte, Synarthrosen

Syndesmose, Bandhaft. Bindegewebige Verbindung der Knochen, z. B. Zungenbein und Schädel, Verbindung beider Unterkieferhälften der Haussäugetiere.
Synchondrose, Knorpelhaft. Knorpelige Verbindung der Knochen, z. B. Beckensymphyse, Zwischenwirbelscheiben.
Synostose, Knochenhaft. Knöcherne Verbindung der Knochen. Sie geht meist im Alter aus der Syndesmose und der Synchondrose hervor.
Synsarkose, Muskelhaft. Verbindung der Skelett-Teile durch Muskeln, z. B. Verbindung der Schulterblätter mit dem Rumpf.
Knochennähte, Suturae. Sie stellen eine besondere Form der Knochenverbindungen dar. Zwischen den Nahträndern befindet sich während des Wachstums ein feiner bindegewebiger Saum, der später verschwindet. In den Nähten erfolgt während der Jugend das Wachstum der Kopfknochen.
Zahnnaht: mit unterschiedlich großen Zähnchen.
Blättchennaht: senkrechtstehende Blättchen.
Schuppennaht: dachziegelartig ineinander geschobene Knochenschuppen.
falsche Naht: glatte oder nur leicht rauhe Ränder, z. B. zwischen den Nasenbeinen.

Gelenke, Diarthrosen

Gelenke sind Verbindungen zweier oder mehrerer Knochenenden mit Knorpelüberzug und dazwischen gelegenem Spalt. Wenn nur zwei Knochen verbunden sind, spricht man von einem *einfachen,* wenn drei oder mehrere Knochen verbunden sind, von einem *zusammengesetzten Gelenk.* Von Wechselgelenken spricht man, wenn Bewegungen nur um *eine* Achse möglich sind.
Im allgemeinen steht der Erhöhung der einen Gelenkseite, *Gelenkkopf* genannt, eine in der Form angepaßte Gelenkvertiefung, *Gelenkpfanne,* der anderen Seite gegenüber.

Inkongruente Gelenke sind Gelenke, bei denen Gelenkerhöhung und Gelenkvertiefung nicht ineinander passen (Kniegelenk, Kiefergelenk). Der Ausgleich wird durch Knorpelscheiben (Menisken) geschaffen (Abb. 36). Die Menisken bestehen aus Faserknorpel.

Bestandteile des Gelenkes

Knochenenden. Sie sind von hyalinem Knorpel, dem Gelenkknorpel, überzogen. Im Knorpel können Knorpelgruben, sog. *Synovialgruben,* zur besseren Verteilung der Synovia ausgebildet sein (Ungulaten).

Gelenkkapsel, Capsula articularis, mit:

a) *Fibrosa* aus straffem Bindegewebe. Diese gibt der Gelenkkapsel Halt. Proximal und distal geht sie in das Periost der Knochen über.

b) *Synovialis* mit vielen Blutgefäßen und Nerven. Sie ist bedeckt von epithelartigen Zellen, die aus Bindegewebe hervorgegangen sind. Sie sondert die Gelenkschmiere, **Synovia,** ab, die Muzin und Zellen enthält. An der Oberfläche trägt sie Synovialzotten. Die Viskosität der Synovia wird von ihrem Gehalt an Hyaluronsäure bestimmt.

Gelenkgallen entstehen, wenn zu viel Synovia gebildet wurde, z. B. bei Gelenkentzündungen. Die Gelenkkapsel kann sich nur dort vorwölben, wo sie nicht von Bändern oder Sehnen eingeengt wird. Gallen treten daher an ganz charakteristischen Stellen auf. Sie können auch von Sehnenscheiden gebildet werden.

Gelenkbänder. Teilweise sind sie in der Gelenkkapsel, teilweise außerhalb gelegen. Sie dienen der Kapselverstärkung und der Führung der Gelenkenden. Hemmbänder engen die Beweglichkeit ein.

Gelenkhöhle. Sie ist meist nur ein kapillärer Spalt im Gegensatz zu dem Eindruck, den viele Abbildungen erwecken.

Die **Gelenkformen** werden nach Art und Form der Gelenkerhöhung eingeteilt:

Kugelgelenk (Abb. 34 a). Ein halbkugelförmiger Gelenkkopf steht einer schalenförmigen Gelenkpfanne gegenüber. Es ermöglicht Bewegungen in allen Richtungen des Raumes und wird daher vielachsiges Gelenk genannt. Ein Kugelgelenk ist z. B. das Schultergelenk. Bei den Haustieren ist es allerdings durch bandartige Wirkung der Muskeln zu einem Wechselgelenk geworden. Hund und Katze können noch in geringem Umfang Seitwärtsbewegungen im Schultergelenk ausführen.

Bei der als **Nußgelenk** bezeichneten Abart (Abb. 34 b) wird der Gelenkkopf von der Gelenkpfanne zu mehr als der Hälfte umgriffen und dadurch ein besonders fester Halt gewährleistet (z. B. Hüftgelenk des Menschen).

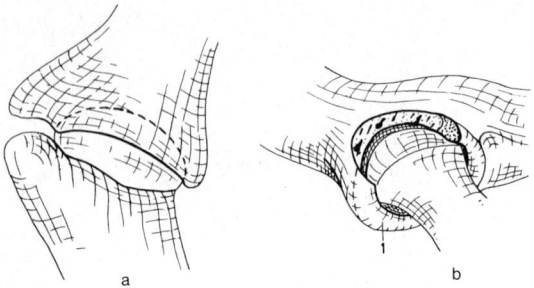

Abb. 34. a. Kugelgelenk. b. Nußgelenk (dorsal eröffnet). 1 faserknorpeliger Saum der Gelenkpfanne.

Ellipsoidgelenk. Es hat ellipsoide Gelenkflächen. In ihm sind Bewegungen in zwei aufeinander senkrechtstehenden Ebenen möglich. Bei ihrer Kombination ergibt sich eine Drehbewegung (Atlanto-okzipital-Gelenk).

Sattelgelenk (Abb. 35 a). Es ist ebenfalls zweiachsig. Die Gelenkerhöhung hat die Form eines Sattels (Kron- und Klauen- bzw. Hufgelenk). Bei vorherrschendem Wechsel von Beugung und Streckung sind auch Seitwärtsbewegungen zum Ausgleichen von Bodenunebenheiten möglich.

Walzengelenk (Abb. 35 b). Die Gelenkerhöhung hat die Form einer quergestellten Walze. Es ist ein einachsiges Gelenk und wird Wechselgelenk genannt, da nur ein Wechsel zwischen Beugung und Streckung möglich ist.

Unterarten des Walzengelenks:

Scharniergelenk (Abb. 35 c). Es erlangt durch einen oder mehrere Führungskämme besondere Richtungsfestigkeit (z. B. Ellenbogengelenk, Fesselgelenk).

Schraubengelenk. Die Führungskämme sind schräggestellt. Dadurch wird eine seitliche Abweichung der Bewegung hervorgerufen (z. B. Sprunggelenk des Pferdes — Talokruralgelenk) (Abb. 35 d).

Schlittengelenk (Abb. 36). Ein Knochen gleitet über die von zwei Gelenkerhöhungen gebildete Gelenkrolle (z. B. Kniescheibengelenk).

Das Walzengelenk kann auch als *federndes* oder *Schnappgelenk* ausgebildet sein, wobei die Seitenbänder durch exzentrischen Ansatz in der Mittelstellung stärker angespannt sind als in den Endstellungen.

Spiralgelenk (Abb. 36). Dieses ist ein Wechselgelenk mit Bremswirkung. Mit der Beugung nimmt der Radius der Gelenkrolle zu, die Seitenbänder werden angespannt und bremsen die Bewegung (z. B. Kniekehlgelenk).

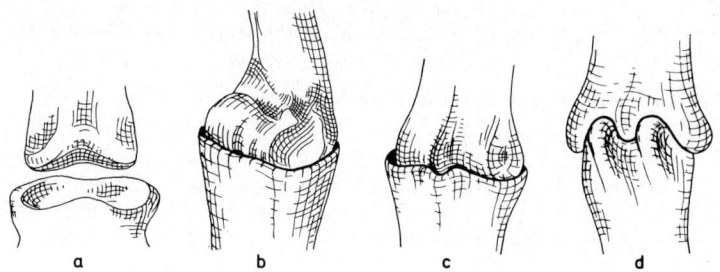

a   b   c   d

Abb. 35. a. Sattelgelenk. b. Walzengelenk. c. Scharniergelenk. d. Schraubengelenk.

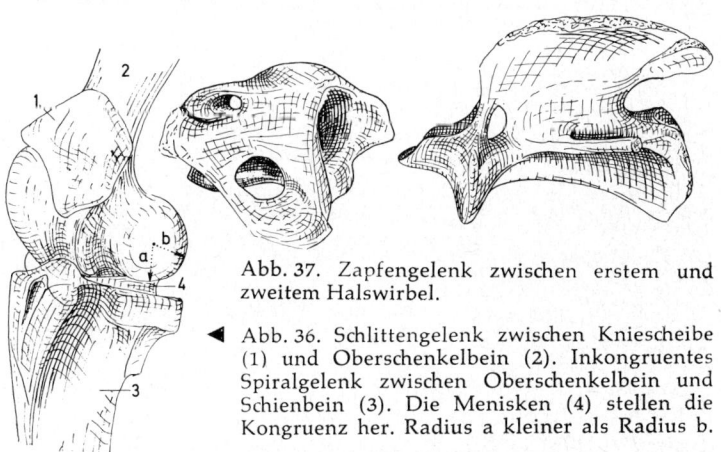

Abb. 37. Zapfengelenk zwischen erstem und zweitem Halswirbel.

◄ Abb. 36. Schlittengelenk zwischen Kniescheibe (1) und Oberschenkelbein (2). Inkongruentes Spiralgelenk zwischen Oberschenkelbein und Schienbein (3). Die Menisken (4) stellen die Kongruenz her. Radius a kleiner als Radius b.

Zapfengelenk (Abb. 37). Die Bewegung erfolgt um einen Zylinder in der Längsachse der Knochen (Gelenk zwischen Atlas und Axis).
Schiebegelenk. Bei dieser Gelenkart verschieben sich die Gelenkflächen in einer Ebene gegeneinander (z. B. Wirbelgelenke).
Straffes Gelenk. Die wenig gewölbten Gelenkflächen sind durch Bänder straff verbunden; nur minimale Bewegungen sind möglich (z. B. Kreuzdarmbeingelenk, distale Reihen von Vorderfußwurzel- und Sprunggelenk).

Skelett der Vordergliedmaße

Knochen des Schultergürtels

Der vollständige Schultergürtel besteht aus drei Knochen (Rabenschnabelbein, Schlüsselbein, Schulterblatt). Er verbindet ursprüng-

lich die Vordergliedmaßen mit dem Rumpf. Bei den Haussäugetieren ist nur noch das Schulterblatt vorhanden.

Rabenschnabelbein, Os coracoides

Es fehlt bei den Säugetieren. Bei ihnen befindet sich nur noch ein
Rabenschnabelfortsatz, Proc. coracoideus, am Schulterblatt. Beim
Geflügel ist noch ein deutliches Rabenschnabelbein vorhanden.
Seine Aufgabe besteht in der festen Verbindung von Schulter-
gliedmaße und Rumpf sowie in der Stützung des Schultergelenks.

Schlüsselbein, Clavicula

Von unseren Haussäugetieren besitzen nur noch der Hund ein seh-
niges und die Katze ein knöchernes Rudiment des Schlüsselbeins
als Einlagerung in den M. brachiocephalicus (Abb. 38).

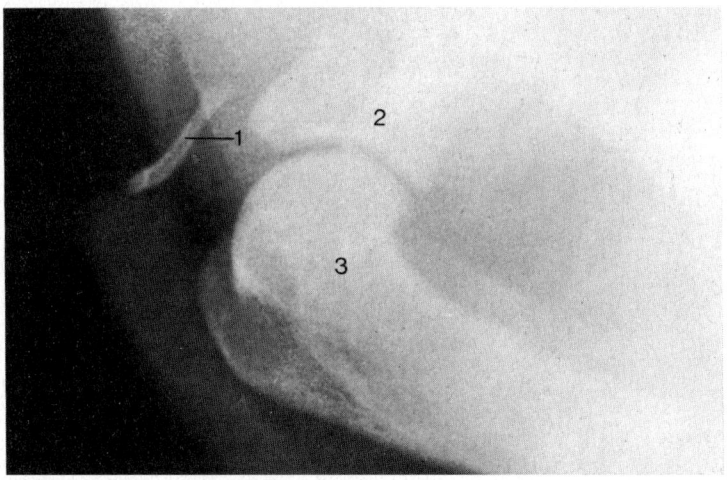

Abb. 38. Rudimentäres Schlüsselbein einer Katze (Röntgenaufnahme).
1 Schlüsselbein; 2 Schulterblatt; 3 Oberarmbein.

Schulterblatt, Scapula (Abb. 39)

3 Ränder:	*Halsrand, Margo cranialis*
	Wirbelrand, Margo dorsalis
	Achselrand, Margo caudalis
3 Winkel:	*Nackenwinkel, Angulus cranialis*
	Rückenwinkel, Angulus dorsalis
	Gelenkwinkel, Angulus caudalis

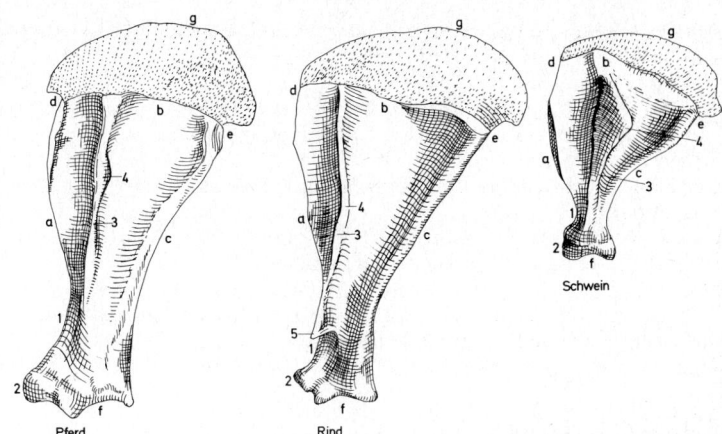

Abb. 39. Linkes Schulterblatt, Scapula (nach ELLENBERGER und BAUM 1943). a Halsrand; b Wirbelrand; c Achselrand; d Nackenwinkel; e Rückenwinkel; f Gelenkwinkel; g Schulterblattknorpel. 1 Schulterblatteinschnitt; 2 Schulterblattbeule mit Rabenschnabelfortsatz; 3 Schulterblattgräte; 4 Grätenbeule; 5 Gräteneck, Acromion (Rind).

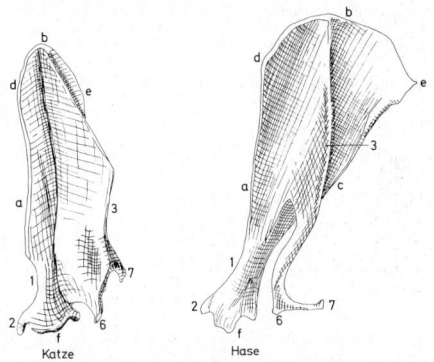

Abb. 40. Linkes Schulterblatt von Katze und Hase (nach ELLENBERGER und BAUM 1943). a Halsrand; b Wirbelrand; c Achselrand; d Nackenwinkel; e Rückenwinkel; f Gelenkwinkel. 1 Schulterblatteinschnitt; 2 Schulterblattbeule; 3 Schulterblattgräte; 6 Proc. hamatus; 7 Proc. suprahamatus.

Am Halsrand: *Schulterblatteinschnitt, Incisura scapulae*
              Schulterblattbeule, Tuber scapulae
              Rabenschnabelfortsatz, Processus coracoideus

An der *Lateralfläche, Facies dorsalis s. lateralis,* die *Schulterblattgräte, Spina scapulae,* mit *Grätenbeule, Tuberositas spinae,* und *Gräteneck, Acromion.*

Kranial der Gräte die *kraniale Grätengrube, Fossa supraspinata,* kaudal die *kaudale Grätengrube, Fossa infraspinata.*

Rippenfläche, Facies costalis s. medialis, mit *Facies serrata* als Ansatz für M. serratus ventralis sowie der *Unterschultergrube, Fossa subscapularis.*

Proximal sitzt dem Schulterblatt der mehr oder weniger breite *Schulterblattknorpel, Cartilago scapulae,* auf.

Dem Pferd und dem Schwein fehlt das Acromion. Bei der Katze ist es klein, beim Hasen groß (Abb. 40). Die Schulterblattgräte überragt beim Rind die Incisura scapulae.

Knochen des Oberarms (Stylopodium)

Oberarmbein, Humerus (Abb. 41)

Proximal: *Gelenkkopf, Caput humeri*
                  großer Höcker, Tuberculum majus
                  kleiner Höcker, Tuberculum minus
                  Zwischenhöckerfurche, Sulcus intertubercularis
                  (mit Tuberculum intermedium, Pferd)

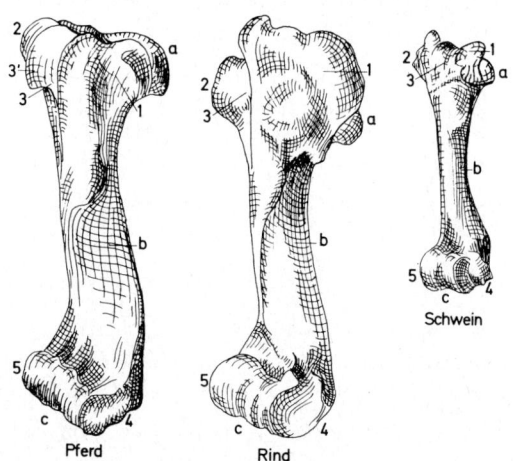

Abb. 41. Linkes Oberarmbein, Humerus (nach ELLENBERGER und BAUM 1943). a Gelenkkopf; b Körper; c Gelenkrolle. 1 Großer Höcker; 2 kleiner Höcker; 3 Zwischenhöckerfurche, 3' Tuberculum intermedium (Pferd); 4 Streckknorren; 5 Beugeknorren.

Mittelstück: *Körper, Corpus, mit Oberarmbeinleiste, Crista humeri*

Distal: *Gelenkknorren*
Streckknorren, Condylus lateralis
Beugeknorren, Condylus medialis
Gelenkrolle, Trochlea humeri

Knochen des Unterarms, Ossa antebrachii (Zeugopodium) (Abb. 42)
Bei den Haussäugetieren mehr oder weniger vollständig getrennt durch den *Zwischenknochenspalt, Spatium interosseum.*

Speiche, Radius

Proximal: *Kopf, Caput radii*
Gelenkfläche zur Elle, Circumferentia articularis radii
Speichenbeule, Tuberositas radii

Mittelstück: *Planum cutaneum radii* (ohne Muskeln medial direkt unter der Haut gelegen)

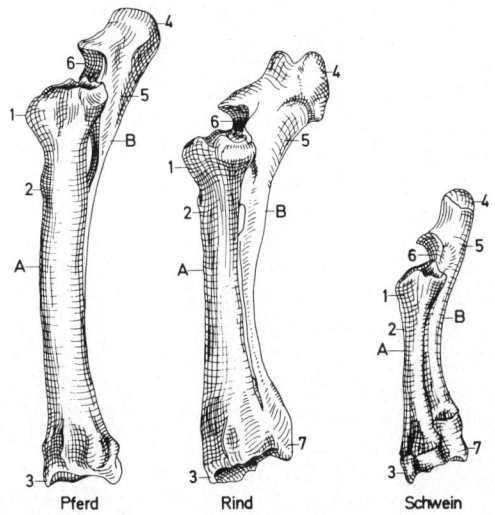

Pferd   Rind   Schwein

Abb. 42. Linke Unterarmknochen, Ossa antebrachii (nach ELLENBERGER und BAUM 1943). A Speiche, Radius; B Elle, Ulna. 1 Speichenbeule; 2 Planum cutaneum radii; 3 Griffelfortsatz der Speiche; 4 Ellenbogenhökker; 5 Ellenbogenfortsatz; 6 Gelenkrolleneinschnitt; 7 Griffelfortsatz der Elle.

Distal: *Gelenkrolle, Trochlea radii*
                         Sehnenrinnen
                         Griffelfortsatz, Processus styloideus radii

Elle, Ulna

Proximal: *Ellenbogenhöcker, Tuber olecrani*
                         Ellenbogenfortsatz, Proc. olecrani mit *Proc. an-*
                         conaeus
                         Gelenkrolleneinschnitt, Incisura trochlearis
                         Kronenfortsatz, Proc. coronoideus lat. u. med.

Mittelstück: verwachsen mit Radius bei Pferd und Rind

Distal: *Lateraler Griffelfortsatz, Proc. styloideus ulnae*
                         (beim Pferd rudimentär)

Skelett der Gliedmaßenspitze

Vorderfußwurzelknochen, Ossa carpi (Basipodium) (Abb. 43)

Antebrachiale Reihe von medial nach lateral:

Os carpi radiale
Os carpi intermedium
Os carpi ulnare
Os carpi accessorium (eigentlich ein Sesambein)

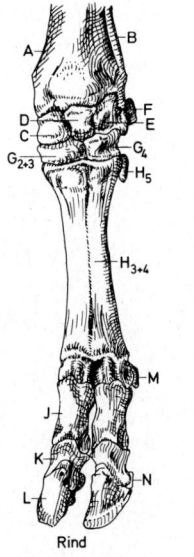

Rind

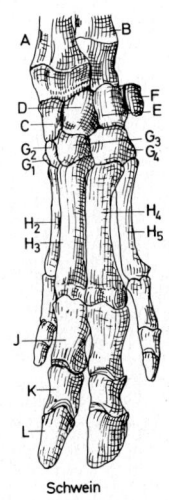

Schwein

Abb. 43. Skelett der Gliedmaßenspitze, linke Vordergliedmaße (nach ELLENBER-
GER und BAUM 1943). A
Speiche, Radius; B Elle, Ulna; C—G Vorderfußwur-
zelknochen: C Os carpi radiale, D Os carpi intermedium, E Os carpi ulnare, F
Os carpi accessorium, G_1
bis G_5 Ossa carpalia primum bis quartum; H_2 bis
H_5 Vordermittelfußknochen, Ossa metacarpalia secundum bis quintum; J Fesselbein; K Kronbein; L
Klauenbein; M Gleichbein;
N Klauensesambein.

Beim Fleischfresser Os carpi radiale und Os carpi intermedium verschmolzen.

Metakarpale Reihe:

*Os carpale primum** (fehlt beim Wiederkäuer und häufig beim Pferd)
Os carpale secundum (beim Wiederkäuer verschmolzen)
Os carpale tertium
Os carpale quartum
Eine interkarpale Reihe ist bei den Haustieren nicht mehr ausgebildet. Ursprünglich bestand sie aus 1—4 Einzelknochen. Beim Fleischfresser ist in der Embryonalentwicklung noch ein *Os carpi centrale* nachweisbar. Es verschmilzt jedoch mit dem Os carpi radiale.

Zahl der Vorderfußwurzelknochen:

Wiederkäuer 6 (C 1 fehlt, C 2 und C 3 verschmolzen)
Pferd 7—8 (C 1 fehlt häufig)
Schwein 8
Fleischfresser 7 (C r und C i verschmolzen)

Vordermittelfußknochen, Ossa metacarpalia (Metapodium)
(Abb. 43 bis 46)

Wiederkäuer Mc 3 und 4 * (verschmolzen)
Pferd Mc 3 (2 und 4 rudimentär) Röhrbein und Griffelbeine
Schwein Mc 2—5 Haupt- und Nebenzehen
Fleischfresser Mc 1—5
Proximal: relativ ebene Gelenkflächen
Distal: Bandhöcker und Gelenkrolle

Der Mittelfußknochen der Wiederkäuer hat distal zwei Gelenkflächen für die beiden Fesselbeine.

Die *Afterzehen* der Wiederkäuer haben im Gegensatz zu den *Nebenzehen* der Schweine kein vollständiges Knochengerüst mehr, sondern enthalten nur noch zwei rudimentäre Knochen (vgl. Zehenknochen).

Os metacarpale 2 und 4 sind beim Pferd als sog. *Griffelbeine* nur noch rudimentär ausgebildet. Sie sind proximal zum Köpfchen verdickt. Distal sitzt ein kleines Knöpfchen.

Vorderzehenknochen, Ossa digitorum manus (Acropodium)

Fesselbein, Phalanx proximalis (Ph 1)
Kronbein, Phalanx media (Ph 2)
Hufbein, Klauenbein, Krallenbein, Phalanx distalis (Ph 3)

---

* gezählt wird von medial nach lateral

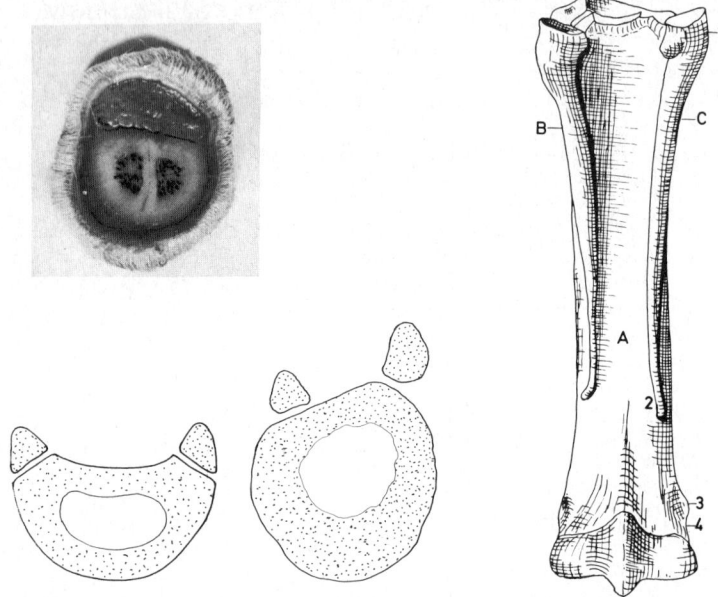

Abb. 44 (oben links). Querschnitt durch den Vordermittelfuß eines ge-
burtsreifen Kalbes, Mc 3 und 4 noch nicht völlig verschmolzen.

Abb. 45 (unten links). Querschnitt durch den Vordermittelfußknochen
(links) und den Hintermittelfußknochen (rechts) eines Pferdes (nach
ELLENBERGER und BAUM 1943).

Abb. 46 (rechts). Vordermittelfußknochen, Pferd, Volaransicht (nach
NICKEL, SCHUMMER und SEIFERLE 1968). A Hauptmittelfußknochen (Mc
3), Röhrbein; B und C Griffelbeine. 1 Griffelbeinköpfchen; 2 Griffel-
beinknöpfchen; 3 Bandhöcker; 4 Bandgrube.

Fesselbein (Abb. 43/I; 48 u. 49/A)

Proximal: Gelenkvertiefung
Mittelstück: Fesselbeindreieck zum Bandansatz (volar)
Distal: Gelenkwalze, Bandhöcker und -gruben

Kronbein (Abb. 43/K; 48 u. 49/13)

Proximal: Gelenkvertiefung und Kronbeinlehne
Distal: Gelenkwalze, Bandhöcker und -gruben

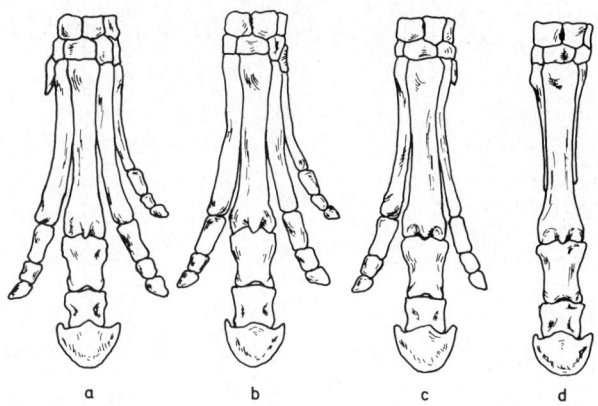

Abb. 47. Rückbildung der Zehen beim Pferd (nach ELLENBERGER und BAUM 1943). a. Eohippus. b. Orohippus. c. Hipparion. d. Rezentes Pferd.

Phalanx distalis

(Abb. 48 u. 49/C)

Hufbein mit

Wandfläche, Facies parietalis
Sohlenfläche, Facies solearis, mit *Facies cutanea, Crista semilunaris, Facies flexoria*
Gelenkfläche, Facies articularis, für Kronbein und Strahlbein
Tragrand, Margo solearis
Kronrand mit *Streckfortsatz, Proc. extensorius*
Foramen soleare führt in *Canalis solearis*
Hufbeinast mit Astausschnitt oder Astloch

Klauenbein (Abb. 43/L; 50/D)
Keine Unterteilung der Sohlenfläche
Zwischenzehenabschnitt der Wandfläche konkav, Außenabschnitt konvex

Beim Wiederkäuer:

Ph 1 der Afterzehen nicht ausgebildet
Ph 2 der Afterzehen tropfenförmig
Ph 3 der Afterzehen dreieckig

Beim Schwein: gelegentlich Verwachsung der Klauenbeine der Hauptzehen (sog. Einhuferschweine)

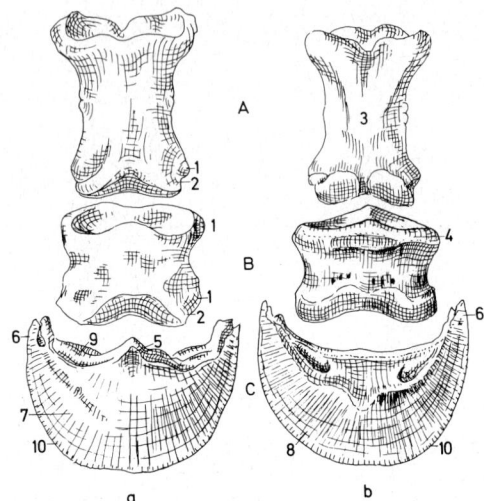

Abb. 48. Zehenknochen, Pferd (nach ELLENBERGER und BAUM 1943). a. Dorsalansicht. b. Volaransicht. A Fesselbein; B Kronbein; C Hufbein. 1 Bandhöcker; 2 Bandgrube; 3 Fesselbeindreieck; 4 Kronbeinlehne; 5 Streckfortsatz des Hufbeins; 6 Hufbeinast; 7 Wandfläche; 8 Sohlenfläche; 9 Gelenkfläche; 10 Tragrand.

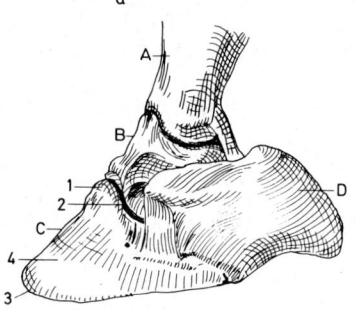

Abb. 49. Zehenspitze, Pferd (nach ELLENBERGER und BAUM 1943). A Fesselbein; B Kronbein; C Hufbein; D Hufknorpel. 1 Streckfortsatz; 2 Kronrand; 3 Tragrand; 4 Wandfläche.

Man unterscheidet verschiedene **Formen der Fußung,** und zwar:
1. *plantigrade Fußung,* Sohlengänger, z. B. Mensch und Bär
2. *digitigrade Fußung,* Zehengänger, z. B. Fleischfresser
3. *unguligrade Fußung,* Zehenspitzengänger, z.B. Huf- und Klauentiere

Nach dem Verlauf der Gliedmaßenachse in Beziehung zu den Zehen teilt man ein in:

Paarzeher = Gliedmaßenachse verläuft zwischen zwei gleich langen Zehen hindurch (Rind, Schwein, Hund, Katze)

Unpaarzeher = Gliedmaßenachse läuft durch eine Zehe, (Pferd, Hand des Menschen)

Atypische Ausbildung = Die längste Zehe liegt außerhalb der Gliedmaßenachse (Fuß des Menschen)

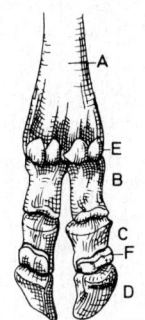

Abb. 50. Knochen der Zehenspitze, Rind, Volaransicht (nach Koch 1960). A Röhrbein (Mc 3
und 4); B Fesselbein; C Kronbein; D Klauenbein; E Gleichbeine; F Klauensesambein.

Sesambeine der Vorderzehen

Als Sesambeine werden Knochen bezeichnet, die sich in oder unter
Sehnen bilden, wo diese über Knochenvorsprünge gleiten müssen.
Sesama bina: am Zehengrundgelenk (Fesselgelenk) (Abb. 50/E).
An jeder Gliedmaße beim Pferd zwei (Gleichbeine), beim Rind
vier. **Sesamum ungulae** am Zehenendgelenk (Huf-, Klauen- oder
Krallengelenk) (Abb. 50/F). Beim Pferd *Strahlbein*, bei den
Klauentieren *Klauensesambein* genannt (vgl. auch Os carpi acces-
sorium, Seite 78).

Gelenke der Vordergliedmaße

Schultergelenk, Articulatio humeri

Kugelgelenk, durch Bandwirkung der Muskeln bei den großen
Haussäugetieren zum Wechselgelenk geworden. **Keine Gelenkbänder.**

Ellenbogengelenk, Articulatio cubiti

Scharniergelenk (mit Schnappwirkung bei den großen Haussäugetieren)
Verbindung von Elle und Speiche, Articulatio radioulnaris proximalis und distalis, bei den großen Haussäugetieren zum Teil rückgebildet bzw. durch knöcherne Verbindung der Knochen rudimentär.

Vorderfußwurzelgelenk, Articulationes manus

Arm-Fußwurzelgelenk
Walzengelenk, bei Wiederkäuern Schraubengelenk
Zwischenreihengelenk
Walzengelenk mit wenig Beweglichkeit
Vorderfußwurzel-Mittelfußgelenk
Straffes Gelenk

Daneben noch *Nachbargelenke* zwischen den Knochen einer Reihe. Das Karpalgelenk besitzt volar das kräftige und breite Lig. carpi volare profundum. Es bewahrt das Gelenk vor Überstreckung.

Zehengrundgelenk, Fesselgelenk, Articulatio metacarpophalangea
Scharniergelenk mit deutlichem Kamm

Zehenmittelgelenk, Krongelenk, Articulatio interphalangea proximalis
Sattelgelenk

Zehenendgelenk, Huf-, Klauen- bzw. Krallengelenk, Articulatio interphalangea distalis
Sattelgelenk

Skelett der Beckengliedmaße

Das **Becken, Pelvis,** setzt sich aus den beiden Hüftbeinen und dem zur Wirbelsäule gehörenden Kreuzbein zusammen.
Die **Hüftbeine, Ossa pelvis** s. **coxae,** sind in der *Beckenfuge, Symphysis pelvis,* vereinigt. Sie bilden den Beckengürtel. Jedes Hüftbein besteht aus einem Darmbein, einem Schambein und einem Sitzbein. Die Körper dieser Knochen vereinigen sich in der Gelenkpfanne für das Hüftgelenk, dem Azetabulum.

Darmbein, Os ilium (Abb. 51, 52, 53/A)

Darmbeinsäule, Corpus ossis ilii
Darmbeinflügel, Ala ossis ilii
Hüfthöcker, Tuber coxae
Kreuzhöcker, Tuber sacrale
Außenfläche, Facies glutaea
Innenfläche, Facies sacropelvina, an dieser zur Verbindung mit Kreuzbein die *Facies auricularis*
Pfannenkamm, Spina ischiadica

Schambein, Os pubis (Abb. 51, 52, 53/B)

Körper, Pfannenteil, Corpus
Pfannenast, Ramus cranialis
Fugenast, Ramus caudalis
Schambeinkamm, Pecten ossis pubis.

Sitzbein, Os ischii (Abb. 51, 52, 53/C)

Körper, Pfannenteil, Corpus
Sitzbeinplatte, Tabula ischiadica
Fugenast, Ramus ossis ischii
Sitzbeinausschnitt, Arcus ischiadicus
Verstopftes Loch, Foramen obturatum
Sitzbeinhöcker, Tuber ischiadicum (Wiederkäuer dreihöckerig)

Die Form der Knochen des Beckengürtels, ihre tierartlichen Unterschiede und eventuelle individuelle Veränderungen (z. B. Verformung infolge Rachitis oder nach Frakturen) sind für den Geburtsablauf wichtig.

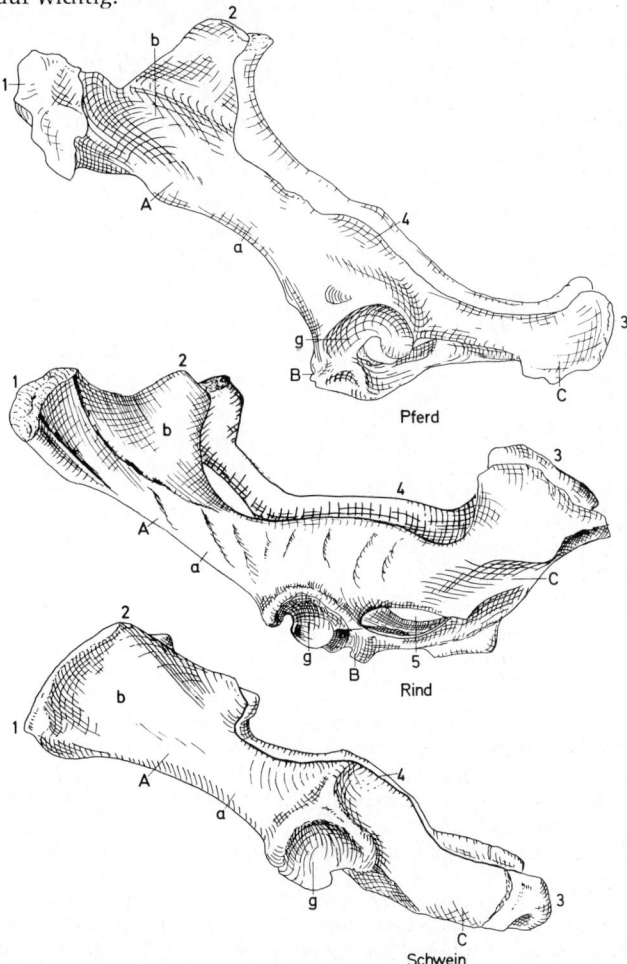

Abb. 51. Beckenknochen von der Seite (nach ELLENBERGER und BAUM, 1943). A Darmbein; B Schambein; C Sitzbein. a Darmbeinsäule; b Darmbeinflügel; g Hüftgelenkspfanne. 1 Hüfthöcker; 2 Kreuzhöcker; 3 Sitzbeinhöcker; 4 Pfannenkamm; 5 Verstopftes Loch, For. obturatum.

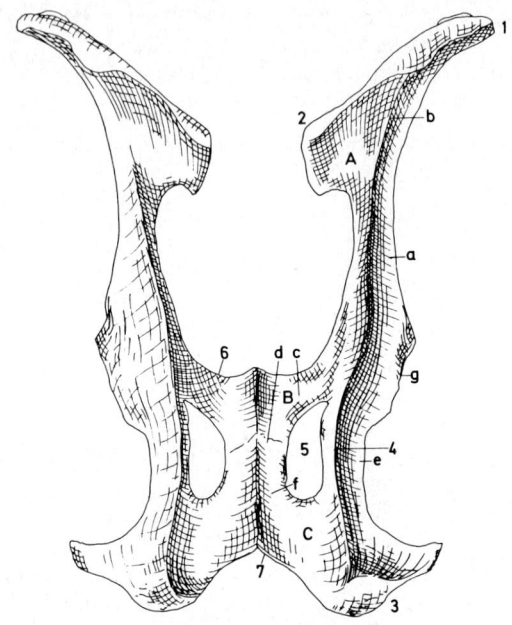

Abb. 52. Becken eines Schafbockes, Ansicht von dorsal (nach ELLENBER-
GER und BAUM 1943). A Darmbein; B Schambein, C Sitzbein. a Darmbeinsäule; b Darmbeinflügel; c Pfannenast des Schambeins; d Fugenast
des Schambeins; e Körper des Sitzbeins; f Fugenast des Sitzbeins; g
Pfanne des Hüftgelenks, Azetabulum. Bezeichnungen 1—7 wie in Abb.
53.

Zur **Beurteilung des Beckens** werden Meßwerte herangezogen, die
bei der Beckenmeßung, *Pelvimetrie*, gewonnen werden können.
Einige dieser Werte lassen sich auch beim lebenden Tier, besonders nach der Geburt, wenn die Geburtswege eröffnet und erschlafft sind, feststellen.
Der **Beckeneingang,** *Apertura pelvis cranialis*, wird von der Linea
terminalis begrenzt. Diese beginnt am Promontorium des Kreuzbeins, läuft entlang den Darmbeinsäulen zum Schambeinkamm
und von dort wieder zum Kreuzbein. Der Eingang des Beckens
männlicher Tiere ist im Querschnitt meist birnförmig, der weiblicher Tiere apfelförmig (Abb. 54).
Der **Beckenausgang,** *Apertura pelvis caudalis*, wird ventral vom
Sitzbeinausschnitt, seitlich von den breiten Beckenbändern und
dorsal von der Wirbelsäule umschlossen. Das *breite Beckenband,*

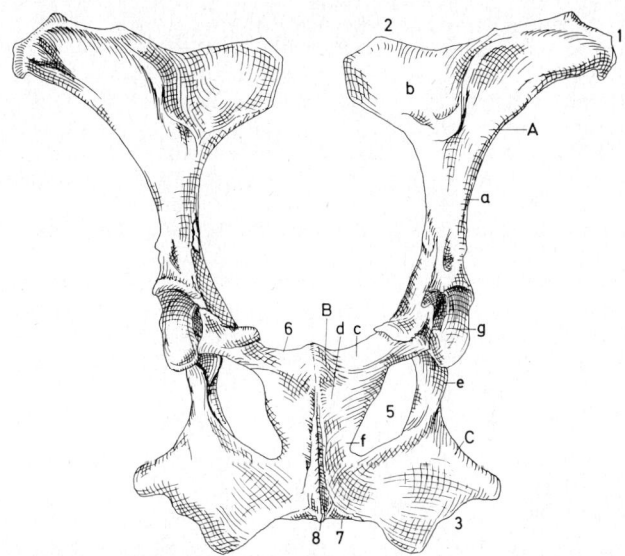

Abb. 53. Becken eines Rindes. Ansicht von ventral (nach NICKEL, SCHUM-MER und SEIFERLE 1968). Bezeichnungen a—g wie in Abb. 52. 1 Hüfthök-ker; 2 Kreuzhöcker; 3 Sitzbeinhöcker; 4 Pfannenkamm; 5 Verstopftes Loch, For. obturatum; 6 Schambeinkamm; 7 Sitzbeinausschnitt; 8 Bek-kenfuge.

Lig. sacrotuberale latum, verläuft jederseits dachförmig vom Kreuzbein zum Pfannenkamm und zum Sitzbeinhöcker.

Der **Beckenboden** wird beim Tier vom Schambein und vom Sitz-bein, beim Menschen dagegen vom bindegewebigen und musku-lösen Diaphragma pelvis gebildet.

Das **Beckendach** setzt sich aus dem Kreuzbein und den medialen Abschnitten der Darmbeinflügel zusammen. Beim Rind fällt es nach kaudal ab.

Wichtige Verbindungslinien für die Beckenbeurteilung sind (siehe Abb. 55):

Der mittlere Querdurchmesser des Beckeneingangs. Er ist die Ver-bindungslinie zweier in halber Länge der Darmbeinsäulen gelege-ner rauher Knochenvorsprünge (Tuberculum psoadicum) und gibt Auskunft über die größte Breite des Beckeneingangs.

Der mittlere Querdurchmesser des Beckenausgangs. Er stellt die Verbindungslinie zwischen den beiden Pfannenkämmen dar und bestimmt die Weite des Geburtswegs im mittleren Abschnitt.

Der untere Querdurchmesser des Beckenausgangs. Er wird durch den Abstand der Sitzbeinhöcker voneinander bestimmt und beeinflußt die Weite des Geburtswegs im kaudalen Bereich.

Der Höhendurchmesser des Beckens, die Pektenvertikale. Er ist die Senkrechte vom Schambeinkamm zur Wirbelsäule und gibt Auskunft über die Weite in dorsoventraler Richtung. Für den Geburtsablauf ist es günstig, wenn die Pektenvertikale auf Schwanzwirbel trifft, da dann der Beckenraum erweiterungsfähig ist.

Die Führungslinie. Sie ist die Verbindungslinie der Mittelpunkte aller Senkrechten vom Beckenboden zur Wirbelsäule.

Vor der Geburt können bei jungen Tieren durch hormonelle Einflüsse das Knorpelgewebe der Beckenfuge, das Kreuzdarmbeinge-

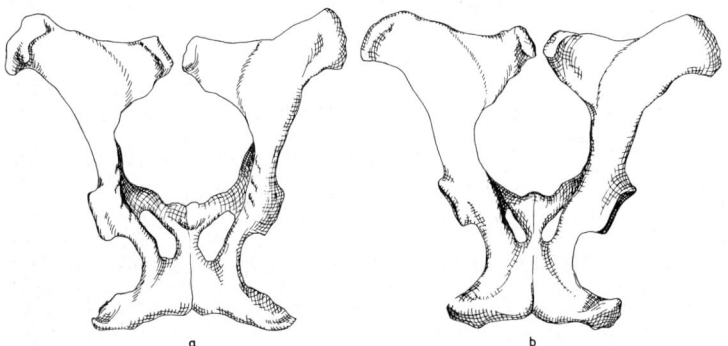

Abb. 54. Becken einer Stute (a) und eines Hengstes (b) (nach NICKEL, SCHUMMER und SEIFERLE 1968).

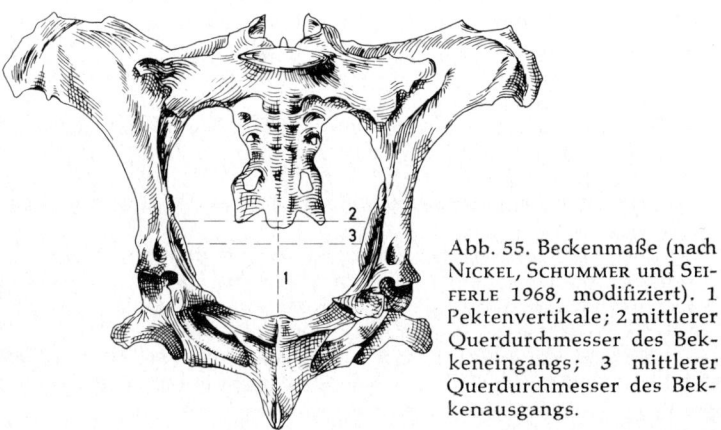

Abb. 55. Beckenmaße (nach NICKEL, SCHUMMER und SEIFERLE 1968, modifiziert). 1 Pektenvertikale; 2 mittlerer Querdurchmesser des Beckeneingangs; 3 mittlerer Querdurchmesser des Beckenausgangs.

lenk und vor allem die breiten Beckenbänder etwas gelockert werden.

Das Becken des *Rindes* ist für die Geburt insofern ungünstig gestaltet, als die Pfannenkämme und die Sitzbeinhöcker stark ausgeprägt sind. Aus anatomischer Sicht wurde außerdem der ventralkonvexe Verlauf des Beckenbodens als Nachteil für den Geburtsablauf angesehen. Tatsächlich macht sich die Form des Beckenbodens nicht nachteilig bemerkbar, weil das Becken in der Geburt stark nach ventral abgewinkelt wird und dadurch die funktionelle Führungslinie fast gerade bzw. leicht von kraniodorsal nach kaudoventral verläuft (RÜSSE 1965).

Das Becken des *Pferdes* mit seinem geraden Beckenboden sowie den niedrigen Pfannenkämmen und Sitzbeinhöckern ist für den Ablauf der Geburt günstig.

Bei den *kleinen Wiederkäuern* und den *Fleischfressern* trifft die Pektenvertikale auf Schwanzwirbel, und zwar bei den kleinen Wiederkäuern deshalb, weil die Darmbeinsäulen sehr lang sind, bei den Fleischfressern, weil das Kreuzbein besonders kurz ist. Bei diesen Tieren kann sich der Beckenraum während der Geburt nach dorsal weiten.

Die Abhängigkeit der Beckenlänge von der Körperlänge beim *Schwein* untersuchten MEYER und BAHNSEN (1965). Die Beckenlänge war nur schwach zur Schlachtkörperlänge korreliert. Bei weiblichen Tieren waren die Beckenmaße absolut und relativ zur Schlachtkörperlänge größer als bei kastrierten männlichen Tieren. Lange Schweine wiesen relativ kürzere Becken auf. Bei Tieren mit kurzen Becken wurden die Schinken am besten beurteilt. Andererseits ist ein kurzes Becken für die Mechanik der Gliedmaßen weniger günstig, da es den Muskeln einen kürzeren Hebel bietet. Die Beckenmaße waren am lebenden Tier nur schwer zu beurteilen.

Oberschenkelbein, Os femoris (Abb. 56)

Es wird oft fälschlich als Femur bezeichnet. Femur (neutrum) ist der gesamte Oberschenkel und nicht nur der Knochen.

Das Oberschenkelbein ist der mächtigste Knochen des Körpers.

Proximal   *Gelenkkopf, Caput femoris*
mit Bandgrube, Fovea capitis, zum Ansatz des runden Bandes
Hals, Collum (deutlich nur bei Mensch, Fleischfresser, Schwein)
großer Umdreher, Trochanter major (lateral)
kleiner Umdreher, Trochanter minor (medial)
dritter Umdreher, Trochanter tertius (lateral, Pferd und Hase)
Umdrehergrube, Fossa trochanterica

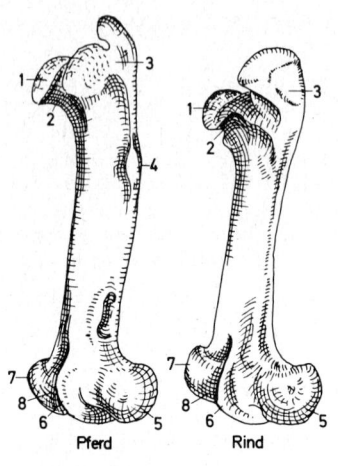
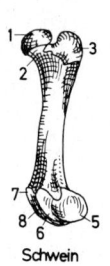

Pferd   Rind   Schwein

Abb. 56. Oberschenkelbein, Os femoris, links (nach ELLENBERGER und BAUM 1943). 1 Gelenkkopf; 2 Hals; 3 großer Umdreher; 4 dritter Umdreher (Pferd); 5 lateraler Gelenkknorren; 6 lateraler Rollhöcker; 7 medialer Rollhöcker; 8 Kniescheibenrolle.

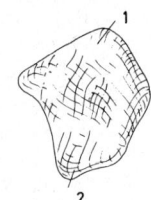

Abb. 57.   Linke Kniescheibe, Pferd, Ansicht von kraniolateral. 1 Basis; 2 Spitze.

Distal: *äußerer Gelenkknorren, Condylus lateralis*
           innerer Gelenkknorren, Condylus medialis
           Bandhöcker
           Bandgruben
           Kniescheibenrolle, Trochlea patellaris
           Zwischenknorrengrube, Fossa intercondylaris

Kniescheibe, Patella (Abb. 57)

Eiförmiges bis ovales Sesambein des M. quadriceps femoris
Gelenkfläche, Facies articularis
Vorderfläche, Facies cranialis
Proximal: *Basis*
Distal: *Spitze, Apex*
Unterschenkelknochen, Ossa cruris, Zeugopodium

Schienbein, Tibia (Abb. 58/A)

Proximal: *äußerer Gelenkknorren, Condylus lateralis*
            innerer Gelenkknorren, Condylus medialis
            Gelenkfläche, Facies articularis

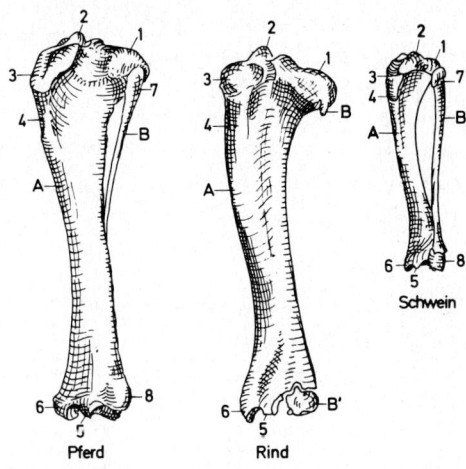

Abb. 58. Unterschenkelknochen, Ossa cruris (nach ELLENBERGER und BAUM 1943). A Schienbein, Tibia; B Wadenbein, Fibula; B' Knöchelbein, Os maleolare (Rind). 1 lateraler Gelenkknorren; 2 Zwischenknorrenfortsatz; 3 Schienbeinhöcker; 4 Schienbeingräte; 5 Gelenkschraube; 6 medialer Knöchel; 7 Wadenbeinköpfchen; 8 lateraler Knöchel.

Schwein

Pferd   Rind

Zwischenknorrenfortsatz, *Eminentia intercondylaris*
Schienbeinhöcker, *Tuberositas tibiae*
Schienbeingräte, *Margo cranialis*
medial unter der Haut gelegen das *Planum cutaneum*

Distal: Gelenkschraube, *Cochlea tibiae*
medialer Knöchel, *Malleolus medialis*

Wadenbein, Fibula (Abb. 58/B)

Proximal: *Wadenbeinköpfchen, Caput fibulae*
Mittelstück, Corpus fibulae

Distal: *lateraler Knöchel, Malleolus lateralis*

Beim *Wiederkäuer* ist nur das Fibulaköpfchen ausgebildet. Es verschmilzt mit dem lateralen Kondylus der Tibia. Distal befindet sich das selbständige *Os malleolare* für den lateralen Knöchel.
Beim *Pferd* ist die Fibula distal rudimentär. Der laterale Knöchel wird von der Tibia gebildet.

Skelett der Gliedmaßenspitze

Hinterfußwurzelknochen, Ossa tarsi (Basipodium)

Krurale Reihe (proximal)
Intertarsale Reihe
Metatarsale Reihe (distal)

Krurale Reihe:

Rollbein, Os tarsi tibiale, Talus (Abb. 59/A)

Proximale Gelenkrolle, Trochlea tali
Mittelstück, Corpus tali
Distale Gelenkrolle, Caput tali

Beim Pferd fehlt das Caput. Die distale Gelenkfläche ist eben.

Fersenbein, Os tarsi fibulare, Calcaneus (Abb. 59/B)

Proximal: *Fersenbeinfortsatz, Processus calcanei*
             Fersenbeinhöcker, Tuber calcanei
             Mittelstück, Corpus calcanei
             Rollbeinstütze, Sustentaculum tali

Intertarsale Reihe (Abb. 59/C):

Os tarsi centrale (Tc), von medial eingeschoben.
Beim Wiederkäuer mit T 4 verschmolzen.

Metatarsale Reihe:

*Os tarsale primum bis quartum** (T 1 bis T 4)

Beim Wiederkäuer sind Tc und T 4 sowie T 2 und T 3 verschmolzen — 5 Knochen.
Beim Pferd sind T 1 und T 2 verschmolzen — 6 Knochen.

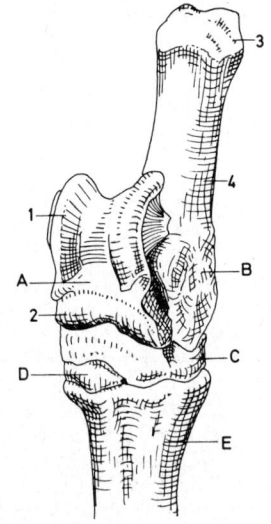

Abb. 59.   Hinterfußwurzelknochen, Rind, links (nach NICKEL, SCHUMMER und SEIFERLE 1968). A Rollbein, Talus; B Fersenbein, Calcaneus; C Os tarsi centrale und Os tarsale quartum; D Os tarsale secundum und Os tarsale tertium; E Röhrbein, Os metatarsale tertium und Os metatarsale quartum. 1 proximale Gelenkrolle, 2 distale Gelenkrolle des Rollbeins; 3 Fersenbeinhöcker; 4 Fersenbeinfortsatz.

---

* gezählt wird von medial nach lateral

Beim Menschen, Fleischfresser und Schwein sind alle Knochen ausgebildet.

Hintermittelfußknochen, Ossa metatarsalia (Mt) (Metapodium)

Ähnlich ausgebildet wie die Vordermittelfußknochen, hinteres Röhrbein jedoch im Querschnitt runder und kräftiger, vorderes Röhrbein im Querschnitt queroval.
Fleischfresser hinten meist ohne mediale Zehe, dann auch Mt 1 fehlend, sonst beim Hund als Wolfskralle bezeichnet.

Skelett der Hinterzehen, Ossa digitorum pedis

wie Zehen der Vordergliedmaße

Gelenke der Hintergliedmaße

Kreuzdarmbeingelenk, Articulatio sacroiliaca

Straffes Gelenk ohne Beweglichkeit, aber mit geringer Nachgiebigkeit.

Hüftgelenk, Articulatio coxae

Nußgelenk oder Kugelgelenk, mit großer Beweglichkeit bei den Fleischfressern. Bei großen Pflanzenfressern Übergang zum Walzengelenk. Der Oberschenkelkopf durch das *runde Band, Lig teres,* und Adhäsion in der Pfanne gehalten. Diese durch den faserknorpeligen *Ergänzungssaum, Labium articulare,* ergänzt.

Kniegelenk, Articulatio genus

Unterteilt in *Kniescheibengelenk, Articulatio femoropatellaris,* und *Kniekehlgelenk, Articulatio femorotibialis.*

Kniescheibengelenk

Schlittengelenk. Seitliche Haltebänder der Kniescheibe sowie ein gerades Kniescheibenband bei Fleischfresser, Schwein, kleinen Wiederkäuern bzw. drei gerade Kniescheibenbänder bei Pferd und Rind.
Die Kniescheibe kann beim Pferd durch eine Schlaufe, die von dem mittleren und dem medialen geraden Kniescheibenband gebildet wird, auf der Nase des medialen Rollkammes festgehalten werden. Dadurch wird die ganze Hintergliedmaße in Streckstellung fixiert (Seite 162). Deshalb ist es den Pferden möglich zu stehen, ohne die Muskeln der Hintergliedmaße erheblich beanspruchen zu müssen. Beim Pferd und beim Rind kann die Kniescheibe auf dem medialen Rollkamm aber auch in krankhafter Weise festgehalten werden. Dann kann die Gliedmaße nicht gebeugt werden. Bei wiederholtem Auftreten muß das mediale Kniescheibenband vom Tierarzt durchgeschnitten werden.

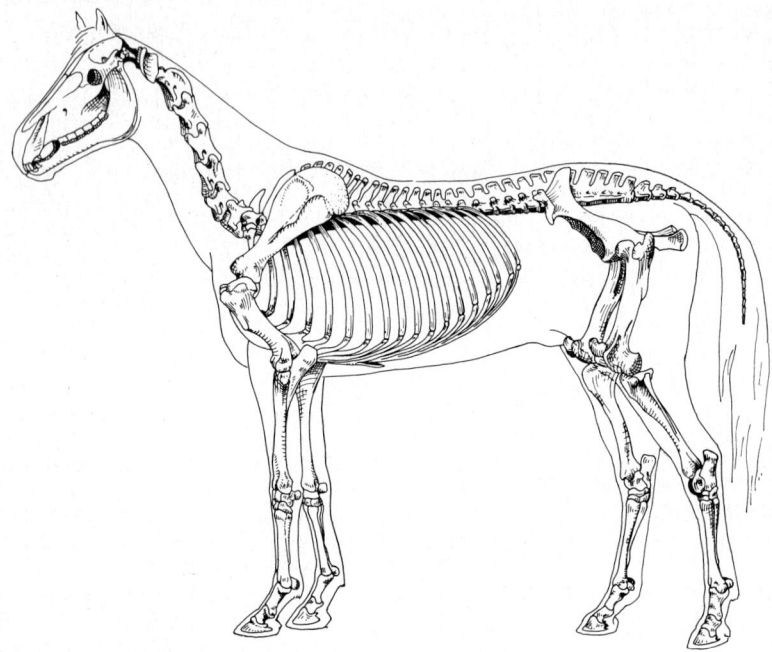

Abb. 60. Skelettsystem des Pferdes, Übersicht (nach ELLENBERGER und BAUM 1943).

Kniekehlgelenk

Inkongruentes Spiralgelenk mit Bremswirkung. Von lateral und medial ist je ein *Meniskus* aus Faserknorpel eingeschoben. Die Gelenkbewegungen werden durch Seitenbänder und im Gelenk gelegene gekreuzte Bänder geführt.

Sprunggelenk, Hinterfußwurzelgelenk, Articulatio tarsi
unterteilt in:

Rollgelenk
Proximales Zwischenreihengelenk
Distales Zwischenreihengelenk
Hinterfußwurzel-Mittelfußgelenk
Nachbargelenke

Das Rollgelenk ist beim Pferd ein Schraubengelenk, bei den anderen Haussäugetieren ein Scharniergelenk.
Das proximale Zwischenreihengelenk ist beim Pferd straff, bei den anderen Tieren ein Walzengelenk.

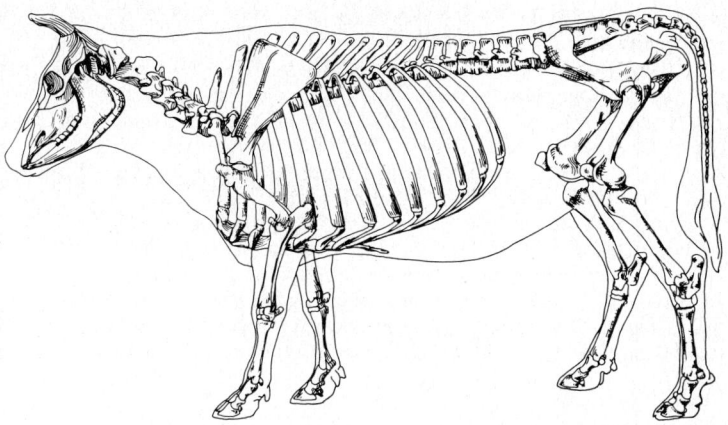

Abb. 61. Skelettsystem des Rindes, Übersicht (nach ELLENBERGER und BAUM 1943).

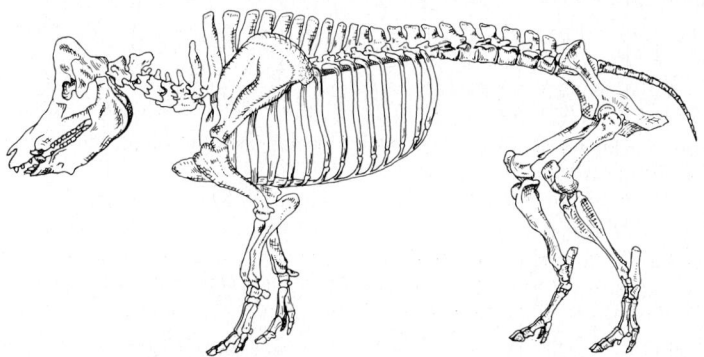

Abb. 62. Skelettsystem des Schweines, Übersicht (nach NICKEL, SCHUMMER und SEIFERLE 1968).

Alle anderen Gelenke sind straffe Gelenke.
Die **Zehengelenke** entsprechen denen der Vordergliedmaßen.

Knochen des Rumpfes

Wirbelsäule, Columna vertebralis

Die **Wirbel, Vertebrae,** vereinigen sich zur *Wirbelsäule, Columna vertebralis.* Allen Wirbeln gemeinsam ist ein grundsätzliches Bauprinzip, das der Funktion entsprechend abgewandelt wird (Abb. 63). Auf dem kräftigen *Wirbelkörper, Corpus vertebrae,* sitzt dorsal der *Wirbelbogen, Arcus vertebrae.* Die *kraniale Endfläche,* die *Extremitas cranialis,* des Wirbelkörpers ist mehr oder weniger konvex. Die *kaudale Endfläche,* die *Extremitas caudalis,* dagegen ist konkav. Von dem Wirbelkörper und dem Wirbelbogen wird das *Wirbelloch, Foramen vertebrae,* gebildet. Die Summe der Wirbellöcher stellt den *Wirbelkanal, Canalis vertebralis,* dar, in dem das Rückenmark mit seinen Häuten gelegen ist. Am Wirbelbogen befinden sich Fortsätze, und zwar ein unpaarer, medianer *Dornfortsatz, Processus spinonus,* sowie auf jeder Seite ein *Querfortsatz, Processus transversus,* und nach kranial und kaudal je ein Paar *Gelenkfortsätze, Processus articulares craniales* bzw. *caudales.* Zusätzlich können *Zitzenfortsätze, Procc. mamillares,* und *Hilfsfortsätze, Procc. accessorii,* ausgebildet sein. Je ein seitlicher Einschnitt kranial und kaudal am Wirbelbogen bilden seitlich zwischen zwei Wirbeln das *Zwischenwirbelloch, Foramen intervertebrale,* durch das die Rückenmarksnerven austreten. An den Brustwirbeln ist gelegentlich im kaudalen seitlichen Einschnitt ein Steg vorhanden, so daß ein *For. vertebrale laterale* entsteht. Der

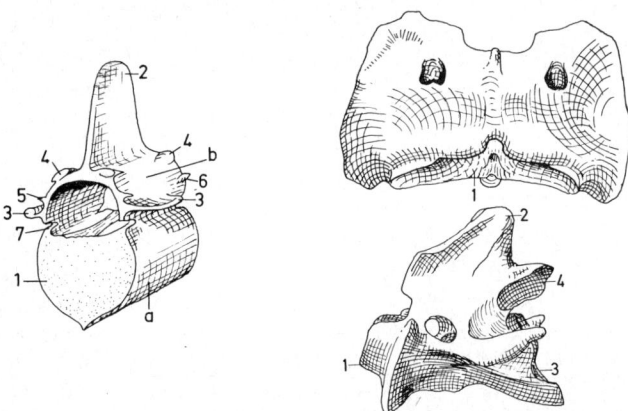

Abb. 63. Schematischer Bau eines Wirbels (nach NICKEL, SCHUMMER und SEIFERLE, 1968). a Wirbelkörper; b Wirbelbogen. 1 kraniale Endfläche; 2 Dornfortsatz; 3 Querfortsatz; 4 Gelenkfortsatz; 5 Zitzenfortsatz; 6 Hilfsfortsatz; 7 seitlicher Wirbeleinschnitt.

Abb. 64 (oben rechts). Atlas, Rind, Ansicht von dorsal (nach ELLENBERGER und BAUM 1943). 1 Gelenkfläche für den Zahn des Epistropheus.

Abb. 65 (unten rechts). Axis, Rind (nach ELLENBERGER und BAUM 1943). 1 Zahn; 2 Dornfortsatz; 3 kaudale Endfläche; 4 Gelenkfortsatz.

dorsale Spalt zwischen den Wirbelbögen zweier aufeinanderfolgender Wirbel wird *For. interarcuale* genannt. Zwischen den Wirbelkörpern befinden, sich außer zwischen Atlas und Axis, die faserknorpeligen *Zwischenwirbelscheiben* (Bandscheiben), die im Zentrum einen Gallertkern, *Nucleus pulposus,* besitzen. Dieser ist der Rest der Chorda dorsalis.

Halswirbel, Vertebrae cervicales

Bei allen Säugetieren sind 7 Halswirbel ausgebildet (Ausnahmen: Seekuh, Zweizehenfaultier 6, Dreizehenfaultier 9—10).
Beim Geflügel ist eine größere Zahl vorhanden.

Erster Halswirbel, Atlas, Kopfträger (Abb. 64)

Ohne Wirbelkörper, sondern *dorsaler* und *ventraler Bogen.* Seitlich die *Atlasflügel. Gelenkfläche für Kondylen* des Hinterhauptbeins und *Gelenkfläche für Zahn des Axis.* Der Zahn des Axis ist der Körper des Atlas.

Zweiter Halswirbel, Axis, Epistropheus, Dreher (Abb. 65)

Körper besonders lang (außer Mensch und Schwein) mit *Crista ventralis. Dornfortsatz* bei den Haustieren kammartig verbreitert (Beim Menschen nur ein Dorn). *Querfortsatz* nur schwach ausgebildet. Vorn Zahn des Axis mit *Gelenkfläche* für Verbindung mit Atlas (Zapfengelenk). *Extremitas caudalis* stark konkav.

Dritter bis sechster Halswirbel (Abb. 60 bis 63)

Einander ziemlich ähnlich. Niedrige *Dornfortsätze,* die kleine Erhebungen darstellen. *Querfortsätze* als *Procc. costotransversarii* ausgebildet. Der Proc. costarius ragt nach kranial und ventral, der Proc. transversus nach kaudal. Die Gelenkflächen der *Gelenkfortsätze* sind mehr oder weniger horizontal gestellt. Sie ermöglichen vor allem Seitwärtsbewegungen der Wirbel.

Siebenter Halswirbel

Gelenkflächen für das erste Rippenpaar, höherer Dornfortsatz. Proc. costarius und Gefäßloch fehlen.

Brustwirbel, Vertebrae thoracicae (Abb. 66)

Zahl: Pferd 18 (17—19)   Die Zahl der Brustwirbel
       Wiederkäuer 13   weist individuelle
       Schwein 15 (13—16)   Schwankungen auf.
       Fleischfresser 13 (12—14)
       Mensch 12

Die *Dornfortsätze* der Brustwirbel sind sehr hoch und bilden beim Pferd und den Wiederkäuern den Widerrist. (Beim Fleischfresser wird der Widerrist von den Schulterblättern gebildet, die die

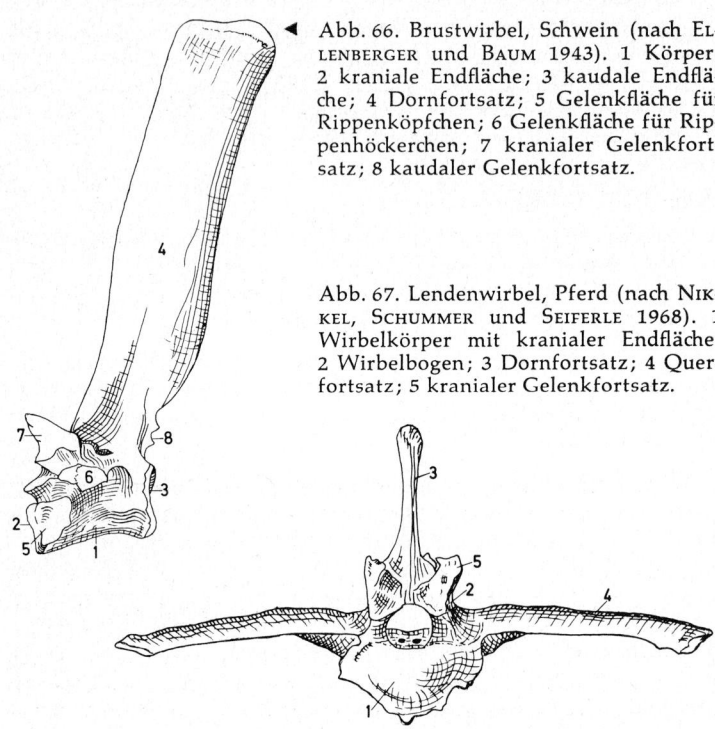

◄ Abb. 66. Brustwirbel, Schwein (nach EL-
LENBERGER und BAUM 1943). 1 Körper;
2 kraniale Endfläche; 3 kaudale Endfläche; 4 Dornfortsatz; 5 Gelenkfläche für
Rippenköpfchen; 6 Gelenkfläche für Rippenhöckerchen; 7 kranialer Gelenkfortsatz; 8 kaudaler Gelenkfortsatz.

Abb. 67. Lendenwirbel, Pferd (nach NIK-
KEL, SCHUMMER und SEIFERLE 1968). 1
Wirbelkörper mit kranialer Endfläche;
2 Wirbelbogen; 3 Dornfortsatz; 4 Querfortsatz; 5 kranialer Gelenkfortsatz.

Dornfortsätze der Brustwirbel überragen.) Die Dornfortsätze der
Brustwirbel sind zunächst nach kaudal geneigt, bis zu einem Wirbel, dessen Dornfortsatz senkrecht steht (diaphragmatischer Wirbel), und neigen sich dann nach kranial (beim Wiederkäuer stehen
sie fast senkrecht).
Die *Querfortsätze* sind klein und tragen eine *Gelenkfläche für das
Rippenhöckerchen*. Die *Gelenkfortsätze* haben tangentiale Gelenkflächen, die Rotationsbewegungen zulassen. Am *Körper* ist kranial und kaudal je eine *Gelenkfläche für die Verbindung mit dem
Rippenköpfchen* ausgebildet.

Lendenwirbel, Vertebrae lumbales (Abb. 67)

Zahl: Pferd 6 (5)   Auch hier kommen individuelle
        Wiederkäuer   Schwankungen vor. Araberpfer-
        und Schwein 6 (7)   de haben häufig, Esel in der
        Fleischfresser 7 (6)   Regel nur 5 Lendenwirbel.
        Mensch 5

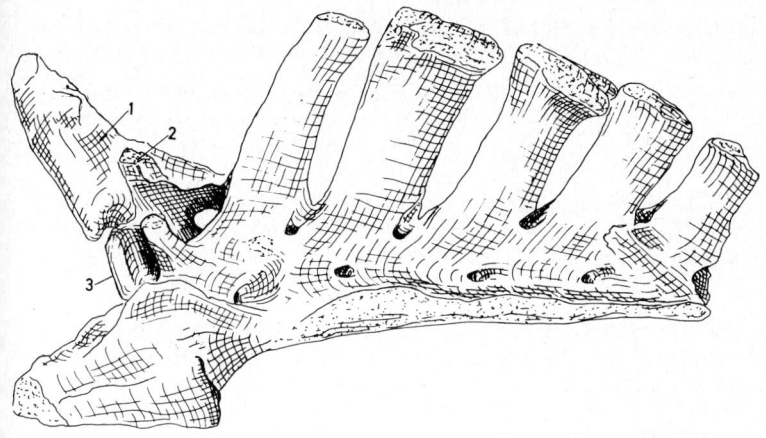

Abb. 68. Kreuzbein, Pferd. 1 Kreuzbeinflügel mit Facies auricularis; 2 Gelenkfortsatz; 3 Promontorium.

Die *Dornfortsätze* sind kranial geneigt bzw. senkrecht gestellt (Wiederkäuer). Die *Querfortsätze* sind sehr ausgeprägt. Sie helfen die Körperwand abstützen. Die *Gelenkfortsätze* sind vertikal gerichtet und ermöglichen besonders dorso-ventrale Bewegungen der Wirbelsäule. Bei alten Tieren verwachsen die Lendenwirbel häufig. Beim *Pferd* sind Gelenke zwischen den Querfortsätzen der kaudalen Lendenwirbel ausgebildet. Bei dieser Tierart ist die Versteifung der Lendenwirbelsäule im Alter besonders häufig.

Kreuzwirbel, Vertebrae sacrales

Zahl: Pferd 5 (4—6)   Schwein 4
         Rind, Ziege 5   Fleischfresser 3
         Schaf 4 (3—5)   Mensch 5

Die Kreuzwirbel verwachsen zum **Kreuzbein, Os sacrum** (Abb. 68). Kranial liegt die breite *Basis*. Kaudal ist es zur *Spitze, Apex*, verjüngt. Die *Dornfortsätze* sind nach kaudal geneigt und mehr oder weniger stark zur *Crista sacralis media* verschmolzen (besonders stark beim Rind). Die *Querfortsätze* sind zur *Pars lateralis* verschmolzen. Kranial befinden sich die Kreuzbeinflügel mit dorsal gelegener *Facies auricularis* zur Verbindung mit dem Becken. Die *Forr. intervertebralia* sind in *Forr. sacralia dorsalia* und *ventralia* umgewandelt.

Schwanzwirbel, Vertebrae caudales

Zahl: Pferd 15—21   Fleischfresser und Schwein 20—23
         Rind 18—20   Mensch 4—5 (zum Steißbein,
         Ziege 12—16   Os coccygis, verschmolzen)
         Schaf 3—24

Im proximalen Teil sind Wirbelbogen und -fortsätze noch ausgebildet. Nach distal verschwinden erst die Fortsätze, schließlich auch der Wirbelbogen. Beim Hund und beim Rind befinden sich in den mittleren Abschnitten der Schwanzwirbelsäule ventral *Hämalfortsätze*, die sich bisweilen auch zu *Hämalbögen* schließen.

Rippen, Costae (Abb. 69)

Die Zahl der Rippenpaare entspricht der der Brustwirbel. Die gleichzählige Rippe steht immer vor dem jeweiligen Wirbel, die erste Rippe also vor dem ersten Brustwirbel.
Proximal an der Rippe befindet sich das *Rippenköpfchen, Caput costae*, mit je einer kranialen und kaudalen *Gelenkfläche, Facies articularis*, dazwischen der *Sulcus interarticularis*. Der *Rippenhals, Collum costae*, trennt das Rippenköpfchen vom *Rippenhöckerchen, Tuberculum costae*, das seinerseits eine Gelenkfläche zur Artikulation mit dem Querfortsatz des Brustwirbels besitzt. Nach dem sich anschließenden *Rippenwinkel, Angulus costae*, folgt das *Mittelstück, Corpus costae*, das in der Rippenfuge mit dem Rippenknorpel verbunden ist. In der Rippenfuge ist das *Rippenknie, Genu costae*, ausgebildet. Beim Hund liegt das Rippenknie

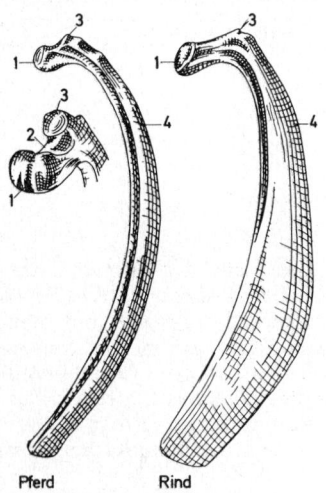

Pferd   Rind

Abb. 69. Rippe ohne Rippenknorpel (nach Koch 1960). 1 Rippenköpfchen, 2 Hals, 3 Rippenhöckerchen, 4 Körper.

im Rippenknorpel. Der *Rippenknorpel, Cartilago costalis,* ist mit dem Brustbein gelenkig verbunden (Tragerippen) oder legt sich mit dem der Nachbarrippen zum *Rippenbogen* zusammen (Atmungsrippen).

Die kranial gelegenen **Tragerippen** oder *wahren Rippen, Costae verae,* sind durch Gelenke mit dem Brustbein verbunden. Ihre Bewegungsmöglichkeit ist eingeengt, und sie dienen vor allem zur Stütze der Brustwand.

Die weiter kaudal gelegenen **Atmungsrippen,** *falsche Rippen, Costae spuriae,* finden nur indirekt an das Brustbein Anschluß, indem sich ihre Knorpel zum *Rippenbogen* zusammenlegen. Sie haben einen viel größeren Bewegungsspielraum und dienen der Erweiterung des Brustkorbs bei der Atmung.

Als **freie Rippen, Fleischrippen,** werden Rippen bezeichnet, die ohne Kontakt zu anderen Rippen oder zum Brustbein in der Muskulatur enden.

Verhältnis der wahren zu den falschen Rippen:

Pferd 8 : 10
Wiederkäuer 8 : 5
Schwein 7 : 8
Fleischfresser 9 : 4

Die Rippen des Rindes sind besonders breit und dadurch leicht von denen des Pferdes zu unterscheiden.

Brustbein, Sternum, unterteilt in:
Habichtsknorpel, Praesternum, Manubrium sterni
Brustbeinkörper, Corpus sterni, Mesosternum
Schwertfortsatz, Xiphosternum, mit *Proc. xiphoideus* und *Cartilago xiphoidea*

Das Mesosternum ist aus einer unterschiedlichen Anzahl von Brustbeinstücken, *Sternebrae,* zusammengesetzt.

Zahl der Sternebrae: Pferd, Wiederkäuer 5; Fleischfresser 6; Mensch, Schwein 4.

Querschnitt des Sternum:

∇		$\square$	$\bigcirc$
Pferd	Mensch, Schwein, Wiederkäuer	Hund	Katze

Beim Menschen hat das Brustbein die Form eines Römerschwerts, daher auch die Bezeichnung Manubrium (Schwertgriff).

Knochen des Kopfes

Am Kopfskelett unterscheidet man den *Hirnschädel, Neurocranium,* und den *Gesichtsschädel, Splanchnocranium* (Abb. 70).

Während beim Menschen der Hirnschädel an Umfang den Gesichtsschädel stark übertrifft, liegen bei Haustieren umgekehrte Ver-

hältnisse vor. Zur Futteraufnahme und -zerkleinerung ist der Gesichtsschädel kräftig entwickelt und bietet der starken Kaumuskulatur Ansatz. Nur bei der Katze und bei kurzköpfigen Hunden
(Boxer, Rehpinscher u. a.) ist der Hirnschädel größer als der Gesichtsschädel. Außerdem liegt bei unseren Haustieren der Gesichtsschädel vor dem Hirnschädel, während er beim Menschen
darunter liegt.

Die Kopfknochen sind platte Knochen, an denen eine äußere und
innere Kompakta, *Lamina externa* und *Lamina interna*, unterschieden wird. Zwischen beiden befindet sich Spongiosa mit rotem
Knochenmark, die *Diploe*. Diese kann auch fehlen. Mit zunehmendem Alter dringt Nasenschleimhaut in die Diploe einzelner Kopfknochen vor und pneumatisiert diese. So entstehen die Nasennebenhöhlen (s. Seite 111).

Hirnschädel, Neurocranium

Hinterhauptsbein, Os occipitale (Abb. 71/A). Es ist ein unpaarer
Knochen und gliedert sich in:
die *Schuppe, Squama occipitalis*, mit Nackenteil, Hinterhauptssta-
chel und Schläfenkamm;
die *Seitenstücke, Partes laterales*, mit Drosselfortsatz, Proc. jugularis, und Gelenkknorren zur Verbindung mit dem Atlas;
den *Körper, Pars basilaris, Basioccipitale* (Abb. 75/A), der mit dem
Keilbein in Verbindung tritt und mit diesem zusammen die Schädelbasis bildet. Seitlich befindet sich das For. lacerum, innen die
Rautenhirngrube mit der Brückengrube und der Grube für die Medulla oblongata.

Keilbein, Os sphenoidale (Abb. 71/B). Es ist unpaar und wird in
vorderes und *hinteres Keilbein, Präsphenoid* und *Basisphenoid*,
unterteilt. Die Trennlinie verknöchert in den ersten Lebensjahren.

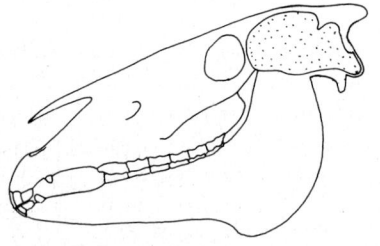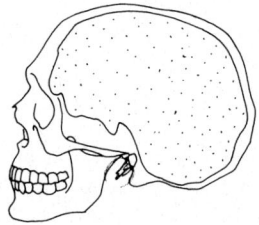

Abb. 70. Unterschiedlicher Anteil von Gesichts- und Hirnschädel am
Kopfskelett beim Menschen und beim Pferd (nach NUSSHAG 1968, verändert).

Beide besitzen je einen Körper und zwei Flügel, das Präsphenoid die *Augenhöhlenflügel, Alae orbitales,* mit den Austrittsöffnungen für Nerven (N. opticus, N. trigeminus u. a.), das Basisphenoid die *Schläfenflügel, Alae temporales.* Im Keilbein ist außer beim Hund und den kleinen Wiederkäuern die *Keilbeinhöhle* ausgebildet.

Scheitelbein, Os parietale (Abb. 71/C). Es liegt als paariger Knochen jederseits der Mittellinie am Schädelhöhlendach. Beim Pferd und langköpfigen Hunden verläuft median die *Crista sagittalis* zum Ansatz der Kaumuskeln (Mm. temperorales). Beim Rind wird das Scheitelbein im Laufe der Entwicklung vom Kalb zum ausgewachsenen Tier in den Nacken geschoben. Das ganze Schädeldach wird dann vom Stirnbein gebildet.

Zwischenscheitelbein, Os interparietale (Abb. 71/D). Es wird paarig angelegt, verschmilzt aber bald zu einem Knochen in der Medianen. Beim Schwein tritt es nicht an die Oberfläche.

Stirnbein, Os frontale (Abb. 71/E). Es bildet mit dem *Stirn- oder Schuppenteil* als paariger Knochen die Stirn. Mit dem *Schläfenteil* und dem *Augenhöhlenteil* begrenzt es die Seitenflächen der Schädelhöhle.

Seitlich am Stirnteil entwickelt sich bei horntragenden Wiederkäuern der *Hornfortsatz* als knöcherne Grundlage des Horns.

Der *Jochfortsatz* findet beim Rind Anschluß an den Schläfenfortsatz des Jochbeins, beim Pferd an den Jochfortsatz des Schläfenbeins. Beim Schwein und Fleischfresser ist der Augenhöhlenrand, Orbitalrand, nicht geschlossen. Der Abstand zwischen dem Jochfortsatz des Stirnbeins und dem Jochbogen wird bei diesen Tieren durch ein Band, *Ligamentum orbitale,* überbrückt.

Das Stirnbein umschließt beim Pferd und bei der Katze eine, beim Rind, Schwein und Hund drei *Stirnhöhlen.* Die Stirnhöhle des Rindes und horntragender kleiner Wiederkäuer setzt sich bis in den Hornfortsatz hinein fort.

Siebbein, Os ethmoidale (Abb. 72). Es ist unpaar und besteht aus *Außenwand,* medianer *Scheidewand, Siebplatte* und dem *Siebbeinlabyrinth* mit den Siebbeinmuscheln. Die *Siebplatte* trennt die Schädelhöhle von der Nasenhöhle.

Zahlreiche Löcher ermöglichen den Durchtritt der Nervenfasern vom Riechkolben in die Riechschleimhaut des Siebbeinlabyrinths. Das *Siebbeinlabyrinth* mit seinen vielen großen, mittleren und kleinen Siebbeinmuscheln bildet eine große Oberfläche für die Aufnahme der Riechschleimhaut. Man unterscheidet große Siebbeinmuscheln, die weit nach median in die Siebbeinhöhle bzw. in die Nasenhöhle hineinragen und *Endoturbinalia* genannt werden, sowie kleinere *Ektoturbinalia* (Abb. 72/4; 74/4,4').

Folgende Siebbeinmuscheln sind ausgebildet:

beim Wiederkäuer   5 Endo- und 18 Ektoturbinalia
beim Pferd   6 Endo- und 25 Ektoturbinalia
beim Schwein   7 Endo- und 20 Ektoturbinalia

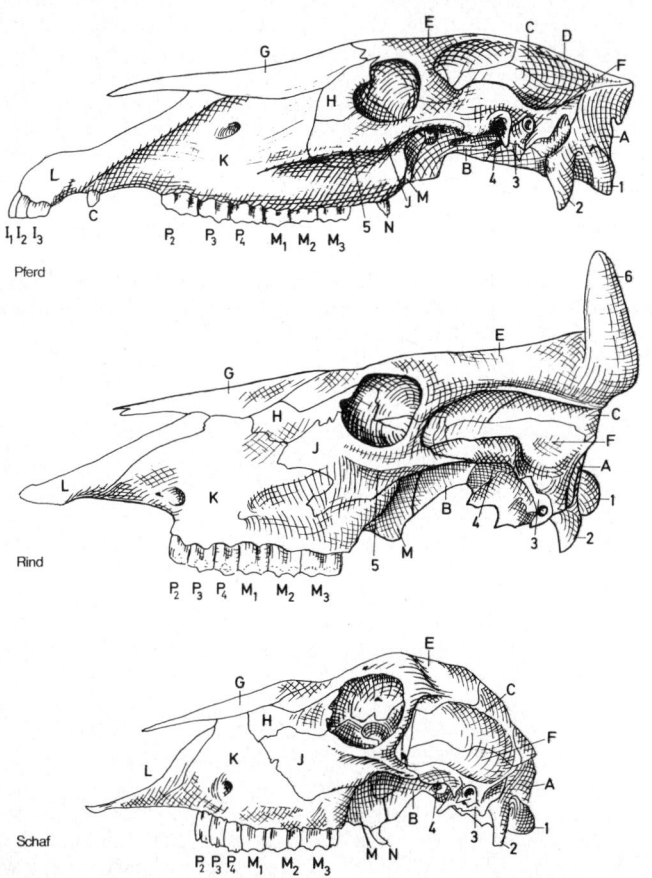

Abb. 71. Kopfknochen (nach NICKEL, SCHUMMER und SEIFERLE 1968).
A Hinterhauptsbein; B Keilbein; C Scheitelbein; D Zwischenscheitelbein; E Stirnbein; F Schläfenbein; G Nasenbein; H Tränenbein; I Jochbein; K Oberkieferbein; L Zwischenkieferbein; M Gaumenbein, N Flü-

Von Bedeutung sind das *Endoturbinale I* als knöcherne Stütze der dorsalen Nasenmuschel und das *Endoturbinale II* für die mittlere Nasenmuschel (Abb. 144). Die ventrale Nasenmuschel hat das ventrale Muschelbein, *Maxilloturbinale*, als Grundlage, das nicht dem Siebbein zugehört.

Schläfenbein, Os temporale (Abb. 71/F). Es begrenzt die Schädelhöhle seitlich und unten. Es ist paarig und setzt sich aus der *Schläfenbeinschuppe* und der *Felsenbeinpyramide* zusammen. An der Schläfenbeinschuppe entspringt der *Jochfortsatz*, der sich mit dem Schläfenfortsatz des Jochbeins zum *Jochbogen* verbindet. Am Ursprung des Jochfortsatzes befindet sich die Gelenkfläche für die Verbindung mit dem Unterkiefer. Schläfenbeinschuppe und Jochfortsatz werden bei alten Schweinen von der *Keilbeinhöhle* pneumatisiert.

Die *Felsenbeinpyramide* hat zwei Anteile: den Felsenteil und den Paukenteil.

Der *Felsenteil* umschließt das Innenohr und trägt schädelhöhlenseitig den *Porus acusticus internus*, durch den der N. vestibulocochlearis und der N. facialis eintreten.

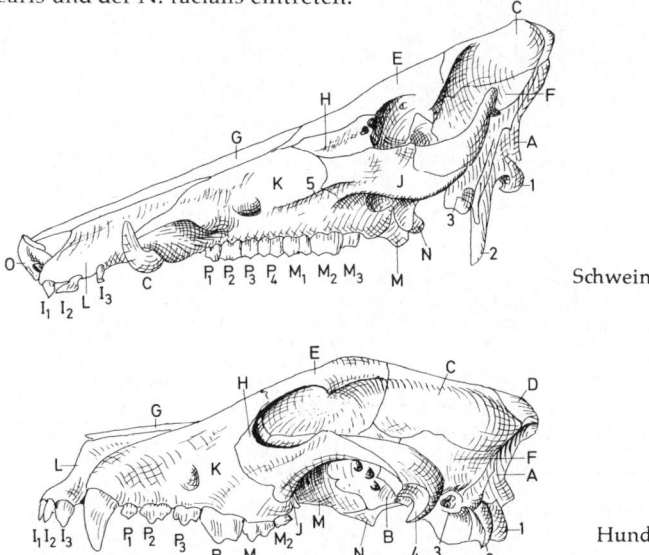

Schwein

Hund

gelbein, O Rüsselbein (Schwein); P Pflugscharbein. 1 Gelenkknorren und 2 Drosselfortsatz des Hinterhauptsbeins; 3 Felsenbeinpyramide; 4 Gelenkfläche für Kiefergelenk; 5 Angesichtsleiste; 6 Hornfortsatz (Rind). Bezeichnung der Zähne s. Seite 115 ff.

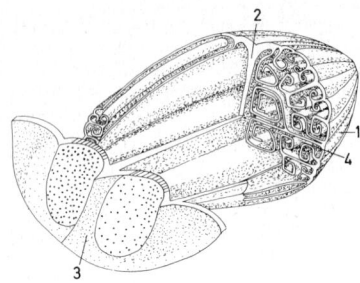

Abb. 72. Siebbein des Pferdes, Schema (nach KOCH 1960). 1 Außenwand; 2 mediane Scheidewand; 3 Crista galli der Siebplatte; 4 Siebbeinmuscheln.
Abb. 73 (unten links). Blick von der Schädelhöhle auf die Siebbeinplatte des Hundes (Foto).
Abb. 74 (unten rechts). Siebbeinlabyrinth des Hundes nach Entfernung der Nasenbeine (Foto). 4 Siebbeinmuscheln; 4' dorsale Nasenmuschel.

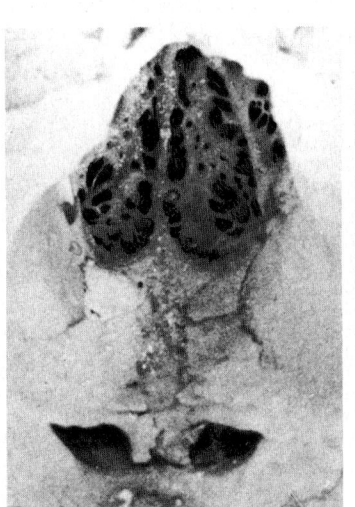
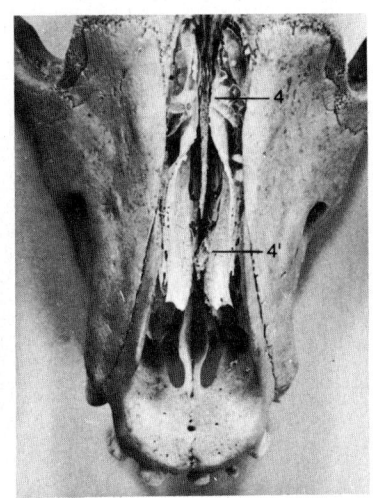

Der *Paukenteil* enthält den Raum für das Mittelohr und bildet ventral die geräumige *Paukenhöhle*, den *knöchernen Gehörgang* und den *Porus acusticus externus*.

Gesichtsschädel, Splanchnocranium

Nasenbein, Os nasale (Abb. 71/G). Es ist vor dem Stirnbein gelegen und bedeckt als platter Knochen die Nasenhöhle. Beide Nasenbeine sind median durch eine falsche Naht verbunden. Das apikale Ende des Nasenbeins zeigt tierartliche Unterschiede. Es endet beim Schaf, Schwein und Pferd mit einer medialen, beim Fleischfresser mit einer lateralen Spitze. Beim Rind und der Ziege hat es zwei Spitzen.

Zwischen Nasenbein und Zwischenkieferbein befindet sich der *Nasenkieferausschnitt.*

Tränenbein, Os lacrimale (Abb. 71/H). Es liegt als paariger Knochen im nasalen Augenwinkel. Die Außenfläche ist in eine *Angesichtsfläche* und eine *Augenhöhlenfläche* gegliedert. Am Orbitalrand der Augenhöhlenfläche ist der Eingang in den knöchernen Tränenkanal (beim Schwein mit zwei Löchern) zu sehen. Die Innenfläche begrenzt die *Kieferhöhle* (Pferd) bzw. die *Tränenbeinhöhle* (Wiederkäuer und Schwein). An ihr befindet sich der *knöcherne Tränenkanal.*

Jochbein, Os zygomaticum (Abb. 71/I). Es besteht aus dem *Körper* und dem *Schläfenfortsatz.* Der Schläfenfortsatz bildet mit dem Jochfortsatz des Schläfenbeins den Jochbogen. Das Jochbein ist paarig.

Oberkieferbein, Maxilla (Abb. 71/K). Es ist der größte Knochen des Schädels. Er ist paarig, formt in wesentlichen Teilen das Gesicht und begrenzt die Mund- und die Nasenhöhle.

Aus dem *Körper* des Oberkieferbeins gehen der *Alveolenfortsatz,* der die Zahnfächer trägt, sowie der *Gaumenfortsatz* (Abb. 75/K), der an der Bildung des harten Gaumens beteiligt ist, hervor.

Im Oberkieferbein befindet sich (außer beim Fleischfresser) die geräumige *Kieferhöhle.* Beim Rind ist in dem Gaumenfortsatz auch noch ein Teil der *Gaumenhöhle* gelegen.

Am Körper ist außen die *Angesichtsleiste, Crista facialis,* beim Pferd und Rind besonders deutlich zu sehen. Vor der Angesichtsleiste ist das *For. infraorbitale* gelegen, aus dem ein Ast des N. trigeminus austritt, der das Angesicht sensibel innerviert.

Zwischenkieferbein, Os incisivum (Abb. 71/L). Es ist unpaar und im Schneidezahnbereich des Oberkiefers gelegen. Es bildet die Zahnfächer für die oberen Schneidezähne (außer Wiederkäuer). Beim Menschen vereinigt es sich schon vor der Geburt mit dem Oberkieferbein. Beim Tier ist es noch längere Zeit nach der Geburt als eigener Knochen zu erkennen.

GOETHE erkannte, daß auch der Mensch ein Zwischenkieferbein besitzt, und widerlegte damit die Theorie, daß der Mensch nicht mit den Tieren verwandt sei, weil er kein Zwischenkieferbein besitze. Man unterscheidet am Zwischenkieferbein den *Körper,* den *Zahnrand,* den *Nasenfortsatz* und den *Gaumenfortsatz.*

Als embryonale Entwicklungsstörung kann es zur **Spaltbildung** zwischen Zwischenkiefer- und Oberkieferbein kommen, da sich der Oberkiefer aus dem seitlichen Nasenwulst bildet, das Zwischenkieferbein jedoch aus dem mittleren. Finden beide Wülste keinen Anschluß aneinander, so bildet sich im apikalen Abschnitt die *Hasenscharte,* weiter aboral im Gaumenbereich der *Wolfsrachen* aus.

Rüsselbein, Os rostrale. Es kommt beim Schwein regelmäßig vor. Bei diesem ist es über dem Zwischenkieferbein im Rüssel gelegen und stützt diesen. Gelegentlich kann auch bei älteren Rindern ein Rüsselbein im Flotzmaul vorkommen.

Gaumenbein, Os palatinum (Abb. 75/M). Es schließt sich den Gaumenfortsätzen der beiden Oberkieferbeine aboral an. Es hat eine *Horizontalplatte,* die ein Teil des harten Gaumens ist, und eine *Sagittalplatte,* die den Nasenrachenraum seitlich begrenzt. Der aborale Rand der Horizontalplatte wird *Choanenrand* genannt. Beim Schwein und Fleischfresser befindet sich dort der *Choanenstachel,* der beim Rind und Pferd undeutlicher ist. Beim Rind birgt das Gaumenbein einen Teil der *Gaumenhöhle* in seiner Horizontalplatte, während die Gaumenhöhle des Pferdes in der Sagittalplatte liegt.

Flügelbein, Os pterygoideum (Abb. 71/N). Es liegt als platter Knochen zwischen Keilbein und Sagittalplatte des Gaumenbeins. Der aborale Teil bildet das sog. *Häckchen, Hamulus.*

Pflugscharbein, Vomer (Abb. 75/P). Es ist unpaar. Seine *Flügel* legen sich von unten der Bodenplatte des Siebbeins an. Nach oral erstreckt sich die *Crista vomeris* mit den beiden Seitenplatten, die eine Rinne zur Aufnahme des knorpeligen Nasenseptum bilden.

Muschelbeine, Ossa turbinata (Abb. 74/4'). Die obere Nasenmuschel wird vom *Endoturbinale I,* die mittlere vom *Endoturbinale II* des Siebbeins gestützt. Nur die untere Nasenmuschel hat einen eigenen Knochen als Grundlage, das **Maxilloturbinale.** An diesem unterscheidet man wie an allen Muschelbeinen eine *Spirallamelle* und eine *Basallamelle.* In der Spirallamelle des Maxilloturbinale ist beim Pferd die *ventrale Muschelhöhle* gelegen, die mit der kleinen Kieferhöhle kommuniziert.

Die dorsale Nasenmuschel des Pferdes enthält die *dorsale Muschelhöhle,* die mit der Stirnhöhle in Verbindung steht.

Zwischen den drei Nasenmuscheln sind die Nasengänge gelegen, und zwar:

Der *untere Nasengang* zwischen dem Nasenhöhlenboden und der unteren Nasenmuschel. Er ist der weiteste und gestattet beim Großtier das Einführen der Nasenschlundsonde. Da der größte Teil der Atmungsluft diesen Gang passiert, wird er auch *Atmungsgang* genannt.

Der *mittlere Nasengang (Sinusgang)* liegt zwischen oberer und unterer Nasenmuschel.

Der *obere Nasengang* liegt zwischen Nasenhöhlendach und dorsaler Nasenmuschel. Durch ihn gelangt die Luft in das Siebbeinlabyrinth mit der Riechschleimhaut, daher wird er auch *Riechgang* genannt.

Unterkiefer, Mandibula (Abb. 76). Er wird von zwei in der Symphyse vereinigten *Unterkieferknochen, Ossa mandibularia*, gebil-

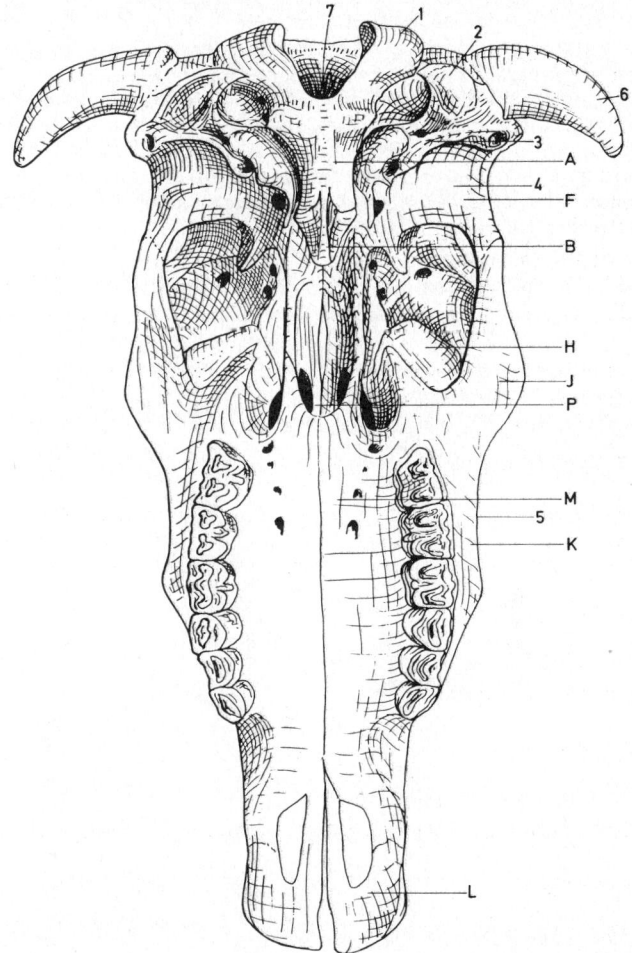

Abb. 75. Kopfknochen des Rindes, Basalansicht (nach NICKEL, SCHUMMER und SEIFFERLE 1968). Bezeichnungen wie in Abb. 71; dazu: 7 Hinterhauptsloch.

det. Die Symphyse verknöchert beim Schwein und Pferd nach dem ersten Lebensjahr, beim Wiederkäuer und Fleischfresser manchmal gar nicht.

Zwischen den beiden Unterkieferknochen liegt der *Kehlgang*. In der Symphysengegend wird der *Kinnwinkel* gebildet.

An jedem Unterkieferknochen sind der *Körper*, der die Zähne trägt, und der *Unterkieferast* zu unterscheiden. Im Körper liegt der *Unterkieferkanal, Canalis mandibulae,* in dem ein sensibler Ast des N. trigeminus liegt, der die Zähne sowie die Haut am Kinn innerviert. Körper und Ast gehen im *Unterkieferwinkel* ineinander über. Am Unterkieferast befindet sich der *Gelenkfortsatz* für das Kiefergelenk und oral von diesem der *Muskelfortsatz* für den M. temporalis. Lateral ist am Unterkieferast eine breite Ansatzfläche für den M. masseter ausgebildet.

Zungenbein, Os hyoideum (Abb. 77). Es befindet sich im Zungengrund und ist über den *Aufhängeapparat* und die *Zungenhörner* mit der Schädelbasis verbunden. Der *Zungenbeinkörper* besitzt

Abb. 76. Unterkiefer des Rindes (nach NICKEL, SCHUMMER und SEIFERLE 1968). a Körper; b Ast. 1 Unterkieferwinkel; 2 Gelenkfortsatz; 3 Muskelfortsatz.

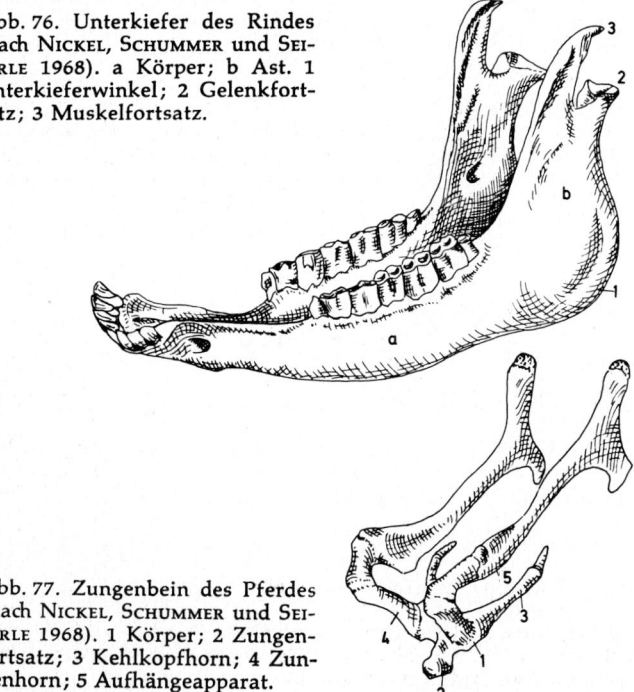

Abb. 77. Zungenbein des Pferdes (nach NICKEL, SCHUMMER und SEIFERLE 1968). 1 Körper; 2 Zungenfortsatz; 3 Kehlkopfhorn; 4 Zungenhorn; 5 Aufhängeapparat.

beim Pferd und den Wiederkäuern einen *Zungenfortsatz,* der in die Zunge ragt. Zwei *Kehlkopfhörner* dienen zur Verbindung mit dem Kehlkopf. Diese ist wichtig für den Schluckakt, bei dem sich der Kehlkopf hinter den Zungengrund duckt. Teile des Aufhänge-apparates vom Schwein können mit dem Kopffleisch in die Wurst gelangen und werden dann vom Käufer fälschlich als Rattenrippen angesehen, da der mittlere Zungenbeinast rund und leicht gebogen ist.

Nasennebenhöhlen, Sinus paranasales

Der Schädel der Haustiere muß beträchtlichen Umfang aufweisen, um den Kauwerkzeugen und der Kaumuskulatur Raum bzw. Ansatz zu gewähren. Damit der Schädel jedoch nicht zu schwer wird, werden einige Schädelknochen nach der Geburt pneumatisiert. Von der Nasenhöhle ausgehend dringt Nasenschleimhaut zwischen die Lamellen der Knochen ein, so daß lufterfüllte Räume entstehen.

Im Prinzip gibt es folgende Höhlen:

Kieferhöhle(n)	Tränenbeinhöhle
Gaumenhöhle	Stirnhöhle(n)
Keilbeinhöhle	Muschelhöhle(n)

Beim Pferd (Abb. 78) sind alle Nasennebenhöhlen durch einen Gang von der Nasenhöhle her belüftet *(Apertura nasomaxillaris).* Der Gang beginnt in der Nasenhöhle zwischen dorsaler und ventraler Nasenmuschel (die mittlere Nasenmuschel ist sehr kurz) in Höhe des letzten Backenzahns. Der vordere Teil des Ganges führt in die **kleine (orale) Kieferhöhle,** der die **ventrale**

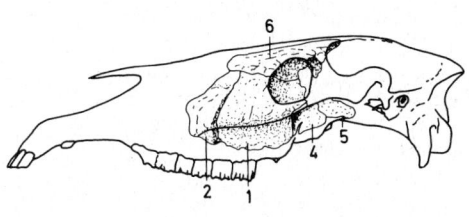
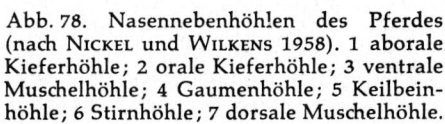
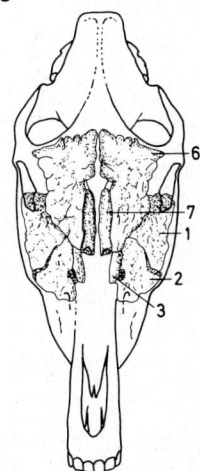

Abb. 78. Nasennebenhöhlen des Pferdes (nach NICKEL und WILKENS 1958). 1 aborale Kieferhöhle; 2 orale Kieferhöhle; 3 ventrale Muschelhöhle; 4 Gaumenhöhle; 5 Keilbein-höhle; 6 Stirnhöhle; 7 dorsale Muschelhöhle.

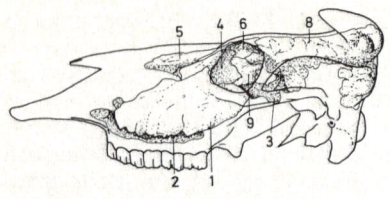

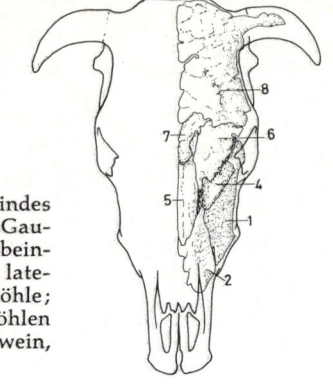

Abb. 79. Nasennebenhöhlen des Rindes (nach WILKENS 1958). 1 Kieferhöhle; 2 Gaumenhöhle; 3 Keilbeinhöhle; 4 Tränenbeinhöhle; 5 dorsale Muschelhöhle; 6 orale, laterale Stirnhöhle; 7 orale, mediale Stirnhöhle; 8 aborale Stirnhöhle, 9 Paraorbitalhöhlen (Rind) bzw. Paraethmoidalhöhlen (Schwein, Abb. 81).

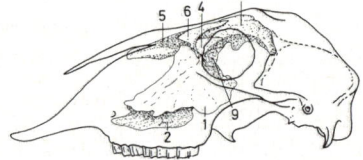

Abb. 80. Nasennebenhöhlen des Schafes (nach LOEFFLER 1958). Bezeichnungen wie in Abb. 79.

Muschelhöhle angeschlossen ist. Der hintere Teil des breiten Ganges führt in die **große (aborale) Kieferhöhle,** die durch ein Knochenseptum von der kleinen Kieferhöhle getrennt ist. Der großen Kieferhöhle schließt sich nach ventromedial die **Gaumenhöhle** an, die in die **Keilbeinhöhle** führt. Dorsal verbindet sich die große Kieferhöhle mit der **Stirnmuschelhöhle,** die einen gemeinsamen Raum im Stirnbein und in der dorsalen Nasenmuschel bildet.

Beim Rind (Abb. 79) führt der *Sinusgang* in die **Kieferhöhle,** die nach ventral mit der **Gaumenhöhle** und nach dorsolateral mit der **Tränenbeinhöhle** in Verbindung steht. Die **Keilbeinhöhle,** die **drei Stirnhöhlen** und die **dorsale Muschelhöhle** haben eigene Zugänge. Außerdem gibt es beim Rind kleine **Paraorbitalhöhlen** in der medialen Orbitawand. Die aborale Stirnhöhle pneumatisiert den Hornfortsatz. Sie wird bei der Amputation der Hörner oder bei bestimmten Hornfrakturen eröffnet.

Beim kleinen Wiederkäuer (Abb. 80) hat die *Tränenbeinhöhle* entweder einen eigenen Zugang von der Nasenhöhle her oder sie ist eine Ausbuchtung der lateralen oralen Stirnhöhle. Eine *Keilbeinhöhle* fehlt. Sonst liegen ähnliche Verhältnisse wie beim Rind vor.

Beim Schwein (Abb. 81) fehlt die *Gaumenhöhle.* Die **Keilbeinhöhle,** die **Tränenbeinhöhle,** die **drei Stirnhöhlen,** die **dorsale Muschel-**

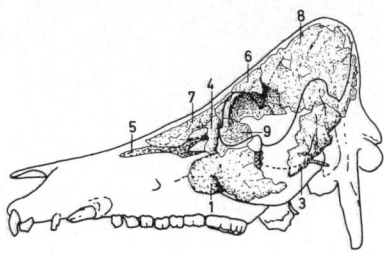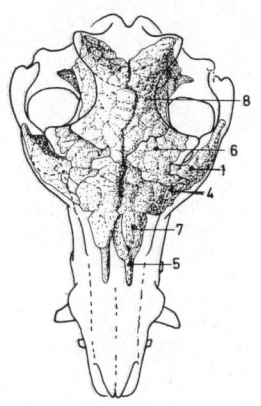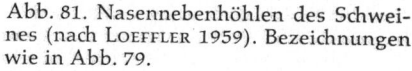

Abb. 81. Nasennebenhöhlen des Schweines (nach LOEFFLER 1959). Bezeichnungen wie in Abb. 79.

höhle sowie die sog. **Sinus paraethmoidei,** die den Paraorbitalhöhlen des Rindes vergleichbar sind, haben je getrennte Zugänge von der Nasenhöhle bzw. der Siebbeinhöhle her. Die **Kieferhöhle** dehnt sich bei alten Tieren weit in den Schläfenfortsatz des Jochbeins aus. Die *aborale Stirnhöhle* reicht weit in das Hinterhaupt des alten Schweines und bekommt enge nachbarliche Beziehungen zur *Keilbeinhöhle,* die jederseits hoch in das Schläfenbein vordringt. Die Schädelhöhle des Schweines ist somit fast an allen Stellen von lufterfüllten Räumen umgeben.

Beim Fleischfresser ist keine Kieferhöhle, sondern nur eine **Kieferbucht** ausgebildet. Die **Stirnhöhle** des Hundes ist in eine orale und zwei aborale Stirnhöhlen mit eigenen Zugängen unterteilt, die der Katze ist nicht unterteilt. Die **Keilbeinhöhle** findet man nur bei der Katze. Weitere Nasennebenhöhlen fehlen beim Fleischfresser.

Zähne, Dentes

Aufbau aus: Zahnbein, Zahnschmelz, Zahnzement.

Zahnbein, Dentin (Elfenbein) (Abb. 82/2), stellt modifiziertes Knochengewebe dar, ist leicht gelblich und wird von *Odontoblasten* gebildet. Es enthält die *Zahnhöhle, Pulpahöhle,* in der die *Pulpa* liegt. Diese wird von Bindegewebe, Blutgefäßen und Nerven gebildet.

Zahnschmelz, Email (Abb. 82/1), ist die härteste Substanz des Körpers. Er wird von *Adamantoblasten* gebildet, die von dem Mundhöhlenepithel abstammen. Der Schmelz ist entweder als Kappe über dem Zahnbein (*schmelzhöckerige Zähne*) oder als faltige Einlagerungen (*schmelzfaltige Zähne*) ausgebildet (s. unten).

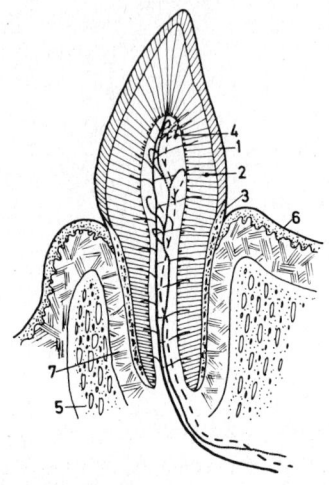

Abb. 82. Bau eines Zahns, schematisch (nach ELLENBERGER und
BAUM 1943). 1 Zahnschmelz; 2
Zahnbein; 3 Zahnzement; 4 Pulpahöhle mit Arterie, Vene und
Nerv; 5 Kieferrand mit Zahnalve-
ole; 6 Zahnfleisch; 7 Wurzelhaut.

Schmelzhöckerige Zähne haben Mensch, Schwein, Fleischfresser
und schmelzfaltige Pferde und Wiederkäuer.

Zahnzement (Abb. 82/3) stellt den Überzug jenes Zahnteils dar,
der im Zahnfach steckt. Bei schmelzfaltigen Zähnen reicht der
Zement bis an die Reibefläche und füllt auch die Kunden und
Schmelzbecher aus. Der Zahnzement wird von den *Zementoblasten* gebildet.

Einteilung des Zahnes nach seinen Abschnitten
Zahnkrone
Zahnhals
Zahnwurzel(n)
Der Zahnhals ist nicht immer deutlich abgesetzt, z. B. Pflanzen-
fresser-Backenzähne, Schneidezähne des Pferdes.

Die Zähne werden durch die *Wurzelhaut (Periodontium)* im Zahnfach gehalten.

Flächen des Zahnes
Kaufläche
Kontaktflächen zu den Nachbarzähnen
linguale (zur Zunge) und buckale (zur Backe) Fläche

Die Zähne stellen nach einiger Zeit ihr *Wachstum* ein. Das Wur-
zelloch wird durch Ersatzdentin verengt und später verschlossen.
Die Wurzelhöhle füllt sich mit Ersatzdentin. Das Abmahlen der
Kauflächen wird durch Höherschieben der Zähne ausgeglichen.

Sog. wurzellose Zähne wachsen zeitlebens, weil die Wurzelhöhle offen bleibt, z. B. Schneidezähne der Nager, Hauer des Schweines.

Zahnarten

Schneidezähne = Dentes incisivi (I)
Haken- oder Eckzähne = Dentes canini (C)
Backenzähne: Vordere Backenzähne = Dentes praemolares (P)
*   Hintere Backenzähne = Dentes molares (M)*

Zahnformen (Abb. 83)

Schmelzhöckerige Zähne = brachydonte Form
Bei Hund und Katze mehrfache Höckerbildung, beim Schwein mehrhügelige Krone

Schmelzfaltige Zähne

Die Backenzähne der Pflanzenfresser weisen entweder *Schmelzbecher* oder seitliche *Einfaltungen des Schmelzmantels* auf. Der Schmelz faltet sich dann in Richtung der Zahnachse. Die Seiten sind von Zement überzogen. Die Schmelzbecher stülpen sich von der Kaufläche her in Richtung Wurzel vor und füllen sich mit Zement (Abb. 83). So entsteht eine Kaufläche aus verschieden harten Substanzen, die sich beim Abreiben ständig rauh erhält. Erst wenn bei sehr alten Tieren die Schmelzbecher bzw. die Einfaltungen abgerieben sind, werden die Backenzahnoberflächen glatt.
Die Backenzähne der Wiederkäuer und Einhufer stellen erst spät ihr Wachstum ein, weil sich erst dann die kurzen Wurzeln bilden — *hypselodonte Form* (hypselos = hoch).

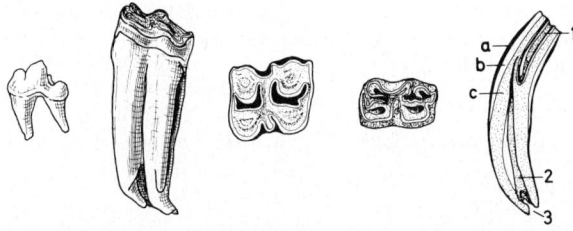

Abb. 83. Zahnformen (nach NICKEL, SCHUMMER und SEIFERLE 1967). Von links nach rechts: Unterkieferreißzahn des Hundes als Beispiel für einen schmelzhöckerigen Zahn; Unterkieferbackenzahn des Pferdes als Beispiel für einen schmelzfaltigen Zahn; Kaufläche eines Oberkieferbackenzahns des Rindes mit Schmelzbechern; Kaufläche eines Unterkieferbackenzahns des Pferdes mit Schmelzfalten; Längsschnitt durch einen Schneidezahn des Pferdes. a Zahnzement; b Zahnschmelz; c Zahnbein. 1 Kunde; 2 Pulpahöhle; 3 Wurzelloch.

Bei den Haussäugetieren werden die Zähne wie beim Menschen gewechselt. Die **Milchzähne,** *Dentes decidui (d),* sind bereits bei der Geburt durch das Zahnfleisch durchgebrochen, oder sie brechen in den ersten Tagen bis Monaten durch. Beim heranwachsenden Tier werden die Milchzähne durch **bleibende Zähne, Ersatzzähne,** *Dentes permanentes,* ersetzt. Dieser Zahnwechsel findet mit großer zeitlicher Regelmäßigkeit statt, so daß er zur Altersbestimmung herangezogen werden kann. Bei kranken, unterentwickelten Tieren verzögert sich der Zahnwechsel. *Nicht alle Zähne werden als Milchzähne angelegt.* Die Molaren aller Haussäugetiere sowie der 1. Prämolar des Hundes und des Schweines haben keine Vorgänger im Milchzahngebiß. Beim Zahnwechsel wird die Milchzahnwurzel langsam resorbiert, während der bleibende Zahn heranwächst (s. Zahnentwicklung Seite 123). Schließlich bleibt nur noch die kappenartige Krone des Milchzahns übrig, die sich schließlich vom Zahnfleisch löst.

Zahnformeln und tierartliche Besonderheiten

Pferd

Milchzähne		bleibende Zähne			
3 Id	3 Pd	3 I	1 C	3 P	3 M
3 Id	3 Pd	3 I	1 C	3 P	3 M

Bei den *Schneidezähnen* unterscheidet man:

Zangen (I_1), Mittelzähne (I_2), Eckzähne (I_3).

Die Schneidezähne der Pferde besitzen tiefe Schmelzgruben, die als *Kunden* bezeichnet werden. Der Querschnitt durch die bleibenden Schneidezähne ist von der Kaufläche zur Wurzel erst queroval, dann rundlich, weiter unten dreieckig und schließlich längsoval. Die Tiefe der Kunden und die Form der Reibefläche werden zur Altersbestimmung herangezogen (s. Seite 119). Die *Hakenzähne* sind nur bei männlichen Tieren regelmäßig und kräftig entwickelt (Hengstzahn). Sie sind schmelzhöckerig.

Wiederkäuer

Kauplatte		3 Pd	Kauplatte		3 P	3 M
3 Id	1 Cd	3 Pd	3 I	1 C	3 P	3 M

Weil der *Hakenzahn* des Unterkiefers die Form der Schneidezähne angenommen hat und sich diesen anschließt, unterscheidet man bei den „Schneidezähnen" der Wiederkäuer Zangen, innere Mittelzähne, äußere Mittelzähne, Eckzähne. Die schaufelförmigen Schneidezähne sitzen auch bei gesunden Tieren lose in den Alveolen. Der

Oberkiefer trägt keine Schneidezähne. Dort ist eine *Kauplatte* aus stark verhorntem Epithel ausgebildet. Der P_2 des Unterkiefers ist klein und schmelzhöckerig.

Schwein

3 Id	1 Cd	3 Pd		3 I	1 C	4 P	3 M
3 Id	1 Cd	3 Pd		3 I	1 C	4 P	3 M

Die *Hakenzähne* sind, besonders beim männlichen Tier, zu Hauern ausgewachsen. Diese wachsen als wurzellose Zähne ständig weiter, so daß der Abrieb ersetzt wird. Die *Schneidezähne* des Schweines sind besonders im Unterkiefer stiftförmig gerade und können zum Schaben benutzt werden (Abb. 84).

Hund

3 Id	1 Cd	3 Pd		3 I	1 C	4 P	2 M
3 Id	1 Cd	3 Pd		3 I	1 C	4 P	3 M

Katze

3 Id	1 Cd	3 Pd		3 I	1 C	3 P	1 M
3 Id	1 Cd	2 Pd		3 I	1 C	2 P	1 M

Die *Hakenzähne* der Fleischfresser sind als sog. *Fangzähne* sehr kräftig und dolchartig. Besondere Bedeutung haben der P_4 oben (bei der Katze P_3) und der M_1 unten als *Reißzähne*. Mit ihren kräftigen Schmelzhöckern können sie zum scherenartigen Abtren-

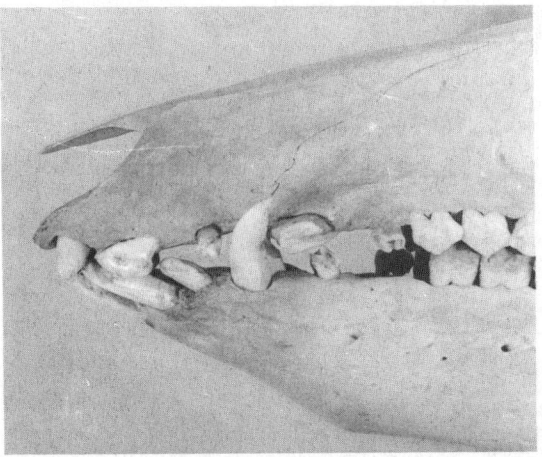

Abb. 84. Schneidezähne eines Schweines, Seitenansicht.

nen zäher Gewebsteile benutzt werden. Der 1. Prämolar des Hundes wird nicht gewechselt.

Mensch

2 Id	1 Cd	2 Pd
2 Id	1 Cd	2 Pd

2 I	1 C	2 P	3 M
2 I	1 C	2 P	3 M

Altersbestimmung nach den Zähnen

Pferd

Bei der **Geburt** sind vorhanden bzw. in den ersten **6 Lebenstagen** brechen durch:

$$\frac{\text{Id 1} \quad \text{Pd 2—4}}{\text{Id 1} \quad \text{Pd 2—4}}$$

Nach **6 Wochen** (3—4—8 Wo) brechen durch: $\dfrac{\text{Id 2}}{\text{Id 2}}$

Nach **6 Monaten** (5—9 Mo) brechen durch: $\dfrac{\text{Id 3}}{\text{Id 3}}$

Die *Kunden in den Milchschneidezähnen* sind nach 1 ½—2 Jahren verschwunden (10 Monate, 1 Jahr, 1 ½—2 Jahre).

Zahnwechsel

2½ **Jahre** (3 Jahre) Id $\dfrac{1}{1}$ 3 Jahre Pd $\dfrac{1,\ 2}{1,\ 2}$

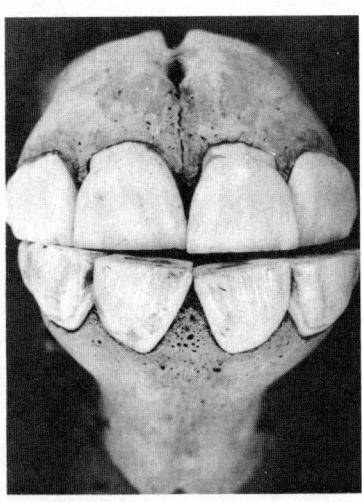

Abb. 85. Zangen und Mittelzähne eines 6 Monate alten Fohlens.

3¹/₂ Jahre (4 Jahre) Id $\dfrac{2}{2}$ **3¹/₂** Jahre Pd $\dfrac{3}{3}$

4¹/₂ Jahre (5 Jahre) Id $\dfrac{3}{3}$

(Das Jahr in Klammern gibt den Zeitpunkt an, in dem der bleibende Zahn in Reibung tritt).

Für die weitere Altersbestimmung wird der Abrieb der bleibenden Schneidezähne herangezogen. Damit verschwinden die Kunden. Die Abreibung beträgt jährlich 2 mm. Tiefe der Kunden: Schneidezähne unten 6 mm (also 3 Jahre in Reibung), oben 12 mm (also 6 Jahre bis zum Abreiben).

Die Kunden sind verschwunden:

unten:	Zangen	=	**6 Jahre** (3+3)
	Mittelzähne	=	**7 Jahre** (4+3)
	Eckzähne	=	**8 Jahre** (5+3)
oben:	Zangen	=	**9 Jahre** (3+6)
	Mittelzähne	=	**10 Jahre** (4+6)
	Eckzähne	=	**11 Jahre** (5+6)

Mit 8—9 Jahren bildet sich am oberen Eckzahn der sog. *Einbiß* (Abb. 87).

Form der Reibeflächen:

queroval	6—12 Jahre	Diese Jahreszahlen können nur
rundlich	12—17 Jahre	ungefähre Zeitspannen angeben.
dreieckig	18—24 Jahre	
längsoval	24—30 Jahre	

Je länger und flacher die Schneidezähne sind, desto älter ist das Pferd. Das Zangengebiß geht damit in ein Winkelgebiß über (Abb. 87, 88).

Auftreten der Furche (englischen Rinne) an den oberen Eckzähnen

im oberen Viertel	ca. 10 Jahre
in der oberen Hälfte	ca. 15 Jahre
an der ganzen Länge	ca. 20 Jahre
an der unteren Hälfte	ca. 25 Jahre
am unteren Viertel	ca. 30 Jahre

Gitschen und Mallauchen (Ausdrücke aus der Zigeunersprache) Man versteht darunter das Tieferbrennen bzw. Ausmeißeln künstlicher Kunden. Dann fehlt aber der Schmelzring (Tierquälerei und Betrug).

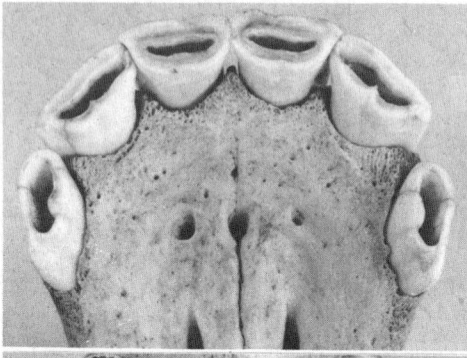

Oberkiefer

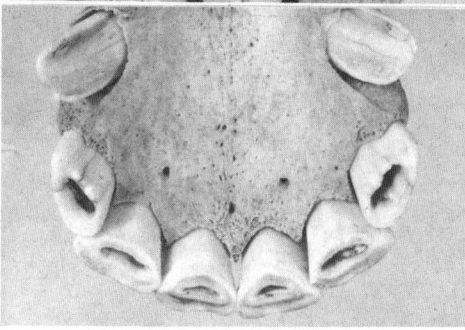

Unterkiefer

Abb. 86. Schneide-
zähne eines 5 Jahre
alten Pferdes.

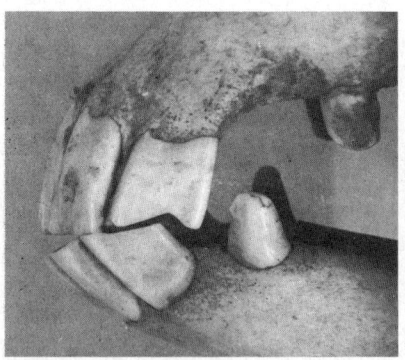

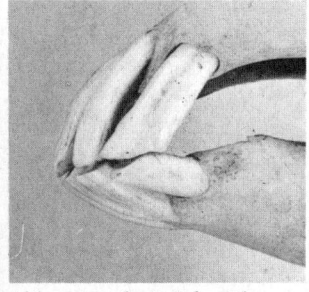

Abb. 88 (rechts). Schneidezähne eines alten Pferdes
(Winkelgebiß).

Abb. 87. Einbiß im oberen Eckzahn eines 10 Jahre alten männlichen
Pferdes (Zangengebiß).

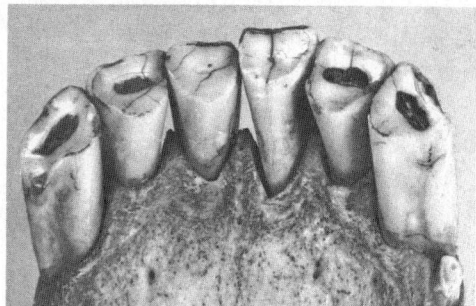

Abb. 89. Falsche
Kunden in den Mit-
tel- und den Eck-
zähnen.

Rind

Bei der Geburt sind die Milchzähne vollzählig durchgebrochen
oder sie brechen spätestens nach 2—3 Wochen durch. Die Zangen
und die inneren Mittelzähne sind auf jeden Fall vorhanden.

Durchbruch der Molaren

$$M \quad \frac{1}{1} \qquad 5-6 \text{ Monate}$$

$$M \quad \frac{2}{2} \qquad 15-18 \text{ Monate}$$

$$M \quad \frac{3}{3} \qquad 24-28 \text{ Monate}$$

Zahnwechsel

Zangen	1½ Jahre	(14—25 Monate)
innere Mittelzähne	2½ Jahre	(17—33 Monate)
äußere Mittelzähne	3½ Jahre	(22—40 Monate)
Eckzähne	4 Jahre	(32—42 Monate)

Frühreife Rassen wechseln die Zähne früher, spätreife später. Nach
dem Zahnwechsel sind Rind und Pferd also mit 4 bzw. 5 Jahren ausgewachsen. Eine Kuh hat in der Regel dann aber schon 2mal gekalbt.
Durch Abrieb entstehen an den Schneidezähnen **Reibeflächen,** die
erst schmal sind und mit 7—8 Jahren ca. die Hälfte, mit 9—10 Jahren. die gesamte Zungenfläche der Schneidezähne einnehmen.

Kleine Wiederkäuer

Zahnwechsel

Zangen	1—1½ Jahre
innere Mittelzähne	1½—2 Jahre
äußere Mittelzähne	2¼—3 Jahre
Eckzähne	3—3½ Jahre

Der Zahnwechsel ist mit 4 Jahren beendet.

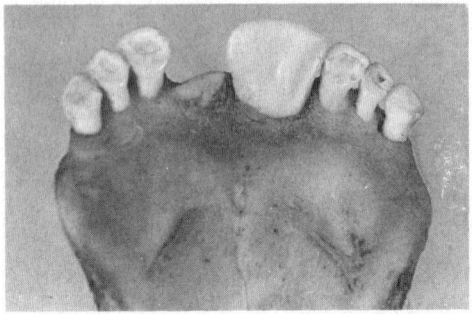

**Abb. 90. Schneide-
zähne eines etwa
1¹/₂ Jahre alten Rindes
(Zangen im Wech-
sel).**

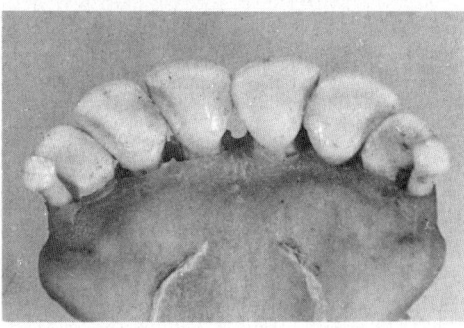

Abb. 91. Schneide-
zähne einer etwa
3¹/₂ Jahre alten Kuh
(Eckzähne noch nicht
gewechselt).

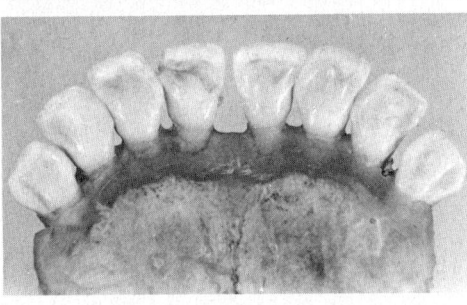

Abb. 92. Schneide-
zähne einer etwa
5 Jahre alten Kuh.

Zahnfehler und Stellungsanomalien

Karpfengebiß (Abb. 93/b; 94)
Hechtgebiß (Abb. 93/c)
Koppergebiß (Abb. 95)
Schief gestellte Schneidezähne bilden sich bei Erkrankungen der
Backenzähne oder eines Kiefergelenkes mit dadurch bedingtem ein-
seitigem Kauen aus.

Abb. 93. Gebiß-
anomalien beim
Pferd. a. Physiologi-
sche Stellung der
Schneidezähne.
b. Karpfengebiß.
c. Hechtgebiß.

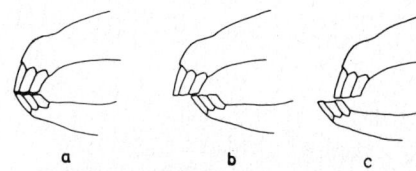

a   b   c

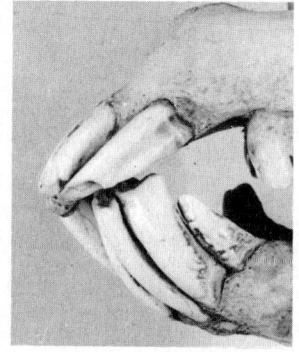

Abb. 94. Karpfengebiß.

Abb. 95. Koppergebiß. Zangen und
Mittelzähne vorn abgewetzt.

Das *Scherengebiß* entwickelt sich bei nicht gleichmäßiger Abnut-
zung der Kauflächen der Backenzähne. Die Gratbildung (oben bak-
kenwärts, unten zungenseitig) ruft Verletzungen der Zunge und
der Backenschleimhaut hervor.
Das *Treppengebiß* ist gekennzeichnet durch unterschiedliche Hö-
hen der Kauflächen der Backenzähne.
Zahnfehler und mangelhafte Kautätigkeit zeigen sich beim Pferd
im Anfall von Haferkörnern im Kot. Beim Rind und Schwein sowie bei den kleinen Wiederkäuern spielen Zahnkrankheiten keine
so große Rolle wie beim Pferd.

Zahnentwicklung (Abb. 96)

Die Zähne entwickeln sich aus ektodermalen und mesodermalen
Anteilen. Aus dem Mesoderm entstehen Dentin und Zement, aus
dem Ektoderm der Zahnschmelz.
Von dem Zahnfleisch des Embryo ausgehend stülpt sich eine Epi-
thelleiste, die *Zahnleiste,* in das Mesoderm ein. An dieser Zahnleiste bilden sich *Zahnkolben* oder *Schmelzknospen,* die sich zu
glockenförmigen Schmelzorganen oder *Zahnglocken* umgestalten.
Diese Schmelzglocken umgreifen die *Zahnpapille,* die mit ihrem
Bindegewebe, ihren Blutgefäßen und Nerven das Dentin und die

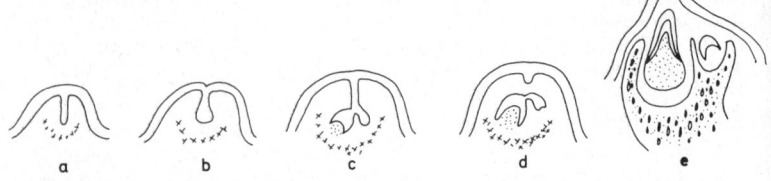

a   b   c   d   e

Abb. 96. Zahnentwicklung. Die Zahnleiste senkt sich vom Mundhöhlenepithel aus in die Tiefe (a und b). Nach Bildung der Zahnanlage für die Milchzähne, links, und die bleibenden Zähne, rechts, geht die Verbindung zum Epithel des Zahnfleisches verloren (c und d). Das von der Schmelzglocke umgebene Mesenchym differenziert sich zum Zahnbein und zur Zahnpulpa (e).

Pulpa bildet. Auch hier geht also, wie z. B. bei der Entwicklung der Haare oder der Drüsen, der formgebende Reiz vom Epithel aus. Die Verbindung der Zahnanlage mit dem Epithel der Mundhöhle geht verloren. Die *Odontoblasten* der Zahnpapille bilden das Dentin. Sie werden dabei immer mehr zurückgedrängt und nicht, wie die Osteoblasten, als Knochenzellen eingebaut. Die Fähigkeit zur Dentinbildung bleibt während des ganzen Lebens bestehen.
Die *Zementoblasten* des Mesoderms bilden den Zahnzement. Zementoblasten sind Osteoblasten.
Die Epithelzellen der Schmelzglocke, *Adamantoblasten*, scheiden Schmelzprismen ab. Jeder Schmelzzelle entspricht ein Prisma. Die Schmelzprismen werden durch Kittsubstanz fest verbunden. Eine spätere Schmelzbildung ist dann nicht mehr möglich.
Lingual der Milchzahnanlage bildet sich die Anlage für den bleibenden Zahn (Abb. 96 e). Dieser schiebt beim Zahnwechsel den Milchzahn heraus, wobei gleichzeitig die Wurzel des Milchzahns resorbiert wird, so daß schließlich nur noch die Krone bleibt. Gelegentlich dringt der bleibende Zahn neben dem Milchzahn vor, ohne diesen zu resorbieren. Hierdurch entstehen Stellungsanomalien der Zähne, die zu Zahn- und Gebißschäden Anlaß geben.

3 Muskelgewebe

Es läßt sich in folgende Arten gliedern:

glatte Muskulatur
Skelettmuskulatur
Herzmuskulatur } quergestreift

Gemeinsam ist allen Arten des Muskelgewebes, daß sie intraplasmatische Fibrillen mit der Fähigkeit zur Kontraktion besitzen. Unterschiedlich ist die Strukturierung der Fibrillen und die Innervation.

Ursprung: Das Muskelgewebe entsteht aus dem Mesoderm, mit Ausnahme der Muskeln der Regenbogenhaut. Sie sind ektodermaler Herkunft. Die Skelettmuskulatur geht zum größten Teil aus den medialen Anteilen der Ursegmente (Myotome) hervor. Die glatte Muskulatur bildet sich aus dem unsegmentierten viszeralen Mesoderm und aus der Kutisplatte, kann aber auch anderweitig aus dem Mesoderm entstehen (Mesenchymzellen). Die Herzmuskulatur geht ebenfalls aus dem viszeralen Mesoderm hervor.

a Glatte Muskulatur

Vorkommen: In der Muskelhaut des Darmes und des Magens, in der Wandung der Blutgefäße, der Gallenblase, der Geschlechtsorgane sowie der Luftwege und Drüsenausführungsgänge, in den Harnorganen, der Haut, der Milz und im Auge.

Glatte Muskelzellen sind meist spindelförmig mit einer Länge von 15—200 μ, aber auch bis zu 500 μ (z. B. gravider Uterus). Der Durchmesser der glatten Muskelzellen beträgt 4—7 μ. In der inneren Auskleidung des Herzens und in der Wand großer Gefäße befinden sich verästelte glatte Muskelzellen, die das Aussehen von Fibrozyten haben und oft durch Fortsätze mit solchen verbunden sind.

Die glatten Muskelzellen sind nicht von einem Sarkolemm umgeben wie die quergestreiften Muskelzellen. Der **Kern** liegt meist in der Mitte der Zelle. In jeder glatten Muskelzelle ist nur ein Kern vorhanden. Das Zytoplasma gliedert sich in das kolloidale Sarkoplasma und die Myofibrillen.

Die **Myofibrillen** bauen sich aus elektronenmikroskopisch nachweisbaren Proteinfäden, den Myofilamenten, mit einem Durchmesser von 50 Å auf.

Die Myofibrillen der glatten Muskelzellen sind durchgehend positiv einachsig doppelbrechend als Ausdruck ihrer kristallinen Ultrastruktur.

Im Verband liegen die glatten Muskelzellen parallel in Gruppen zusammen (Abb. 97). Benachbarte Zellen können durch plattenartige Bezirke bzw. stempelartige Erhabenheiten miteinander in Kontakt treten. Es entsteht dadurch ein inniger Kontakt der Zellmembranen, die teilweise Zytoplasmafortsätze haben und sich in Vertiefungen der Nachbarzellen einpassen.

Die glatten Muskelzellen sind von *Gitterfaserhüllen* umgeben, die an den freien Enden der Muskelfasern in kollagene Fibrillen übergehen und zum Teil auch elastische Sehnen bilden. Das Ende der glatten Muskelzellen ist oft pinselartig verästelt.

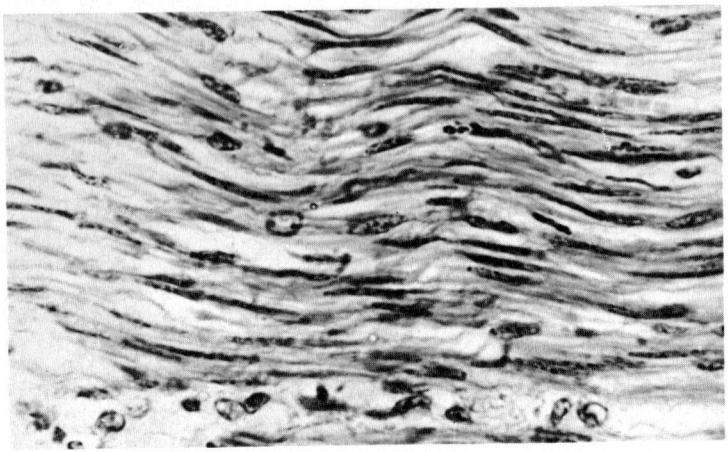

Abb. 97. Glatte Muskelzellen, Längsschnitt (Mikrofoto).

Die *Erregungsleitung* erfolgt durch Synapsen (s. Seite 336) und wahrscheinlich auch von Zelle zu Zelle, da nicht jede glatte Muskelzelle mit einer Nervenfaser in Verbindung steht.

b Skelettmuskulatur

Die Querstreifung der Skelettmuskulatur wurde bereits 1685 von ANTONY VAN LEEUWENHOEK entdeckt.

Die **Skelettmuskelzellen** haben eine Länge bis zu mehreren Zentimetern und einen Durchmesser von 40—60 µ (9—100 µ). Sie sind von einem **Sarkolemm** umgeben. Das ist die Zellmembran mit aufliegender Basalmembran aus Mukopolysacchariden und einem aufgelagerten Netzwerk von Gitterfasern.

Die Skelettmuskelzellen enden meist stumpfkegelförmig, aber gelegentlich auch verästelt.

In jeder Skelettmuskelzelle liegen die zahlreichen **Kerne** peripher unter dem Sarkolemm (Länge 5—16 µ). In geringer Zahl kommen jedoch auch Zellen mit zentralen Kernen vor, so z. B. in der Zunge und der Speiseröhre (s. Muskelzellenentwicklung, Seite 127).

Die **Mitochondrien** der Skelettmuskeln werden als Sarkosomen bezeichnet. Wenn sie zahlreich vorkommen, bekommen die Muskelzellen ein trübes Aussehen. Wenn nur wenige vorhanden sind, wirken die Zellen hell und klar.

Das **endoplasmatische Retikulum** umgibt als *sarkoplasmatisches Retikulum* mit periodischem Bau die Myofibrillen (Abb. 98).

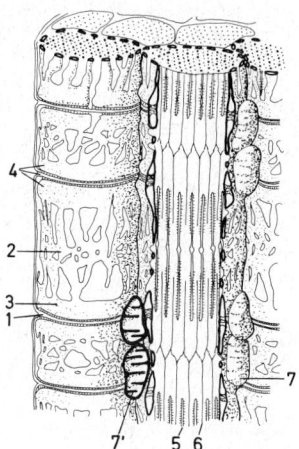

Abb. 98. Myofibrillen mit sarkoplasmatischem Retikulum (nach STOCKINGER 1967). 1 aus der Zellmembran hervorgehender transversaler Schlauch, der in die Tiefe der Muskelzelle vordringt = Transversales (T-) System; 2 longitudinales (L-) System; 3 Zisterne des L-Systems; 4 Triade = Berührungsbezirk von T- und L-System; 5 Myosinfilament; 6 Aktinfilament; 7 Mitochondrien, bei 7' angeschnitten.

Das **Sarkoplasma** der Skelettmuskelzellen enthält einen Farbstoff, das **Myoglobin,** der ähnlich dem Blutfarbstoff Sauerstoff binden kann.

Weiterhin befinden sich in den Muskelzellen Fetttropfen und Glykogenablagerungen.

Fibrillenreiche, aber sarkoplasmaarme Muskelzellen sehen hell aus. Sie sind zu rascher Kontraktion fähig, ermüden aber leicht infolge der rasch aufgebrauchten Energiereserven *(weißer Muskel).*

Fibrillenarme, aber sarkoplasmareiche Muskelzellen kontrahieren sich langsamer, sind aber zu Dauerleistungen befähigt, z. B. Mm. intercostales. Infolge ihres Sarkoplasmareichtums sehen sie dunkler aus *(roter Muskel).*

In manchen Muskelzellen sind die Myofibrillen nicht gleichmäßig verteilt, sondern in Gruppen angeordnet *(Cohnheimsche Felderung).*

Der Kernreichtum der Skelettmuskelzellen ist nicht primär gegeben. Die Skelettmuskeln entwickeln sich aus einkernigen *Myoblasten.* Durch Kernteilung ohne Zellteilung bildet sich ein Plasmodium mit vielen Kernen, da zur Beherrschung des großen Plasmaschlauches viele Kerne notwendig sind (Kern-Plasma-Relation). Je mehr Myofibrillen eine Muskelzelle besitzt, desto mehr Kerne hat sie. Die Kerne liegen erst im Zentrum der Zellen und wandern dann an die Peripherie.

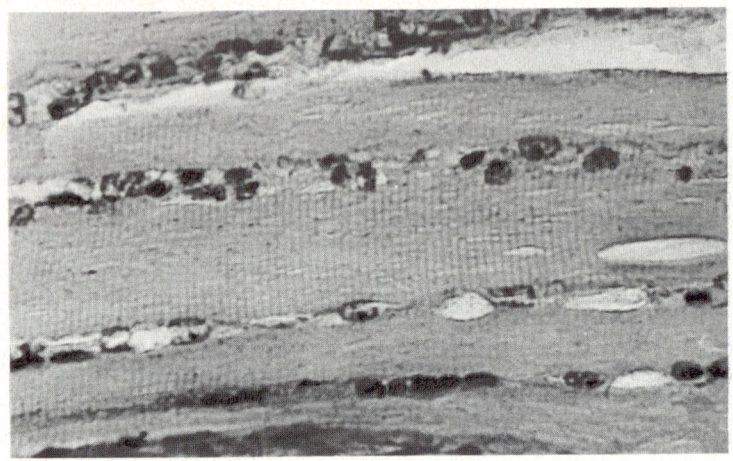

Abb. 99. Skelettmuskelzellen im Längsschnitt mit Querstreifung (Mikrofoto).

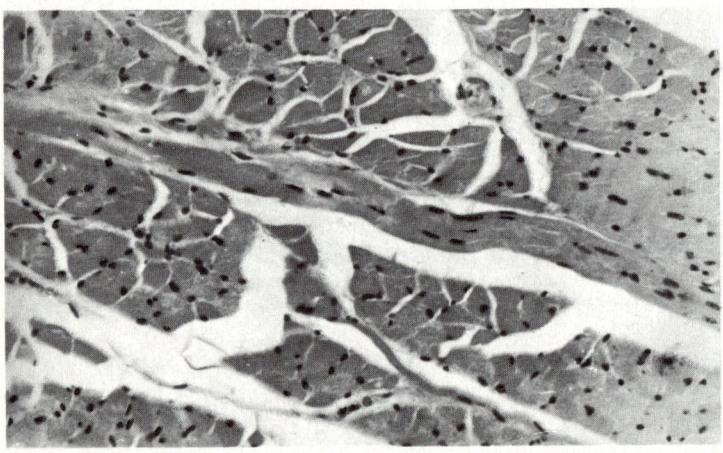

Abb. 100. Skelettmuskulatur, Querschnitt; in der Mitte des Bildes zwei Muskelzellen im Längsschnitt (Mikrofoto).

Myofibrillen

Die Querstreifung der Myofibrillen ist durch abwechselnd dunkle und helle Felder im Licht- und Elektronenmikroskop bedingt (Abb. 99).

Die dunklen Abschnitte sind doppeltbrechend = anisotrop = **A-Streifen.**
Die hellen Abschnitte sind einfachbrechend = isotrop = **I-Streifen.**
Im A-Streifen befindet sich jeweils eine helle **H-Zone** = Hensensche Zone, in der der dunklere **M-Streifen** = Mittelstreifen = Mesophragma liegt. Im I-Streifen liegt eine dünne anisotrope Membran = Zwischenscheibe = **Z-Streifen** = Telophragma = KRAUSEsche Grundmembran.
Die Zwischenscheibe reicht durch das ganze Sarkoplasma von Basalmembran zu Basalmembran. An ihr setzen beiderseits die Aktinfilamente an. Wenn die Zwischenscheibe schraubig angeordnet ist, ruft sie die sog. *Noniusverschiebung* der Querstreifen hervor. Die Zwischenscheiben gewährleisten die Fibrillenordnung.
Einen Fibrillenabschnitt von Z-Streifen zu Z-Streifen nennt man **Sarkomer.** Die l änge eines Sarkomers in der Erschlaffung beträgt 2—2,5 μ.
Jede Fibrille ist aus **Myofilamenten** aufgebaut. Der Querschnitt der Myofilamente beträgt im A-Streifen ca. 100 Å, im I-Streifen ca. 50 Å. Die Myofilamente der A-Streifen sind also deutlich dicker als die der I-Streifen.

Die Myofibrillen bestehen aus **Aktomyosin.** Aktomyosin kann synthetisch hergestellt werden. Solche Aktomyosine kontrahieren sich in vitro bei Anwesenheit von ATP unter Spaltung des ATP zu ADP. Sie wirken als ATP-ase. Bei der Resynthese des ATP erschlaffen sie wieder. Die Energie zur Resynthese kann aus Glykogen gewonnen werden, das zu Milchsäure abgebaut wird.
Man weiß heute, daß das Aktomyosin als **Aktin** und **Myosin** getrennt in verschiedenen Filamenten vorkommt, und zwar bestehen die dicken Filamente des A-Bandes aus Myosin, die dünnen des I-Bandes aus Aktin.
Die Aktin- und die Myosinfilamente überlappen einander teilweise (Abb. 101). Im Querschnitt durch einen derartigen Überlappungsbezirk erkennt man ein regelmäßiges sechseckiges Muster. Jedes

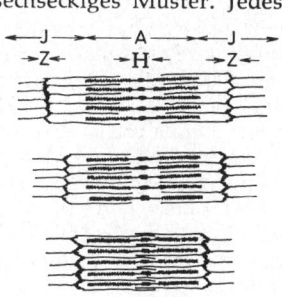

Abb. 101. Sarkomer, schematisch (nach STOCKINGER 1967). Von oben nach unten zunehmende Kontraktion der Fibrille und damit verbunden zunehmende Einschiebung der dünnen I-Filamente (Aktin) zwischen die dicken A-Filamente (Myosin). I isotroper Streifen; A anisotroper Streifen; Z Zwischenscheibe; M Mesophragma.

Myosinfilament wird von 6 Aktinfilamenten eingeschlossen, und jedes Aktinfilament steht im Zentrum dreier Myosinfilamente. Während die Aktinfilamente aus zwei helixartig gewundenen Molekülen bestehen, setzen sich die Myosinfilamente aus zahlreichen Myosinmolekülen zusammen, deren hakenförmige Enden stufenförmig angeordnet sind und knopfförmig zur Seite ragen. An diesen Stellen spielen sich bei der Kontraktion die entscheidenden chemischen Vorgänge ab.

Nach der Gleittheorie von Huxley gleiten die dünnen Aktinfilamente des I-Bandes bei der Kontraktion schnell zwischen die Myosinfilamente des A-Bandes, wobei sich chemische Bindungen zwischen beiden Komponenten ergeben. Die Kontraktion der Myofibrillen erfolgt also ohne Kontraktion der Filamente. (Weiteres über die Kontraktion s. Seite 138).

Zusammenhang zwischen Muskelfasern und Sehnenfasern

Die aus Kollagenfibrillen bestehenden einzelnen Sehnenfasern senken sich in röhrenförmige Einstülpungen des Sarkolemms an den Enden der Muskelfasern ein. Zwischen den Myofibrillen und den Kollagenfibrillen besteht also keine Kontinuität, wie man früher annahm. Teilweise gehen auch die Gitterfasern des Sarkoplasmas in die Sehnenfasern über und stellen so eine innige Verbindung zwischen Muskelfaser und Sehne her.

Der Muskel als Organ

Die einzelnen Muskelzellen werden von ihrem Sarkolemm mit dem Gitterfasernetz umgeben. Zwischen den Muskelfasern befindet sich lockeres Bindegewebe in dünner Schicht mit vielen Kapillaren. Es wird **Endomysium** genannt. Gruppen von Muskelzellen werden von dem **Perimysium internum** zu sog. *Primärbündeln* zusammengefaßt. Das Perimysium internum zeigt ebenfalls Gitterstruktur seiner Bindegewebsfasern. Andererseits verlaufen zwischen den Primärbündeln auch bindegewebige Querverbindungen, die eine zu starke Verschiebung der Primärfasern gegeneinander verhindern. Dieses sind die sog. *Neutralfasern*. Gruppen von Primärbündeln werden wiederum von Bindegewebe zum Muskel zusammengefaßt. Dieses Bindegewebe ist das **Perimysium externum**, das oft mit einer **Oberflächenfaszie** des Muskels in Verbindung steht. Durch die Faszien werden nun die Muskeln zu Gruppen zusammengefaßt und mit der Rumpf- bzw. Gliedmaßenfaszie in Verbindung gebracht. So entsteht ein bindegewebiges Gitter- und Verschiebesystem von den Gitterfasern der einzelnen Muskelzelle bis hin zur oberflächlichen Rumpffaszie, das die einzelnen Elemente fest miteinander verbindet, ihnen jedoch voneinander unabhängige Bewegungen erlaubt.

Abb. 102. Schema der Fiederung von Skelettmuskeln (nach ELLENBERGER und BAUM 1943). Links: einfach gefiederter Muskel; Mitte: doppelt gefiederter Muskel; rechts: mehrfach gefiederter Muskel. Gestrichelte Linie = anatomischer Querschnitt, durchgezogene Linie = physiologischer Querschnitt.

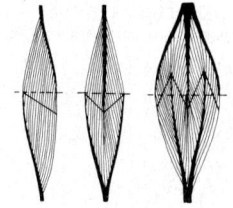

Die Hubkraft der Muskeln ist gesteigert durch die in vielen Muskeln befindlichen sehnigen Einlagerungen, zwischen denen dann zahlreiche, aber kurze Muskelzellen verlaufen. Man nennt diese Anordnung **Fiederung.** Solche Muskeln können durch die große Zahl der Zellindividuen große Lasten heben. Wegen der Kürze der Zellen ist ihre Hubhöhe jedoch eingeschränkt. Muskeln mit parallelem Verlauf der langen Muskelzellen haben zwar eine große Hubhöhe, jedoch ist ihre Hubkraft begrenzt. Häufig findet man Muskeln beider Arten in der Arbeit vereint, wobei der Muskel mit der Hubkraft die Bewegung einleitet, der Muskel mit der Hubhöhe diese vollendet (z. B. M. biceps und M. brachialis).

Nach der Art der Fiederung unterscheidet man *einfach, doppelt und mehrfach gefiederte Muskeln* (Abb. 102). Legt man einen Querschnitt durch einen Muskel senkrecht zu seiner makroskopischen Längsausdehnung, so erhält man den *anatomischen Querschnitt.* Durchtrennt man den Muskel hingegen derart, daß alle Muskelfasern getroffen werden, so bekommt man den *physiologischen Querschnitt* des Muskels, der umso größer ist, je stärker der Muskel gefiedert ist.

In den Skelettmuskeln befinden sich einzelne Gruppen von Muskelzellen, sog. **Muskelspindeln,** die besonders reichlich von motorischen und sensiblen Nervenfasern versorgt werden und durch Bindegewebe abgesondert sind. Diese dienen als Dehnungsrezeptoren. Sie registrieren die Kontraktionszustände der Muskeln und regulieren diese auch reflektorisch. So erhält der Organismus auf dem Weg über den Muskelsinn unbewußt Auskunft über die Haltung der Gliedmaßen usw.

Regeneration der Skelettmuskeln

Nach Verletzungen der Skelettmuskeln kommt es zur Regeneration durch Auswachsen von Muskelzellen, die sogar aus dem Verband in das Bindegewebe zwischen den Muskel-Wundrändern austreten können. Gelingt es den Muskelzellen jedoch nicht, den Defekt zu schließen, so kommt es zur bindegewebigen Narbenbildung.

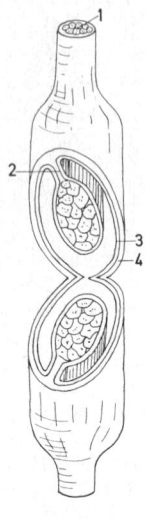 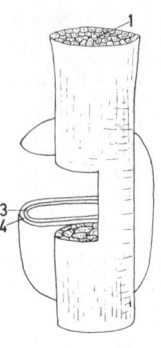

Abb. 103. Sehnenscheide (links) und Schleimbeutel, schematisch (Sehnenscheide nach KOCH 1960). 1 Sehne; 2 Mesotenon (Sehnengekröse); 3 Synovialis; 4 Fibrosa.

Da die Muskeln nur selten direkt an jenen Knochen ansetzen können, die sie bewegen sollen, laufen sie häufig in mehr oder weniger lange Sehnen aus. Solche Sehnen findet man besonders ausgeprägt an den Gliedmaßen. An ihrem Ursprung und an ihrem Ansatz gehen die kollagenen Fasern der Muskeln bzw. ihrer Sehnen in die Fibrosa der Knochenhaut über und werden über diese als Sharpeysche Fasern im Knochen verankert. Breite Ursprungssehnen werden Aponeurosen genannt.

Verlaufen Sehnen über Knochenvorsprünge oder erhabene Gelenkteile, so bilden sich besondere **Hilfseinrichtungen** aus. **Sesambeine** sind spezielle Knochen in oder unter Sehnen (s. Seite 83). **Schleimbeutel** und **Sehnenscheiden** sind synoviale Einrichtungen, die den Sehnen untergelagert sind bzw. diese umhüllen (Abb. 103). Bei dünnen Sehnen bilden sich Sehnenscheiden, bei breiten Schleimbeutel. Sehnenscheiden und Schleimbeutel bestehen ähnlich wie die Gelenkkapseln aus einer straffen Fibrosa und einer Synovialis, die eine der Synovia entsprechende Flüssigkeit produziert. Diese Einrichtungen ermöglichen den Sehnen ein reibungsarmes Gleiten.

Manche Muskeln setzen an der Haut an und vermögen diese durch ihre Kontraktion zu bewegen. Diese Hautmuskeln sind bei unseren Haussäugetieren viel ausgeprägter als beim Menschen.

c Herzmuskulatur

Die **Herzmuskelzellen** sind wie die Skelettmuskelzellen quergestreift. Die **Kerne** liegen jedoch zentral und sind von einem sarkoplasmareichen Hof umgeben. Sie weisen *Cohnheimsche Felderung* auf. Die Fibrillenbündel sind vor allem peripher gelegen.
Um die Fibrillen befindet sich ein *sarkoplasmatisches Retikulum*, das sich wie bei der Skelettmuskulatur in Abschnitte gliedert, die den Sarkomeren entsprechen. Das Sarkoplasma der Herzmuskelzellen enthält wie das der Skelettmuskelzellen viel **Myoglobin.**
Die Herzmuskelzellen sind im Gegensatz zu den Skelettmuskelzellen verzweigt und bilden ein Netzwerk. An vielen Stellen, besonders in der Nähe von Verzweigungen, finden sich im Lichtmikroskop heller erscheinende Streifen, die **Glanzstreifen.** Diese stellen nach elektronenmikroskopischen Befunden Quergrenzen der Herzmuskelzellen dar. Sie sind stark verzahnt. Die Myofibrillen enden kurz vor den Glanzstreifen. Die Herzmuskelzellen bilden also nicht, wie man lange Zeit glaubte, ein Synzytium.
Ebenso wie die Skelettmuskelzellen haben auch die Herzmuskelzellen ein **Sarkolemm** aus Basalmembran und Gitterfasernetz.
Die **Erregungsleitung** im Herzmuskel erfolgt über die **Purkinjeschen Fasern**, d. s. fibrillenarme, sehr sarkoplasma- und glykogenreiche Herzmuskelzellen. Die Erregungsleitung erfolgt im Sarkolemm der Purkinjeschen Fasern. Da die einzelnen Herzmuskelzellen an den Glanzstreifen nicht durch ein Sarkolemm voneinander getrennt sind, leiten sie den Reiz von Zelle zu Zelle weiter, so daß nicht jede Zelle erregt zu werden braucht. Diese Erregungsleitung geht aber langsamer vonstatten als die in den Purkinjeschen Fasern. Andererseits ist sie dafür verantwortlich, daß sich stets der ganze Herzmuskel kontrahiert und nicht, wie beim Skelettmuskel bei schwacher Arbeit, nur einzelne Fasern.
Die Myofibrillen der Purkinjeschen Fasern liegen in der Peripherie. Mehrere Purkinjesche Fasern sind zu **Hisschen Bündeln** vereinigt.

d Muskelphysiologie

Grundeigenschaften der Muskulatur sind:
Elastizität
Erregbarkeit
Kontraktilität
Fähigkeit der Erregungsleitung

Elastizität

Jeder Muskel ist auch im Ruhezustand in einem gewissen Dehnungszustand, so daß bei der Kontraktion die Kraft direkt am Knochen ansetzen kann. Muskeln, die durchtrennt werden, verkürzen sich spontan (wichtig bei Muskelwunden). Wird ein Muskel plötzlich und zu stark gedehnt, so reißt er ein (Muskelriß).

Erregbarkeit

Die **indirekte Reizung** über den Nerv ist der adäquate Reiz für den Muskel.

Die **direkte Reizung** nach Ausschaltung oder unter Umgehung des Nerven kann erfolgen:

1. *mechanisch* durch Schlag, Druck, Quetschung oder Dehnung. Der bei der Muskelkontraktion auftretende Widerstand wirkt auch als mechanischer Reiz. Daher rührt z. B. die Steigerung der Herzkontraktion bei starker Füllung der Herzkammern.
2. *chemisch* durch Säuren, Alkalien, Alkohol, Äther u. a.
3. *elektrisch* durch Reizung mittels Gleichstrom. Kontraktionen erfolgen bei Schließung und bei Öffnung des Stromkreises. Zuckungsgesetz: Bei Schließung nimmt die Kontraktion ihren Ausgang von der Kathode, beim Öffnen von der Anode.

Für die therapeutische Anwendung sind sog. Dreieckströme, *Exponentialströme*, besser geeignet als die galvanischen Rechteckströme (Abb. 104), da die Dreieckströme nur die degenerierte Muskulatur zur Kontraktion bringt, die ihrer Nervenversorgung beraubt ist. Der Reiz muß eine bestimmte Stärke besitzen, damit er von der Muskelzelle beantwortet wird **(Reizschwelle).** Die Stärke des Reizes, die diese Reizschwelle gerade durchbricht, ist der **Schwellreiz.** Von einer bestimmten Größe an bewirkt eine Erhöhung der Reizstärke keine Steigerung der Kontraktion **(maximaler Reiz).**

Muskelkontraktionen im Experiment werden mit dem Kymograph aufgezeichnet. Dieser besteht aus einem Schreibhebel und der Registriertrommel.

Bei der Reizung eines Muskels bekommt man eine sog. **Zuckungskurve** (Abb. 105). An ihr kann man folgende Erscheinungen ablesen:

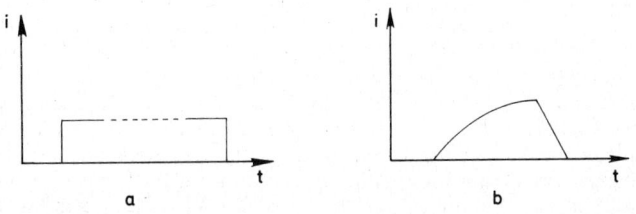

Abb. 104. a. galvanischer Rechteckstrom: nach Schließung des Stromkreises fließt ein Gleichstrom gleicher Intensität bis zur Öffnung des Stromkreises; b. Exponentialstrom (Dreieckstrom): Anstieg und Abfall der Stromstärke erfolgen langsam. i Stromstärke; t Zeit.

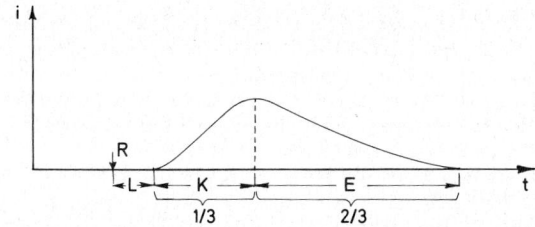

Abb. 105. Zuckungskurve eines Muskels. i Stärke der Kontraktion; t Zeit; R Zeitpunkt der Reizung; L Latenzzeit; K Kontraktionsphase; E Entspannungsphase.

1. **Latenzzeit.** Sie ist die Zeit vom Setzen des Reizes bis zum Einsetzen der Zuckung (3—10 msec). Bei der Ermüdung des Muskels verlängert sich die Latenzzeit.
2. **Kontraktionsphase.** Bei roten Muskeln erfolgt ein flacherer Anstieg als bei hellen Muskeln. Sie macht etwa $^1/_3$ der Zuckungsdauer aus.
3. **Entspannungsphase.** Sie ist um so kürzer, je weniger der Muskel ermüdet ist und je stärker er belastet wird. Auf sie entfallen etwa $^2/_3$ der Zuckungsdauer.

Dauer der Einzelzuckung. Sie ist nach Tierart und Muskel verschieden (z. B. Flügelmuskel der Insekten 3—9 msec, innerer gerader Augenmuskel 7,5 msec, Wadenmuskel der Katze (weiß) 25 bis 40 msec, M. soleus der Katze (rot) 90—120 msec, Wadenmuskel des Frosches 120 msec).

Refraktärperiode. Folgt ein Reiz sehr schnell einem anderen, so wird er nicht beantwortet. Er fällt in die Refraktärperiode (Frosch 5 msec, Säuger 2 msec). Diese ist durch die Depolarisation bedingt. Erst nach der Repolarisation kann ein neuer Reiz wirken (s. Seite 138).

Folgen Einzelreize sehr schnell (beim Warmblüter 50—150 Reize por Sekunde), kommt es zur Dauerkontraktion, zum *Tetanus*. Die Verkürzung der Muskelfaser ist dabei stärker als bei der Einzelkontraktion.

Die **absolute Kraft** eines Muskels ist abhängig von seinem physiologischen Querschnitt. Dieser ist bei gefiederten Muskeln größer als bei solchen, deren Fasern parallel zur Muskelachse verlaufen. Jede einzelne Muskelzelle kann sich nur entweder kontrahieren oder nicht reagieren. Sie folgt dem „Alles-oder-nichts-Gesetz". Durch differenzierte Reizung von mehreren oder wenigen Muskelfasern sowie durch *tetanische Reizung* kann jedoch der Gesamtmuskel zu starker oder schwacher Kontraktion gebracht werden (s. motorische Einheit, Seite 138).

Eine **Arbeitshypertrophie** tritt bei häufiger, kräftiger Arbeit durch die Vermehrung des Sarkoplasmas und der Myofibrillen auf. Dafür ist die Zufuhr von Protein notwendig.

Eine **Inaktivitätsatrophie** tritt ein, wenn ein Muskel nicht mehr arbeitet, weil der Nerv geschädigt ist oder weil die Gliedmaße nicht bewegt werden kann (Fraktur, Arthritis u. a.).

Der **Nutzeffekt des Muskels** beträgt 25—30 %, d. h. von der dem Muskel zugeführten Energie werden 25—30 % in Arbeit umgewandelt, die restlichen 70—75 % werden als Wärme in die Umgebung abgegeben und durch das Blut abgeleitet. Die durch die Muskelarbeit entstehende Wärme spielt eine große Rolle bei der Erhaltung der Körpertemperatur der Warmblüter (s. Seite 140).

Der Nutzeffekt eines Benzinmotors beträgt 25 %.

Biochemie des Muskels

Chemische Zusammensetzung des Muskels (nach BOGNER und MATZKE 1964):

Wassergehalt: durchschnittlich 75 %, abhängig von Tierart, Rasse, Alter, Ausmästungsgrad, Ernährung und Haltung des Tieres, Rind 58—85 %, Kalb 76—83 %, Schwein 76—83 %.

Eiweiß: 21,5 % (20—23), davon Myogen 20 %, Globulin 20 %, Aktomyosin 40 %, Eiweiß des Bindegewebes 20 %.

Fett: Rind 2,1—5,6 %, Kalb 0,5 %, Schwein 1,6—8,8 %.

Kohlenhydrate: Glykogen bis 3 %, Glukose, Fruktose, Ribose.

Asche: 1—1,3 %.

Spurenelemente: Cu, Mn, Co, Ag, Sn, Pb, Cr, Ni, U 0,06 bis 0,08 mg%.

Mineralstoffe: 1—1,5 %, K (0,4 %), PO_4 (0.2 %), Cl (0,04 %), Na (0,4 %), Mg (0,02 %), Ca, Zn und Fe (je etwa 0,002—0,004 %).

N-haltige Inhaltsstoffe: Peptide, Aminosäuren, Amine, Amide, Nukleoside, Nukleotide, Purinderivate, Kreatin, Kreatinin, Harnstoff, Ammoniak.

N-freie Inhaltsstoffe: Organische Säuren (besonders Milchsäure), Aldehyde, Ketone, Glyzerin.

Vitamine: A, B_1, B_2, C, E, Nikotinsäureamid, Panthothensäure.

Enzyme.

Kontraktilität und Erregungsleitung

Die spezifische Leistung der Muskelzellen beruht auf ihrer Fähigkeit, sich unter Verkürzung der Fibrillen zu kontrahieren.

Chemische Vorgänge bei der Kontraktion

Auch in der Ruhe braucht der Muskel Energie (Ruheumsatz). Dieser Ruheumsatz bildet einen wesentlichen Teil des Grundumsatzes. Der Umsatz steigert sich bei Arbeit um ein Vielfaches. Aus

Untersuchungen an Froschmuskeln weiß man, daß sich der Bedarf an **ATP** bei maximaler Leistung um das Tausendfache steigert. Derartige Mengen ATP stehen der Muskelzelle jedoch nicht zur Verfügung. Daher wird ATP aus Phosphokreatin gebildet. Die Übertragung des Phosphats vom Kreatinphosphat auf ADP erfolgt durch die Kreatinkinase. Kreatin wird in der Leber und in den Nieren synthetisiert. Weitere Energiequellen sind das **Glykogen** und die **Glukose** der Muskelzelle. Die Glykolyse ist unter Arbeitsbedingungen auch ohne Sauerstoff möglich. Dabei bildet sich **Milchsäure** (anaerobe Phase während der Kontraktion). Diese wird zum Teil im Muskel weiter zu H_2O und CO_2 verbrannt, wobei die dabei gewonnene Energie zum Aufbau von Glykogen und Glukose aus der restlichen Milchsäure verwendet wird (aerobe Phase). Die verbrannte Milchsäure verhält sich zu der für die Resynthese verwendeten im Muskel etwa wie 1 : 4. Dieser Aufbau im Muskel ist aber nur möglich, wenn der Muskel nicht stark arbeiten muß. Bei stärkerer Arbeit wird die Milchsäure mit dem Blut zur Leber transportiert. Auch die Leber verbrennt etwa $1/4$ der Milchsäure und baut mit der gewonnenen Energie den Rest der Milchsäure zu Glykogen und Glukose auf *(Milchsäurezyklus)*. Bei sehr starker Arbeit kommt es zu einer Milchsäureanreicherung in der Muskulatur mit Übersäuerung, die sich als Muskelkater bemerkbar macht. Der normale Milchsäurespiegel im Blut beträgt etwa 10—20 mg%. Bei Rennpferden wurde nach der Arbeit ein Milchsäuregehalt des Blutes von 300 mg% gemessen. Bei ruhenden Mastschweinen betrug der Milchsäuregehalt des Blutes 44 ± 18 mg%. Durch Transport und Viehmarktbetrieb stieg der Milchsäurespiegel auf 54 ± 19 mg% an (MANZ und MAYER 1965).

Erregungsübertragung vom Nerv auf den Muskel

Voraussetzung für die Erregungsübertragung vom Nerv auf die Muskelzelle ist, daß die Muskelzelle an ihrem Sarkolemm ein sog. **Ruhe- oder Membranpotential** aufgebaut hat. Man versteht darunter, daß zu beiden Seiten der Zellmembran, also intra- und extrazellulär, unterschiedliche elektrische Ladungen vorhanden sind. In der Muskelzelle befinden sich sehr viel mehr K^+-Ionen als außerhalb der Zelle (beim Rind z. B. in der Skelettmuskelfaser 98,6 mM/kg, außerhalb der Zelle 4 mM/kg, FLECKENSTEIN 1955). Umgekehrt sind im Extrazellularraum bedeutend mehr Na^+-Ionen vorhanden. Dieses Gefälle wird aktiv aufrecht erhalten (sog. Na-Pumpe).

Jede Skelettmuskelfaser steht mit einer oder auch mehreren Nervenfasern in Verbindung. Die Verbindungsstelle ist die sog. **motorische Endplatte**, das ist eine kolbige Erweiterung der Nervenendigung, die sich mit vielen Falten zur Oberflächenvergrößerung der Muskelzellmembran anlegt. Bei der Erregungübertragung werden von der motorischen Endplatte Acetylcholin-Bläschen ausgeschieden, die lokal das Membranpotential zum Zusammenbruch bringen, indem die Permeabilitätseigenschaften der Membran verändert werden. Dieser Vorgang wird **Depolarisation** genannt. Es kommt zum Ionenaustausch. Kalium tritt aus der Zelle aus, Natrium tritt ein. Gleichzeitig wird das Acetylcholin durch das Ferment Cholinesterase in kürzester Frist zerstört, so daß die Zelle das Membranpotential wieder aufbauen kann **(Repolarisation)**.

Die Depolarisation breitet sich über die gesamte Zellwand aus (Spitzenpotential). Dabei entsteht das sog. **Aktionspotential.** Für die Ausbreitung der Erregung ist der Feinbau der Muskelzelle entscheidend, und zwar dergestalt, daß entsprechend der Gliederung in Sarkomere die Zellmembran Einstülpungen in Höhe der Grenze zwischen den A- und den I-Streifen aufweist, die als sog. t-System (von transversal) an jede einzelne Myofibrille herantreten (STOKKINGER 1967). Dort nehmen sie Verbindung mit dem sarkoplasmatischen Retikulum auf, das die Myofibrillen in Längs- und Querrichtung umschließt. Durch diese enge Verbindung jeder einzelnen Fibrille mit der Zellmembran kann die Erregung schnell und gleichmäßig auf alle Fibrillenabschnitte übertragen werden.

Bei der Skelettmuskulatur bleibt die Erregung auf die einzelne Zelle beschränkt. Jede Zelle muß also individuell von mindestens einer Nervenfaser erregt werden. Andererseits endet jede Nervenfaser an mehreren Skelettmuskelfasern, die sich auf die Reizung der Nervenfaser gemeinsam kontrahieren. Solch eine Einheit wird als **„motorische Einheit"** bezeichnet. Je kleiner die motorische Einheiten eines Muskels sind, desto differenzierter kann er sich kontrahieren.

Die Zahl der Nervenfasern zur Zahl der Muskelfasern verhält sich z. B. im Augenmuskel des Menschen wie 1 : 2 bis 1 : 6, in der Unterschenkelmuskulatur wie 1 : 600 bis 1 : 1600.

Bei der glatten und der Herzmuskulatur kann die Erregung von Zelle zu Zelle übertragen werden, da die glatten Muskelzellen kein Sarkolemm besitzen und dieses bei den Herzmuskelfasern im Bereich der Glanzstreifen fehlt.

Vorgänge in der Zelle während der Kontraktion

Das ATP ist an das Aktomyosin gebunden. Dabei entwickelt es eine sog. Weichmacherwirkung, die die Erschlaffung des Aktomyosins bedingt. Die ATP-Spaltung wird durch den sog. **Marsh-Bendal-Faktor** verhindert, der Mg^{++} bindet.

Bei der Depolarisation wird Ca^{++} am sarkoplasmatischen Retikulum freigesetzt. Durch dieses wird das Mg^{++} am Marsh-Bendal-Faktor verdrängt und wandert zum Aktomyosin. Hierdurch wird dieses zur ATP-ase und spaltet das ATP. Die Energie wird frei und führt zur Kontraktion des Aktomyosins und zur Wärmebildung. Die Erschlaffung kommt dadurch zustande, daß Ca^{++} an das sarkoplasmatische Retikulum gebunden wird, wenn die Zelle ihr Membranpotential wieder aufbaut (Repolarisation). ATP wird aufgebaut. Es bindet sich erneut an das Aktomyosin und entfaltet seine Wirkung als Weichmacher.

Störung der Erregungsübertragung durch Gifte

Curare verhindert den Potentialabbau an der Muskelzellmembran, da es an die Rezeptoren der motorischen Endplatte gebunden wird. Azetylcholin wird zwar freigesetzt, bleibt aber ohne Wirkung. Der Tod tritt durch Ersticken infolge Lähmung des Zwerchfells und der Zwischenrippenmuskeln ein.
Ähnlich wirkende Substanzen werden als *Muskelrelaxantien* in der modernen Chirurgie eingesetzt.
Botulismus. Das Toxin des *Clostridium botulinum* verhindert die Freisetzung von Azetylcholin. Der Tod erfolgt durch Atemlähmung.
Tetanus. Das Toxin von *Clostridium tetani* verhindert den Abbau des Azetylcholins (Cholinesterase-Hemmung). Infolge intensiver Dauererregung verfällt die Sklettmuskulatur in einen Starrkrampf.
E 605 u. a. organische Phosphorsäureester wirken ebenfalls als Cholinesterase-Hemmer. Die Folgen sind Krämpfe und übermäßige Vaguswirkung.

Potentialströme

Da sich die Depolarisation an der Membran fortsetzt, können mittels Elektroden Potentialströme abgeleitet und gemessen werden. Beim Eintreffen der Depolarisation an der einen Elektrode wird diese gegenüber der anderen Elektrode negativ. Beim Eintreffen der Depolarisation an der anderen Elektrode kehrt sich das Verhältnis um. Diese Tatsache macht man sich beim Elektrokardiogramm (EKG), beim Elektromyogramm (EMG) und beim Elektroenzephalogramm (EEG) zunutze.

Wärmebildung

Bei der Muskelarbeit wird auf drei Wegen Wärme gebildet:
1. Die *Aktivierungswärme* tritt vor der Kontraktion durch Abbau von ATP und Kreatinphosphat auf.
2. Die *Kontraktionswärme* ist abhängig von der Reizstärke.
3. Die *Erholungswärme* bildet sich nach der Kontraktion durch die Oxydation der Milchsäure. Sie stellt den Hauptteil der Wärme zur Verfügung.

Da 40 % des Körpergewichts auf die Muskulatur entfallen und 70—75 % der in der Muskulatur umgesetzten Energie als Wärme abgegeben werden, hat die Muskulatur neben ihrer mechanischen Funktion eine große Bedeutung als Wärmequelle.

Um das Absinken der Körpertemperatur beim Absinken der Umgebungstemperatur zu verhindern, werden die Verbrennungsvorgänge, besonders in der Muskulatur, gesteigert (Muskelzittern bei Kälte). Andererseits muß bei starker Arbeit dafür gesorgt werden, daß die überschüssige Wärme abgegeben werden kann. Das erfolgt bei den einzelnen Tierarten auf unterschiedliche Weise. Ein großer Teil der Wärme wird von der Haut nach Erweiterung ihrer Blutgefäße abgestrahlt. Ein Teil der Wärme kann auch durch Verdunstung von Schweiß abgegeben werden, besonders beim Pferd. Tiere, die nicht in dem Maß schwitzen können, wie z. B. das Schwein und die Fleischfresser, geben die Wärme vor allem durch den Atmungsapparat ab. Das Schwein ist durch die isolierende Speckschicht in bezug auf Wärmestau besonders gefährdet.

Tab. 4. Durchschnittliche rektale Körpertemperatur (° C) der Haustiere im Ruhezustand

Pferd	37,8	Hund	38,8
Fohlen	38,0	Katze	39,0
Rind	38,5	Huhn	41,0
Jungrind	39,0	Taube	42,0
Schaf und Ziege	39,5	Pute	40,5
Schwein	39,0	Gans	40,5

Die Körpertemperatur kann sich durch Bewegung, aber auch durch psychische Erregung, rasch erhöhen, so daß Fieber nicht ausgeschlossen werden kann. Es ist daher wichtig, daß die Temperatur der Tiere nur im Ruhezustand gemessen wird.

Totenstarre

Nach dem Tod behält die Muskulatur noch einige Stunden ihre physiologischen Eigenschaften bei (Muskelzuckungen, Darmperistaltik, besonders deutlich am Schlachtkörper zu erkennen).

Infolge des Stillstands der Blutzirkulation reichern sich jedoch die Abbauprodukte, besonders die Milchsäure, in den Muskelzellen an. ATP und Kreatinphosphat nehmen in den Zellen ab. Durch diese Vorgänge werden irreversible Strukturveränderungen in den Muskelzellen hervorgerufen. Durch das Fehlen des ATP fehlt dessen Weichmacherwirkung auf die Myofibrillen, die Muskelzellen kontrahieren sich und erstarren.

Der Eintritt der Totenstarre ist von dem Ermüdungsgrad der Muskulatur und der Temperatur abhängig. Je stärker die Muskulatur vor dem Tod angestrengt wurde, desto schneller tritt die Totenstarre ein. Auch die Muskulatur kachektischer Tiere verfällt schnell in die Totenstarre, da der Vorrat an ATP, Kreatinphosphat und Kohlenhydraten schnell erschöpft ist. Höhere Temperaturen beschleunigen den Eintritt der Totenstarre, da alle Stoffwechselvorgänge schneller ablaufen.

Im allgemeinen tritt die Totenstarre innerhalb von 3—6 Stunden in der folgenden Reihenfolge ein: Herz, Zwerchfell, Kopf, Hals, Rumpf, Vordergliedmaßen, Hintergliedmaßen.

Helle Muskeln verfallen schneller in die Totenstarre als dunkle, da sie weniger Sarkoplasma enthalten.

Die *Lösung der Totenstarre* tritt nach 1—3 Tagen durch autolytische Prozesse, bedingt durch zelleigene proteolytische und lipolytische Enzyme, ein, in gleicher Reihenfolge wie der Beginn.

Besonderheiten

Herzmuskulatur

Sie besitzt ein eigenes Erregungsleitungssystem und sarkoplasmareiche Zellen. Eine Reizung führt zur Kontraktion aller Zellen, da sie ein Netzwerk bilden (Alles-oder-nichts-Gesetz). Die Erhöhung des Reizes führt nicht zu stärkerer Kontraktion. Die Refraktärperiode ist mit 0,1 sec relativ lang, daher kann keine Tetanie entstehen.

Glatte Muskulatur

Sie besitzt die gleichen Grundeigenschaften wie die quergestreifte Muskulatur. Die Refraktärzeit beträgt 0,2—10 sec. Die Kontraktionsdauer ist von der Reizstärke und der Belastung abhängig (5 sec bis zu mehreren Minuten). Die Kraft der glatten Muskulatur ist erheblich (Geburt). Glatte Muskelzellen besitzen kein Sarkolemm. Daher greift die Erregung bei Reizung einer Zelle auf die benachbarten Zellen über. Die chemischen Vorgänge sind in der glatten Muskelzelle im Prinzip die gleichen wie in der quergestreiften Muskulatur, jedoch sind die Stoffumsätze wesentlich geringer. So kann die glatte Muskulatur zum Teil noch 2—3 Tage nach dem Tod des Tieres auf Reize reagieren.

Skelettmuskulatur nach der Schlachtung

Die Abhängigkeit der Schlachtkörperzusammensetzung von dem Schlachtgewicht und der Rasse beim Schwein geht aus Tab. 6 und 7 hervor.

Tab. 5. Grobgewebliche Zusammensetzung von Schlachttierkörpern verschiedener Rassen, Kategorien und Handelsklassen, bezogen auf das Zweihälftengewicht (nach LIENHOP 1974)

Handelsklasse	Fleisch %/0	Fettgewebe %/0	Knochen %/0	Rest *) %/0
Deutsche Schwarzbunte				
Bullen A	70,0	6,6	17,6	6,8
Färsen A	67,6	10,9	16,3	5,2
Kühe A	64,0	15,1	15,5	5,4
Kühe B	68,0	6,4	18,4	7,2
Kühe C	67,6	3,7	20,2	8,5
Deutsches Fleckvieh				
Bullen A	72,9	5,7	15,5	5,9
Färsen A	67,5	12,2	14,5	5,8
Kühe A	69,8	10,4	14,4	5,4
Kühe B	70,6	7,9	16,1	5,4
Kühe C	70,9	3,0	20,0	6,1

*) Sehnen, „Blutiges Fleisch" und Zerlegeverluste

Tab. 6. Grobgewebliche Zusammensetzung von Schweinehälften nach Handelsklassen 80—< 90 kg (nach L. SCHÖN 1982)

Handelsklassen	Muskelfleisch %/0	Fettgewebe %/0	Knochen %/0
E	58,0	22,5	12,1
I	52,3	28,6	11,9
II	48,0	33,4	11,5
III	43,3	37,9	11,5
IV	41,4	39,7	11,8

Tab. 7. Schlachtleistungsdaten verschiedener Schweinerassen (nach SCHEPER 1982)

Rasse	Speck-dicke cm	Fleisch-anteil *) %/0	Fett-anteil **) %/0	Fleisch/Fett-Verhältn.
DL	2,65	46,1	18,6	0,41
LB	2,64	51,3	17,5	0,35
Pi	2,42	52,3	14,3	0,28
DE	2,86	42,6	17,7	0,42

*) Kamm, Kotelett, Hüfte, Schinken.   **) Speckdicke, Flomen

pH-Wert des Fleisches

Unmittelbar nach der Schlachtung reagiert das Fleisch alkalisch bis amphoter.

Beim Rind, Schwein und Pferd schlägt die Reaktion nach 1 $\frac{1}{2}$ Stunden (bei warmer Witterung) bis 3 $\frac{1}{2}$ Stunden (bei kühler Witterung) durch Milchsäurebildung in den sauren Bereich um. Beim Schaf tritt die Säuerung des Fleisches später und bei chronisch kranken, notgeschlachteten Tieren erst nach 2—3 Tagen ein. Eventuell bleibt sie ganz aus, da nicht genügend Glykogen zur Milchsäurebildung vorhanden ist. Mit Einsetzen der Fäulnis wird die Reaktion wieder alkalisch.

Die *Fleischsäuerung* ist wichtig, um das Fleisch zart und besser verdaulich zu machen. In Anwesenheit von Milchsäure wird das intramuskuläre Bindegewebe schon bei Temperaturen von 60—70 ° C in Leim umgewandelt. Das Fleisch wird locker und die einzelnen Zellen werden im Magen leicht isoliert.

Auch die *autolytischen Prozesse* tragen dazu bei, das Fleisch zart und schmackhaft zu machen. Während es z. B. bei frischem Fleisch kaum möglich ist, Fleischsaft abzupressen, gelingt dieses nach 3 Tagen schon bei leichtem Druck, da die autolytischen Prozesse einen Teil des Eiweißes verflüssigt haben.

Unterschiede des Fleisches verschiedener Tierarten

Pferdefleisch hat dunkelrote Farbe, die an der Luft nachdunkelt. Beim Kochen bilden sich gelbe Fettaugen. Es ist sehr glykogenreich. Pferdefleisch muß besonders gekennzeichnet und deklariert sein. Es darf nur in speziellen Fleischereien abgegeben werden.

Rindfleisch. Die Farbe und die Konsistenz sind nach Alter und Geschlecht verschieden.

Kalbfleisch ist blaßrot mit feinen Fasern und besonders hell während der Milchfütterung. Der Verbrauchergeschmack verlangt besonders helles Kalbfleisch. Mastkälber werden daher mit Milchaustauschfutter eisenarm und auf stark begrenztem Raum aufgezogen. Im Interesse der Tiere sollte jedoch Übertreibungen Einhalt geboten werden.

Junge Rinder haben helles, feinfaseriges Fleisch, das wenig mit Fett durchsetzt ist.

Rinder von 1 $\frac{1}{2}$—4 Jahren haben dunkelrotes, grobfaseriges, fettarmes Fleisch.

Alte Rinder haben dunkelrotes, derbes Fleisch.

Schaffleisch ist blaß- bis ziegelrot, feinfaserig und mäßig fett, bei älteren Tieren dunkelrot und fester. Es hat typischen Geruch und Geschmack.

Ziegenfleisch ist je nach Alter hell- bis dunkelrot. In der Unterhaut und zwischen den Muskeln haben Ziegen wenig Fett. Viel Fett hat die Nierenkapsel („die Ziege hat es in sich"). Wegen der klebrigen Beschaffenheit der Unterhaut bleiben während der Schlachtung

Haare an ihr hängen, die ein sicheres Zeichen für Ziegenfleisch sein sollen.

Schweinefleisch ist blaßrosa bis weiß, meist mit Fett durchsetzt und hat feine Fasern.

Eberfleisch hat starken Geschlechtsgeruch. Die Eber müssen daher mindestens 10—12 Wochen vor der Schlachtung kastriert werden.

e Skelettmuskelsystem

Es wird auch als aktiver Bewegungsapparat dem passiven Bewegungsapparat, der die Knochen und Gelenkbänder umfaßt, gegenübergestellt.

Durch seine Kontraktionsfähigkeit auf zentralnervöse Reize hin ermöglicht das Muskelsystem geordnete, dem Willen unterworfene Bewegungen des Körpers.

Alle Muskeln des Körpers aufzuführen und zu beschreiben, würde den Rahmen dieses Buches sprengen. Es werden deshalb vor allem jene Muskeln und Muskelgruppen besprochen, die für die Beurteilung lebender und geschlachteter Tiere sowie für das Verständnis der Bewegungsabläufe wichtig sind.

Als Ursprung (U) eines Muskels wird im allgemeinen dessen rumpfnaher Verbindungspunkt mit dem Skelettsystem bezeichnet. Die distale Verbindung nennt man Ansatz (A).

Die Wirkung eines Muskels kann nach der jeweiligen Stellung der Knochen zueinander unterschiedlich sein. So gibt es besonders an den Gliedmaßen Muskeln, die z. B. im Hangbein als Beuger wirken, im Stützbein dagegen als Strecker. Für die Beurteilung der Wirkung eines Muskels bzw. einer Muskelgruppe ist es daher wesentlich, sich klare Vorstellungen über seinen Ursprung und Ansatz am Skelettsystem und seine Lage zu den einzelnen Gelenken zu verschaffen. (Siehe auch die Abschnitte über Sehnen, Sehnenscheiden und Schleimbeutel, Seite 57 und 132.)

Körperfaszien und Hautmuskeln

Die Skelettmuskulatur wird in den einzelnen Körperabschnitten von einem System von straffen Bindegewebshäuten, sog. **Faszien,** mit ihren Lamellen umschlossen. Dieses Fasziensystem läßt sich am Rumpf in zwei große Gruppen gliedern, und zwar in die **äußere Rumpffaszie,** die mit ihrem *oberflächlichen* und *tiefen Blatt* die Rumpfmuskeln umgibt, und die **innere Rumpffaszie,** die sich als straffe Bindegewebshaut dem Bauchfell und dem Rippenfell unterlagert. An Kopf, Hals, Schwanz und Gliedmaßen befinden sich nur ein oberflächliches und ein tiefes Blatt der äußeren Rumpffaszie. Das tiefe Blatt der äußeren Rumpffaszie besitzt beim Pferd und Rind viele elastische Fasern und erhält dadurch eine gelbe Fär-

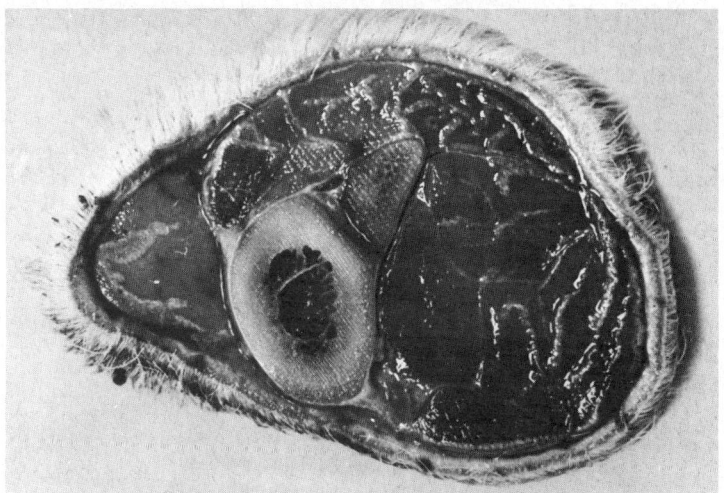

Abb. 106. Querschnitt durch den Unterarm eines Kalbes zur Demonstration der verschiedenen Fasziensysteme.

bung. Es wird daher auch als *gelbe Bauchhaut, Tunica flava abdominis,* bezeichnet.

Durch diese Fasziensysteme wird eine innige Verbindung der oberflächlichen Gewebe (Haut, Muskeln usw.) mit den tiefen Teilen (Knochen, Muskeln u. a.) hergestellt, ohne daß die eingeschlossenen Muskeln in ihrer Eigenbewegung gehindert werden. Dieses System stellt sich besonders gut dar, wenn man z. B. am Unterarm eines Tieres einen Querschnitt von der Haut bis zur Knochenhaut legt (Abb. 106).

Als **Hautmuskeln** werden oberflächlich gelegene Muskeln bezeichnet, die enge Beziehungen zum oberflächlichen Blatt der äußeren Rumpffaszie bzw. zur Haut haben. Durch ihre Kontraktion können sie einzelne Hautpartien sehr schnell verschieben und dadurch Insekten vertreiben und Wassertropfen oder Schmutzpartikel abschütteln. Am Kopf können von den Hautmuskeln Bewegungen der Umgebung des Mundes und der Nase sowie Bewegungen der Augenlider und der Ohrmuscheln ausgeführt werden.

Muskeln des Kopfes

Kaumuskeln

Sie sind die mächtigsten Muskeln am Kopf.

1. **Äußerer Kaumuskel, M. masseter** (Abb. 109/1; 110/1)

   U: am Jochbogen sowie an der Angesichtsleiste.
   A: breit an der Lateralfläche des Unterkieferastes.
   Durch die Einlagerung von Sehnenplatten ist er mehrfach unterteilt und erlangt damit eine sehr große Hubkraft. Er ist der stärkste Muskel des Körpers.
   Funktion: Er preßt den Unterkiefer gegen den Oberkiefer. Bei wechselseitiger Kontraktion werden Mahlbewegungen erzeugt.

2. **Innerer Kaumuskel, M. pterygoideus**

   U: Gaumen-, Keil- und Flügelbein.
   A: breit an medialer Fläche des Unterkieferastes.
   Funktion: wie beim äußeren Kaumuskel. Er hat aber eine geringere Hubkraft als dieser.

3. **Schläfenmuskel, M. temporalis**

   U: breit in der Schläfengrube. Beim Pferd und besonders beim Hund bildet sich in der Scheitelgegend die Crista sagittalis aus, um dem Schläfenmuskel eine größere Ansatzfläche zu bieten.
   A: am Muskelfortsatz des Unterkieferastes.
   Funktion: wie innerer und äußerer Kaumuskel.

Alle Kaumuskeln werden vom motorischen Ast des N. trigeminus innerviert.

Gesichtsmuskeln

Die Gesichtsmuskeln lassen sich in eine oberflächliche und eine tiefe Gruppe gliedern.
Der oberflächlichen Gruppe gehören Muskeln an, die eigentlich Hautmuskeln sind. Da sie starke Bewegungen der Gesichtshaut mit Mund- und Nasenöffnungen bewirken, werden sie auch als *mimische Muskulatur* bezeichnet. Zu ihnen gehören Muskeln wie Heber und Niederzieher der Oberlippe, Heber und Niederzieher der Unterlippe, Lippenschließmuskel, Backenmuskeln, Schließmuskel der Lidspalte, Heber und Niederzieher der Augenlider sowie eine Gruppe von Ohrmuskeln, die das Ohrenspiel ausführen.
Diese Muskeln werden von dem N. facialis innerviert.

Die Gruppe der tiefen Gesichtsmuskeln ist in diesem Rahmen ohne Bedeutung, ebenso wie die weiteren zur Kopfmuskulatur gerechneten Muskelgruppen (Zungenmuskulatur, Schlundkopfmuskulatur, intraorbitale Augenmuskeln), die zum Teil in Verbindung mit den angeführten Organen besprochen werden sollen.

Muskeln des Stammes

Am Stamm des Körpers (Hals, Rumpf, Schwanz) unterscheidet man: spezielle Beweger des Kopfes, der Hals-, Brust- und Lendenwirbelsäule, die lange Zungenbeinmuskulatur, Atmungsmuskeln, Bauchmuskeln und Schwanzmuskeln. Von diesen sind nur einige, im folgenden besprochene Gruppen wichtig.

Lange Hals- und Rückenmuskeln

Sie gehören zu den speziellen Bewegern der Wirbelsäule und erstrecken sich, dorsal der Wirbelsäule gelegen, vom Becken bis zum Hinterhaupt. Sie können die Wirbelsäule aufrichten, seitwärtsbiegen bzw. verdrehen.

Der wichtigste Muskel dieser Gruppe ist der **lange Rücken-, Hals- und Kopfmuskel,** der **M. longissimus** (Abb. 107). Er liegt seitlich von den Wirbelbögen und hat kranio-kaudalen Verlauf. Nach den Wirbelsäulenabschnitten, denen er anliegt, unterscheidet man an ihm einen *Rückenabschnitt, M. longissimus dorsi,* einen *Halsabschnitt, M. longissimus colli,* und einen *Kopfabschnitt, M. longissimus capitis et atlantis.* Vor allem sein Rückenabschnitt vermag die Wirbelsäule festzustellen, damit in der Bewegung der Schub der Hinterhand möglichst verlustlos auf den übrigen Körper übertragen werden kann. Er wirkt dabei, zusammen mit den benachbarten Muskelgruppen, als Gegenspieler zu den Bauchmuskeln (s. auch Statik d. Bewegungsapparates, Seite 161). Beim Aufrichten der Tiere auf die Hinterhand, aber auch beim Ausschlagen mit den Hinterbeinen, wird die Streckwirkung dieses Muskels besonders deutlich. Kontrahiert er sich einseitig, so wird die Wirbelsäule nach dieser Seite gebogen.

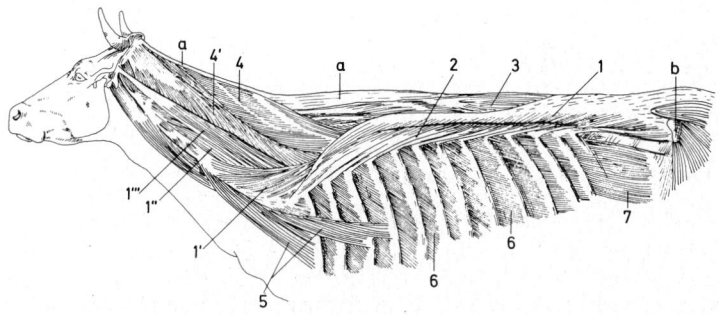

Abb. 107. Mittlere Schicht der Rumpfmuskeln des Rindes (nach NICKEL, SCHUMMER und SEIFERLE 1968). a Nackenrückenband; b Hüfthöcker. 1 bis 1''' M. longissimus: 1 M. longissimus dorsi (s. lumborum), 1' M. longissimus cervicis, 1'' M. longissimus atlantis, 1''' M. longissimus capitis; 2 M. iliocostalis; 3 M. spinalis et semispinalis; 4 M. biventer cervicis; 4' M. semispinalis cervicis; 5 Mm. scaleni; 6 Mm. intercostales externi; 7 M. obliquus externus abdominis.

Lange Zungenbeinmuskeln

Diese ventral am Hals gelegene Muskelgruppe ist besonders bei der Schluckbewegung tätig.

1. **Brust-Zungenbein-Muskel, M. sternohyoideus** (Abb. 109/2; 110/2)

   U: kranial am Brustbein.
   A: Zungenbeinkörper.
   Funktion: Zurückziehen der Zunge beim Schluckakt.

2. **Brustbein-Schild-Muskel, M. sternothyreoideus**

   U: kranial am Brustbein.
   A: Schildknorpel des Kehlkopfes.
   Funktion: Zurückziehen des Kehlkopfes und, da dieser über die Kehlkopfhörner des Zungenbeins mit der Zunge verbunden ist, auch Zurückziehen der Zunge beim Schluckakt.

3. **Schulter-Zungenbein-Muskel, M. omohyoideus**

   U: Fasziensystem des Halses in der Schultergegend.
   A: Zungenbeinkörper.
   Funktion: wie Brust-Zungenbein-Muskel.
   Er fehlt beim Fleischfresser.

Wie erwähnt, sind diese Muskeln beim Abschlucken tätig. Wenn sie z. B. beim Eingeben mit der Flasche durch zu starkes Heben des Kopfes überdehnt werden, kann das Tier nicht abschlucken und es besteht die Gefahr, daß Flüssigkeit in den Kehlkopf fließt und in die Lunge gelangt.

Atmungsmuskeln

Diese Muskeln erweitern und verengen im Wechselspiel den Brustkorb bzw. die Brusthöhle und ermöglichen damit die Atmung. Wichtigste Muskeln dieser Gruppe sind:

1. **Zwischenrippenmuskeln, Mm. intercostales**

   a) **äußere Zwischenrippenmuskeln, Mm. intercostales externi** (Abb. 107/6)

   U: proximal am Hinterrand der vorderen Rippe.
   A: nach schrägem, kaudoventralem Verlauf distal am Vorderrand der folgenden Rippe.
   Funktion: Erweiterung des Brustkorbes, besonders im Bereich der falschen (Atmungs-)Rippen, als Inspirationsbewegung.

   b) **innere Zwischenrippenmuskeln, Mm. intercostales interni**

   U: proximal am Vorderrand der hinteren Rippe.

A: nach kranioventralem Verlauf distal am Hinterrand der vorderen Rippe.

Funktion: Expirationsbewegung durch Einengung des Brustkorbs. Antagonisten der äußeren Zwischenrippenmuskeln.

2. Zwerchfell, Diaphragma (Abb. 108)

Das Zwerchfell ist kuppelartig zwischen Bauch- und Brusthöhle ausgespannt. Die Kuppel zeigt nach kranial. Um einen zweischenkeligen *Sehnenspiegel* (Centrum tendineum, Zwerchfellspiegel) gruppiert sich der *muskulöse Anteil* (Pars muscularis).

Besonders kräftig sind die unter der Wirbelsäule gelegenen *Zwerchfellspfeiler,* die von kaudal zwischen die Schenkel des Sehnenspiegels einstrahlen. Da das Zwerchfell ständig bei der Atmung tätig ist, wird es gut durchblutet. Dieses Gewebe wird von Parasiten, besonders Trichinen und Finnen, bevorzugt. Deshalb werden die Zwerchfellspfeiler des Schweines bei der Schlachtfleischuntersuchung stets auf Muskeltrichinen untersucht (Trichinenschau).

Das Zwerchfell besitzt drei Durchtrittsöffnungen, und zwar für die Körperschlagader *(Hiatus aorticus),* für die Speiseröhre *(Hiatus oesophageus)* und für die hintere Hohlvene *(Foramen venae cavae).*

Funktion: bei der Einatmung flacht sich die Zwerchfellskuppel durch Kontraktion ihres muskulösen Anteils ab, drängt dabei die Baucheingeweide nach kaudal und vergrößert den Innenraum der Brusthöhle. Bei der Ausatmung erschlafft das Zwerchfell und nimmt infolge der Retraktion der Lungen wieder Kuppelform an.

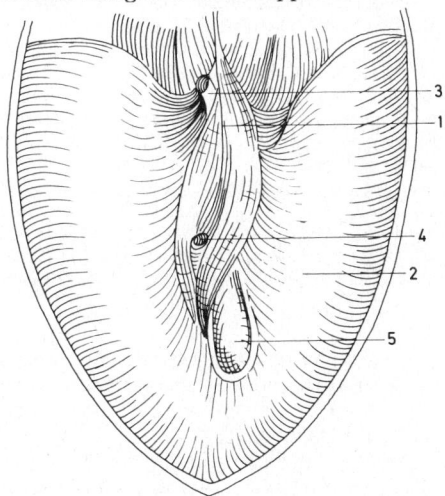

Abb. 108.   Zwerchfell des Pferdes, Ansicht von kaudal. 1 Zwerchfellspfeiler; 2 Sehnenspiegel; 3 Aorta; 4 Speiseröhre; 5 Durchtrittsöffnung der hinteren Hohlvene.

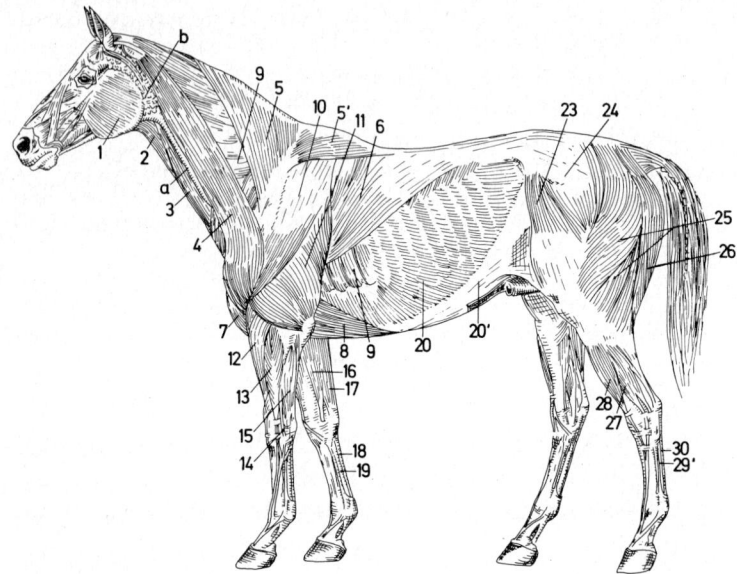

Abb. 109. Oberflächliche Muskeln des Pferdes (nach NICKEL, SCHUM-
MER und SEIFERLE 1968).

1 M. masseter; 2 Mm. omo- u. sternohyoideus; 3 M. sternocephalicus;
4 M. brachiocephalicus; 5 M. trapezius, Pars cervicalis, 5' seine Pars
thoracica; 6 M. latissimus dorsi; 7 M. pectoralis superf.; 8 M. pectoralis
prof.; 9 M. serratus ventralis; 10 M. deltoideus; 11 M. triceps brachii;
12 M. extensor carpi radialis; 13 M. extensor digitorum communis;
14 M. extensor digitorum lateralis; 15 M. extensor carpi ulnaris; 16 M.
flexor carpi radialis; 17 M. flexor carpi ulnaris; 18 Sehne des M. flexor
digitorum superficilis; 19 Sehne des M. flexor digitorum profundus;
20 M. obliquus externus abdominis; 20' seine Bauchsehne; 21 M. obliquus internus abdominis (Rind); 22 M. glutaeus medius (Rind); 23 M.
tensor fasciae latae; 24 M. glutaeus superficialis; 25 M. biceps femoris;
26 M. semitendinosus; 27 M. extensor digitorum lateralis; 28 M. extensor digitorum longus; 29 M. flexor digitorum profundus, 29' seine Sehne; 30 Sehne des M. flexor digitorum superficialis. a Vena jugularis.

Bei festgestelltem Brustkorb kann durch die Zwerchfellkontraktion
in Verbindung mit der Kontraktion der Bauchmuskeln die Bauchhöhle eingeengt werden (Betätigung der Bauchpresse bei Geburt,
Kot- und Harnabsatz).
Zwerchfell und Zwischenrippenmuskeln werden unabhängig voneinander innerviert (N. phrenicus, Nn. intercostales). So ist eine

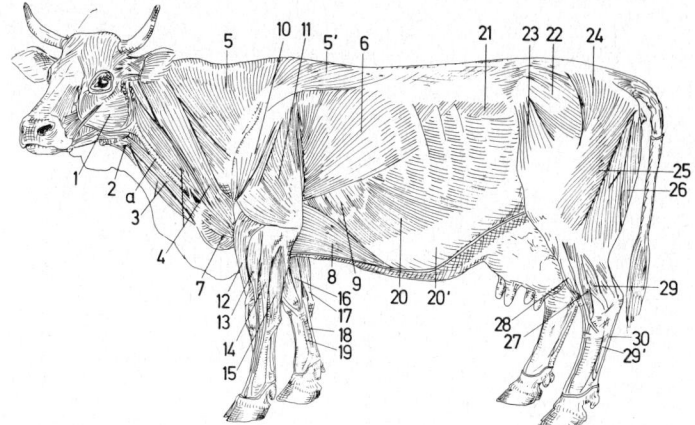

Abb. 110. Oberflächliche Muskeln des Rindes (nach NICKEL, SCHUMMER und SEIFERLE 1968). Bezeichnungen wie in Abb. 109.

gewisse Sicherung gegen Atemlähmungen bei Rückenmarksschäden gegeben.

Bauchmuskeln (Abb. 111; 112)

Vier Bauchmuskeln bilden zwei um 45 ° gegeneinander versetzte Gurte, die die muskulöse Grundlage der Bauchwand darstellen. Sie verspannen die Wirbelbrücke von ventral (vgl. Statik des Bewegungsapparates, Seite 160) und werden besonders bei der Bauchpresse sowie bei verstärkter Atmung betätigt. Die in der Medianen gelegenen Endsehnen bilden dort einen Sehnenstreifen, der wegen seines hellen Aussehens als *weiße Linie, Linea alba,* bezeichnet wird.

1. **Äußerer schiefer Bauchmuskel, M. obliquus externus abdominis**
   U: mit mehreren Zacken an den Rippen (etwa ab 4. bis 5. Rippe) und aus der Lendenfaszie.
   A: Nach kaudoventralem Verlauf strahlt der Muskel in zwei breite Endsehnen aus. Die *Bauchsehne* des Muskels der einen Seite vereinigt sich mit derselben des anderseitigen Muskels in der Linea alba. Die *Beckensehne* setzt an einer vor der Darmbeinsäule gelegenen Sehne, dem Leistenband, an. Die Bauch- und die Beckensehne des äußeren schiefen Bauchmuskels bilden den *äußeren Leistenring,* durch den der Scheidenhautfortsatz mit den Hoden austritt.

2. **Innerer schiefer Bauchmuskel, M. obliquus internus abdominis**
   U: am Hüfthöcker und aus der Lendenfaszie.

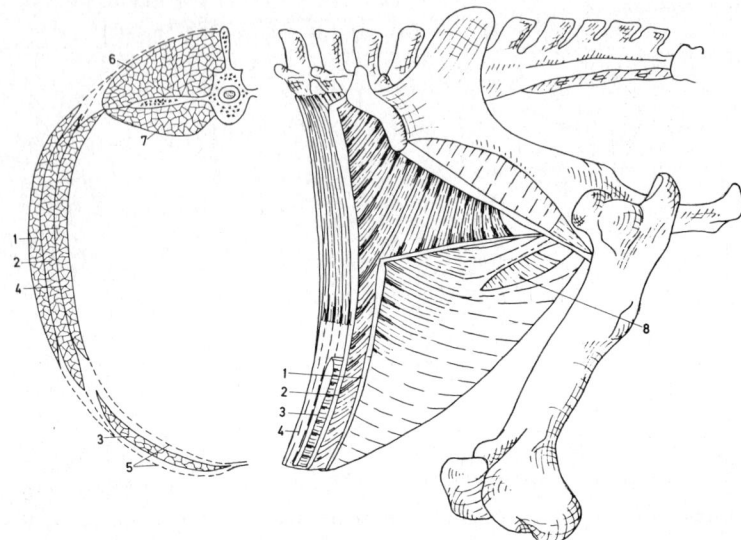

Abb. 111. Querschnitt durch die Bauchmuskeln (nach KOCH 1960). Bezeichnungen wie in Abb. 112.

Abb. 112. Schematische Darstellung der Bauchmuskeln (nach KOCH 1960). 1 äußerer schiefer Bauchmuskel; 2 innerer schiefer Bauchmuskel; 3 gerader Bauchmuskel; 4 Querbauchmuskel; 5 Rektusscheide; 6 langer Rückenmuskel; 7 Lenden-Darmbeinmuskel; 8 äußerer Leistenring.

A: nach kranioventralem Verlauf fleischig am Rippenbogen und mit breiter Endsehne in der Linea alba.

Der kaudale Rand dieses Muskels bildet zusammen mit dem Leistenband den *inneren Leistenring.* Innerer und äußerer Leistenring sind durch den *Leistenspalt* verbunden, der zwischen innerem und äußerem schiefen Bauchmuskel liegt.

3. Gerader Bauchmuskel, M. rectus abdominis

Er liegt als breiter Muskelgurt ventral neben der Medianlinie. Bei den großen Pflanzenfressern ist er etwa handbreit. Durch querverlaufende Sehnenstreifen wird der Muskel in seinem Verlauf mehrfach unterteilt. Hierdurch steigt seine Kontraktionsfähigkeit.

U: an den Knorpeln der Tragerippen und am Brustbein.

A: am Schambeinkamm.

Der gerade Bauchmuskel wird außen von den Bauchsehnen der beiden schiefen Bauchmuskeln, innen von der Endsehne des

Querbauchmuskels umgeben. Beide Sehnenblätter zusammen bilden die sog. *Rektusscheide*. Diese zeigt bei einzelnen Tierarten gewisse Abwandlungen.

4. **Querbauchmuskel, M. transversus abdominis**
   Er ist der tiefste der Bauchmuskeln und liegt direkt der inneren Rumpffaszie und dem Bauchfell an.
   U: an den Querfortsätzen der Lendenwirbel und am Rippenbogen.
   A: mit breiter Endsehne in der Linea alba.

Muskeln der Vordergliedmaße

Man unterscheidet zwischen der *Schultergürtelmuskulatur* und der *Eigenmuskulatur der Vordergliedmaße*. Die Schultergürtelmuskulatur hat neben ihrer Aufgabe des Vor- bzw. Zurückführens der Gesamtgliedmaße die wichtige Funktion, die Gliedmaße mit dem Rumpf zu verbinden. Da unseren Haussäugetieren das Schlüsselbein fehlt, sind die Vordergliedmaßen rein muskulös mit dem Rumpf verbunden (Synsarkose). Die Eigenmuskeln der Gliedmaße führen Bewegungen der Gliedmaßenknochen gegeneinander aus.

Schultergürtelmuskulatur

An der Schultergürtelmuskulatur kann man *Gliedmaßenträger* und *Rumpfträger* unterscheiden (Abb. 113). Die Gliedmaßenträger entspringen proximal am Rumpf und setzen distal an der Gliedmaße an. Sie tragen die Gliedmaße im Hangbein. Die Rumpfträger entspringen distal am Rumpf und setzen proximal an der Gliedmaße an. Sie tragen den Rumpf im Stützbein. Außerdem haben beide Muskelgruppen Bedeutung beim Vor- bzw. Zurückführen der Gliedmaße. Die wichtigsten sind im folgenden aufgeführt.

Gliedmaßenträger

1. **Rautenmuskel, M. rhomboideus** (Abb. 113/4)
   U: am Nackenrückenband vom 2. Halswirbel bis zum 6. bis 7. Brustwirbel.
   A: medial an Schulterblattbasis und -knorpel.
   Man unterscheidet einen *Hals-* und einen *Brustabschnitt*, die entsprechend ihrer Lage zum Drehpunkt der Vordergliedmaße, der etwa in Höhe der Grätenbeule des Schulterblattes gelegen ist, unterschiedliche Funktionen besitzt.
   Funktion: Halsabschnitt: Rückwärtsführer der Gliedmaße.
   Brustabschnitt: Vorwärtsführer der Gliedmaße.

2. **Kapuzenmuskel, M. trapezius** (Abb. 109, 110/5,5'; 113/3)
   Er bedeckt den Rautenmuskel.

154   Skelettmuskelsystem

U: am Nackenrückenband im Halsbereich und im kranialen Brustabschnitt.
A: an Schulterblattgräte.
In *Hals-* und *Brustabschnitt* unterteilt.
Funktion: Halsabschnitt: Rückwärtsführer der Gliedmaße.
Brustabschnitt: Vorwärtsführer der Gliedmaße.
beide Abschnitte zusammen: Abduktion der Gliedmaße.

3. **Oberflächlicher Brustmuskel, M. pectoralis superficialis** (Abb. 109, 110/7; 113/5)
   U: ventral am Brustbein bis 6. Rippe (Fleischfresser bis 3. Rippe).
   A: distal am Oberarmbein und in Unterarmfaszie.
   Funktion: abhängig von der Gliedmaßenstellung Vorwärtsführer, Rückwärtsführer, Adduktor.

4. **Breiter Rückenmuskel, M. latissimus dorsi** (Abb. 109, 110/6)
   U: als breiter Muskel mit breiter Ursprungsehne aus Lenden-Rückenfaszie.
   A: proximal am Oberarmbein.
   Funktion: starker Rückwärtsführer der Vordergliedmaße. Gleichzeitig wird beim Ziehen schwerer Lasten ein Durchbiegen des Rückens nach oben verhindert.

5. **Armkopfmuskel, M. brachiocephalicus** (Abb. 109, 110/4)
   Dieser Muskel entstand bei unseren Haussäugetieren infolge der Reduktion des Schlüsselbeins aus zwei beim Menschen getrennten Muskeln (M. cleidomastoideus, M. cleidobrachialis).
   U: mit tierartlichen Unterschieden aus Hinterhaupts- und Nackengegend.
   A: nach Verlauf seitlich am Hals entlang und über das Schultergelenk hinweg seitlich am Oberarmbein.

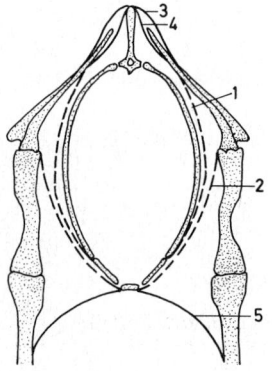

Abb. 113. Rumpfträger (gestrichelt) und Gliedmaßenträger (ausgezogen). 1 ventraler gezahnter Muskel, M. serratus ventralis; 2 tiefer Brustmuskel, M. pectoralis prof.; 3 Kapuzenmuskel, M. trapezius; 4 Rautenmuskel, M. rhomboideus; 5 oberflächlicher Brustmuskel, M. pectoralis superf.

Funktion: Im Hangbein: Vorwärtsführer der Vordergliedmaße. Im Stützbein: Niederzieher des Kopfes. Bei einseitiger Kontraktion werden Kopf und Hals seitwärts gezogen.

Rumpfträger

Die beiden wichtigsten Rumpfträger bilden zwei Gurte, in denen der Rumpf zwischen den Vordergliedmaßen getragen und nach dem Sprung federnd aufgefangen wird.

1. **Ventraler gezahnter Muskel, M. serratus ventralis** (Abb. 109, 110/9; 113/1)

   U: mit mehreren Zacken an den Querfortsätzen der Halswirbel und an den Rippen (bis zur 7.).

   A: medial und proximal am Schulterblatt.

   Funktion: Wichtigster Rumpfträger, im Hangbein mit Halsabschnitt Rückwärtsführer, mit Brustabschnitt Vorwärtsführer der Vordergliedmaße. Halsabschnitt im Stützbein Heber des Halses bzw. bei einseitiger Kontraktion Seitwärtszieher des Halses.

2. **Tiefer Brustmuskel, M. pectoralis profundus** (Abb. 109, 110/8; 113/2)

   U: am Brustbein.

   A: proximal am Oberarmbein und (bei Schwein und Pferd) am Halsrand des Schulterblatts.

   Funktion: Rumpfträger und Rückwärtsführer der Gliedmaße.

Eigenmuskeln der Vordergliedmaße

Muskeln am Schulterblatt

1. **Oberer Grätenmuskel, M. supraspinatus**

   U: vordere Grätengrube des Schulterblatts.

   A: am lateralen Muskelhöcker des Oberarmbeins.

   Funktion: Strecker des Schultergelenks.

2. **Unterer Grätenmuskel, M. infraspinatus**

   U: hintere Grätengrube des Schulterblatts.

   A:am lateralen Muskelhöcker des Oberarmbeins.

   Funktion: Strecker des Schultergelenks, bei eingeleiteter Beugung auch Beuger.

3. **Unterschultermuskel, M. subscapularis**

   U: Medialfläche des Schulterblatts.

   A: medialer Muskelhöcker des Oberarmbeins.

   Funktion: Wie unterer Grätenmuskel.

Die drei Muskeln wirken als laterales bzw. mediales Seitenband des Schultergelenks, das keine eigenen Bänder besitzt. Bei Quetschung des N. suprascapularis, der die beiden lateralen Muskeln innerviert, kommt es daher zum sog. Abblatten des Schultergelenks. Die Möglichkeit der Quetschung ist beim Pferd leichter gegeben als beim Rind, da der Nerv beim Rind durch das nach lateral hervorragende Acromion geschützt wird.

Muskeln des Ellbogengelenks

1. **Zweiköpfiger Oberarmmuskel, M. biceps brachii** (Abb. 114/e)

   U: Schulterblattbeule.
   A: proximal an Radius und Ulna.
   Funktion: Strecker des Schulter- und des Ellbogengelenks im Stützbein, Beuger des Ellbogengelenks im Hangbein.

2. **Armmuskel, M. brachialis** (Abb. 114/f)

   U: kaudaler Rand des Humeruskopfes.
   A: kranial am Radiuskopf.
   Funktion: Beuger des Ellbogengelenks.

Die beiden Muskeln ergänzen sich insofern, als der M. biceps mit starker Hubkraft (Fiederung) die Beugung einleitet, der M. brachialis diese mit seiner großen Hubhöhe vollenden hilft.

Vom M. biceps zieht beim Pferd der sog. *Lacertus fibrosus* als sehniger Strang mit den Streckern des Karpalgelenkes zum Metakarpus.

3. **Dreiköpfiger Oberarmmuskel, M. triceps brachii** (Abb. 109, 110/11)

   U: Kaudalrand des Schulterblatts und Humerus.
   A: Ellbogenhöcker.
   Funktion: Strecker des Ellbogengelenks (Stützbein), Beuger des Schultergelenks (Hangbein).

Die kaudale Kontur dieses Muskels setzt sich deutlich gegen die Brustwand ab. Der Muskel füllt das Dreieck zwischen Schulterblatt und Oberarmbein.

Muskeln am Unterarm (Abb. 109; 110; 114)

Kranial am Unterarm liegen die **Strecker des Karpalgelenks** und die **Strecker der Zehe(n).** Die Strecker des Karpalgelenks setzen proximal am Metakarpus an, die Strecker der Zehe am Streckfortsatz des Huf-, Klauen- oder Krallenbeins.

Kaudal am Unterarm liegen die **Beuger des Karpalgelenks** und die **Beuger der Zehe(n).** Die Sehne des **oberflächlichen Zehenbeugers, M. flexor digitorum superficialis,** teilt sich distal in zwei Schenkel auf und setzt proximal an der Phalanx media (Kronbein) an. Daher wird er beim Pferd auch *Kronbeinbeuger* genannt. Die Sehne des **tiefen Zehenbeugers, M. flexor digitorum profundus,** tritt durch die beiden Schenkel des oberflächlichen Zehenbeugers hindurch und setzt am Volarrand der Phalanx dist. an (*Hufbeinbeuger*).

Die oberflächliche und die tiefe Beugesehne werden im Bereich des Fesselgelenks und des Fesselbeins von einer *gemeinsamen Sehnenscheide* umschlossen (gemeinsame distale Sehnenscheide). Diese ist von praktischer Bedeutung, da sie beim Pferd häufig erkrankt. Nach chronischer Reizung bleiben Gallen zurück.

Beim Pferd und Rind ist der bei den anderen Tieren fleischige **M. interosseus** (Abb. 114/c), der volar am Metakarpus liegt, sehnig umgebildet und wirkt als Halteapparat für die Gleichbeine und als Träger der Fessel.

Zwischen dem Strahlbein und der tiefen Beugesehne ist der **Fußrollenschleimbeutel,** *Bursa podotrochlearis,*

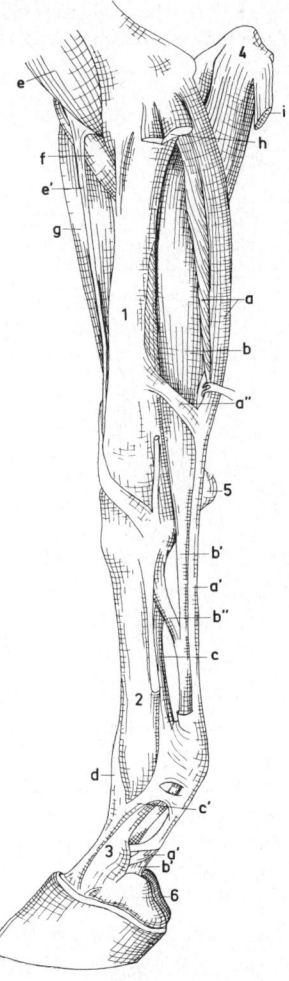

Abb. 114. Muskeln an Unterarm und Gliedmaßenspitze des Pferdes, Medialansicht (nach NICKEL, SCHUMMER und SEIFERLE 1968).
a oberflächlicher Zehenbeuger, M. flexor digitorum superf.; a' oberflächliche Beugesehne, a" ihr Unterstützungsband; b tiefer Zehenbeuger, M. flexor digitorum prof., b' tiefe Beugesehne, b" ihr Unterstützungsband; c M. interosseus, c' sein Unterstützungsschenkel zur Strecksehne; d Sehne des langen und des lateralen Zehenstreckers; e zweiköpfiger Armmuskel, M. biceps brachii, e' seine Sehne zum Metacarpus, der Lacertus fibrosus; f Armmuskel, M. brachialis; g Strecker des Karpalgelenks; h und i Beuger des Karpalgelenks, abgetragen. 1 Speiche, Radius; 2 Röhrbein, Mc 3; 3 Fesselbein; 4 Ellenbogenhöcker; 5 Os carpi accessorium, 6 Hufknorpel.

gelegen (Abb. 209/8). Strahlbein, Fußrollenschleimbeutel und Gleitbereich der tiefen Beugesehne werden unter dem Begriff **„Fußrolle"** zusammengefaßt. In diesem Gebiet treten bei Reitpferden, aber auch bei Rindern mit sog. „Stallklauen" häufig degenerative Prozesse durch Überlastung auf.

Muskeln der Hintergliedmaße

Ebenso wie an der Vordergliedmaße unterscheidet man an der Hintergliedmaße zwischen der *Beckengürtelmuskulatur* und der *Eigenmuskulatur der Hintergliedmaße.*

Beckengürtelmuskulatur

Lenden-Darmbein-Muskel, M. iliopsoas (Abb. 115/2). Er ist der wichtigste Muskel des Beckengürtels.

U: an Körpern und Querfortsätzen der Lendenwirbel und der letzten Brustwirbel sowie am Darmbeinflügel.

A: proximal und medial am Oberschenkelknochen (Trochanter minor)

Funktion: Vorwärtsführer der Gliedmaße (Hangbein), Versteifung der Wirbelsäule und Steilerstellen des Beckens (Stützbein).

Dieser Muskel gilt, meist zusammen mit dem **kleinen Lendenmuskel, M. psoas minor,** der medial von ihm gelegen ist, als das beste Fleischstück (Filet-Stück).

Eigenmuskulatur der Hintergliedmaße

Äußere Hüft- und Kruppenmuskeln

1. **Oberflächlicher Kruppenmuskel, M. glutaeus superficialis** (Abb. 109, 110/24)
2. **Tiefer Kruppenmuskel, M. glutaeus profundus**
3. **Mittlerer Kruppenmuskel, M. glutaeus medius**

Diese Muskeln liegen auf dem Darmbeinflügel und dem breiten Beckenband und setzen proximal am Oberschenkelbein an. Sie sind durch ihren Ansatz am großen Umdreher des Oberschenkelbeins im wesentlichen Strecker des Hüftgelenks. Der M. glutaeus superficialis der großen Haustiere ist ein Beuger. Der M. glutaeus profundus wirkt auch als Adduktor.

Hinterbackenmuskeln bzw. lange Sitzbeinmuskeln

Sie sind die bedeutendste Muskelgruppe der Hintergliedmaße.

1. **Zweiköpfiger Oberschenkelmuskel, M. biceps femoris** (Abb. 109, 110/25)

   U: am Kreuzbein und am Sitzbeinhöcker.
   A: 1. am Os femoris in Kniegelenksgegend.
      2. am Schienbeinkopf.
      3. am Fersenbeinhöcker.

Funktion: Strecker des Hüftgelenks. Im Stützbein außerdem Strecker des Knie- und des Sprunggelenks. Im Hangbein mit mittlerem Ansatz Beuger des Kniegelenks.

2. **Halbsehniger Muskel, M. semitendinosus** (Abb. 109, 110/26)

U: am Kreuzbein (Pferd, Schwein) und am Sitzbeinhöcker (alle Haustiere).

A: am Schienbeinkopf und am Fersenbeinhöcker.

Funktion: im Stützbein Strecker des Hüft-, des Knie- sowie des Sprunggelenks, im Hangbein Beuger des Kniegelenks.

3. **Halbhäutiger Muskel, M. semimembranosus** (Abb. 115/9)

U: am Kreuzbein (nur Pferd) und am Sitzbeinhöcker (alle Tiere).

A: Kniegelenksgegend.

Funktion: Strecker des Hüftgelenks. Im Stützbein Strecker des Kniegelenks, im Hangbein Rückwärtsführer der Gliedmaße.

4. **Vierköpfiger Kniegelenksstrecker, M. quadriceps femoris** (Abb. 115/4)

Er liegt kranial am Oberschenkel.

U: mit einem Kopf an der Darmbeinsäule, mit drei Köpfen am Oberschenkelbein.

A: am Schienbeinkopf.

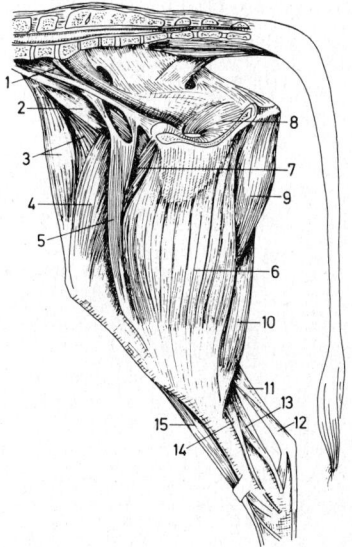

Abb. 115. Innere Lenden- und mediale Oberschenkelmuskulatur, Rind (nach NICKEL, SCHUMMER und SEIFERLE 1968).
1 M. psoas minor; 2 M. iliopsoas; 3 M. tensor fasciae latae; 4 medialer Kopf des M. quadriceps femoris; 5 M. sartorius; 6 M. gracilis; 7 M. pectineus; 8 M. obturator internus; 9 M. semimembranosus; 10 M. semitendinosus; 11 Achillessehne; 12 oberflächliche Beugesehne; 13 M. tibialis posterior und M. flexor hallucis longus; 14 M. flexor digitorum longus (13 und 14 = tiefer Zehenbeuger); 15 M. fibularis tertius.

Funktion: Dieser Muskel ist der Hauptstrecker des Kniegelenks. Die Kniescheibe ist in die Endsehne des M. quadriceps als Sesambein eingelagert. Von der Kniescheibe zum Tibiakopf ziehen bei den großen Haustieren drei gerade Kniescheibenbänder, bei den kleinen Haustieren jedoch nur ein gerades Kniescheibenband.

Muskeln medial am Oberschenkel

1. **Schlanker Schenkelmuskel oder oberflächlicher Einwärtszieher des Schenkels, M. gracilis** (Abb. 115/6)

   U: Beckensymphyse.
   A: medial in Kniegelenksgegend.
   Funktion: Adduktor der Hintergliedmaße.

2. **Schneidermuskel, M. sartorius** (Abb. 115/5)

   U: von Hüfthöcker bzw. Darmbeinsäule.
   A: Kniegelenk.
   Funktion: Adduktor der Hintergliedmaße.

Muskeln am Unterschenkel und an der Zehe

Am Unterschenkel liegen kranial die **Beuger des Sprunggelenks** und die **Strecker der Zehe,** kaudal die **Strecker des Sprunggelenks** und die **Beuger der Zehe.**

Strecker und Beuger der Zehe verhalten sich ähnlich wie an der Vordergliedmaße.

Die *Strecker des Sprunggelenks* vereinigen ihre Endsehnen mit der des oberflächlichen Zehenbeugers zum **Fersensehnenstrang,** der als derber Sehnenstrang zum Fersenhöcker zieht. Als *Achillessehne* wird ein Teil dieses Strangs, die Vereinigung der Endsehnen der beiden Wadenmuskeln, bezeichnet.

Unter der Sehne des oberflächlichen Zehenbeugers ist am Fersenbeinhöcker ein Schleimbeutel *(Bursa calcanea subtendinea)* gelegen, der beim Pferd erkranken kann und dann zur sog. *Piephacke* führt.

Beim Pferd ist einer der Beuger des Sprunggelenks, der *M. fibularis tertius,* sehnig umgebildet zum sog. *Tendo femorotarsicus.* Dieser spielt bei der Statik der Hintergliedmaße eine wichtige Rolle (s. Seite 162).

Der *M. interosseus,* die *distale Beugesehnenscheide* und die *Fußrolle* zeigen an der Hintergliedmaße die gleichen Verhältnisse wie an der Vordergliedmaße.

Statik des Bewegungsapparates

Wirbelsäule. 1892 entwickelte ZSCHOKKE die **Wirbelbrückentheorie,** nach der die Wirbelsäule brückenartig zwischen den Gliedmaßen

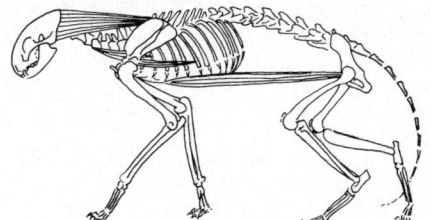

Abb. 116. Verspannung
der Wirbelsäule durch
den geraden Bauchmus-
kel bei der Katze (nach
SLJIPER 1946).

ausgespannt sei. Die Wirbelsäule wird nach dieser Theorie wie ein
Balken belastet. Bei Druck von dorsal machen sich dorsal Druck-
kräfte, ventral Zugkräfte bemerkbar. Den Dornfortsätzen kommt
insofern besondere Bedeutung zu, als sie bei starker Belastung das
weitere Durchbiegen der Wirbelsäule verhindern, indem sie sich
aneinanderlegen.

Dieser Theorie steht die **Bogensehnenbrückentheorie** von BARTHEZ
(1798) und STRASSER (1913) entgegen. Nach dieser Theorie, die
heute am meisten anerkannt wird, ist die Wirbelsäule ähnlich wie
ein Geigenbogen gespannt, wobei die Verspannung durch die
Bauchmuskeln (vor allem M. rectus abdominis) und das Brustbein
erfolgt (Abb. 116). Bei Belastung der Wirbelsäule werden die ventralen Bauchmuskeln verstärkt angespannt. In Ruhe wird die
Spannung in der Bogensehne vor allem durch die Kraft des M.
longissimus dorsi aufrechterhalten. Das System der Bogensehnen-
brücke ist in sich ausgewogen, so daß die Gliedmaßen reine Stütz-
funktion haben. Tatsächlich ist der Rumpf an den Gliedmaßen auf-
gehängt (M. serratus ventralis und M. pectoralis profundus sowie
Kreuzdarmbeingelenk).

Die Richtung der Dornfortsätze ergibt sich aus dem Ansatz der
Zugkräfte der Muskeln, die zu ihnen hinführen. Der Dornfortsatz
ist bestrebt, sich in einen Winkel von 90 ° zu der angreifenden
Kraft zu stellen. Seine tatsächliche Richtung ergibt sich aus der
Resultierenden der Kräfte. Von Bedeutung ist dabei auch die unterschiedliche Höhe zweier Dornfortsätze zwischen denen ein Muskel oder ein Band (z. B. Nackenrückenband) verläuft. Je höher der
eine Dornfortsatz ist, desto mehr neigt sich der kürzere Dornfortsatz nach der anderen Seite (SLJIPER 1946).

Statik der Vordergliedmaße (Abb. 117). Im Standbein wirkt der
M. biceps brachii wie eine Klammer zwischen dem Schulter- und
dem Ellbogengelenk. Wenn das Ellbogengelenk in Streckstellung
fixiert ist, kann das Schultergelenk nicht gebeugt werden. Andererseits wirkt der Zug des M. biceps, bedingt durch die Körperlast,
streckend auf das Ellbogengelenk, das vor Überstreckung durch

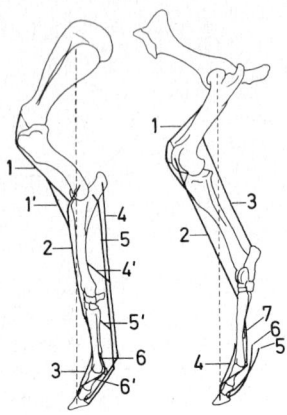

Abb. 117. Für die Statik wichtige Muskeln bzw. Sehnen der Vordergliedmaße, Pferd. 1 M. biceps, 1' Lacertus fibrosus; 2 Strecker des Karpalgelenks; 3 Zehenstrecker; 4 oberflächlicher Zehenbeuger, 4' sein Unterstützungsband; 5 tiefer Zehenbeuger, 5' sein Unterstützungsband; 6 M. interosseus, 6' sein Unterstützungsschenkel zur Strecksehne.

Abb. 118. Für die Statik wichtige Muskeln der Hintergliedmaße, Pferd. 1 M. quadriceps; 2 Tendo femorotarsicus; 3 Fersensehnenstrang und oberflächlicher Zehenbeuger; 4 Strecksehne; 5 oberflächliche Beugesehne; 6 tiefe Beugesehne; 7 M. interosseus.

Einschlagen des Proc. anconaeus in die Fossa olecrani bewahrt wird.

Durch den Lacertus fibrosus wird die Streckwirkung auch auf das Karpalgelenk übertragen. Dieses wird gleichzeitig noch durch den Zug der Unterstützungsbänder der oberflächlichen und der tiefen Beugesehne in Streckstellung gehalten. Der Zug in den Beugesehnen kommt durch die Belastung der Zehe zustande. Die Hyperextension des Karpalgelenks wird durch das kräftige Lig. carpi volare prof. verhindert. Die Vordergliedmaße kann also ohne wesentliche Muskelarbeit in Streckstellung gehalten werden.

Diese Verhältnisse treffen in erster Linie für das Pferd zu, da bei den anderen Tieren die Sehnen in den entsprechenden Muskeln nicht so ausgeprägt sind.

Statik der Hintergliedmaße (Abb. 118). Durch den Tendo femorotarsicus kranial und die Achillessehne kaudal sind das Knie- und das Sprunggelenk beim Pferd und Rind derart gekoppelt, daß nur beide gemeinsam gebeugt oder gestreckt werden können. Wenn das Kniegelenk in Streckstellung fixiert ist, ist gleichzeitig das Sprunggelenk fixiert. Die Fixierung des Kniegelenks in Streckstellung kommt dadurch zustande, daß vom mittleren und medialen geraden Kniescheibenband zusammen mit der Kniescheibe eine Öse gebildet wird. Mit dieser Öse kann die Kniescheibe an dem sehr kräftig ausgebildeten medialen Rollkamm des Oberschenkelknochens festgehalten werden, so daß sie auch bei der Belastung der Gliedmaße dort fixiert ist (s. Preuss und Henschel 1969).

Die Zehe wird durch die Zehenbeuger fixiert und vor der Hyperextension bewahrt.

4   Blut

a   Allgemeines

Das Blut mit seinen gesamten Bestandteilen kann als Gewebe aufgefaßt werden, dessen Interzellularsubstanz flüssig ist.

Man unterscheidet *Blutplasma* und *korpuskuläre Elemente.* Das Plasma ist bernsteinfarben und klar. Es läßt sich wiederum in *Blutserum* und *Fibrin* unterteilen (s. Schema Seite 164).

Aufrechterhaltung der Konstanz der Blutzusammensetzung

Die Zusammensetzung des Blutes wird trotz zahlreicher Stoffwechsel- und Austauschprozesse konstant gehalten. Die Aufrechterhaltung der Blutzusammensetzung ist deshalb so wichtig, weil viele Rezeptoren auf Schwankungen im Blut ansprechen (z. B. Atemzentrum auf CO_2-Spannung, Nieren auf Wassergehalt, Salzkonzentration, Stoffwechselprodukte u. a.).

Funktionen des Blutes

1. Transport des Sauerstoff- und des Kohlendioxids (Atmung)
2. Transport der Nahrungsstoffe (Ernährung)
3. Transport der Schlackenstoffe (Ausscheidung)
4. Abwehr (Antikörper, Enzyme, Leukozyten)
5. Regulation des Wasserhaushalts
6. Regulation des pH-Wertes (Pufferwirkung des Hämoglobins, der Serumproteine und des Kohlensäure-Bikarbonatsystems)
7. Regulation des osmotischen Drucks (über Protein- und Salzkonzentration)
8. Hormontransport
9. Vitamintransport
10. Wärmeübertragung

Über das Volumverhältnis des Plasmas zu den korpuskulären Anteilen des Blutes gibt der **Hämatokritwert** Auskunft (in Volumprozent der Blutkörperchen an der Gesamtmenge).

Tab. 8. Hämatokritwer in Volumprozent (nach KOLB 1980)

Mensch	44,5	Ziege	34,0
Pferd (Kaltblut)	35,0	Schwein	41,5
Pferd (Vollblut)	42,0	Hund	45,5
Rind	35,0	Katze	40,0
Schaf	32,0		

Schema der Blutbestandteile

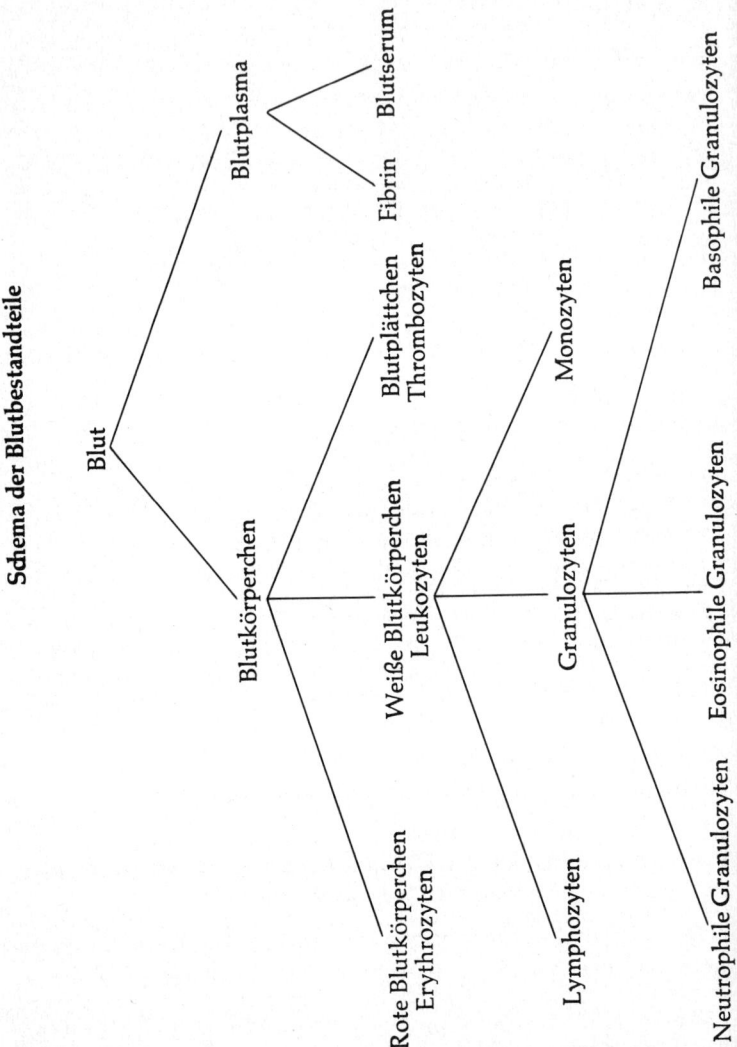

Der Hämatokritwert sinkt bei Blutverlusten, bei Bildungsstörungen der Blutkörperchen oder bei vermehrtem Blutkörperchenzerfall. Er steigt bei starken Flüssigkeitsverlusten durch anhaltendes Erbrechen, Durchfall oder Dursten.

Die **Blutmenge** beträgt bei den Säugetieren ca. $^1/_{12}$–$^1/_{14}$ des Körpergewichts. Sie unterliegt Schwankungen nach Alter, Ernährungszustand, Training und Gesundheitszustand. In Leber und Milz werden Blutreserven festgehalten, die in Notsituationen oder bei starker Arbeit mobilisiert werden können.

Tab. 9. Blutvolumen in ml/kgKgw (nach Kolb 1980)

Pferd	75—90	(bei 500 kg	37,5—45 l)
Rind	64—82	(bei 400 kg	25 —32 l)
Kalb	58—75		
Schaf	60—75		
Ziege	60—70		
Schwein	50—90		
Hund	72—74		
Katze	65—70		

Vermehrung des Blutvolumens = Polyämie = Hypervolämie durch:
a) Vermehrung der Erythrozytenzahl
b) Vermehrung des Plasmas
Sie ist relativ selten. Am häufigsten tritt sie nach körperlichem Training auf.

Verringerung des Blutvolumens = Oligämie = Hypovolämie = Anämie durch:
Blutverlust, Versagen der Blutbildung im Knochenmark, gesteigerten Abbau der Erythrozyten durch Gifte oder Erreger (s. auch Seite 172).

Physikalische Eigenschaften des Blutes

Farbe: rot durch Hämoglobingehalt der Blutkörperchen.
Das Blut ist *deckfarben,* wenn das Hämoglobin in den Erythrozyten gebunden ist.
Das Blut ist *lackfarben,* wenn das Hämoglobin durch Zerstörung der Blutkörperchen in das Plasma ausgetreten ist.
Bei reicher Sauerstoffsättigung ist das Blut hellrot (Oxyhämoglobin). Bei Sauerstoffarmut wird es dunkel. Bei Kohlenmonoxidvergiftung ist das Blut kirschrot (Kohlenmonoxidhämoglobin).

Spezifisches Gewicht. Das spezifische Gewicht des Gesamtblutes ist abhängig von der Erythrozytenzahl. Es beträgt durchschnittlich 1.05.

Plasma 1,027 (1,023–1,032); Erythrozyten 1,08–1,09.

Leukozyten haben ein etwas geringeres spezifisches Gewicht als die Erythrozyten. Daher bildet sich häufig beim Sedimentieren oder Zentrifugieren ein Leukozytenschleier über den Erythrozyten. Seine Stärke kann zur sehr groben Beurteilung der Leukozytenmenge herangezogen werden.

Osmotischer Druck. Er entspricht einer etwa 0,95 %igen NaCl-Lösung. Diese ist isotonisch und wird physiologische Kochsalzlösung genannt. Stoffe zum *Blutersatz* müssen den gleichen osmotischen Druck besitzen wie das Blut. Verwendet werden: Plasmaexpander wie Dextrane und "Periston" sowie Plasma- und Vollblutkonserven.

pH-Wert des Blutes

Die physiologische Reaktion des Blutes ist immer leicht alkalisch (pH 7,3—7,5). Vor einer Übersäuerung (Azidose) schützt die sog. **Alkalireserve** oder Kohlensäurekapazität (Konzentration des Bikarbonats in Volumprozent CO_2, die pro 100 ml Plasma beim Ansäuern in Freiheit gesetzt werden). Sie beträgt durchschnittlich 60 Vol.-% CO_2.

Eine Verminderung der Alkalireserve wird als *Azidose*, eine Vermehrung als *Alkalose* bezeichnet.

Chemischer Aufbau des Blutes

Die physikalischen und chemischen Eigenschaften des Blutes werden im wesentlichen durch seinen Gehalt an Eiweißen, Fetten, Kohlenhydraten, anorganischen Bestandteilen und Gasen geprägt.

Eiweiß

Die Plasmaproteine können in mehrere Fraktionen getrennt werden, und zwar durch Fällung, Ultrazentrifugation und Elektrophorese (wird am häufigsten verwendet).

Die *Elektrophorese* nutzt die unterschiedliche Wanderungsgeschwindigkeit der Eiweißfraktionen im elektrischen Feld aus. Blutserum wird auf einen mit Pufferflüssigkeit getränkten Filtrierpapierstreifen (Zelluloseazetatfolie o. ä.) gebracht und ein elektrisches Feld angelegt. Nach einer bestimmten Zeit entnimmt man den Streifen und färbt die Eiweiße an. Der Ort und die Stärke der Farbflecke geben Auskunft über Anwesenheit und Menge der Eiweißfraktionen (s. Abb. 119; 120).

Man unterscheidet *Albumine*, α-*Globuline*, β-*Globuline* und γ-*Globuline,* die sich noch in Unterfraktionen teilen lassen.

Der Gesamteiweißgehalt sinkt bei Eiweißmangel (Hungerödeme).

Die Albumine sind vermindert bei Leberschäden, da sie hauptsächlich in der Leber gebildet werden.

Die Globuline werden in der Leber und im retikulo-histiozytären System gebildet. Eine Zunahme der Gammaglobuline findet bei chronischen Infektionskrankheiten statt.

Tab. 10 Eiweißfraktionen des Serums in Prozent des Gesamt-eiweiß (nach KOLB 1974)

	Albumine	α-Globuline	β-Globuline	γ-Globuline
Mensch	61	14	10	15
Pferd	40	16	23	21
Rind	44	14	11	31
Schaf	42	18	9	31
Schwein	45	17	18	20

Aufgaben der Plasmaproteine

Der osmotische Druck der Plasmaalbumine stellt die sog. **kolloidos-motische Kraft des Blutes** dar und bedingt den Rücktritt der Inter-zellularflüssigkeit in den venösen Schenkel der Kapillaren.

Die **Albumine** benutzt der Organismus vor allem zur Bildung or-ganspezifischer Proteine. Sie werden in der Leber gebildet. Außer-dem sind sie am Transport der Fettsäuren und des Gallenfarbstof-fes beteiligt.

Die α- **und** β-**Globuline** dienen unter anderem dem Transport von Sterinen (z. B. Cholesterin), Steroiden (Hormonen), Phosphatiden, Fettsäuren und zum Teil auch von Schwermetallen (Eisen, Kupfer, Zink). Unter den β-Globulinen befinden sich auch Antikörper.

Die γ-**Globuline** sind in erster Linie Antikörper (Immunglobuline, humorale Antikörper). Viele Gammaglobuline befinden sich z. B. in der Kolostralmilch.

Fibrinogen ist ein besonderer Eiweißkörper des Plasmas. Durch Thrombin wird es in Fibrin umgewandelt, das bei der Gerinnung des Blutes eine wesentliche Rolle spielt.

Im Plasma befinden sich neben den Eiweißkörpern, die genannt wurden, viele **Enzyme,** die aus den Zellen verschiedener Organe stammen. Bei Zellzerfall oder -schädigung treten diese Enzyme vermehrt ins Blut über und können zu diagnostischen Zwecken im Serum nachgewiesen werden (z. B. bei Herzmuskelschäden und Leberentzündung).

Unter der Bezeichnung **Reststickstoff** (Rest-N) werden alle stick-stoffhaltigen, niedermolekularen Verbindungen zusammengefaßt, die nach dem Ausfällen des Eiweißes im Blutserum verbleiben. Über 50 % des Rest-N werden vom Harnstoff gebildet. Ferner kommen vor: Kreatin, Kreatinin, Harnsäure, freie Aminosäu-ren u. a.

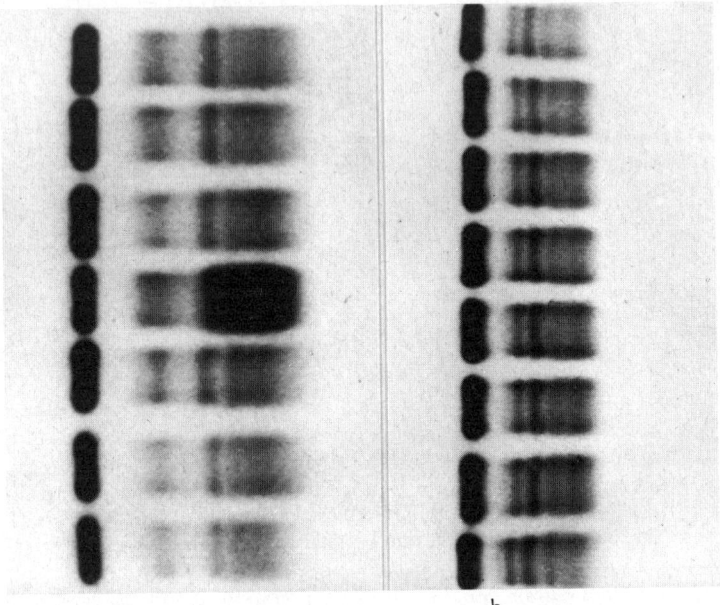

a   b

Abb. 119. Elektrophoresestreifen, Wanderungsrichtung von rechts
nach links, jeweils links Albumine, rechts Globuline. Azetatfolie, Mi-
krozonenelektrophorese (Beckmann R-100).
a. Serumproben von 7 Kühen. Bei dem vierten Serum von oben starke
Erhöhung der γ-Globuline. b. Gleichzeitige Elektrophorese von 8 Serumproben eines 12 Jahre alten Hannoveraner Wallachs.

Der Rest-N-Gehalt des Blutserums beträgt durchschnittlich 20—
40 mg %. Ein erhöhter Reststickstoff-Gehalt des Blutserums (Azo-
tämie) ist meist der Ausdruck einer gestörten Nierenfunktion. Völ-
lige Niereninsuffizienz führt unter einem charakteristischen Symp-
tomenkomplex bei stark erhöhtem Rest-N rasch zum Tode.

Kohlenhydrate

Die Kohlenhydrate des Blutes bestimmen den *Blutzuckergehalt,*
der durchschnittlich bei 60—100 mg % liegt. Dabei handelt es sich
im wesentlichen um Glukose. Nach der Nahrungsaufnahme ist der
Blutzuckerspiegel höher als in den Intervallen. Bei den Wiederkäuern, die vorwiegend Fettsäuren resorbieren, ist der Blutzuckerspiegel mit 30—70 mg % sehr niedrig und nicht von der Fütterung
abhängig.

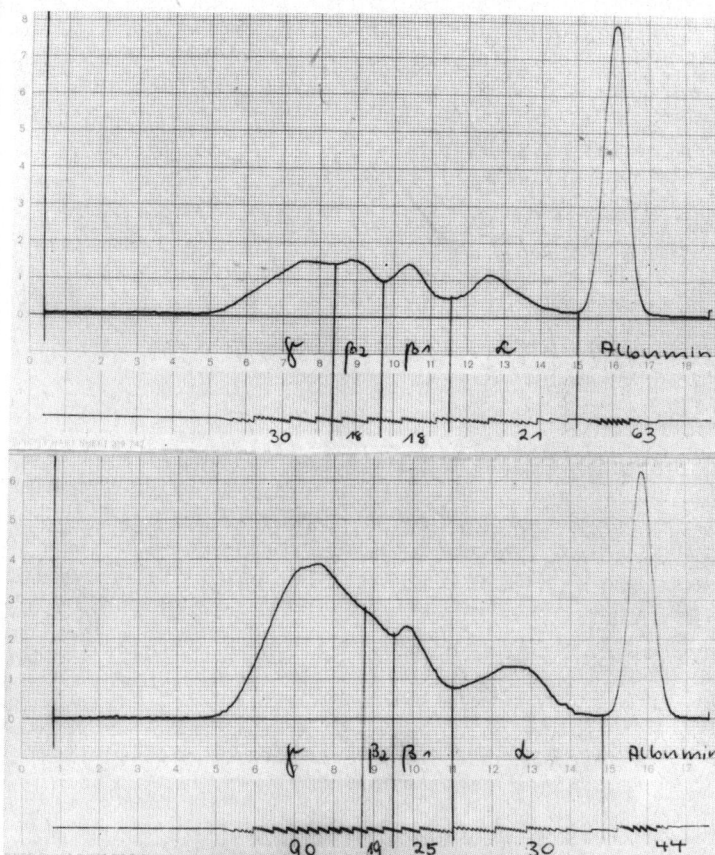

Abb. 120. Extinktionskurven. a. Extinktionskurve zum Elektrophoresestreifen aus Abb. 119 a, fünftes Serum von oben, physiologische Verteilung. b. Extinktionskurve zu Abb. 119 a, viertes Serum von oben,
starke Vermehrung der γ-Globuline, Verminderung der Albumine.

Die Höhe des Blutzuckerspiegels wird hormonell geregelt, wobei
die Hormone Insulin und sein Antagonist Glukagon beteiligt sind,
aber auch Glukokortikosteroide, das Wachstumshormon und
Adrenalin. Ein erhöhter Blutzuckerspiegel über längere Zeit bedingt die Zuckerkrankheit, Diabetes mellitus (s. Seite 257).

Fettstoffe (Lipide)

An Fetten und fettähnlichen Substanzen kommen im Blut vor:

Neutralfette   Phosphatide
Cholesterin   Lipoproteide

Der Fettgehalt des Blutes wird durch fette Nahrung gesteigert *(Lipämie)*. Beim Hunger ist er vermindert.

Weitere Bestandteile des Serums

Ferner befinden sich im Blut: *organische Säuren* und *Ketonkörper* (z. B. Milchsäure, Brenztraubensäure, Zitronensäure u. a.) sowie *Farbstoffe* (Gallenfarbstoffe, Karotine), *Vitamine* und *Hormone*.

Anorganische Serumbestandteile

Wichtig ist vor allem das Natriumchlorid.

Tab. 11. Elektrolytgehalt des Serums in mg/100 ml (nach SCHNEUNERT-TRAUTMANN 1965)

Kationen		Anionen	
Natrium	320 — 330	Chlorid	340 — 390
Kalium	17 — 26	Phosphat	3 — 4
Kalzium	9 — 12	Sulfat	1 — 2
Magnesium	2 — 3		

Als Anionen wirken ferner Bikarbonat und Proteine.

Spurenelemente (s. Seite 32) sind solche anorganischen Stoffe, die nur in ganz geringen Mengen im Organismus vorkommen, aber oft lebenswichtige Funktionen erfüllen.

Blutgerinnung und Blutstillung

Bei Verletzungen spielt die Fähigkeit des Blutes, zu gerinnen und die Gefäße zu verschließen, eine wesentliche Rolle als Schutz vor dem Verbluten.

Die **Blutgerinnung** wird ausgelöst durch das Freiwerden des Blutplättchenfaktors aus den sehr empfindlichen Blutplättchen, die zusammengeballt werden, sowie der Faktor XII mit einer Rauhigkeit in Berührung kommt. Die Gerinnung kann also auch ohne vorhergehende Verletzung in den Blutgefäßen ausgelöst werden, wenn die Wände derselben rauh geworden sind (Thrombusbildung). Wird ein Thrombus fortgeschwemmt, so kann er als Embolus enge Gefäße verschließen (Embolie).

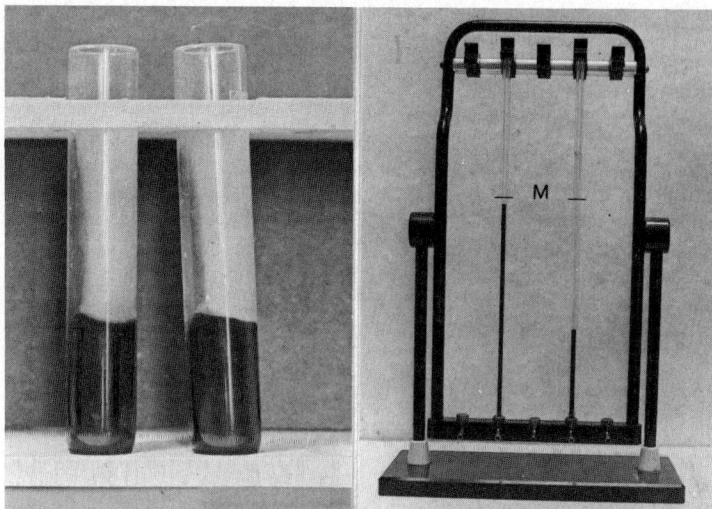

Abb. 121. Blutröhrchen mit geronnenem Blut. Vor der Gerinnung wurden die Blutkörperchen durch Zentrifugieren vom Plasma getrennt. Beachte die Kontraktion des Fibringerinnsels und die Ablösung von der Glaswand.

Abb. 122. Blutkörperchensenkung vom Rind (links) und vom Pferd (rechts) nach 1 Stunde. M Meniskus des Blutplasmas.

Die Gerinnung kann auch außerhalb der Blutgefäße durch das **Gewebsthromboplastin** eingeleitet werden.

Der **Blutstillung** dienen neben der Gerinnung des Blutes das *Einrollen der Intima der Gefäße* sowie die *Kontraktion der Gefäßwand*. Auch durch Druck auf eröffnete Gefäße kann die Blutung gestillt werden, bis sich ein Thrombus in dem Gefäßlumen gebildet hat.

Die Blutgerinnung läuft am schnellsten beim Geflügel, am langsamsten beim Pferd ab.

Tab. 12. ∅ Gerinnungszeiten in Minuten (nach KOLB 1980)

Geflügel	0,5—2	Schwein	3,5
Hund	2,5	Rind	6,5
Schaf	2,5	Pferd	11,5
Ziege	2,5		

An der Blutgerinnung sind mehrere Komponenten beteiligt, die als **Gerinnungsfaktoren** bezeichnet werden. Zur Zeit sind 12 Faktoren bekannt. Der Gerinnungsablauf kann vereinfachend auf folgendes *Grundprinzip* zurückgeführt werden:
Bei Beschädigung der Thrombozyten bzw. des um die Blutgefäße gelegenen Bindegewebes bildet sich in Anwesenheit von *Kalziumionen* und anderen Faktoren *Thromboplastin* (Plasma- bzw. Gewebsthromboplastin). Dieses aktiviert das im Blutserum enthaltene *Prothrombin* zu *Thrombin.* Zur Bildung des Prothrombins und anderer Gerinnungsfaktoren in der Leber ist die ausreichende Versorgung mit Vit. K notwendig. Das Thrombin bewirkt eine Umwandlung des *Fibrinogens* zu *Fibrin,* das in Fäden ausfällt und durch den Faktor XIII in Anwesenheit von Kalziumionen stabilisiert wird. Ist das Gefäßlumen nicht zu weit oder wird bei größeren Gefäßen das Lumen mechanisch verengt, so kann der Thrombus das Gefäß verschließen. Die Blutung ist gestillt. In der Folgezeit zieht sich der Fibrinpfropf unter der Einwirkung eines aus den Blutplättchen stammenden Retraktoenzyms zusammen und nähert die Wundränder einander an.

Schema der Blutgerinnung

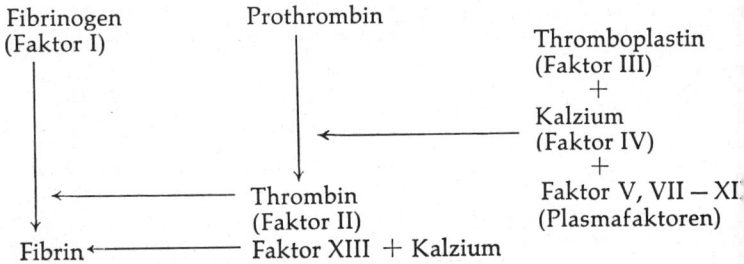

Gerinnungshemmung kann erfolgen durch:

1. Bindung des Kalziums (Oxalat, Fluorid, Zitrat)
2. Hinderung der Prothrombin-Bildung durch Kumarin, das mit dem Vit. K konkurriert.
3. Heparin und Hirudin.

Blutverluste. Der Säugerorganismus kann etwa $^1/_3$ seiner Blutmenge ohne Gefahr verlieren. Wenn $^2/_3$ des Blutvolumens verlorengehen, tritt der Tod ein. Große Blutverluste machen sich durch blasse Haut bzw. blasse Schleimhäute, stark erhöhte Herzfrequenz, frequenten kleinen Puls und eventuell Schweißausbruch bemerkbar. Nach Blutverlusten wird sehr schnell die Flüssigkeitsmenge durch Extrazellularflüssigkeit ersetzt. Der Ersatz der Blutkörperchen erfolgt langsamer. Bei zu starkem Blutverlust tritt Kollaps ein (Volumenmangelkollaps).

Blutkörperchensenkung (BKS)

Da die roten und weißen Blutkörperchen ein größeres spezifisches Gewicht besitzen als das Plasma, sedimentieren sie nach der Blutentnahme. Die Geschwindigkeit dieser Senkung ist abhängig von der Ballungsbereitschaft der roten Blutkörperchen und der Zusammensetzung der Plasmaproteine, vor allem auch von dem Gehalt des Blutes an Fibrinogen. Je höher der Fibrinogengehalt ist, desto schneller senken sich die Blutkörperchen.

Bei chronischen Leiden, vor allem bei chronischen Infektionskrankheiten und bei Tumorbildungen, ist der Fibrinogengehalt des Blutes erhöht und die Senkung beschleunigt. Eine Beschleunigung tritt auch ein, wenn die Zahl der roten Blutkörperchen vermindert ist, z. B. nach Blutverlusten oder bei der infektiösen Anämie der Pferde. Bei Leberschäden ist die Fibrinogensynthese behindert und die Senkung verzögert.

Tab. 13. Blutkörperchensenkungsgeschwindigkeit, gemessen in mm (Westergren-Röhrchen)

	30 Minuten	1 Stunde
Pferd	71—138	92—154
Rind	0	0— 2
Schwein	0—6	1—14
Hund	1—5	5—10

---

b   Blutzellen, Blutkörperchen

Wie aus dem Schema S. 164 hervorgeht, kann man verschiedene Arten der Blutkörperchen unterscheiden: 1. die *roten Blutkörperchen (Erythrozyten)*, die den roten Blutfarbstoff, Hämoglobin, besitzen, 2. die *weißen Blutkörperchen (Leukozyten)* ohne Blutfarbstoff, die vor allem in die Abwehrvorgänge des Organismus eingeschaltet sind, und 3. die *Blutplättchen (Thrombozyten)*, die an der Blutgerinnung maßgeblich beteiligt sind. Die Untersuchung der Blutkörperchen erfolgt im gefärbten Blutausstrich und quantitativ in der Zählkammer (berechnet auf 1 mm^3).

Rote Blutkörperchen, Erythrozyten

Die Erythrozyten sind scheibenförmig, bikonkav, sehr elastisch und verformbar. Sie können sich durch enge Kapillaren hindurchzwängen. Außer beim Geflügel sind sie bei den Haustieren im

Tab. 14. Hämatologische Normalwerte bei verschiedenen Haus- und Labortieren (nach WEISS 1969)

Tierart	Erythro-zyten $10^6/mm^3$	Retiku-lozyten %	Hämo-globin g/100 ml	Hämato-krit % Vol.	Leuko-zyten $10^3/mm^3$	Neutro-phile %	Eosino-phile %	Baso-phile %	Lympho-zyten %	Mono-zyten %	Thrombo-zyten $10^3/mm^3$
Rind	5—7	0	9—14	30—40	8—10	30—40	6—10	0—1	50—65	4—7	300—700
Schaf	8—13	0	10—15	28—34	8—12	25—40	4—6	0—1	45—65	3—8	300—600
Ziege	13—17	0	8—14	30—40	8—14	40—50	3—6	0—1	50—70	2—5	250—700
Pferd	6—9	0	8—14	28—44	7—10	60—70	4—7	0—1	30—45	4—6	200—500
Schwein	5—8	0—2	10—16	32—45	12—17	40—55	2—4	0—1	40—50	4—6	200—500
Hund	5,5—8	0—1,4	12—18	40—50	8—18	60—75	2—10	0—1	25—30	4—8	200—600
Katze	6—10	0—2,5	8—14	30—45	8—25	40—70	6—12	0—1	30—50	3—6	300—800
Huhn	3—4,5	5—10	10—12	30—36	20—30	15—50	2—8	1—5	40—75	1—5	30—75
Kanin-chen	4—6	1—7	8—15	38—44	7—14	30—55	1—3	1—30	30—70	2—6	200—500
Meer-schwein	4—7	0,5—2	11—16	37—45	7—19	35—60	3—8	0—4	40—60	3—10	120—135
Ratte	6—10	3—6	12—17	40—48	5—20	15—25	1—3	0—1	70—80	2—3	400—900
Maus	6—12	2—5	10—19	39—42	7—15	10—60	0—7	0—1	40—90	0—3	100—400
Gold-hamster	6—9	0,5—3	11—14	39—43	4—8	3—45	0—2	0—1	45—95	0—1	320—600

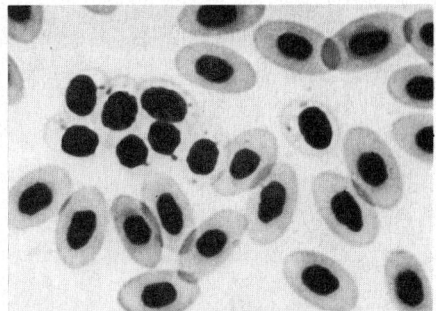

Abb. 123. Erythrozyten
und Thrombozyten des
Huhns (Mikrofoto).

strömenden Blut kernlos. Erythrozyten des Geflügels, der Kamele
und der Lamas sind oval. Die Farbe des einzelnen Erythrozyten
ist gelblichgrün, nur in ihrer Gesamtheit sehen sie rot aus. Der
Durchmesser der Erythrozyten beträgt etwa 4—7 μ.
Aufgaben der Erythrozyten sind: Sauerstofftransport, Beteiligung
beim Transport von Kohlensäure, Beteiligung an der Regulation
des pH-Wertes des Blutes.

Die **Gesamtoberfläche** aller Erythrozyten ist sehr groß. Bezogen
auf 1 kg Kgw ist sie bei allen Tieren etwa gleich.

Tab. 15. Gesamtoberfläche der Erythrozyten und ihre Beziehung
zum Körpergewicht (nach SWENSON in KOLB 1980)

	Gewicht in kg	Ery-Oberfläche pro kg Kgw in m²	Ery-Oberfläche gesamt in m²
Rind	500	62	30 800
Ziege	30	56	1 680
Schwein	100	63	6 328
Hund	20	68	1 355

Die **Zahl der Erythrozyten** ist abhängig vom Alter, vom Geschlecht,
der Rasse, der Arbeitsleistung, der Ernährung, der Höhenlage sowie der Geschwindigkeit ihrer Bildung und ihres Abbaus.

Hämoglobin

Der Blutfarbstoff Hämoglobin besteht aus einem Eiweißkörper
(Globin), der bei allen Tierarten verschieden ist, und dem nieder-

Tab. 16. Zahl der Erythrozyten in Millionen pro mm³ Blut (nach KOLB 1974)

Mann	5,4	(4,5—6)	Schaf	8,1	(7—9)
Frau	4,8	(4—5,5)	Ziege	14,0	(13—17)
Pferd (Vollblut)	8,9	(8—10)	Schwein	6,5	(5—8)
Pferd (Kaltblut)	6,9	(6—8)	Hund	6,2	(5,2—8,4)
Rind	6,3	(5—7)			

Häm des Oxyhämoglobins (links) und des Hämoglobins (rechts) (nach KARLSON 1962).

molekularen Häm. Beide sind durch eine Histidinbrücke verbunden (s. Formeln). Innerhalb der einzelnen Tierarten und beim Menschen lassen sich verschiedene **Hämoglobintypen** unterscheiden, die genetisch fixiert sind. Sie unterscheiden sich durch Änderung der Aminosäuresequenz an einzelnen Positionen des Globin. Beim Rind gibt es z. B. die Hämoglobintypen A, B und AB. Beim Niederungsrind kommt nur der Typ A vor, bei Höhenrindern wurden in geringem Umfang auch die Typen B und AB gefunden (SCHMID, 1962, 1963; MAYER und WEGNER, 1964; WEGNER, 1965). *Das Häm ist bei allen Tieren gleich.* Menschen mit der heterozygoten Anlage für den Hämoglobin-Typ S sind gegen Malaria resistenter als solche mit anderen Typen. Sie besitzen somit einen Selektionsvorteil. Als Homozygote leiden sie aber an Sichelzellenanämie.

Hämoglobin A: . . .   Val-His-Leu-Thr-Pro-**Glu**-Glu-Lys . . .

Hämoglobin S: . . .   Val-His-Leu-Thr-Pro-**Val**-Glu-Lys . . .

Zahlreiche weitere Hämoglobinabwandlungen sind beim Menschen bekannt.

Der Embryo bildet zuerst nur **embryonales Hämoglobin E** (z. B. beim Rind bis zu 1 cm Scheitel-Steiß-Länge, SCHMIDT und THEIN 1967), das dann durch das **fötale Hämoglobin F** ersetzt wird. Dieses übernimmt den Sauerstofftransport bis zur Geburt. Teils schon vor der Geburt, teils erst nach der Geburt enthalten die Erythrozyten dann in steigendem Maße bleibendes **Hämoglobin A (adultes Hämoglobin)** oder dessen Varianten.

Häm enthält unter physiologischen Bedingungen *zweiwertiges Eisen*. Nur dieses kann Sauerstoff reversibel binden. Es hat Ähnlichkeit mit dem Chlorophyll, bei dem ein Magnesiumatom die zentrale Stellung im Porphyrin einnimmt.

In der Lunge nimmt Hämoglobin Sauerstoff auf und wird zu *Oxyhämoglobin* (96–98 %). Die Aufnahme des Sauerstoffs erfolgt durch Diffusion nach dem Konzentrationsgefälle. In den Geweben, die weniger Sauerstoff enthalten, wird der Sauerstoff abgegeben, wahrscheinlich im Austausch gegen H_2O (s. Formel). Aber nur etwa 30 % des Hämoglobins geben ihren Sauerstoff ab, so daß im venösen Blut meist über 60 % Oxyhämoglobin enthalten sind. Bei starker Arbeitsleistung können bis zu $^2/_3$ des Oxyhämoglobins zu Hämoglobin reduziert werden. Ein Gramm Hämoglobin bindet 1,34 ml O_2.

Tab. 17. Hämoglobingehalt des Blutes in g% (nach KOLB 1974, 1980)

Mensch	15,4 (12—17)	Ziege	10,6 (7—14)
Pferd	12 (8—15)	Schwein	12 (10—14)
Rind	12 (9—14)	Hund	14 (11—17)
Schaf	12,5 (10—15)		

Die Bestimmung des Hämoglobinwertes erfolgt durch Zusatz von $^1/_{10}$ n Salzsäure. Es bildet sich salzsaures Hämatin. Die Farbintensität des salzsauren Hämatins wird mit einer Vergleichsskala verglichen (nach SAHLI oder im Hämometer von Zeiss). Genauere Bestimmungen werden mit dem Photometer durchgeführt.

Schädigungen des Hämoglobins. Durch Einwirkung von geringen Spuren einiger Stoffe (Nitrobenzol, Anilin, Azetanilid, Nitrat, Phenazetin u. a.) wird das zweiwertige Eisen des Hämoglobins in dreiwertiges Eisen übergeführt (Hämiglobinbildung). Das dreiwertige Eisen kann den Sauerstoff nicht reversibel binden (Hämiglobin = Methämoglobin). Besonders empfindlich ist Hämoglobin F.

Kohlenmonoxidhämoglobin bildet sich, wenn Hämoglobin mit Kohlenmonoxid in Berührung kommt. CO hat eine 200–300mal stärkere Affinität zu Hämoglobin als Sauerstoff, so daß rasch alles

Hämoglobin mit Kohlenoxid besetzt ist und keinen Sauerstoff mehr transportieren kann. Ein Anteil von 0,05 Vol.-% CO in der Einatmungsluft führt in wenigen Stunden zu Vergiftungserscheinungen. 1 Vol.-% CO in der Einatmungsluft führt schon in wenigen Minuten zum Tod. Das CO wird nahezu irreversibel an Hämoglobin gebunden, so daß nur bei leichten Vergiftungserscheinungen durch künstliche Beatmung in sauerstoffreicher Atmosphäre noch Heilung erreicht werden kann.

Hämolyse ist der Austritt von Hämoglobin aus den Erythrozyten ins Plama

1. in hypotonen Lösungen
2. nach mechanischer Beschädigung der Erythrozyten
3. nach Befall mit Parasiten (Piroplasmen, Babesien)
4. durch Hämolysine bei Übertritt von artfremdem Blut in die Blutbahn (Isohämolysine lösen das Blut der gleichen Art unterschiedlicher Blutgruppen auf)
5. durch Giftstoffe (Bienengift, Bakterienhämolysine, Schlangengift u. a.)
6. durch chemische Verbindungen (Saponine, Fettlösungsmittel wie Äther, Chloroform).

In hypertonen Lösungen und in lufttrockenen Ausstrichen nehmen die Erythrozyten *Stechapfelform* an. Sie schrumpfen durch Wasserabgabe.

Tab. 18. Lebensdauer der Erythrozyten in Tagen

Mensch	100—120	Ziege	ca. 125	Katze	68— 77
Pferd	140—150	Schwein	ca. 65	Kaninchen	45— 70
Rind	50— 60	Hund	107—122	Geflügel	30— 40

Der Wechsel der Erythrozyten durch Untergang und Neubildung wird als *„Mauserung des Blutes"* bezeichnet.
Bei einem Pferd von 12 Zentner Gewicht mit 50 l Blut werden in einer Sekunde 43 Mill. Erythrozyten zerstört und neugebildet.

Die **Bildung der Erythrozyten** erfolgt im Knochenmark durch **Erythroblasten.** Der Kern der Tochterzellen geht zugrunde, so daß die roten Blutkörperchen im strömenden Blut kernlos sind. Nur bei stürmischer Blutneubildung gelangen auch kernhaltige Formen in das Blut. Die Blutbildung kann nur dann ungestört ablaufen, wenn der Organismus ausreichend mit Nahrungsstoffen, Vitaminen, Mineralstoffen und Spurenelementen versorgt ist (Eisenmangelanämie der Ferkel).

Der **Abbau der Erythrozyten** erfolgt vorwiegend in der Milz, aber auch im Knochenmark und in der Leber. Dort wird das Hämoglobin gespalten und nach Abgabe der Eiweißkomponente und des Eisens in Bilirubin umgewandelt (Leber). Dabei wird das Eisen als *Hämosiderin* abgelagert.

Weiße Blutkörperchen, Leukozyten

Die Leukozyten sind verschiedengestaltige, kernhaltige Blutzellen, die amöboide Bewegungen ausführen können und, abgesehen von den Lymphozyten, phagozytieren können (Phagozyten). Während die Lymphozyten maßgeblich an der Bildung von Antikörpern beteiligt sind, wirken die Phagozyten vorwiegend bei der Abwehr korpuskulärer Bestandteile (Bakterien, Gewebereste, große Eiweißkörper) mit.

Tab. 19. Zahl der weißen Blutkörperchen pro mm^3 Blut (s. auch Tab. 14)

Mensch	7 000 (3—11 000)	Ziege	10 000 (8—12 000)
Pferd	8 000 (6—10 000)	Schwein	18 000 (8—21 000)
Rind	8 000 (5—10 000)	Hund	10 000 (7—17 000)
Schaf	8 000 (6—11 000)		

Die Zahl der weißen Blutkörperchen unterliegt starken Schwankungen. Sie ist vermehrt nach der Futteraufnahme, bei Trächtigkeit und bei Infektionskrankheiten bzw. Eiterungen (Leukozytose). Eine Abnahme der weißen Blutkörperchen (Leukopenie) beobachtet man z. B. im Verlauf von Virusinfektionen. Die Leukozytenzahl ist außerdem abhängig vom Alter der Tiere und der Tageszeit (besonders Granulozyten).
Die Leukozyten lassen sich unterscheiden in

1. Granulozyten
   a) neutrophile Granulozyten
   b) eosinophile Granulozyten
   c) basophile Granulozyten
2. Lymphozyten
   a) große Lymphozyten
   b) kleine Lymphozyten
3. Monozyten

Die **Lebensdauer** der Granulozyten beträgt 8—10 Tage. Die Lymphozyten leben im allgemeinen 1—2 Tage. Es gibt aber auch langlebige Lymphozyten. Beim Menschen sollen z. B. Lebenszeiten der Lymphozyten bis zu 10 Jahren vorkommen. Nur etwa 5 % der Leukozyten halten sich im strömenden Blut auf.

Granulozyten

Sie werden im Knochenmark gebildet. Dieses kann bei Bedarf den Gesamtbestand der Granulozyten in der Peripherie innerhalb eines Tages 30- bis 70mal erneuern. Granulozyten werden nach Größe und Färbbarkeit ihrer Granula unterschieden.

Neutrophile Granulozyten (Abb. 124). Die Granula sind nur undeutlich gefärbt und klein. Ihr Zelldurchmesser beträgt 10—15 µ. Die neutrophilen Granulozyten stellen die Hauptmenge der weißen Blutkörperchen und können phagozytieren. Ihre Zahl nimmt zu bei Infektionskrankheiten, Eiterungen und Vergiftungen.

Junge, erst frisch aus dem Knochenmark ausgetretene neutrophile Granulozyten haben einen nierenförmigen plumpen Kern. Sie werden als *„Jugendliche"* bezeichnet. Über sog. *„Stabkernige"* mit gestrecktem, ungelapptem Kern entwickeln sie sich zu sog. *„Segmentkernigen"*, deren Kern mehr oder weniger zahlreiche Einschnürungen aufweist und Rosenkranzform annimmt. Bei akuten Entzündungen findet man viele „Jugendliche" im Blut. Man spricht auch von einer *„Linksverschiebung"*, weil auf der Tafel der Blutkörperchen die Jugendlichen im allgemeinen links von den Stabkernigen und den Segmentkernigen abgebildet werden.

Eosinophile Granulozyten (Abb. 124). Die Granula sind grob und deutlich, besonders beim Pferd. Mit saurem Farbstoff färben sich die Granula rot (Himbeerform). Sie haben einen Zelldurchmesser von 14—20 µ. Sie stellen ca. 3—6 %/o der weißen Blutkörperchen und treten vermehrt bei parasitären Erkrankungen, Allergien und Hautkrankheiten auf. Sie können phagozytieren.

Basophile Granulozyten haben grobe Granula, die sich mit basischen Farbstoffen blau färben (Brombeerform). Ihr Zelldurchmesser beträgt 10—18 µ. Sie stellen weniger als 1 %/o der Leukozyten. Ihre Funktion ist nicht sicher bekannt. Die Granula enthalten vermutlich Heparin und Histamin wie die Granula der Gewebsmastzellen.

Bei parasitären Erkrankungen wurden im Epithel der Gallengänge und Bronchien große eosinophile Zellen mit einem Durchmesser bis zu 30 µ gefunden. Der Kern war häufig radspeichenförmig strukturiert und lag exzentrisch oder wandständig. Im Zytoplasma befanden sich eosinophile „Schollen", die immer größer waren als die Granula der eosinophilen Granulozyten und die Größe von Erythrozyten erreichen konnten. Je nach Größe fanden sich 10 bis 50 „Schollen" je Zelle. Wegen der charakteristischen Schollen werden die Zellen **„Schollenleukozyten"** genannt (ZIPPER 1966).

Lymphozyten (Abb. 124/oben rechts)

Große Lymphozyten, Zelldurchmesser 10—18 µ.
Kleine Lymphozyten, Zelldurchmesser 6—10 µ.

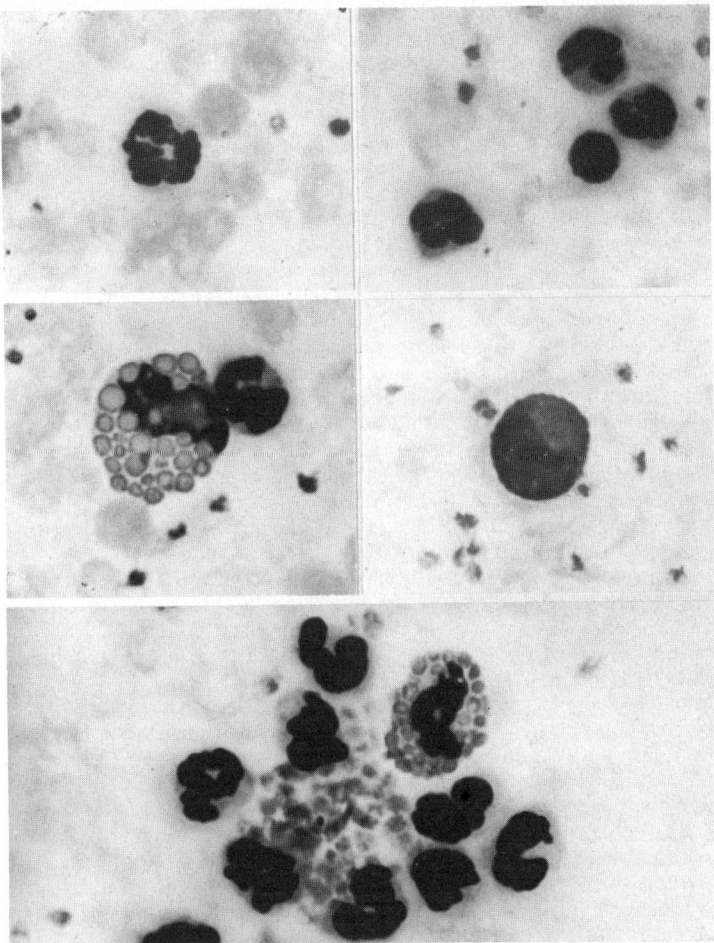

Abb. 124. Weiße Blutkörperchen des Pferdes im Blutausstrich (Mikrofoto, Leukozytenanreicherung nach HEITMANN, HORN und SCHNAPPAUF 1969). Oben links: segmentkerniger, neutrophiler Granulozyt; oben rechts: drei segmentkernige, neutrophile Granulozyten und ein kleiner Lymphozyt; Mitte links: eosinophiler Granulozyt und stabkerniger neutrophiler Granulozyt; Mitte rechts: Monozyt; unten: mehrere neutrophile Granulozyten, ein eosinophiler Granulozyt. In der Umgebung der Leukozyten Schatten von Erythrozyten und mehrere Thrombozyten.

Die Lymphozyten haben einen runden Kern und einen sehr schmalen Plasmasaum. Ihre amöboide Beweglichkeit ist gering. Im Plasma enthalten sie sehr feine Azurgranula.

Während die Granulozyten und die Monozyten im Knochenmark gebildet werden, werden Lymphozyten im Knochenmark, in den Lymphknoten, der Milz und dem übrigen lymphatischen Gewebe gebildet. Die Stammzellen wandern während der Embryonalzeit aus dem Knochenmark aus und siedeln sich in dem Thymus an. Die dort durch Teilungen hervorgegangenen Lymphozyten gelangen dann in die Milz und die Lymphknoten, die demnach auf Umwegen besiedelt werden, dann aber die Hauptkeimzentren für die Lymphozytenbildung (Lymphopoese) darstellen.

Die Lymphozyten bilden Abwehrstoffe gegen spezielle Krankheitserreger. Diese Abwehrstoffe nennt man **Antikörper**. In Lymphknoten erlangen spezielle Formen der Lymphozyten die Fähigkeit zur Bildung von Immunglobulinen, die an das Blutplasma abgegeben werden (humorale Antikörper). Diese Lymphozyten werden B-Lymphozyten genannt, weil sie bei den Vögeln ihre Differenzierung in der Bursa fabricii erfahren. Andere Lymphozyten werden im Thymus zu T-Lymphozyten differenziert, die zellständige Antikörper bilden und bei der Differenzierung der B-Lymphozyten Hilfsfunktion haben.

Da die sonst so sehr erwünschte Antikörperbildung bei Organtransplantationen den Operationserfolg noch nach Monaten in Frage stellt, ist die Medizin bemüht, in diesen Fällen die Antikörperbildung durch Zerstörung der Lymphozyten (Röntgenbehandlung, Medikamente) stark zu vermindern.

Eine weitere Aufgabe wird den Lymphozyten als **Reservoir für Kernsubstanzen** für das Gewebswachstum zugeschrieben. Sie dienen als *„Nukleoproteid-Transportfahrzeuge"* (GRAU 1964). Die Übermittlung der Kernsubstanzen erfolgt auf zwei Arten. Entweder zerfallen die Lymphozyten (besonders im Lymphgewebe der Milz, Leber oder Lunge), oder sie übertragen die Kernsubstanz auf bisher noch ungeklärte Weise durch Anlagerung mehrerer Lymphozyten an sich teilende Zellen, *Peripolesis,* bzw. durch Einwanderung in die Zellen, in denen sie sich in Vakuolen bewegen, *Emperipolesis* (GRAU 1967).

Monozyten (Abb. 124/Mitte rechts)

Sie sind Makrophagen und stellen etwa 1 %/o der Leukozyten. Ihr Zelldurchmesser beträgt 14—22 μ. Sie werden im Knochenmark und im retikuloendothelialen System von **Monoblasten** gebildet. Ihre Hauptaufgabe wurde in der Beseitigung abgestorbener Gewebeteile gesehen. Heute weiß man, daß sie bei der Antikörperbildung eine wichtige Aufgabe zu erfüllen haben, indem sie das in den Or-

ganismus eingedrungene Antigen (artfremdes Eiweiß, chemische Substanzen, Bakterien, Virus u. ä.) erst verarbeiten müssen (processing), ehe der Organismus mit Antikörperbildung antworten kann (s. auch Seite 398).
Der **Abbau der Leukozyten** findet in der Milz und in der Leber statt.

Blutplättchen, Thrombozyten

Die Blutplättchen sind kleine, ovale, spindelförmige Gebilde mit einer Größe von 2—4 μ (Abb. 124). Zahl: 150—600 000/mm³ Blut. Sie werden im Knochenmark gebildet. Aus *Megakaryoblasten* gehen *Megakaryozyten* hervor, die zahlreiche Kerne und einen Zelldurchmesser von 40—50 μ besitzen. An ihrer Peripherie schnüren sie Blutplättchen ab.
Die Blutplättchen enthalten kleine Körnchen, das *Granulomer,* die von Plasma *(Hyalomer)* umgeben sind. Das Hyalomer enthält die Plättchenfaktoren für die Blutgerinnung, während das Granulomer als Gerinnungszentrum wirken soll.

Blutgruppen

Die Blutgruppenforschung wurde 1902 von LANDSTEINER eingeleitet. Er fand, daß in den Erythrozyten des Menschen verschiedene **Agglutinogene** (A, B, A+B) vorhanden sind, die mit **Agglutininen** des Serums anderer Personen zur Agglutination (Zusammenballung der Blutkörperchen) führen. Die Agglutinogene sind Mukopolysaccharide. Bei den Agglutininen handelt es sich um Globuline. Die Blutgruppenbestimmung erfolgt mit Testseren, deren Agglutinine bekannt sind.

Erythrozyten mit Agglutinogen A   = Blutgruppe A
Erythrozyten mit Agglutinogen B   = Blutgruppe B
Erythrozyten mit Agglutinogen A+B   = Blutgruppe AB
Erythrozyten ohne Agglutinogen   = Blutgruppe 0

Serum der Blutgruppe A   enthält Agglutinin β   = Anti-B
Serum der Blutgruppe B   enthält Agglutinin α   = Anti-A
Serum der Blutgruppe AB   enthält kein Agglutinin
Serum der Blutgruppe 0   enthält Agglutinin α + β = Anti-A+B

Diese Agglutinine sind präformiert.

Nicht präformiert ist z. B. das Agglutinin gegen den **Rhesusfaktor,** der von LANDSTEINER und WIENER 1943 bei der Immunisierung von Meerschweinchen mit Rhesusaffenblut entdeckt wurde. 85 % der Menschen sind Rh-positiv, d. h. sie besitzen den Rhesusfaktor.

Bedeutung hat der Rh-Faktor vor allem bei der hämolytischen Er-
krankung der Neugeborenen. Die Sensibilisierung erfolgt bei der
Rh-negativen Mutter entweder durch Übertragung Rh-positiven
Blutes oder durch das Austragen eines Rh-positiven Kindes von
einem Rh-positiven Vater.

Blutgruppen des Rindes

Bisher wurden beim Rind 85 Blutgruppenfaktoren bekannt, die
in 11 Blutgruppensystemen zusammengefaßt werden.
Das Blutgruppensystem B umfaßt z. B. 50 Antigenfaktoren, die
teilweise in unterschiedlichen Kombinationen vorkommen können.
Das Blutgruppensystem C umfaßt 10 Faktoren, die anderen Systeme haben weniger Faktoren. Durch diese Vielzahl von Faktoren
sind so viele Möglichkeiten der Kombination gegeben, daß jedes
Individuum identifizierbar ist.
Die Blutgruppen des Rindes haben für den Abstammungsnachweis Bedeutung gewonnen. Die Faktoren der Mutter werden von
denen des Kalbes abgezogen. Vater des Kalbes kann dann nur jener Bulle sein, der die fehlenden Faktoren besitzt.
Die *Blutgruppen des Schweines* werden ebenso wie die des Rindes
zum Abstammungsnachweis benutzt.
Auch bei den anderen Haustierarten wurden verschiedene Blut-
gruppensysteme und -faktoren nachgewiesen, doch erlangten sie
bei diesen Tieren bisher keine praktische Bedeutung. Man versuch-
te indessen, eine Korrelation zwischen Blutgruppen und Leistung
zu finden, um so ein unveränderliches Selektionsmerkmal zu erlangen.

Polymorphismus der Plasmaproteine

Nicht nur beim Hämoglobin und bei den Blutgruppenfaktoren
konnte ein Polymorphismus festgestellt werden, sondern auch bei
Plasmaproteinen, wie z. B. beim Transferrin. Neuerdings ist man
bestrebt, auch diese Unterschiede mit Leistungsunterschieden in
Verbindung zu bringen und als Selektionsmerkmal zu benutzen.

5 Herz und Blutkreislauf

Herz und Blutkreislauf haben die Aufgabe, das Blut im Organismus zirkulieren zu lassen, wobei das Blut einerseits mit den Re-
sorptionsorten der Nahrungsstoffe (besonders Darm), den Depots
(Leber, Fettgewebe, Knochen etc.) und der Stätte des Gasaustau-
sches (Lunge) in Verbindung gebracht werden muß, andererseits
aber auch möglichst an jede einzelne Körperzelle gelangen soll,
um deren Gas- und Stoffwechsel zu gewährleisten. Darüber hinaus dient die Blutzirkulation dem Wärmetransport.

Die Vorstellung eines geschlossenen Blutkreislaufs wurde erstmalig von Harvey (1628) entwickelt (De motu cordis).
1661 beobachtete Malpighi als erster die Blutzirkulation in den Lungenkapillaren eines Frosches. Damit wurde die Frage des Übergangs des Blutes von den Arterien in die Venen geklärt.

a Herz, Cor

Das Herz ist ein starker Muskel mit Hohlräumen. Es ist der Motor der Blutbewegung.

Das Herz liegt im **Herzbeutel, Perikard,** der aus einer straffen Bindegewebshaut, *Fibrosa,* besteht, die beiderseits von einer *Serosa* bedeckt wird. Die Serosa der Innenseite schlägt an der Herzbasis auf das Herz über und überzieht dieses als *Epikard.* Zwischen Herz und Herzbeutel ist die **Herzbeutelhöhle** ausgebildet. Diese ist nicht sehr geräumig und enthält eine geringe Menge Perikardialflüssigkeit.

Die *Wand des Herzens* besteht aus folgenden Schichten:
Epikard als seröser Überzug
Myokard, der Herzmuskel
Endokard, die innere Auskleidung mit einschichtigem Plattenepithel, entsprechend dem Endothel der Blutgefäße.

Das Myokard der linken Kammer ist besonders kräftig, da diese auch die größte Druckleistung zu vollbringen hat. Sie reicht weiter herzspitzenwärts als die rechte Kammer, die eine weniger starke Muskelwand hat. Die Wand der Vorkammern ist bedeutend dünner.

Tab. 20. Größe des Herzens (%/o des Körpergewichts)

| Pferd* | 0,6—1,0 | Schwein | 0,3—0,4 |
| Rind | 0,4—0,6 | Hund | 0,6—1,0 |

* Kaltblut kleiner als Vollblut

Äußere und innere Form des Herzens (Abb. 125—127)

Das Herz ist stumpf kegelförmig. Dorsal befindet sich die **Herzbasis,** ventral die **Herzspitze.** Auf der linken Seite liegen als Ausbuchtungen der Vorkammern die **Herzohren.** In Höhe der Grenze von Vorkammern zu den Kammern liegt die *Kranzfurche,* von der jederseits eine *Längsfurche* abgeht. In den Furchen liegen die Blutgefäße, z. B. Herzkranzgefäße.
Das Herz liegt etwa in Höhe der 4. bis 6. Rippe. Hinter der 5. Rippe kann man den *Herzspitzenstoß* fühlen. Das Herz der Tiere liegt

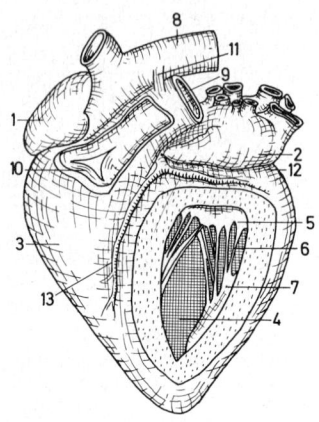 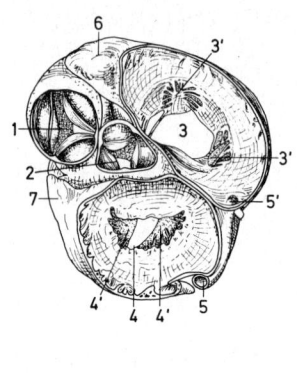

Abb. 125. Herz des Pferdes, linke Seite (nach ELLENBERGER und BAUM 1943). 1 rechtes Herzohr; 2 linke Herzvorkammer mit linkem Herzohr und Lungenvenen; 3 rechte Herzkammer; 4 linke Herzkammer, eröffnet: 5 Segelklappe, Valva bicuspidalis; 6 Sehnenfäden; 7 Papillarmuskel; 8 Aorta; 9 Lungenarterie; 10 halbmondförmige Klappen; 11 Lig. botalli: 12 Kranzfurche; 13 linke Längsfurche.

Abb. 126. Herzbasis mit Segel- und halbmondförmigen Klappen, Teile der Kammern und der Vorkammern entfernt (nach PREUSS in SCHEUNERT und TRAUTMANN 1965). 1 Ursprung der Lungenarterie mit drei halbmondförmigen Klappen; 2 Ursprung der Aorta mit drei halbmondförmigen Klappen; 3 rechte Vorkammer-Kammeröffnung mit dreizipfliger Segelklappe; 4 linke Vorkammer-Kammeröffnung mit zweizipfliger Segelklappe; 3' und 4' Papillarmuskeln; 5 Herzkranzvene und ihre Mündung 5' in der rechten Vorkammer; 6 rechtes Herzohr; 7 linkes Herzohr.

etwas nach kranial gekippt und fast in der Medianen. Spitzenwärts grenzt der Herzbeutel an das Zwerchfell, hinter dem beim Wiederkäuer die Haube liegt (Fremdkörper).

Der Hohlraum des Herzens ist unterteilt in eine rechte und eine linke Vorkammer sowie eine rechte und eine linke Kammer. Vorkammern und Kammern werden durch die Vorkammer- bzw. Kammerscheidewand getrennt (Abb. 127).

Zwischen den Vorkammern und den Kammern befindet sich der Anulus fibrosus als Bindegewebsgrenze, die nur im Bereich der Vorkammer-Kammeröffnungen und des Hisschen Bündels durchbrochen ist. Beim Rind befindet sich im Anulus fibrosus ein Herzknochen.

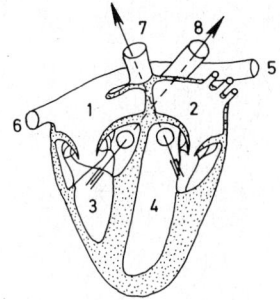 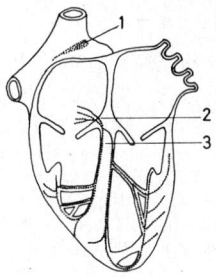

Abb. 127. Schema des Her-
zens. 1 rechte Vorkammer;
2 linke Vorkammer; 3 rechte Kammer; 4 linke Kam-
mer; 5 hintere Hohlvene;
6 vordere Hohlvene; 7 Aorta; 8 Lungenarterie.

Abb. 128.   Reizbildungs-
und   Reizleitungssystem
(nach ELLENBERGER und
BAUM 1943). 1 Sinuskno-
ten; 2 Atrioventrikular-
knoten; 3 Hissche Bündel.

Blutgefäße zum und vom Herzen

Alle Blutgefäße, die zum Herzen hinführen, werden **Venen,** alle
Blutgefäße, die vom Herzen wegführen, werden **Arterien** genannt.
Dabei spielt es keine Rolle, ob sie venöses oder arterielles Blut
führen.
In die rechte Vorkammer münden die **hintere** und die **vordere
Hohlvene,** *Vena cava caudalis* bzw. *cranialis.* Von hier aus gelangt.
das Blut durch die Vorkammer-Kammeröffnung in die rechte Kammer und durch die *A. pulmonalis,* die **Lungenarterie,** in die Lunge.
Nach der Aufnahme von Sauerstoff kommt das arterielle Blut
durch die **Lungenvenen** in die linke Vorkammer, von dort durch
die linke Vorkammer-Kammeröffnung in die linke Kammer und
in die **Hauptschlagader,** die **Aorta.**

Herzklappen

In die Vorkammer-Kammeröffnungen sind die **Segelklappen** als
Ventile eingefügt, und zwar die *zweizipfelige Valva bicuspidalis*
in die linke und die *dreizipfelige Valva tricuspidalis* in die rechte
Vorkammer-Kammeröffnung. Die freien Enden der aus straffen
Bindegewebslamellen mit serösem Überzug bestehenden Segelklappen sind mit sog. *Sehnenfäden* an bestimmten Muskelhöckern der
Kammern, den *Papillarmuskeln,* befestigt, um ein Zurückschlagen
zu verhindern. Am Ursprung der großen Arterien, Aorta und A.
pulmonalis, befinden sich je drei **halbmondförmige Klappen,** *Val-*

vulae semilunares, die wie Schwalbennester der Gefäßwand aufliegen.

Erregungsbildung und -leitung im Herz (Abb. 128)

An der Einmündungsstelle der vorderen Hohlvene in die rechte
Vorkammer befindet sich ein knotiges Gebilde aus umgewandelten
Herzmuskelzellen, der sog. **Sinusknoten,** der 1907 von KEITH und
FLACK entdeckt wurde: das **Erregungsbildungszentrum** des Herzens. Von ihm aus geht der Kontraktionsreiz über die Vorkammern zum Anulus fibrosus. Kurz vor diesem liegt ein weiterer
Knoten, der 1906 von ASCHOFF und TAWARA entdeckte **Atrioven-
trikular-Knoten** (AV-Knoten). Dort erfährt die Erregung eine Ver-
zögerung, bevor sie über das im Anulus fibrosus gelegene **Hissche
Bündel** auf die **Purkinjeschen Fasern** der Kammern übertragen
wird und zur Kammerkontraktion führt. Hissches Bündel und Purkinjesche Fasern bestehen ebenfalls aus abgewandelten Herzmuskelzellen (s. Seite 133).

Der Sinusknoten erzeugt den **Sinusrhythmus,** der durch Reize des
N. vagus bzw. des Sympathicus verlangsamt bzw. beschleunigt
werden kann. Der Sinusrhythmus entsteht dadurch, daß das Membranpotential (s. Seite 137) der im Sinusknoten gelegenen Zellen
nicht bestehen bleibt, sondern spontan zusammenbricht, wenn es
eine bestimmte Höhe erreicht hat. Dann baut es sich erneut auf.
Da die Herzmuskelzellen im Gegensatz zu den Skelettmuskelzellen nicht überall durch ein dichtes Sarkolemm gegeneinander isoliert sind, sondern besonders an den Glanzstreifen innigen Kontakt miteinander haben, pflanzt sich die Depolarisationswelle von
Zelle zu Zelle fort, überzieht die Vorkammern und gelangt zum
AV-Knoten. Die dort gelegenen Zellen leiten die Depolarisation
langsamer und übermitteln die Erregung an die Purkinjeschen
Fasern im Hisschen Bündel. Auch die Zellen des AV-Knotens und
die Purkinjeschen Fasern besitzen die Eigenschaft, daß ihr Membranpotential spontan zusammenbricht. Allerdings brauchen sie
längere Zeit bis zum Erreichen der Schwelle als die Zellen des Si-
nusknotens. Unter physiologischen Verhältnissen erreicht sie daher
die Depolarisationswelle, bevor ihr Membranpotential die kritische
Höhe erreicht hat.

Unter krankhaften Bedingungen kann die Erregungsleitung vom
Sinusknoten zum AV-Knoten oder bis zu den Purkinjeschen Fasern
unterbrochen sein. Die Kammern erhalten dann keinen Kontraktionsreiz von den Vorkammern. In solchen Fällen treten die Purkinjeschen Fasern als Reserve-Reizbildungszentren auf. Die Kammer
schlägt dann mehr oder weniger unabhängig von der Vorkammer,
allerdings in einem langsameren Rhythmus (*partieller und totaler
Herzblock*).

Herzaktion

Zuerst kontrahieren sich die Vorkammern und geben ihr Blut an die Kammern ab. Während sich die Kammern kontrahieren (**Systole**), erweitern sich die Vorkammern bereits wieder und füllen sich erneut mit Blut. Der Kammerkontraktion folgt die Kammererweiterung (**Diastole**).

Die Kammeraktion läßt sich in die folgenden Phasen gliedern:

Auffüllungsphase   Kontraktionsphase   Entspannungsphase.

Die Aktionen des Herzens lassen sich durch Aufnahme der Potentialströme mit dem EKG (Elektrokardiogramm) sichtbar machen. Den Kontraktionen der Vorkammern und der Kammern entsprechen bestimmte Zacken (spikes) des EKG (Abb. 129 oben).
Durch das EKG lassen sich auch *Reizleitungsstörungen* nachweisen (Abb. 129). Wenn nicht jeder Sinusreiz die Kammer erreicht, sondern nur jeder zweite, dritte oder gar vierte Reiz eine Kammerkontraktion bewirkt, spricht man vom unvollständigen Herzblock bzw. vom 2 : 1, 3 : 1, 4 : 1 usw. Block, je nachdem, wie viele Vorkammerkontraktionen auf eine Kammerkontraktion kommen.

Abnorme Herzaktionen sind u. a.: Herzinsuffizienz (Kontraktionsschwäche infolge Herzmuskelschwäche und -erweiterung), Vorhofflattern und -flimmern (sehr hohe Frequenz der Vorhofkontraktio-

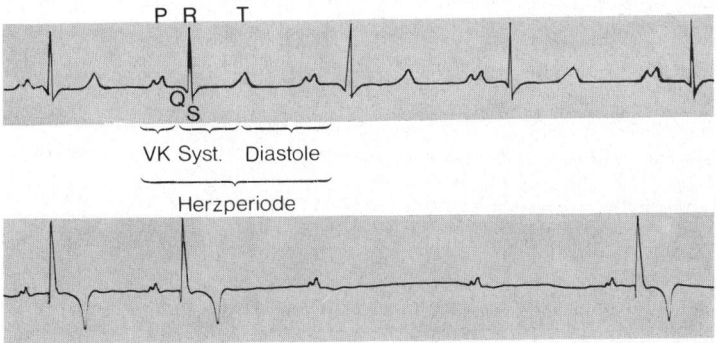

Abb. 129. Oben: EKG-Kurve eines Pferdes, physiologischer Verlauf. Unten: EKG-Kurve eines Pferdes mit unvollständigem Herzblock. P Erregung der Vorkammern; Q, R, S Erregung der Kammern; T Erregungsrückbildung in den Kammern; VK Dauer der Vorkammerkontraktion; Syst. Dauer der Kammerkontraktion; Diast. Dauer der Kammererweiterung.

nen), Kammerflattern und -flimmern (hohe Frequenz der Kammerkontraktionen ohne genügenden Bluttransport).

Herztöne. Bei den Bewegungen des Herzens werden Töne erzeugt, die sich mit dem Phonendoskop abhören lassen. Zu einer Bewegungsfolge gehören zwei Herztöne. Man nennt sie ersten und zweiten Herzton.

Der *erste Herzton* ist tief und dumpf. Er entsteht beim Schluß der Segelklappen und besonders durch die Kontraktion der Kammermuskulatur und wird daher auch *Muskelton* genannt.

Der *zweite Herzton* folgt dem ersten ziemlich rasch. Er ist kürzer und heller. Er entsteht durch das Schließen der Semilunarklappen am Anfang der Diastole und wird daher auch *Klappenton* genannt. Die **Herzfrequenz** ist weitgehend abhängig von der Größe und dem Alter der Tiere.

Tab. 21. Herzfrequenz in Schlägen/min

Sperling	750—850	Ziege	70—80
Ratte	400—450	Schwein	80—100
Huhn	200—400	Mensch	60—80
Taube	150—250	Rind	50—60
Hund	110—130	Pferd	32—44
Schaf	70— 80	Elefant	25—30

Tab. 22. Altersabhängigkeit der Herzfrequenz beim Rind in Schlägen/min (nach KOLB 1974)

Fötus	150—175	3 Monate	90—105
Neugeborenes	115—140	6 Monate	80—100
2 Wochen	105—115	Erwachsenes	50- 60

Ferner hängt die Herzfrequenz u. a. von der Tageszeit, der Arbeitsleistung, der Stoffwechselbeanspruchung, der Umgebun - und Körpertemperatur sowie der Fütterung ab (nach der Fütterung ist die Herzfrequenz beschleunigt). Die in Tab. 21 angegebenen Werte sind daher nur grobe Mittelwerte.

Als **Schlagvolumen** wird die Blutmenge bezeichnet, die bei einer Herzkontraktion von einer Herzkammer ausgestoßen wird. Die in einer Minute von einer Herzkammer bewegte Blutmenge gibt das **Minutenvolumen** an.

Tab. 23. Schlagvolumen und Minutenvolumen in ml (nach CLARK)

		Schlagvolumen	Minutenvolumen
Pferd	500 kg	852	29 000
Rind	500 kg	696	34 800
Schaf	50 kg	53	3 980
Hund	10 kg	14	1 450
Mensch	70 kg	72	5 070

Über **Puls** s. Seite 195.

b Blutgefäße

Man unterscheidet:

Arterien, die vom Herzen weg führen.
Venen, die zum Herzen hin führen.
Kapillaren, die Arterien und Venen in der Peripherie verbinden und den Gas- und Stoffaustausch gewährleisten.
Arterio-venöse Anastomosen, die Kapillargebiete kurzschließen können.

Prinzipieller Aufbau der großen Gefäße (Abb. 130)

Intima, Tunica intima. Sie besteht aus einschichtigem Plattenepithel *(Endothel)* mit *subendothelialer Bindegewebsschicht.* Bei Arterien befindet sich an der Grenze zur Media eine Schicht elastischer Fasern, die *Lamina elastica interna.* Sie bedingt, daß das Endothel der Arterien im histologischen Schnitt halskrausenförmig gefältelt erscheint, während das Endothel der Venenwand glatt anliegt, stellenweise aber *Taschenklappen* ausbildet *(Venenklappen).*

Media, Tunica media. Ihre Gestaltung ist für die verschiedenen Gefäßtypen charakteristisch und bestimmt deren Eigenschaften. Bei den *großen Arterien in Herznähe* enthält sie sehr viele elastische Fasern, in deren Gitterwerk glatte Muskelzellen gelegen sind. Durch die starke Elastizität der Media erhalten diese Gefäße die Fähigkeit, sich beim Einströmen des Blutes auszudehnen und beim Nachlassen des Blutdruckes zu retrahieren *(Windkesselfunktion).* Hierdurch wird der Pulsdruck zur Peripherie hin langsam geschwächt und gleichzeitig eine Transportfunktion erfüllt, die die Herztätigkeit wesentlich unterstützt (Herzbelastung bei Arteriosklerose). Diese Arterien werden **Arterien vom elastischen Typ** genannt. Wegen der vielen elastischen Fasern haben die Arterien vom elastischen Typ ein gelbliches Aussehen.

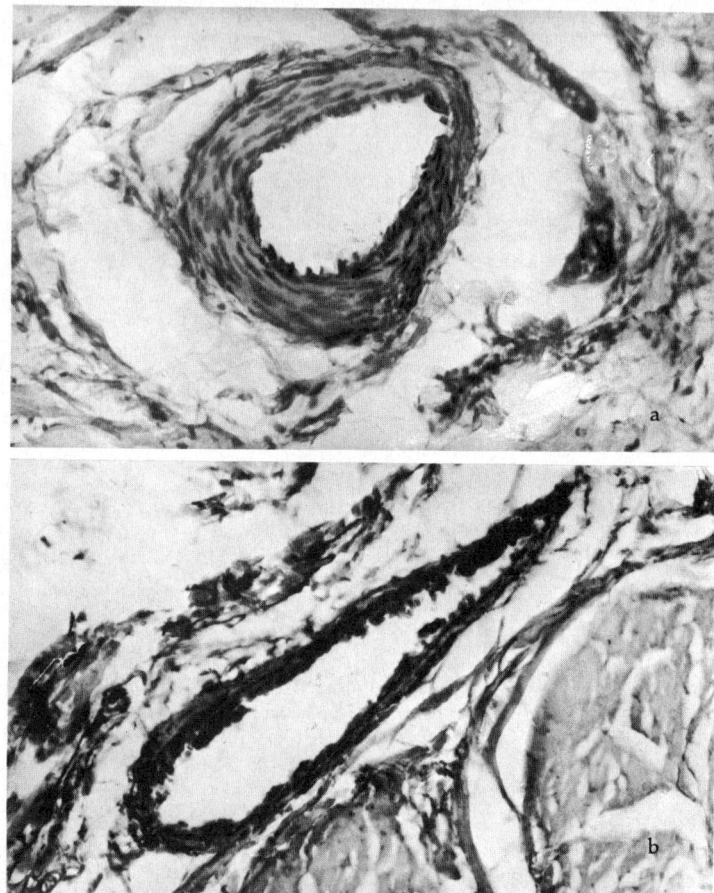

Abb. 130. Querschnitt durch eine Arterie (oben) und eine Vene (unten) aus der Zunge eines Hundes (Mikrofoto).

Die weiter *in der Peripherie gelegenen Arterien* enthalten in ihrer Media vorwiegend glatte Muskelzellen, die spiralig angeordnet sind, und zwar sind die Spiralen beim Menschen auf der rechten Seite im Uhrzeigersinn, auf der linken Seite gegen den Uhrzeigersinn gewunden. Sie werden als Arterien vom **muskulösen Typ** bezeichnet. Zwischen den Muskelzellen liegen auch bei diesen Arterien elastische Fasern. Die starke Muskulatur befähigt diese Arte-

rien, ihr Lumen zu erweitern und zu verengen, wodurch die Blutversorgung ihres Gebietes reguliert werden kann. Diese Funktion
ist lebenswichtig, denn *das Blutvolumen des Organismus reicht
nicht aus, um alle Gebiete zugleich maximal mit Blut zu versorgen*,
sondern es werden nur jene Gebiete reichlich versorgt, die besondere Leistungen zu vollbringen haben. Es konkurrieren vor allem
Muskulatur, Magen-Darm-Kanal und beim Menschen das Gehirn
(Plenus venter non studet libenter!). Werden alle Strombahnen
maximal geöffnet, so kommt es zu schwersten Kreislaufstörungen
(Kollaps).
An der Grenze zur Adventitia ist bei den Arterien eine *Lamina
elastica externa* ausgebildet.
Die Media der Venen enthält ebenfalls glatte Muskelzellen, doch
in weitaus geringerer Zahl. Viele Muskelzellen besitzen nur die
herznahen Venen und die Gliedmaßenvenen.
Adventitia. Sie hat bei allen Gefäßen gleichen Bau. Sie besteht aus
Bindegewebe, das in Scherengittern angeordnet ist und zur Peripherie hin immer lockerer wird. Die Adventitia verbindet die Gefäße mit ihrer Umgebung und wirkt als Verschiebeschicht.

Besonderheiten der Blutgefäße

Die **Arterien** führen im Körperkreislauf sauerstoffreiches, arterielles, im Lungenkreislauf jedoch sauerstoffarmes, venöses Blut.
Wenn ein Versorgungsgebiet nur von einer Arterie versorgt wird,
so nennt man diese *Endarterie*. Wird diese unterbunden oder
durch einen Thrombus verlegt, stirbt das Versorgungsgebiet ab
(Infarkt), wenn es dem Organismus nicht gelingt, Kollateralbah-
nen zu bilden. Oft wird ein Kapillargebiet jedoch von verschiede-
nen Arterien gespeist, besonders wenn es sich um lebenswichtige
Organe handelt. An manchen Stellen gibt es auch *interarterielle
Anastomosen*, das sind Kurzschlüsse zwischen zwei Arterien.
Die **Venen** sind an fast allen Stellen des Organismus mit *Venen-
klappen* ausgerüstet, die ein Rückfließen des Blutes verhindern.
Diese Einrichtungen sind notwendig, da weder der Druck von der
Arterie her noch der Sog des Herzens genügen würde, die venöse
Blutsäule zu halten oder gar zu heben. An manchen Stellen findet
man Hilfseinrichtungen, derart, daß eine Arterie und eine Vene
durch bindegewebige Achtertouren miteinander verbunden sind.
Dehnt sich die Arterie aus (Puls), so wird die Vene verengt und
ihr Blut herzwärts getrieben. Auch die Kontraktion der in der
Nachbarschaft der Gefäße gelegenen Muskeln engt die Venen ein
und treibt das Blut herzwärts. Da die Venenwand relativ dünn ist,
schimmert das dunkle, venöse Blut bläulich hindurch.
Zur **Strömungsregulierung** sind Sperrarterien, Drosselvenen und
arteriovenöse Anastomosen ausgebildet.

Sperrarterien sind mit besonderen Polstern aus glatten Muskelzellen versehen. Diese Muskelzellen unterscheiden sich von den glatten Muskelzellen der Umgebung und werden epitheloide Muskelzellen genannt. Sie können durch Aufquellen das Gefäßlumen schließen. Nach anderer Anschauung wirken sie durch Sekretion gefäßwirksamer Stoffe. Sperrarterien kommen im Penis, Eileiter und Psaltersegel vor.

Drosselvenen besitzen Abschnitte mit besonders kräftiger Zirkulärmuskulatur, die von Längsmuskelpfeilern unter der Intima unterstützt werden können. Wenn sich die Muskulatur kontrahiert, wird das Blut in dem vorgeschalteten Gebiet gestaut. Drosselvenen befinden sich in der Haut, im Penis sowie bei einigen Tierarten in der Leber.

Arterio-venöse Anastomosen sind Kurzschlüsse zwischen Arterien und Venen. Sie sind mit epitheloiden Muskelzellen ausgestattet und eventuell mehrfach verzweigt. Je nach ihrer Lage im Gefäßsystem hat ihre Öffnung unterschiedliche Wirkung auf die kapillare und die Gesamtdurchblutung bestimmter Gebiete. Sie sind wirkungsvolle Regulierungseinrichtungen, die vor allem in der Haut distaler Körperteile (Lippen, Nagelbett, Kaninchenohr, Hahnenkamm u. a.), aber auch in anderen Hautteilen und Organen verbreitet sind.

Die **Kapillaren** (Haargefäße) sind sehr dünnwandige Blutgefäße (Abb. 132). Sie bestehen aus dem einschichtigen, platten Endothel und einer darunter liegenden Basalmembran. Stellenweise werden sie von Ausläufern spezieller Bindegewebszellen, sog. Perizyten, umfaßt.

Der **Stoffaustausch durch die Kapillarwand** erfolgt teils durch Filtration, Diffusion und Osmose (niedermolekulare Stoffe), teils durch aktive Tätigkeit der Endothelzellen, wobei der Basalmembran die Funktion eines Ultrafilters zukommt. Auch die Perizyten sollen Stoffwechselfunktion haben (BARGMANN 1964).

Beim Stoffaustausch spielen auch der *hydrostatische Druck* im arteriellen Schenkel der Kapillaren und der *kolloidosmotische Druck* des Blutes im venösen Schenkel eine Rolle. Infolge der immer enger werdenden Gefäßdurchmesser und der starken Aufzweigung sinken der Blutdruck und die Strömungsgeschindigkeit in den Kapillaren stark ab. Der Druck des Blutes von ca. 20—30 mm Hg genügt aber, einen Teil des Serums in den Interzellularraum austreten zu lassen. Im venösen Schenkel der Kapillaren entwickeln die Plasma-Eiweiße einen Sog, den kolloidosmotischen Druck, der Interzellularflüssigkeit in diesen Abschnitt der Kapillaren eintreten läßt. So wird ein Gleichgewicht zwischen aus- und eintretenden Flüssigkeitsmengen und gleichzeitig ein Austausch zwischen Blut

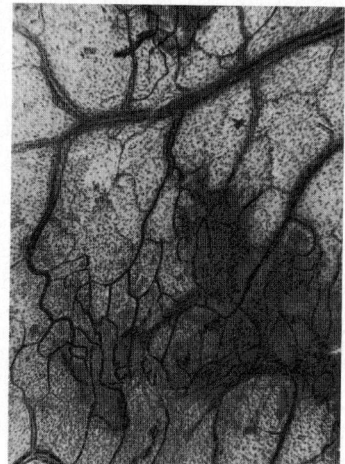

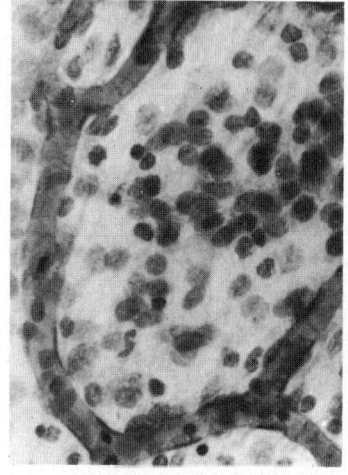

Abb. 131. Gefäßaufteilung im großen Netz eines Ferkels (Mikrofoto).

Abb. 132. Kapillare aus dem großen Netz eines Ferkels (Mikrofoto).

und Interzellularflüssigkeit erreicht. Wird dieses System durch
Senkung des Blutdrucks im arteriellen Schenkel oder Erhöhung des
Blutdrucks im venösen Schenkel bzw. durch Mangel an Plasma-
Eiweißen gestört, so verbleibt zuviel Flüssigkeit im Interzellular-
raum. Dieser Zustand wird als *Ödem* bezeichnet (z. B. Stauungs-
ödem, Hungerödem).
Präformierte Poren im Kapillarendothel, Cohnheimsche Stigmata,
konnten bisher nicht nachgewiesen werden, vielmehr weichen die
Endothelzellen erst dann auseinander, wenn sich Leukozyten an die
Kapillarwand anlegen. Die Leukozyten können dann in den Inter-
zellularraum austreten, indem sie sich amöboid fortbewegen.

Puls

Durch die plötzliche Ausstoßung des Blutes aus dem Herzen während der Systole werden die Arterien gedehnt. Diese Dehnung läßt
sich besonders an jenen Stellen gut fühlen, an denen eine Arterie
über eine feste Grundlage (Knochen) verläuft. Aus der Qualität
des Pulses lassen sich Rückschlüsse auf die Leistungen des Herzens und des Kreislaufes ziehen. In der Regel entspricht die
Pulsfrequenz der Herzfrequenz, wenn auch der Puls in der Peripherie erst kurz nach der Systole zu fühlen ist. Bei Herzinsuffizienz kann es zum sog. Pulsverlust kommen, d. h. nicht jede Systole ist so kräftig, daß sie einen Puls hervorruft.

Beim *Pferd* kann man den Puls am besten am ventralen Rand des Unterkiefers vor dem Kieferwinkel fühlen, beim *Rind* etwas oberhalb dieser Stelle, seitlich am Unterkiefer. Bei *kleinen Tieren* fühlt man den Puls am besten medial am Oberschenkel. Andere Orte sind z. B. die Schwanzwurzel oder dicht unterhalb des Karpal- bzw. des Sprunggelenkes, doch sind an den Gliedmaßen die Pulswellen vor allem dann zu fühlen, wenn an den Zehen akute Entzündungserscheinungen vorhanden sind.

c Blutkreislauf (Abb. 133)

Man unterscheidet:
Großer Kreislauf oder Körperkreislauf
Kleiner Kreislauf oder Lungenkreislauf
Pfortaderkreislauf

Großer Kreislauf

Der große Kreislauf beginnt in der **Körperschlagader, Aorta,** die aus der linken Kammer des Herzens entspringt. Ihr Anfangsteil wird als *Aorta ascendens* bezeichnet. Diese geht über den *Aortenbogen, Arcus aortae,* in die *Aorta descendens* über. Im Aortenbogen zweigen die Stämme für die Arterien des Kopfes und der Vordergliedmaßen ab. Zum Kopf führt jederseits der Luftröhre die **Halsschlagader,** *A. carotis communis.*

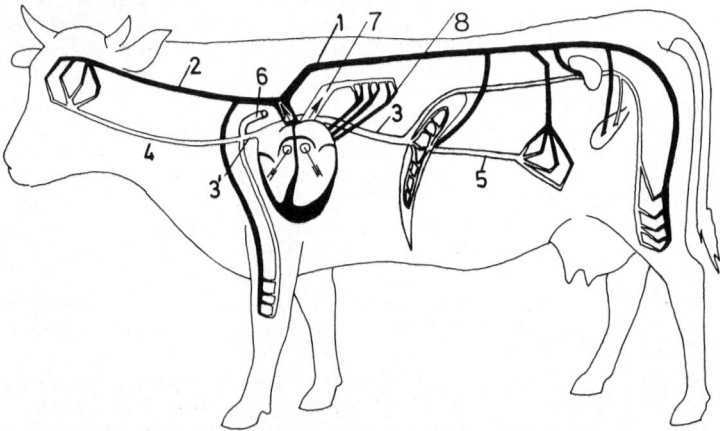

Abb. 133. Blutkreislauf, Übersicht; dunkel = arterielles Blut, hell = venöses Blut. 1 Aorta; 2 Halsschlagadern; 3 hintere Hohlvene; 3' vordere Hohlvene; 4 Drosselvenen; 5 Pfortader; 6 Ductus thoracicus; 7 Lungenarterie; 8 Lungenvenen.

Nach ihrer Lage in der Brust- und in der Bauchhöhle nimmt man eine Unterteilung der Aorta in *Aorta thoracica* und *Aorta abdominalis* vor.

Von der Aorta abdominalis zweigen u. a. die Gefäße für die Verdauungsorgane, für die Nieren und für die Hintergliedmaßen sowie für den Schwanz ab. Auch die Gefäße für den Rumpf und die Geschlechtsorgane entspringen hier.

Das venöse Blut kehrt aus dem Rumpf und den Hintergliedmaßen über die **hintere Hohlvene,** *Vena cava caudalis,* zum Herzen zurück. Die hintere Hohlvene verläuft in der Bauchhöhle parallel zur Aorta, tritt über den dorsalen Leberrand und verwächst mit der Zwerchfellseite der Leber und dem Zwerchfell. Hier nimmt sie die Lebervenen auf. Durch den *Hohlvenenschlitz* tritt sie in die Brusthöhle. Dort hat sie ein eigenes Gekröse, das in der rechten Pleuralhöhle gelegen ist. Sie mündet in die rechte Vorkammer des Herzens.

Das Blut aus dem Kopf und den Vordergliedmaßen wird dem Herzen über die **vordere Hohlvene,** *Vena cava cranialis,* zugeführt, die ebenfalls in die rechte Vorkammer mündet.

Kleiner Kreislauf

Der kleine Kreislauf beginnt mit der **Lungenarterie,** *A. pulmonalis.* Diese teilt sich an der Lungenwurzel in zwei große Äste für die beiden Lungenflügel. Ihre Äste folgen im wesentlichen den Bronchien. Die Kapillaren umspinnen die Lungenalveolen. Das mit Sauerstoff angereicherte Blut wird über die **Lungenvenen** der linken Vorkammer zugeführt.

Pfortaderkreislauf

Die Pfortader, *V. portae,* (Abb. 133/5) ist eine Vene, die von den Verdauungsorganen und der Milz zur Leberpforte verläuft (daher die Bezeichnung Pfortader). Sie bringt das venöse Blut aus Magen, Darm, Bauchspeicheldrüse und Milz zur Leber. Über die Pfortader werden Aminosäuren, Kohlenhydrate und kurzkettige Fette transportiert, während die Hauptmenge des im Darm resorbierten Fettes über die Lymphgefäße abgeführt wird (s. Seite 264).

Fötaler Kreislauf (Abb. 134)

Beim Fötus bestehen einige wesentliche Unterschiede im Blutkreislauf gegenüber den Verhältnissen nach der Geburt. Diese sind dadurch bedingt, daß die Zufuhr des Sauerstoffes und der Nahrungsstoffe nicht über die Lungen bzw. den Magen-Darm-Kanal erfolgt, sondern, ebenso wie die Abgabe von CO_2 und Schlackenstoffen, über die Gebärmutterschleimhaut und die Eihäute im Bereich des Mutterkuchens (Plazenta).

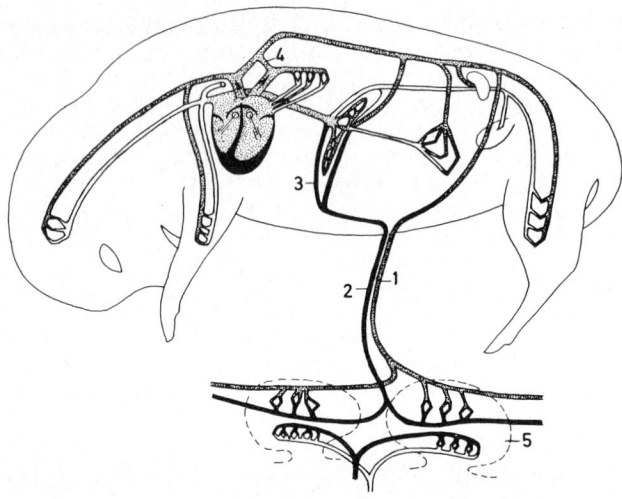

Abb. 134. Fötaler Kreislauf, Rind; dunkel = arterielles Blut, punktiert = gemischtes Blut, hell = venöses Blut. 1 Nabelarterien; 2 Nabelvenen; 3 Ductus venosus; 4 Ductus arteriosus botalli; 5 Plazentom.

Das nährstoff- und sauerstoffreiche Blut gelangt über zwei *Nabelvenen* in den Fötus. Kurz nach dem Nabel vereinigen sich die beiden Nabelvenen zu einer einheitlichen Nabelvene, die das Blut zur Leber leitet. Aus der Nabelvene fließt das Blut zum Teil durch die Leber, zum Teil über ein besonderes Gefäß *(Ductus venosus)* an der Leber vorbei in die hintere Hohlvene und zur rechten Vorkammer. Bei Pferd und Schwein fehlt der Ductus venosus. Weil die Lunge noch keine Funktion im Gasaustausch hat und die Lungenbläschen noch nicht entfaltet sind, bekommt sie wenig Blut. Eine große Menge des in die rechte Vorkammer gelangenden Blutes wird daher über ein Loch in der Vorkammerscheidewand *(Foramen ovale secundum)* in die linke Vorkammer und von dort in die linke Kammer geleitet. Der Rest des Blutes schlägt den Weg über die rechte Kammer in die Lungenarterie ein. Auch von diesem Blut wird nochmals ein Teil vor der Lunge abgeleitet, und zwar durch den *Ductus arteriosus botalli* in die Aorta. Der Ductus arteriosus ist ein kurzes, weitlumiges Verbindungsgefäß zwischen Lungenarterie und Aorta dicht über dem Ursprung beider Gefäße. Nur ein kleiner Teil des in die rechte Vorkammer eingeflossenen Blutes fließt also durch die Lunge. Der Transport des Blutes zur Plazenta findet über zwei *Nabelarterien* statt. Diese verlaufen lateral von der Blase zum Nabel.

Durch diese Verhältnisse bedingt, fließt im Fötus nur von der Plazenta bis zur Leber reines arterielles Blut. Von der Vereinigung der Lebervenen mit der hinteren Hohlvene an ist das Blut durchmischt mit venösem Blut.

Fötaler und mütterlicher Kreislauf sind grundsätzlich getrennt.
Der Austausch der Nahrungs- und Schlackenstoffe sowie der Gase findet auf dem Wege der Diffusion statt. Erythrozyten treten nur in Ausnahmefällen und in sehr geringer Zahl über. Der Übergang von größeren Eiweißkörpern (z. B. Antikörpern) ist abhängig von der Art der Plazenta (s. Seite 298).
In den ersten Stunden nach der Geburt ändern sich die Verhältnisse grundlegend. Die Nabelgefäße schließen sich durch spezielle Verschlußmechanismen. Durch die Trennung von der Plazenta, aber auch bei Behinderung des Blutdurchflusses in den Nabelvenen durch Druck auf die Nabelschnur während verzögerter Geburt steigt der CO_2-Gehalt des fötalen Blutes, so daß der erste Atemzug ausgelöst wird. Ist die Atmung dabei behindert, so erstickt die Frucht eventuell in dem Geburtsweg (frischtote Frucht). Beim ersten Atemzug entfaltet sich die Lunge, und der Strömungswiderstand im Lungengewebe sinkt ganz erheblich. Dadurch ändern sich die Druckverhältnisse in den Herzvorkammern und in den großen Schlagadern. Das Foramen ovale secundum wird durch eine dünne Membran verschlossen, die sich von der linken Vorkammer her vor das Loch legt und dort verwächst. Der Ductus arteriosus verschließt sein Lumen durch Konstriktion seiner Zirkulärmuskulatur. Er ist zeitlebens als Ligamentum botalli zu erkennen.
Treten Störungen in der Umstellung auf und bleiben z. B. das Foramen ovale secundum oder der Ductus arteriosus offen, so leidet der Organismus an Sauerstoffmangel, weil ständig arterielles und venöses Blut gemischt werden. Bei offenen Ductus arteriosus stellen sich außerdem Veränderungen der Lungenkapillaren ein, die den Gasaustausch behindern.

6 Lymphsystem (Abb. 136—138)

a Lymphgefäße und Lymphknoten

Parallel zum Venensystem besteht noch ein zweites Abflußsystem aus den Geweben, das Lymphsystem. In diesem werden vor allem korpuskuläre Abbau- und Fremdstoffe abtransportiert (abgestorbene Leukozyten, Staubkörnchen etc.). Das Lymphsystem umfaßt zahlreiche Lymphgefäße und Lymphknoten.
Die **Lymphkapillaren** bestehen aus dem Endothel, das von netzartig angeordneten Gitterfasern umhüllt und gestützt wird. Die größeren Lymphgefäße enthalten glatte Muskelzellen in ihrer Wand und besitzen **Klappen** zur Regulierung des Lymphflusses. Die Art des Eintritts korpuskulärer Anteile durch die Wände der Lymphkapillaren ist noch nicht geklärt.

Trotz ihres einfachen Wandbaues können die Lymphgefäße peristaltische Bewegungen durchführen, durch die die Lymphe herzwärts transportiert wird. Sicher wirken beim Transport aber auch, ähnlich wie bei den Venen, Bewegungen der benachbarten Muskeln und die Pulsation benachbarter Arterien mit. Die Lymphgefäße enden schließlich im *Hauptlymphgang.* Dieser verläuft in der Brusthöhle parallel zur Aorta und mündet in die vordere Hohlvene kurz vor der rechten Herzvorkammer. Der Hauptlymphgang wird **Ductus thoracicus** oder auch **Milchbrustgang** genannt, weil die vom Darm kommende Lymphe nach der Nahrungsaufnahme durch Beimischung von Fett milchig aussieht.

In den Verlauf der Lymphgefäße sind an verschiedenen Stellen **Lymphknoten** als Filter eingeschaltet. Die Lymphknoten haben vor allem in der Peripherie eine bestimmte Einzugsregion. Sie werden daher auch als **regionäre Lymphknoten** bezeichnet.

Die Lymphknoten bestehen aus retikulärem Gewebe, das durch *Bälkchen, Trabekel,* die von der *Kapsel* kommen, in einzelne Nischen unterteilt wird (Abb. 135). Unter der Kapsel und entlang den Trabekeln befinden sich Hohlräume, in denen sich die Lymphe bewegen kann. Diese Räume werden als *Sinus* bezeichnet.

Die Maschen des retikulären Gewebes sind dicht mit **Lymphozyten** angefüllt, die hier gebildet und gespeichert werden. An einzelnen Stellen sind die Lymphozyten dichter gepackt. Solche Stellen werden als *Reaktionsknoten* bezeichnet. Während ihres Weges durch die Lymphknoten wird die Lymphe von den schädlichen Beimengungen befreit, und es werden ihr Antikörper zugesetzt. Bakterien werden ebenso wie abgestorbene Leukozyten abgebaut.

Von den peripheren Lymphknoten fließt die Lymphe in Lymphgefäßen zu mehr zentral gelegenen Lymphknoten, um dort erneut

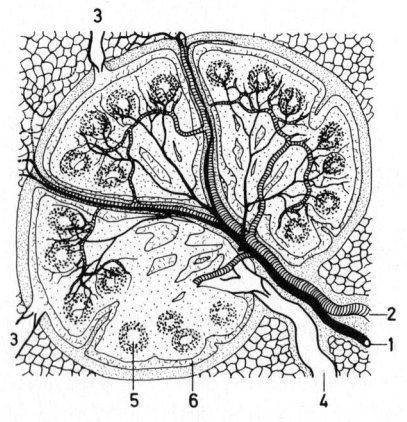

Abb. 135. Lymphknoten, schematisch (nach BARGMANN 1964). 1 Arterie; 2 Vene; 3 zuführende Lymphgefäße; 4 abführendes Lymphgefäß; 5 Lymphfollikel mit Keimzentrum; 6 Randsinus.

gefiltert zu werden. Diese Lymphknoten erhalten Zuflüsse von mehreren peripheren Lymphknoten. Wenn ein peripherer Lymphknoten überfordert wird und in seiner Funktion zusammenbricht, so wirkt der nächste, zentraler gelegene Lymphknoten als erneute

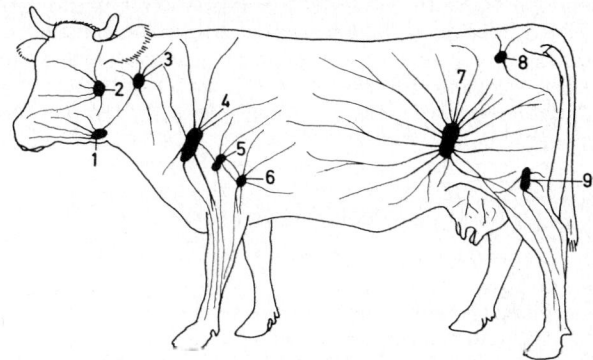

Abb. 136. Übersicht über die Körperlymphknoten des Rindes und ihre Einzugsgebiete (nach Koch 1965). 1 Unterkieferlymphknoten; 2 Ohrspeicheldrüsenlymphknoten; 3 Rachenlymphknoten; 4 Buglymphknoten; 5 und 6 Achsellymphknoten; 7 Kniefaltenlymphknoten; 8 Kreuzbeinlymphknoten; 9 Kniekehllymphknoten.

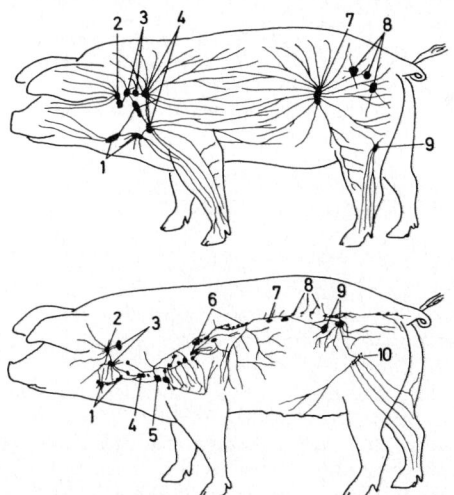

Abb. 137. Übersicht über die oberflächlichen Körperlymphknoten des Schweins und ihre Einzugsgebiete (nach Koch 1965). Bezeichnungen wie in Abb. 136.

Abb. 138. Übersicht über die tiefen Lymphknoten des Schweins und ihre Einzugsgebiete (nach Koch 1965, verändert). 1 Unterkieferlymphknoten; 2 Rachenlymphknoten; 3 oberflächliche Halslymphknoten; 4 tiefe Halslymphknoten; 5 Achsellymphknoten; 6 Mediastinallymphknoten; 7 Nierenlymphknoten; 8 Lendenlymphknoten; 9 Darmbeinlymphknoten; 10 äußere Leistenlymphknoten bzw. Gesäugelymphknoten.

Barriere. Lymphknoten, die wegen eines infektiösen Prozesses in ihrem Einzugsgebiet besonders beansprucht werden, machen sich durch Schwellung und Schmerzhaftigkeit kenntlich. Bei starken oder chronischen Infektionen können sie abszedieren (z. B. bei Druse). In der Fleischuntersuchung spielen die Lymphknoten eine besondere Rolle, weil Krankheitserreger, die in der Peripherie verstreut vorkommen, in den Lymphknoten angereichert werden und zum Teil zu charakteristischen Veränderungen führen (Tuberkulose). Daß auch Staubteilchen u. ä. mit dem Lymphstrom abtransportiert werden, läßt sich besonders gut an den Lungenlymphknoten vor allem von Hunden und Menschen zeigen, die in staubhaltiger Stadtluft leben müssen. Die Lymphknoten zeigen durch Staubeinlagerungen eine dunkle Marmorierung.

Wichtige Lymphknoten und Lymphknotengruppen sind

die *Kehlgangslymphknoten*
die *Unterkieferlymphknoten*
die *Ohrspeicheldrüsenlymphknoten*
die *Buglymphknoten*
die *Kniefaltenlymphknoten*
die *Kniekehllymphknoten*
die *Euterlymphknoten*
die *Lymphknoten an der Lungenwurzel*
die *Lymphknoten des Darmgekröses.*

Die Lymphe wird aus der Interzellularflüssigkeit gebildet. Sie ähnelt in Aussehen und Zusammensetzung dem Blutserum, ist aber ärmer an Eiweiß und Kohlenhydraten und reicher an Fett. Sie enthält außerdem Lymphozyten und vereinzelte Granulozyten.

b Thymus, Bries

Der Thymus liegt bei jungen Tieren im Mittelfell vor dem Herz (Brustteil) und ventral am Hals (Halsteil). Der Halsteil ist besonders bei den Wiederkäuern und beim Schwein stark ausgeprägt und reicht bis zum Kehlkopf bzw. noch weiter nach kranial. Er legt sich mit zwei Lappen der Luftröhre seitlich und von ventral an (Abb. 139). Wenn die Tiere heranwachsen, wird der Thymus zurückgebildet. Einige Zeit nach der Geschlechtsreife sind von ihm nur noch verfettete Reste zu finden.

Aus der Tatsache, daß der Thymus nur bei jungen, nicht geschlechtsreifen Tieren in seiner ursprünglichen Form ausgebildet ist, zog man den Schluß, daß der Thymus durch ein Hormon die Entwicklung der Keimdrüsen hemmt. Diese Ansicht konnte beim Säugetier nicht genügend untermauert werden. Nach heutiger Ansicht hat der Thymus enge Beziehungen zum Lymphsystem. Im histologischen Schnitt erkennt man, daß das Thymusgewebe aus

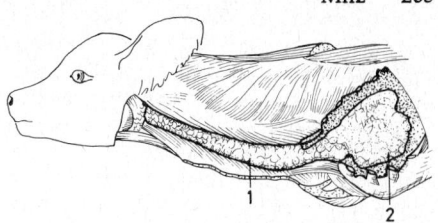

Abb. 139. Thymus des Kalbes (nach ELLENBER-GER und BAUM 1943). 1 linker Halsteil; 2 Brustteil.

einem in Strängen angeordneten *Retikulum* besteht, das mit kleinen, runden Zellen dicht angefüllt ist. Diese Rundzellen gleichen den Lymphozyten und werden **Thymozyten** genannt. In der Embryonalzeit wandern Stammzellen der Lymphozyten aus dem Knochenmark in den Thymus ein und bilden dort Tochterzellen. Vom Thymus aus werden dann die Lymphknoten und die Milz besiedelt (s. Seite 182 und Seite 397).

Die Lymphozyten im Thymus werden dort zu sog. T-Lymphozyten (thymusabhängigen Lymphozyten) differenziert. Außerdem beeinflußt der Thymus bestimmte Bezirke der Lymphknoten und der Erregungsübertragung an den motorischen Endplatten. Der Thymus hat außerdem kleine, rundliche Bezirke, in denen platte Retikulumzellen ein hyalines Zentrum schalenförmig umgeben, die Hassalschen Körperchen. Ihre Funktion ist noch unbekannt.

c Milz, Splen, Lien

Die Milz hat von ihrer Funktion her enge Beziehungen zum Blut- und zum Lymphsystem.

An der Milz unterscheidet man eine der Körperwand zugewandte Fläche, die **Wandfläche**, *Facies parietalis*, und eine **Eingeweidefläche**, *Facies visceralis*. An die Eingeweidefläche treten die Blutgefäße heran *(Milzhilus)*. Die Milz weist ein *dorsales* und ein *ventrales Ende* auf. Sie liegt in der Bauchhöhle auf der *linken Seite*, in der Regel intrathorakal in der Nähe das Magens. Bei den Wiederkäuern ist sie mit dem dorsalen Pansensack verwachsen. Da sich die Milz im großen Netz entwickelt, ist sie mit diesem verbunden und liegt ihm an.

Ihre **Form** ist tierartlich verschieden (Abb. 140). Beim *Rind* ist sie langgestreckt oval, bei den *kleinen Wiederkäuern* gedrungen viereckig bis dreieckig, beim *Schwein* lang zungenförmig und im Querschnitt dreieckig. Beim *Pferd* gleicht die Milz einem kurzen Sensenblatt mit einem breiten, dorsalen Ende.

Bau der Milz (Abb. 141)

Die Milz wird vom *Bauchfell* überzogen. Unter diesem besitzt sie eine kräftige **Kapsel,** die zahlreiche *elastische Fasern* und *glatte Muskelzellen* enthält. Von der Kapsel ziehen Trabekel in die Tiefe des Organs, die ebenfalls glatte Muskelzellen und elastische Fa-

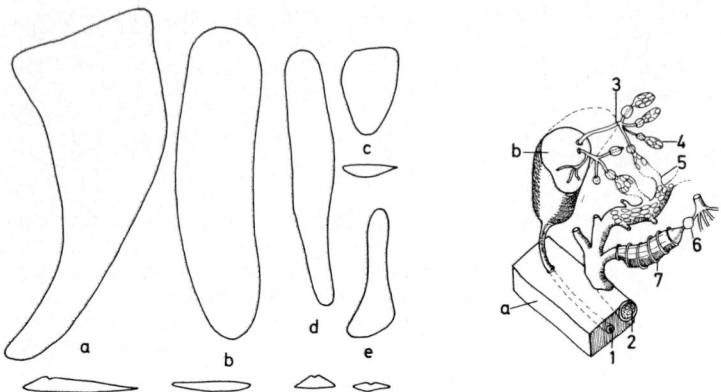

Abb. 140. Milzformen (nach ELLENBERGER und BAUM 1943). a. Pferd; b. Rind; c. kleine Wiederkäuer; d. Schwein; e. Hund.

Abb. 141. Gefäßsystem in der Milz (nach KOLB 1967). 1 Arterie; 2 Vene; 3 Pinselarterie; 4 Endaufzweigung mit Öffnungen in das Pulparetikulum; 5 Eintritt in einen Venensinus; 6 Anastomose zwischen Arterie und Venensinus; 7 ringförmige Verstärkung des Venensinus. a Milztrabekel; b lymphatisches Gewebe eines Malpighischen Körperchens.

sern besitzen. In den Trabekeln verlaufen die großen Blutgefäße. Zwischen den Trabekeln ist ein ausgedehntes **Retikulum,** die **Milzpulpa,** ausgebildet, das makroskopisch kleine, weiße Knötchen in sehr blutreichem, rotem Gewebe erkennen läßt **(weiße und rote Milzpulpa).**

Die in die Milz eintretende A. lienalis teilt sich in zahlreiche, von lymphoidem Gewebe *(Malpighische Körperchen,* weiße Milzpulpa) umgebene Äste auf, die sich schließlich pinselförmig verzweigen *(Pinselarterien).* Die Kapillaren haben anfangs eine dicke Wand *(Kapillarhülsen).* Später verfügen sie über Öffnungen, durch die die Blutkörperchen in die Maschen der roten Milzpulpa austreten können. Hier wird das Blut eingedickt (Hämokonzentration). Aus dem Pulparetikulum gelangt das Blut in *Venensinus,* die in die Milzvenen einmünden. Diese vereinigen sich zur V. lienalis.

Beim Menschen teilen sich die Pinselarterien in ca. 50—60 Kapillaren auf. Die Funktion der Hülsen ist bisher noch nicht bekannt.

Funktion der Milz

Im Blutkreislauf hat die Milz eine **Speicherfunktion,** besonders bei Tieren, die zu plötzlichen Muskelleistungen befähigt sind. Beim

Pferd und Hund können bei körperlicher Arbeit 10—20 % des Blutvolumens aus den Blutspeichern Milz und Leber zusätzlich abgegeben werden. In der Milz wird erythrozytenreiches Blut in den Venensinus gespeichert und eingedickt. Die Austreibung des Blutes aus der Milz erfolgt durch Kontraktion der Kapsel und Trabekel, wozu sie durch die glatten Muskelzellen befähigt sind. Die Kontraktion der Milz wird durch Sauerstoffmangel in den Geweben, durch körperliche Arbeit, durch Blutverluste und Kälte sowie durch Erregungszustände ausgelöst. Besondere Bedeutung hat dabei die Sympathikusreizung.

Die Milz ist ein **Teil des retikulo-histiozytären Systems.** Die Retikulumzellen der Milz sind zur Phagozytose befähigt (Bakterien, Gewebsreste). Die Milz ist **Bildungsstätte der Lymphozyten** (zusammen mit den Lymphknoten) und **Grab der roten Blutkörperchen** (zusammen mit der Leber).

Die Milz wirkt als **Eisenspeicher** aus den vernichteten roten Blutkörperchen. (Besonderer Eisenreichtum bei infektiöser Anämie der Pferde.) Das Eisen wird an die Leber und vor allem an das Knochenmark abgegeben.

Bildungsstätte für Immunglobuline (Antikörper). Als großes lymphatisches Organ nimmt die Milz bei der Antikörperproduktion durch Lymphozyten bzw. Plasmazellen eine zentrale Stellung ein.

Die Milz des Menschen, der Wiederkäuer und des Schweines kann in wesentlich geringerem Umfang Blut speichern als die Milz des Pferdes und des Hundes. Jedoch ist viel mehr lymphatisches Gewebe vorhanden (Abwehrtyp im Vergleich zum Speichertyp).

7   Atmungsorgane

Zu dem *Atmungssystem, Systema respiratorium,* gehören die Nase, der Atmungsrachen, der Kehlkopf, die Luftröhre und die Lunge mit Bronchien und Alveolen.

a   Nase, Nasus

Die Nase wird dorsal von den Nasenbeinen, seitlich von den Oberkieferbeinen und ventral von den Gaumenfortsätzen der Oberkieferbeine begrenzt. Aboral wird die Nasenhöhle durch die Siebplatte des Siebbeins verschlossen. Ventral geht sie in den Atmungsrachen über.

Die mediane **Nasenscheidewand,** *Septum nasi,* aus hyalinem Knorpel trennt die Nasenhöhle in eine *rechte* und eine *linke Nasenhöhle.*

Der Eingang der Nasenhöhlen wird von den **Nasenlöchern,** *Nares,* gebildet, die knorpelig gestützt werden. Besonders beim Hund ragt die Nase über den Gesichtsschädel hinaus. Die Nasenspitze ist bei den Tierarten unterschiedlich gestaltet. Beim Rind bildet sie das sog. **Flotzmaul,** das von haarloser Haut bedeckt ist, die zahlreiche Drüsen enthält, die es feucht halten. Da das Oberflächenrelief individuell gestaltet ist, kann es zur Identifizierung der Tiere herangezogen werden. Bei den kleinen Wiederkäuern und beim Fleischfresser ist um die Nasenlöcher der unbehaarte **Nasenspiegel** ausgebildet. Das Schwein hat eine **Rüsselscheibe** mit kurzen Tasthaaren. Die **Nüstern** des Pferdes sind fein behaart. In der Umgebung der Nasenlöcher haben die Tiere besonders lange *Sinushaare als Tasthaare.*

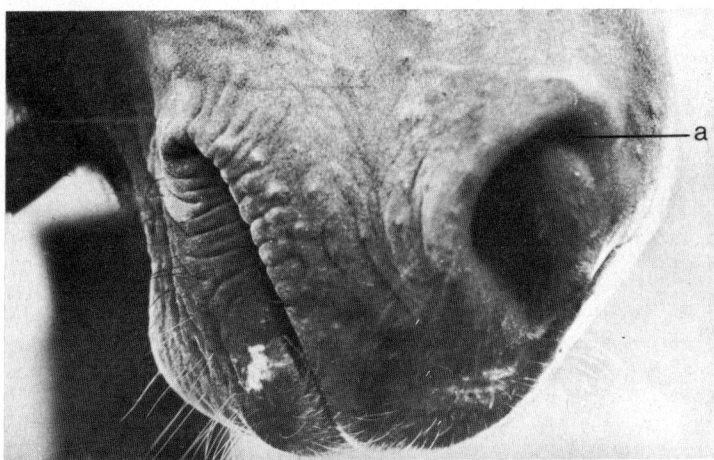

Abb. 142. Naseneingang, Pferd. a falsches Nasenloch, Eingang in die Nasentrompete.

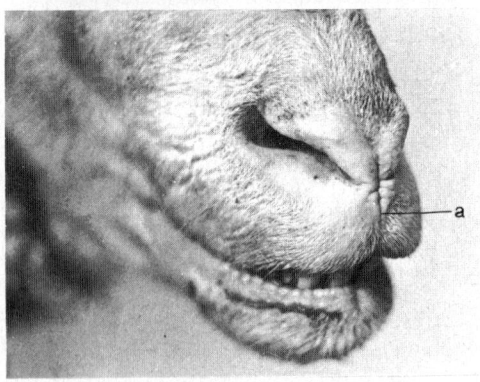

Abb. 143. Naseneingang, Schaf. a Philtrum.

Bei den kleinen Wiederkäuern und beim Fleischfresser greift die tiefe *Lippenrinne, Philtrum,* auch auf die Nase über (Abb. 143). Beim Schwein, Rind und Pferd ist sie nur seicht und kurz.
Beim Pferd befindet sich im lateralen Nasenlochwinkel die *Flügelfalte,* die das *falsche Nasenloch* abgrenzt, das in die blindsackförmige *Nasentrompete* führt (Abb. 142).

Die **Nasenhöhlen** werden durch die dorsale und die ventrale Nasenmuschel in je vier Gänge gegliedert (Abb. 144/1, 2, 3):

1. *Dorsaler Nasengang* oder *Riechgang, Meatus nasi dorsalis* (zwischen Nasenhöhlendach und dorsaler Nasenmuschel)
2. *Mittlerer Nasengang* oder *Sinusgang, Meatus nasi medius* (zwischen dorsaler und ventraler Nasenmuschel)
3. *Ventraler Nasengang* oder *Atmungsgang, Meatus nasi ventralis* (zwischen ventraler Nasenmuschel und Nasenhöhlenboden)
4. *Gemeinsamer Nasengang, Meatus nasi communis* (zwischen Nasenscheidewand und den Nasenmuscheln).

Der **Riechgang** führt in das Siebbeinlabyrinth des Nasenhintergrundes, das von Riechschleimhaut bedeckt ist. Diese besitzt Sinneszellen, die auf Duftstoffe reagieren.
Der **Atmungsgang** ist weit und führt die Atmungsluft in den Atmungsrachen. Durch ihn kann auch die Nasenschlundsonde eingeführt werden.
Die Nasenhöhle ist, abgesehen von der Riechgegend, Regio olphactoria, von **Atmungsschleimhaut** mit mehrreihigem Flimmerepithel und Becherzellen sowie Schleimdrüsen bedeckt.
Auf die **Nasennebenhöhlen** wurde schon bei der Besprechung der Knochen des Kopfes eingegangen (s. Seite 111). Sie sind ebenfalls von Atmungsschleimhaut ausgekleidet.

b   Atmungsrachen, Pharynx respiratorius, Pars nasalis
(Abb. 144/4)

Der Atmungsrachen ist die dorsale Etage des Rachens, *Pharynx.* Von der ventralen Etage, dem *Schlingrachen, Pharynx digestorius,* ist er durch das Gaumensegel und das Ostium intrapharyngeum getrennt. Er ist unpaar.
In der Seitenwand des Atmungsrachens ist jederseits eine Öffnung gelegen, die in die **Eustachische Röhre,** *Tuba auditiva s. pharyngotympanica,* führt. Diese verbindet den Atmungsrachen mit dem Mittelohr und ermöglicht so den notwendigen Druckausgleich zwischen Mittelohr und Außenwelt.
Bei den Equiden ist die Eustachische Röhre nach ventral zum **Luftsack** ausgeweitet, der durch den Aufhängeapparat des Zungenbeins in eine *kleine mediale* und eine *größere laterale Abteilung* unterteilt wird.

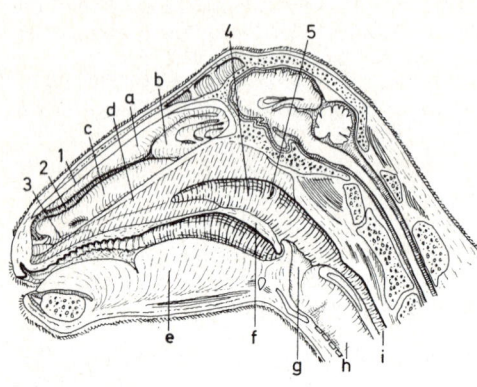

Abb. 144. Medianschnitt durch den Kopf eines Schafes (nach NICKEL, SCHUMMER u. SEIFERLE 1967). a dorsale Nasenmuschel; b mittlere Nasenmuschel; c ventrale Nasenmuschel; d Nasenscheidewand, gefenstert; e Zunge; f Gaumensegel; g Kehldekkel; h Luftröhre; i Speiseröhre. 1 Riechgang; 2 mittlerer Nasengang; 3 Atmungsgang; 4 Atmungsrachen; 5 Eingang in die Tuba auditiva.

c   Kehlkopf, Larynx (Abb. 145—147)

Er stellt ein kästchenförmiges Hohlorgan dar, das durch den **Kehldeckel**, *Epiglottis*, verschlossen werden kann. Er ist von *Schleimhaut* ausgekleidet, die an den mechanisch beanspruchten Stellen ein mehrschichtiges Plattenepithel, sonst aber mehrreihiges Flimmerepithel trägt.

Der Kehlkopf wird von *fünf Kehlkopfknorpeln* gestützt (1. bis 3. sind unpaar):

1. **Ringknorpel**, *Cartilago cricoidea*. Er ist siegelringförmig und umschließt mit seiner dorsalen Platte und dem ventralen Reif das Kehlkopflumen.
2. **Schildknorpel**, *Cartilago thyreoidea*, der den Kehlkopf von ventral bedeckt.
3. **Kehldeckel-** oder **Schließknorpel**, *Cartilago epiglottica*, der den Kehlkopf von oral deckelartig verschließen kann. Er besitzt eine bei den Tierarten verschieden deutliche Spitze.
4. und 5. **Stellknorpel**, *Cartilagines arytaenoideae*, auch Gießkannenknorpel genannt. Sie sind sehr beweglich und überragen mit ihren „Schnäuzchen" den Kehlkopfeingang. An ihnen setzen die Stimmbänder an.

Die Kehlkopfknorpel sind vorwiegend aus hyalinem, der Schließknorpel aus elastischem Knorpelgewebe gebildet.

Die Kehlkopfknorpel sind durch Bänder und Muskeln miteinander verbunden. Sie können gegeneinander bewegt werden. Durch Verstellen der Stellknorpel werden die mit ihnen verbundenen Stimmbänder gestrafft bzw. entspannt. Der Kehldeckel kann über den

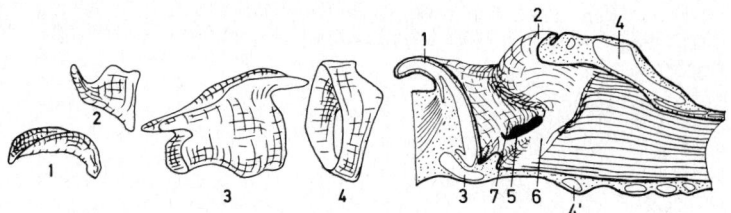

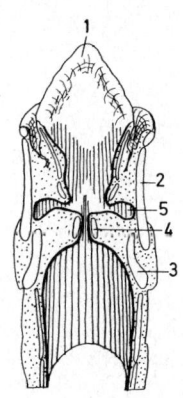

Abb. 145. Kehlkopfknorpel, Rind. 1 Kehldeckelknorpel; 2 Stellknorpel; 3 Schildknorpel; 4 Ringknorpel.

Abb. 146. Medianschnitt durch den Kehlkopf, Pferd (nach NICKEL, SCHUMMER und SEEIFERLE 1967). 1 Kehldeckel; 2 Spitze des Stellknorpels; 3 Schildknorpel; 4 Ringknorpelplatte; 4' Ringknorpelreif; 5 seitliche Kehlkopftasche; 6 Stimmfalte; 7 Taschenfalte.

Abb. 147. Horizontalschnitt durch den Kehlkopf, Pferd (nach NICKEL, SCHUMMER und SEIFERLE 1967). 1 Kehldeckel; 2 Schildknorpel; 3 Ringknorpel; 4 Stimmband; 5 seitliche Kehlkopftasche.

Kehlkopfeingang gelegt werden und so den Zugang verschließen. Beim Pferd, Schwein und Hund ist das Kehlkopflumen vor den Stimmbändern zu den *seitlichen Kehlkopftaschen* erweitert.

In der Atmungsstellung ragt der Kehldeckel durch das Ostium intrapharyngicum in den Atmungsrachen hinein. Beim Abschlucken wird der Kehlkopf hinter den Zungengrund geduckt und der Kehlkopf verschlossen (Kreuzung von Atmungs- und Speiseweg im Schlundkopf, Pharynx). Wenn dieser Mechanismus gestört ist, kann es zur Aspiration von Futterteilen in die Lunge kommen. **Pferde können praktisch nur durch die Nase atmen, da sie das lange Gaumensegel nicht heben können. Wenn die Gefahr besteht, daß die Atmung durch die Nase behindert wird, muß daher stets ein Luftröhrenschnitt (Tracheotomie) durchgeführt werden.**

Die **Kehlkopfnerven,** Nn. laryngici craniales und caudales, sind Vagusäste. Die beiden kaudalen Nerven werden bei der Herzentwicklung mit nach kaudal gezogen und schlingen sich rechts um die A. costocervicalis bzw. links um die Aorta und kehren als N. recurrens zum Kehlkopf zurück. Bei Lähmung des N. recurrens einer Seite kommt es zum Ausfall der Stimmbandbewegungen dieser Seite, so daß das Stimmband bei der Inspiration nicht nach lateral gezogen wird, sondern in der Inspirationsluft flattert. Hierdurch entstehen Atembeschwerden und ein Geräusch (**Kehlkopfpfeifen**).

d Luftröhre, Trachea

Die Luftröhre schließt sich dem Kehlkopf an. Sie besteht aus einzelnen **Knorpelspangen,** die dorsal offen sind und dort von einem Muskel überspannt werden. Sie ist mit **Atmungsschleimhaut** ausgekleidet. Mit ihrer Umgebung ist sie durch lockeres Bindegewebe (**Adventitia**) verbunden. Zwischen den einzelnen Knorpelspangen sind Bänder ausgebildet (*Ligg. anularia tracheae*).

Tab. 24. Zahl der Trachealringe

Schwein	29—36	Rind	48—60
Hund	42—46	Pferd	48—60
Katze	38—43		

Die **Form der Trachealringe** ist nach Tierart verschieden. Außerdem bestehen Unterschiede zwischen der Form der Trachea beim lebenden und beim ausgeschlachteten Tier. Beim lebenden Tier haben die Trachealspangen mehr runde bis ovale Form, während sie nach dem Ausschlachten zusammenfallen.

Lage: Die Trachea liegt am Hals in der Medianen unter der Halswirbelsäule, tritt durch den Brustkorbeingang und teilt sich über dem Herzen in die beiden Stammbronchien. Ventral ist die Luftröhre im Halsbereich von den Sternalmuskeln bedeckt.

Aufgabe der luftleitenden Organe: Anwärmung, Anfeuchtung und Reinigung der Atemluft.

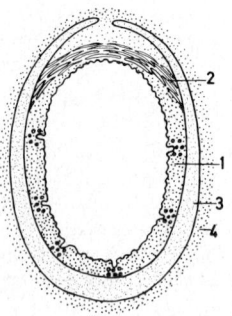

Abb. 148. Querschnitt durch die Luftröhre des Rindes, in situ fixiert (nach NICKEL, SCHUMMER und SEIFERLE 1967). 1 Schleimhaut mit Drüsen; 2 Muskelschicht, M. transversus tracheae; 3 Knorpelspange; 4 Adventitia.

Brusthöhle und Brustfell (Abb. 149)

Vor der Besprechung der in der Brusthöhle gelegenen Lunge ist es notwendig, auf die räumlichen Verhältnisse der Brusthöhle und das Brustfell einzugehen.

Von den Rippen wird der **Brustkorb**, *Thorax*, gebildet. Dieser wird durch das Zwerchfell unterteilt in die kranial vom Zwerchfell gelegene **Brusthöhle**, *Cavum pectoris*, und in den **intrathorakalen Teil der Bauchhöhle** kaudal vom Zwerchfell bis zu einer Ebene durch den Rippenbogen.

Die **Wand der Brusthöhle** wird gebildet:
1. von der äußeren Haut
2. von der äußeren Rumpffaszie
3. von der Muskelschicht (M. serratus ventralis, Mm. pectorales usw.)
4. von den Rippen und den dazwischen gelegenen Atemmuskeln
5. von der inneren Rumpffaszie
6. von dem Rippenfell.

Die Brusthöhle ist mit dem **Brustfell, Pleura,** ausgekleidet. Dieses bildet die beiden *Pleuralsäcke*, die sich im *Mittelfell, Mediastinum,* berühren. Ihre Höhlen bleiben stets getrennt.

Am *Brustfell* lassen sich folgende Abschnitte unterscheiden.
1. *Wandblatt, Pleura parietalis,* mit
   a) *Rippenfell, Pleura costalis*
   b) *Zwerchfellteil, Pleura diaphragmatica*
   c) *Mittelfellteil, Pleura mediastinalis*
2. *Eingeweideblatt, Pleura pulmonalis, Lungenfell.*

Die **Brustfellhöhlen** werden durch das Einwachsen der Lungen vom Mediastinum her zu kapillären Spalten, die von wenig

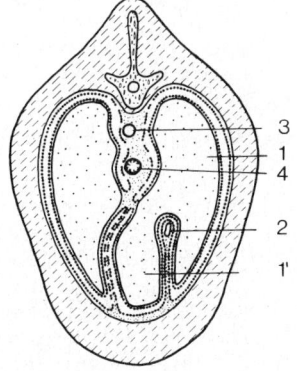

Abb. 149.   Querschnitt durch den postkardialen Teil der Brusthöhle, schematisch, Ansicht von kaudal (nach ELLENBERGER und BAUM 1943). Brustfell, Pleura, punktiert. 1 Lunge, 1′ ihr Anhangslappen; 2 hintere Hohlvene; 3 Aorta; 4 Speiseröhre.

seröser Flüssigkeit (*Pleuralflüssigkeit*) ausgefüllt sind. Durch die Aneinanderlagerung der beidseitigen Mittelfellabschnitte entsteht zwischen diesen der *Mittelfellspalt, Spatium mediastini*, der bindegewebig ausgefüllt ist und die Blutgefäße und Organe enthält (Herz, Trachea, Speiseröhre, Aorta usw.). Am Mittelfellspalt unterscheidet man einen präkardialen, einen kardialen und einen postkardialen Abschnitt.

In die rechte Pleuralhöhle tritt die V. cava caudalis ein, die von ventral ihr eigenes Gekröse auszieht und diese Pleuralhöhle so in zwei Abteilungen gliedert. An der Lunge wird damit ein Anhangslappen abgetrennt, der in dem Raum zwischen Gekröse der V. cava caudalis und Mediastinum liegt.

e Lunge, Pulmo

Anatomie

Die Lunge gliedert sich in die beiden **Lungenflügel,** die auch als rechte und linke Lunge bezeichnet werden. Die Lungen liegen in den *Pleuralhöhlen* und sind von einer *Serosa*, dem Lungenfell, *Pleura pulmonalis*, überzogen.

Man unterscheidet folgende **Flächen:**
die *Rippenfläche, Facies costalis*
die *Zwerchfellfläche, Facies diaphragmatica*
die *Mittelfellfläche, Facies media.*
Kranial befindet sich die Lungenspitze, Apex pulmonis.
Die Lunge hat folgende **Ränder:**
den stumpfen *Dorsalrand, Margo obtusus*
den scharfen *Ventral- und Basalrand, Margo acutus*
Durch **Einschnitte** wird die Lunge der meisten Haussäugetiere in Lappen eingeteilt. Nur die Lunge des Pferdes ist kaum gelappt (Abb. 150).

Man unterscheidet im Prinzip den **Spitzenlappen,** den **Mittel- oder Herzlappen,** den **Zwerchfellappen** und den **Anhangslappen,** der zwischen Mediastinum und Hohlvenengekröse gelegen ist.

Nach der *äußeren Aufteilung* ergibt sich bei den Tierarten folgende **Einteilung der Lungenlappen:**

Pferd: Beiderseits ein Spitzenlappen und ein Zwerchfelllappen oder Lungenkörper, beide durch den Herzausschnitt getrennt. Rechts wie bei allen Tieren ein Anhangslappen.

Wiederkäuer: Rechts: Zweigeteilter Spitzenlappen, Mittellappen, Zwerchfellappen und Anhangslappen (5 Lappen). Links: Spitzen-, Mittel- und Zwerchfellappen (3).

Schwein- und   Beiderseits Spitzen-, Mittel- und Zwerchfellappen,
Fleischfresser: rechts außerdem der Anhangslappen. Beim Fleischfresser sind die Einschnitte und die Lappentren-
nung besonders ausgeprägt.

Eine andere Einteilung ergibt sich, wenn man sich *nach der Aufteilung der Bronchien* richtet und diese der Benennung der Lappen
zugrundelegt:

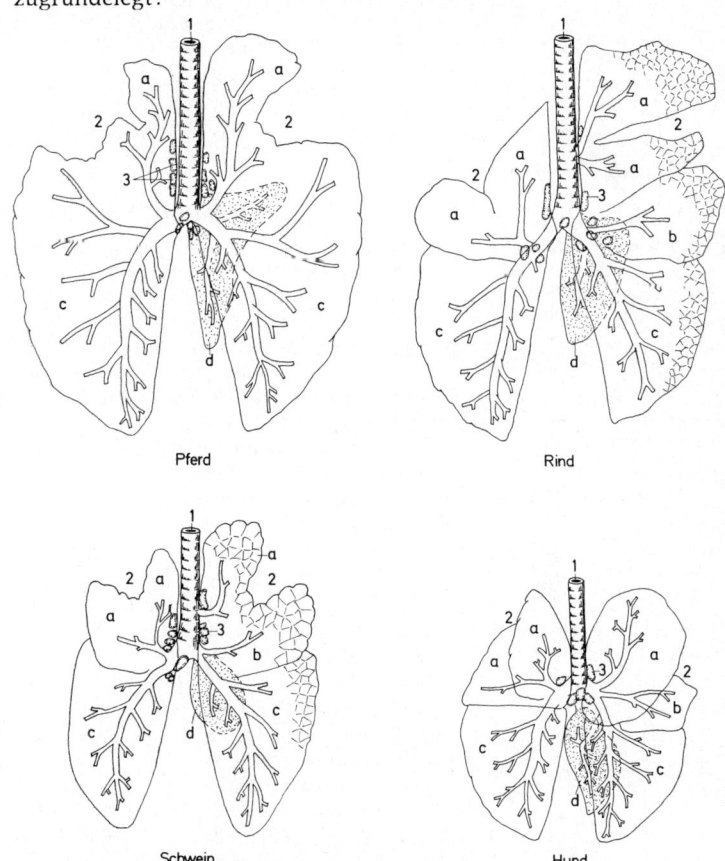

Abb. 150. Lungen der Haustiere, schematisch (nach NICKEL, SCHUMMER
und SEIFERLE 1967, modifiziert). a Spitzenlappen; b Mittellappen (fehlt
beim Pferd); c Zwerchfellappen; d Anhangslappen. 1 Luftröhre; 2 Herz-
einschnitt; 3 Lymphknoten.

	links	rechts
Pferd:	Spitzenlappen Zwerchfellappen	Spitzenlappen Zwerchfellappen Anhangslappen
Wiederkäuer:	zweigeteilter Spitzen- lappen Zwerchfellappen	zweigeteilter Spitzen- lappen Mittellappen Zwerchfellappen Anhangslappen
Schwein und Fleischfresser:	zweigeteilter Spitzen- lappen Zwerchfellappen	Spitzenlappen Mittellappen Zwerchfellappen Anhangslappen

Die Lunge ist überzogen von einer Bindegewebskapsel, die mit dem
Lungenfell verwachsen ist. Von der Kapsel ziehen bindegewebige
Septen in die Tiefe des Lungengewebes. Die Lunge hat den Aufbau
einer tubulo-alveolären Drüse. Man spricht auch bei der Lunge von
einem **Interstitium** und einem **Parenchym.** Das Interstitium bildet
besonders beim Rind deutliche **Lungenläppchen.** Sowohl die Kapsel
als auch die Septen der Lunge enthalten neben kollagenen Faserbündeln *elastische Fasern,* die für die Retraktionsfähigkeit der gesunden Lunge von großer Bedeutung sind. Sind diese Fasern überdehnt oder gerissen, wie es beim Lungenemphysem der Fall ist, so
ist die Ausatmung erschwert (Dämpfigkeit). Eine gesunde Lunge
fällt nach dem Öffnen der Brusthöhle zusammen und zeigt eine fein
gefältelte Oberfläche. Lungengewebe, das beatmet wurde, schwimmt
im Wasser, Lungenteile von Früchten, die bereits in der Gebärmutter gestorben sind, gehen unter (Schwimmprobe).
Die Trachea teilt sich dorsal des Herzens in **zwei Hauptbronchien**
(Bifurcatio tracheae). Die Hauptbronchien treten in je einen Lungenflügel ein und teilen sich dort weiter auf.

Hauptbronchien	Bronchi principales
Lappenbronchien	Bronchi lobares
Segmentbronchien	Bronchi segmentales
Subsegmentbronchien	Bronchi subsegmentales
	Bronchuli
	Bronchuli terminales
	Bronchuli respiratorii s. alveolares

Im Zuge der Aufteilung lösen sich die Knorpelspangen in einzelne
Knorpelschollen auf. Auch die Drüsen werden spärlicher. Die
Bronchuli enthalten keinen Knorpel und keine Drüsen mehr.

An die Bronchuli respiratorii schließen sich die **Lungenalveolen** an, die mit einem einschichtigen Plattenepithel ausgekleidet sind. In ihnen erfolgt der Gasaustausch. Sie werden von einem feinen Kapillarnetz umsponnen, um das Blut in engen Kontakt mit der Atemluft zu bringen.
Die Kontaktfläche der Lunge mit der Außenwelt ist beim Menschen 100 m² groß.

Atmung

Unter Atmung versteht man die Aufnahme, den Transport und die Abgabe von gasförmigen Stoffen, besonders Sauerstoff und Kohlendioxid. Der Sauerstoff dient der Verbrennung der mit der Nahrung aufgenommenen Stoffe. Das Kohlendioxid fällt als Endprodukt des Stoffwechsels an.

Gewebsatmung

Man versteht darunter die Aufnahme von Sauerstoff durch die Zelle, den anschließenden Oxydationsprozeß in der Zelle und die Abgabe von Kohlendioxid und Wasser durch die Zelle.
Der Sauerstoffverbrauch in den Zellen ist abhängig von deren Arbeitsleistung (z. B. ruhender und arbeitender Muskel).
Unterschiedlich ist auch die Empfindlichkeit der einzelnen Gewebe gegen Sauerstoffmangel (Hypoxie, Anoxie). Besonders empfindlich ist z. B. das Zentralnervensystem. Das Gehirn kann nicht länger als 2—4 Minuten ohne Sauerstoffzufuhr bleiben, bei Unterkühlung allerdings bis zu 20 Minuten. Relativ unempfindlich ist das Bindegewebe.

Lungenatmung

Sie umfaßt den Gasaustausch über die Lungen. Die Lunge besitzt keine Eigenbeweglichkeit. Sie kann nur passiv den Bewegungen des Brustkorbs folgen. Da sich zwischen der Lunge und der Brustwand ein kapillärer, mit Pleuralflüssigkeit gefüllter Raum befindet, wird sie bei Erweiterung der Brusthöhle mit ausgedehnt (**Einatmung, Inspiration**). Wenn die Brusthöhle sich wieder verengt, fällt die Lunge infolge der Retraktionsfähigkeit der elastischen Fasern ihres Interstitiums zusammen (**Ausatmung, Exspiration**).
Die Einatmung erfolgt durch Abflachung der Zwerchfellskuppel und durch die Tätigkeit der äußeren Interkostalmuskeln.
Die Ausatmung erfolgt durch Erschlaffen des Zwerchfells und durch Kontraktion der inneren Interkostalmuskeln. Bei erschwerter Ausatmung tritt auch die *Bauchpresse* in Tätigkeit (Dampfrinne). Dabei werden vor allem die Bauchmuskeln angespannt und die Bauchorgane gegen das Zwerchfell gedrückt.

Je nach der überwiegenden Tätigkeit von Zwerchfell oder Interkostalmuskeln unterscheidet man verschiedene **Atemtypen**: *kostale, abdominale und kostoabdominale Atmung*

Akzessorische Atembewegungen sind: Spiel der Nasenflügel, Stimmritzenbewegung, Flankenbewegung, Afterbewegung.

Steuerung der Atmung

Die Atmung wird durch das **Atemzentrum** in der Medulla oblongata gesteuert. Man unterscheidet ein *Einatem-* und ein *Ausatemzentrum.* Weitere Zentren in der Brücke und im Zwischenhirn vermögen die Atmung ebenfalls zu beeinflussen.

Das Atemzentrum wird durch den CO_2-Gehalt des Blutes beeinflußt (direkt und über den Karotissinus). *Bei O_2-Anreicherung erfolgt eine Atemdepression, bei CO_2-Anreicherung wird die Atmung angeregt* (s. auch Seite 363).

Es besteht also eine *reflektorische Selbststeuerung* der Atmung. Die Atembewegungen können aber auch bewußt ausgeführt werden.

Gasaustausch

Der Gasaustausch in den Alveolen erfolgt durch Diffusion der Gase durch die Alveolen- und Kapillarwand. Die Gase wandern dabei in Richtung des Druckgefälles. Nach den Gasgesetzen übt jedes Gas eines Gasgemisches einen Partialdruck aus, der in seinem Anteil am Gesamtdruck dem prozentualen Anteil des Gases am Gemisch entspricht.

Tab. 25. Vergleich der Frischluft und der Ausatmungsluft beim Hund in Vol.-% (nach KOLB 1974)

	O_2	CO_2	N_2
Frischluft	20,9	0,03	79,0
Exspirationsluft	16,7	3,7	79,3

Aus der Tab. 25 geht hervor, das nur etwa $^1/_5$ des Sauerstoffs aus der Einatmungsluft verbraucht wird. Ein erheblicher Teil des Luftsauerstoffs wird wieder ausgeatmet. Diesen Teil macht man sich z. B. bei der Atemspende durch die Mund-zu-Mund-Beatmung bei Unfällen zunutze.

Die Ausatmungsluft hat eine viel höhere relative Luftfeuchtigkeit als die Einatmungsluft. Sie ist auch wärmer. Manche Tiere benutzen die Wärmeabgabe über die Luftwege, um in heißer Umgebung die Körpertemperatur zu senken (Hecheln bei Hunden, Schweinen, Rindern und Geflügel).

Transport der Gase im Blut

Der Sauerstofftransport im Blut wird nach Bindung des O_2 an Hämoglobin von den Erythrozyten durchgeführt (s. S. 177). Das Kohlendioxyd wird dagegen zum größten Teil als HCO_3^- gebunden im Plasma und unter Beteiligung der Karboanhydrase in den Erythrozyten (30—50 %) transportiert. Geringe Mengen CO_2 werden im Serum gelöst.

Atemfrequenz

Die Zahl der Atemzüge pro Minute ist u. a. von der Größe der Tiere und der Intensität des Stoffwechsels abhängig. Bei erhöhter Körpertemperatur, körperlicher Arbeit, in der Erregung (Angst) und nach Blutverlusten ist die Atemfrequenz erhöht.

Tab. 26. Atemfrequenz in Atemzügen pro Minute bei verschiedenen Tierarten im Ruhezustand

Pferd	12 (8—16)	Hund	20 (10—30)
Rind	20 (12—28)	Katze	25 (20—30)
Schaf	15 (12—25)	Huhn	45 (30—50)
Ziege	15 (12—25)	Taube	60 (50—70)
Schwein	16 (10—20)		

Atemvolumen und Minutenvolumen

Als **Atemvolumen** (Zugvolumen) bezeichnet man die Luftmenge, die bei einem Atemzug eingeatmet wird. In der Ruhe ist das Atemvolumen kleiner als bei der Arbeit.
Als **Minutenvolumen** wird die in einer Minute ein- und ausgeatmete Luft bezeichnet. Es ergibt sich aus Atemfrequenz × Atemvolumen.

Tab. 27. Atemvolumen und Minutenvolumen (l)

Atemvolumen		Minutenvolumen	
Pferd	4—5	60—65	(bei Zugarbeit im Trab)
Rind	3,5	70—90	
Ziege	0,3	4,5	
Hund	0,1—0,4	2,5—4,5	
Mensch	0,5	4—7	(bei starker Arbeit bis 60)

Inspiratorische Reserveluft ist die Luftmenge, die über eine ruhige Inspiration hinaus noch eingeatmet werden kann (z. B. bei Schreck oder Schmerz). Pferd 10—20 l, Mensch 1,5 l.

Exspiratorische Reserveluft ist die Luftmenge, die über eine ruhige Exspiration hinaus noch ausgeatmet werden kann. Pferd 10—12 l, Mensch 1,5 l.

Vitalkapazität ist die durch maximale Ein- und Ausatmung bewegte Luftmenge. Pferd ca. 30 l, Mensch ca. 3,5 l.

Residualluft ist die Luftmenge, die bei maximaler Ausatmung noch in der Lunge verbleibt. Pferd 10—12 l. Mensch ca. 1 l.

Residualluft + Vitalkapazität = Totalkapazität.

Atemgeräusche entstehen durch das Vorbeistreichen der Luft an den Wänden der Atemwege und durch die Entfaltung der Alevolen. Man unterscheidet bronchiale und vesikuläre Atemgeräusche. Als pathologische Geräusche kommen vor: Knistern, Reibegeräusche, Rasselgeräusche.

8   Verdauungsorgane, Organa digestionis

a   Allgemeines

Der Verdauungskanal, der beim Embryo ein einfacher, von kranial nach kaudal verlaufender Schlauch ist, wird gegliedert in

Kopfdarm (Mundhöhle und Schlundkopf)
Vorderdarm (Speiseröhre, Magen)
Mitteldarm (Dünndarm)
Enddarm (Dickdarm).

Vor der Besprechung der Verdauungsorgane sollen die Verhältnisse der Bauch- und der Beckenhöhle dargestellt werden. Über die Verhältnisse der Brusthöhle s. Seite 211.

Bauch- und Beckenhöhle, Cavum abdominis et Cavum pelvis

Die *Bauchhöhle* wird kranial vom Zwerchfell, dorsal von der Wirbelsäule und den Rückenmuskeln, seitlich und ventral von der Bauchwand begrenzt (vgl. Zwerchfell und Bauchmuskeln). Kaudal geht die Bauchhöhle in den *intraperitonealen Teil der Beckenhöhle* über. Die Grenze wird vom Beckeneingang gebildet. Dieser wird dorsal vom kranialen Rand des Kreuzbeins (Promontorium sacri), seitlich von den Darmbeinsäulen und ventral vom Schambeinkamm (Pecten ossis pubis) umschlossen. Eine Unterteilung in großes und kleines Becken, wie beim Menschen, ist bei den Haustieren nicht möglich.

Die Bauchhöhle und der kraniale Teil der Beckenhöhle sind mit dem **Bauchfell, Peritoneum,** ausgekleidet. Dieses ist eine Serosa. Der kaudale Abschnitt der Beckenhöhle ist nicht mit Peritoneum ausgekleidet, sondern mit Bindegewebe angefüllt, das von den Organen durchzogen wird (Mastdarm, Scheide, Harnröhre, Bulbourethraldrüse). Man nennt diesen Abschnitt der Beckenhöhle den *retroperitonealen Teil der Beckenhöhle* und das Bindegewebe das periproktale und perivaginale bzw. -urethrale Bindegewebe. Der Abschluß nach kaudal wird von der äußeren Haut hergestellt. In dem Bindegewebe um Mastdarm und Scheide können sich bei Mastdarm- und Scheidenverletzungen Abszesse bilden.

Von dem Bauchfell ziehen Falten zu mehreren Organen des Eingeweidesystems *(Gekröse)*. Der Darm besitzt im allgemeinen ein dorsales Gekröse (Mesenterium). Der Magen besaß ursprünglich ein dorsales und ein ventrales Gekröse (s. Magendrehung, Seite 220). Weitere Gekrösefalten ziehen zu Eierstock (Mesovar), Eileiter (Mesosalpinx), Uterus (Mesometrium), Blase (ventrales und laterale Blasenbänder), kaudalem Abschnitt des Harnleiters und zum intraabdominalen Abschnitt des Samenleiters (Plica urogenitalis). Beim Wiederkäuer zieht die linke Niere nach der Pansenvergrößerung ein Gekröse aus. Sonst liegen die Nieren retroperitoneal.

Ganz allgemein lassen sich am Bauchfell folgende Abschnitte unterscheiden (Abb. 151):
1. das *parietale* oder *Wandblatt*, das die Bauchwand, das Zwerchfell und den kranialen Abschnitt der Beckenhöhle überzieht;
2. das *viszerale* oder *Eingeweideblatt*, das die Eingeweide überzieht und deren serösen Überzug bildet;
3. das *intermediäre* oder *Gekröseblatt*, das beide genannten Blätter verbindet (z. B. Darmgekröse, Netz u. a. m.).

Der Sinn der serösen Auskleidung der Bauch- und der Beckenhöhle ist darin zu sehen, daß die Organe durch ihren glatten epithelialen Überzug gut aneinander vorübergleiten können und nicht miteinander verwachsen. Außerdem verhindert sie das Eindringen von Erregern. Darüber hinaus besitzt das Bauchfell, vor allem auch das große Netz, eine sehr starke Resorptionsfähigkeit (intraperitoneale Narkose, Peritonealdialyse). Das einschichtige Plattenepithel des Peritoneums zeigt einen deutlichen Bürstensaum (Mikrovilli).

Durch die Gekröse werden in der Beckenhöhle verschiedene Buchten gebildet (Exkavationen), die vor allem beim weiblichen Tier von Bedeutung sind (Abb. 152).

Zwischen Mastdarm und Uterus ist die *Excavatio rectouterina* gelegen, die sich auch noch neben dem Mastdarm bis an das Dach der Beckenhöhle erstreckt.

Ventral des Mesovarium bis zu den Seitenbändern der Blase, also zwischen Uterus und Blase, ist die *Excavatio vesicouterina* ausgebildet. Zwischen Blase sowie ihren Seitenbändern und der ventralen

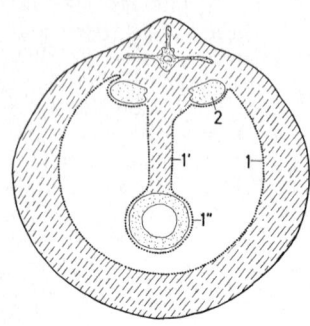 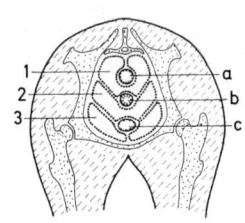

Abb. 151. Querschnitt durch die Bauchhöhle, schematisch (unter Verwendung einer Abbildung von ELLENBERGER und BAUM 1943). 1 Wandblatt, 1' Gekröseblatt und 1" Eingeweideblatt des Bauchfells; 2 Niere.
Abb. 152. Querschnitt durch den peritonealen Teil der Beckenhöhle, schematisch (unter Verwendung einer Abbildung von ELLENBERGER und BAUM 1943). a Mastdarm, Rectum; b Gebärmutter, Uterus; c Blase, Vesica urinaria. 1 Excavatio rectouterina; 2 Excavatio vesicouterina; 3 Excavatio pubovesicalis.

Bauch- bzw. Beckenwand ist die *Excavatio pubovesicalis* gelegen. Wegen der kleinen Plica urogenitalis der männlichen Tiere verschmelzen bei diesen die beiden ersten Exkavationen zur *Excavatio rectovesicalis*.

Magendrehung (Abb. 153)

Im Laufe der Embryonalentwicklung buchtet sich der Vorderdarm in der Magengegend nach dorsal aus: so werden eine *große* und eine *kleine Krümmung* gebildet (Abb. 153 links). Anschließend erfolgt eine Drehung um die Längsachse über links nach rechts (von kaudal gesehen gegen den Uhrzeigersinn). Hierdurch wird der Ansatz des dorsalen Magengekröses an der großen Kurvatur nach ventral verlagert, der Ansatz des ventralen Magengekröses an der kleinen Kurvatur nach dorsal (Abb. 153 rechts). Durch die nun folgende Drehung um die Querachse (90 °) verlagert sich der *Mageneingang nach links*, der *Magenausgang nach rechts*. Das dorsale Magengekröse erfährt eine deutliche Vergrößerung und bildet sich zum *großen Netz, Omentum majus*, um. In ihm bildet sich die Milz, die somit von den beiden Blättern des dorsalen Magengekröses (großen Netzes) umschlossen links liegt. Im ventralen Magengekröse entwickelt sich die *Leber*. Der Abschnitt des ventralen Magengekröses, der zwischen Magen und Leber verbleibt, wird *kleines Netz, Omentum minus*, genannt. Der Abschnitt zwischen Leber und Bauchwand wird zum *Lig. falciforme* der Leber,

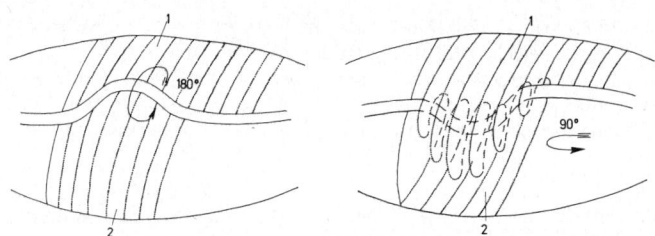

Abb. 153. Magendrehung. Links: Drehung des Magens um 180 ° gegen den Uhrzeigersinn. Rechts: Gekröseverhältnisse vor der anschließenden Drehung um 90 ° nach links. 1 dorsales Magengekröse, wird später zum großen Netz; 2 ventrales Magengekröse, wird später zum kleinen Netz und zu Aufhängebändern der Leber.

Abb. 154. Darmdrehung. Drehung um 180 ° im Uhrzeigersinn um die vordere Gekrösearterie (a). Dadurch bildet der Zwölffingerdarm einen Haken von rechts hinter die Gekrösewurzel, der Grimmdarm einen Haken von links vor die Gekrösewurzel (b).

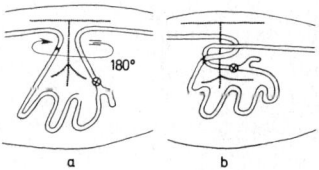

an dessen Rand in der Embryonalzeit die Nabelvene verläuft, die sich dann zum *Lig. teres* zurückbildet.

Darmdrehung (Abb. 154)

Auch der Darm macht während der Embryonalzeit eine Drehung durch, und zwar um die vordere Gekrösearterie. Als Ergebnis dieser Darmdrehung bilden der Zwölffingerdarm und der Dickdarm einen Haken um die vordere Gekrösearterie (Abb. 154 b). *Der Zwölffingerdarm beschreibt einen Haken von rechts hinter die vordere Gekrösearterie, der Grimmdarm einen Haken von links vor die vordere Gekrösearterie.* Darüber hinaus erfährt der Anfangsteil des Grimmdarms (Colon ascendens) bei den größeren Haustieren eine spezifische Ausbildung, auf die bei der Besprechung der Darmabschnitte eingegangen wird.

b   Kopfdarm

Mundhöhle, Cavum oris

Die Lippen und Backen umschließen zusammen mit dem harten Gaumen und der Zunge im Verein mit dem sublingualen Mundhöhlenboden die Mundhöhle. (Über Zähne s. Seite 113.)
Von der eigentlichen *Mundhöhle, Cavum oris proprium,* wird durch die Schneide- und Backenzähne der *Vorhof, Vestibulum oris,* getrennt. Dieser liegt zwischen den Zähnen und den Lippen

bzw. zwischen den Zähnen und den Backen. Er läßt sich noch untergliedern in ein Vestibulum labiale und ein Vestibulum buccale. Die Alveolenfortsätze der Kiefer werden vom *Zahnfleisch, Gingiva,* bedeckt, dessen bindegewebige Propria fest mit dem Periost der Knochen und dem Zement der Zähne verbunden ist.

Lippen, Labia oris

Die Lippen begrenzen die *Mundspalte, Rima oris,* und dienen als Saug-, Greif- und Tastorgan.
Die Oberlippe weist, vor allem bei Fleischfressern und kleinen Wiederkäuern, eine mediane *Lippenfurche, Philtrum,* auf. An den Lippen geht die äußere Haut in die kutane Schleimhaut der Mundhöhle über. In der Submukosa und in der Muskulatur der Lippen sind muköse bzw. seromuköse *Lippendrüsen, Gll. labiales,* gelegen.

Backen, Buccae

Sie werden von äußerer Haut, Muskulatur und Mundschleimhaut gebildet. In der Muskulatur bzw. zwischen Muskulatur und Schleimhaut liegen die **Backendrüsen, Gll. buccales,** die zu den Speicheldrüsen gehören (s. Seite 224).

Gaumen, Palatum

Der **harte Gaumen,** *Palatum durum* (Abb. 144), zeigt ähnlichen Bau wie das Zahnfleisch. Seine Oberfläche ist mit mehr oder weniger deutlichen *Gaumenstaffeln, Rugae palati,* versehen, die das Bearbeiten der Nahrung in der Mundhöhle erleichtern sollen. Unter der Gaumenschleimhaut befindet sich ein ausgedehntes Venennetz. Kaudal geht der harte Gaumen, der von den Gaumenfortsätzen der Oberkieferbeine und von der Platte des Gaumenbeins gestützt wird, in den **weichen Gaumen,** das sog. **Gaumensegel,** *Velum palatinum,* über (Abb. 144/f). Es grenzt den Atmungsrachen vom Mundrachen ab und stellt eine Falte dar, deren nasale Oberfläche von Atmungsschleimhaut und deren orale Oberfläche von kutaner Schleimhaut bedeckt ist. Nach kaudal hilft der *Arcus veli palatini* das *Ostium intrapharyngeum* begrenzen.

Zunge, Lingua (Abb. 144/e)

Die Zunge ist ein kräftiges, muskulöses Organ, das zur Bewegung der Nahrung beim Kau- und beim Schluckakt dient und Geschmacks-, Tast-, Schmerz- und Temperaturreize aufnimmt.
Die Innervierung erfolgt durch fünf Gehirnnerven, und zwar motorisch durch den N. hypoglossus (XII.) und sensibel durch die Nervi trigeminus (Ram. mandibularis, V,3), **intermediofacialis** (VII), glossopharyngeus (IX) und vagus (X).

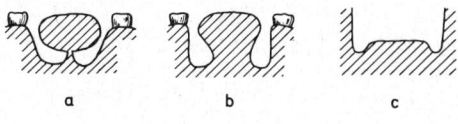

Abb. 155.   Querschnitt durch die Zunge, im Bereich der Spitze (a), im Bereich des Körpers (b), im Bereich des Grundes (c).

a   b   c

Man unterscheidet die **Zungenspitze**, den **Zungenkörper** und den **Zungengrund** mit jeweils unterschiedlichem Querschnitt (Abb. 155). Die Zungenspitze ist ventral mit dem Mundhöhlenboden durch das *Zungenbändchen, Frenulum*, verbunden.

Der Zungenrücken trägt bei den *Wiederkäuern* den *Zungenwulst*, vor dem sich das sog. *Futterloch* befindet, in das sich gelegentlich Granen oder andere feste Futterbestandteile einspießen.

Über das im Zungengrund gelegene *Zungenbein* (s. Seite 110) ist die Zunge mit der Schädelbasis und dem Kehlkopf verbunden. Beim Fleischfresser befindet sich in der Zungenspitze ein wurmförmiges Gebilde aus Fettzellen in einer Bindegewebskapsel, der sog. *Tollwurm, Lyssa*, den man früher als Zeichen der Tollwut angesehen hat.

In der Schleimhaut des Zungenrückens sind verschiedenartige **Papillen** ausgebildet, die zum Teil mit Geschmacksknospen versehen sind. Nach ihrer Form unterscheidet man:

Papillae filiformes, fadenförmige Papillen (Abb. 156 a), die sehr zahlreich vorhanden und über den ganzen Zungenrücken verteilt sind. Bei Rind und Katze sind sie stark verhornt und bedingen die Rauhigkeit der Zunge. Sie besitzen keine Geschmacksknospen.

Papillae fungiformes, pilzförmige Papillen (Abb. 156 a), die zwischen den Papillae filiformes verteilt sind, gelegentlich eine Geschmacksknospe tragen können und besonders im Bereich der Zungenspitze ausgebildet sind. Sie verhornen nicht stark.

Papillae vallatae, umwallte Papillen (Abb. 156 b), die sich auf dem Zungenkörper tierartlich verschieden mehr in der Mitte oder mehr an den lateralen Rändern befinden. Sie überragen das Zungenniveau nicht und sind von einem kreisförmigen Wall umgeben. In die Wände des Walles sind *zahlreiche Geschmacksknospen* eingelassen. In der Schleimhaut um die Papillen befinden sich reichlich seröse Drüsen, sog. *Spüldrüsen*.

Papillae foliatae, gefaltete Papillen (Abb. 156 c), sind längsoval und weisen mehrere Querfurchen auf, die mit *Geschmacksknospen* besetzt sind. Auch sie sind von *Spüldrüsen* umgeben.

Geschmacksknospen werden von mehreren *Sinneszellen* gebildet (Abb. 157). Jeder der apfelsinenscheibenförmigen Sinneszellen trägt an der Oberseite ein feines Sinneshaar. Die Sinneszellen sind von sog. *Stützzellen* umgeben.

224   Verdauungsorgane

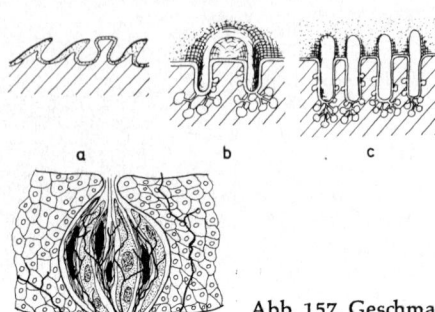

Abb. 156. Zungenpapil-
lenformen, schematisch.
a. Fadenförmige Papil-
len und eine pilzförmige
Papille. b. Umwallte Pa-
pille mit Geschmacks-
knospen und Spüldrü-
sen. c. Gefaltete Papille
mit Geschmacksknospen
und Spüldrüsen.

Abb. 157. Geschmacksknospe (nach GLEES 1968).

Die Speicheldrüsen sind Anhangsdrüsen der Mundhöhle, sympa-
thisch und parasympathisch innerviert. Sie produzieren den Spei-
chel.
Folgende Speicheldrüsen sind ausgebildet:
Ohrspeicheldrüse, Gl. parotis
Unterkieferspeicheldrüse, Gl. mandibularis (früher submaxillaris)
Unterzungenspeicheldrüsen, Gl. sublingualis monostomatica und
    Gl. sublingualis polystomatica
Backendrüsen, Gll. buccales, und Lippendrüsen, Gll. labiales
(S. 222).

Ohrspeicheldrüse, Gl. parotis (Abb. 158/1), die größte und bedeutendste der Speicheldrüsen. Sie ist, bei den einzelnen Tierarten
unterschiedlich geformt, ventral des Ohres gelegen. Ihr Ausführungsgang, **Ductus parotideus,** verläuft dem Hinterrand des Unterkiefers folgend um den Unterkieferwinkel und durchdringt
schließlich die Backenmuskeln, um in der *Papilla salivalis* in die
Mundhöhle zu münden. Diese liegt bei Pferd, Hund und Ziege in
der Höhe des 3. oberen Backenzahns, beim Schaf in Höhe des
4. oberen Backenzahns, beim Rind in Höhe des 5. oberen Backenzahns und beim Schwein in Höhe des 3.–4. oberen Backenzahns.
Beim Menschen sowie beim Fleischfresser und meist auch bei den
kleinen Wiederkäuern läuft der Gang quer über den M. masseter.
Das *Sekret* ist rein serös und alkalisch, besonders bei den Wiederkäuern, bei denen es ständig gebildet wird.
Unterkieferspeicheldrüse, Gl. mandibularis (Abb. 158/2). Sie ist in
der Gegend des Kieferwinkels gelegen und wird teilweise von der
Parotis verdeckt. Ihr Gang, **Ductus mandibularis,** verläuft im Kehl-
gang nach oral und mündet vor der Zunge am Mundhöhlenboden.
Ihr Sekret ist bei den meisten Haustieren seromukös.

Abb. 158. Speicheldrüsen des Rindes (nach NICKEL, SCHUMMER und SEIFERLE 1967). 1 Ohrspeicheldrüse, 1' ihr Ausführungsgang; 2 Unterkieferdrüse; 3 bis 3" Backendrüsen: 3 maxillare, 3' mittlere, 3" mandibulare Gruppe. a M. masseter; b Unterkieferlymphknoten; c Ohrspeicheldrüsenlymphknoten.

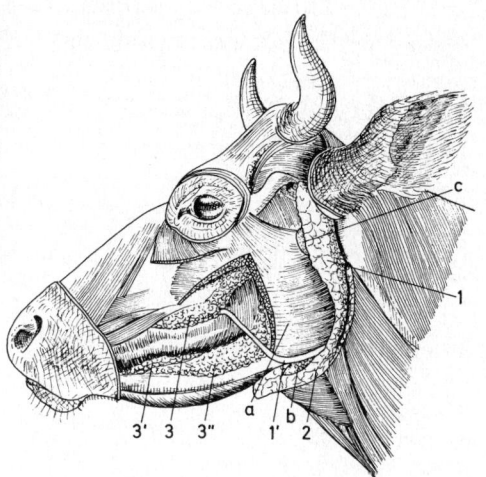

Unterzungendrüsen, Gll. sublinguales. Sie liegen neben dem Zungenkörper im Mundhöhlenboden, teilweise auch im Grund des Zungenkörpers. Der Gang der **Gl. sublingualis monostomatica,** die dem Pferd fehlt, mündet gemeinsam mit dem Gang der Gl. mandibularis. Die zahlreichen Ausführungsgänge der **Gl. sublingualis polystomatica** münden seitlich neben der Zunge. Das *Sekret* der Unterzungendrüsen ist seromukös und sehr muzinreich.

Auch die **Backendrüsen, Gll. buccales,** die in einer maxillaren, einer mittleren (Rind) und einer mandibularen Gruppe angeordnet sind, produzieren ein seromuköses Sekret (Abb. 158/3,3',3").

Speichel

Der Speichel ist mehr oder weniger tropfbar bis schleimig, da die Speicheldrüsen sowohl serösen als auch mukösen Typs sein können bzw. gemischte Drüsen bilden. Der Speichel enthält als schleimige Substanz **Muzin** und beim Schwein geringe Mengen des kohlenhydratspaltenden Ferments **Ptyalin,** das beim Menschen in reicherem Maß enthalten ist. Außerdem befinden sich im Speichel Mineralien, vor allem **Natriumbikarbonat.**

Funktionen des Speichels

1. mechanisch: Gleiten, Lösung von Geschmacksstoffen
2. enzymatisch: beim Schwein Beginn des Stärkeabbaus durch Ptyalin
3. Pufferfunktion: besonders im Pansen der Wiederkäuer.

Tab. 28. Speichelmengen in l/Tag (nach KOLB 1974)

Rind	98—190	Schwein	ca. 15
Pferd	ca. 40	Schaf	6—16

Tab. 29. pH des Speichels (nach SCHEUNERT und TRAUTMANN 1976)

Rind	8,10	(7,99—8,27)	Schwein	7,32	(7,15—7,47)
Pferd	7,56	(7,31—7,80)	Hund	7,56	(7,34—7,80)

Schlundkopf, Rachen, Pharynx

Die Mundhöhle geht in die ventrale Etage des Schlundkopfes über.
Der Schlundkopf gliedert sich in den dorsal gelegenen **Atmungsrachen**, *Pars nasalis*, und in den ventral gelegenen **Schlingrachen**, *Pars oralis.* Beide sind durch das **Ostium intrapharyngeum** verbunden.
Der Schlingrachen seinerseits gliedert sich von oral nach aboral in den **Mundrachen**, *Isthmus faucium*, den **Kehlrachen**, *Trachynx*, und den **Schlundrachen**, *Vestibulum oesophagi*. Der Mundrachen reicht von den letzten Backenzähnen bis zum Kehldeckel, der Kehlrachen vom Kehldeckel bis zu einer Querebene durch die Schnäuzchen der Stellknorpel und der Schlundrachen von dort bis zum aboralen Rand der Schlundkopfschnürer, der beim Fleischfresser durch einen Schleimhautwulst gekennzeichnet ist, bei den anderen Haustieren aber in die Wand der Speiseröhre ohne deutliche Markierung übergeht.

Lymphatischer Rachenring

Die Mundhöhle und vor allem die Rachengegend sind reich an Lymphzentren, die sich im Rachen teilweise zu **Mandeln, Tonsillen**, zusammenlagern. Alle Tonsillen zusammen werden auch als lymphatischer (Waldeyerscher) Rachenring bezeichnet (Abb. 159).
In der Schleimhaut des Zungengrundes ist die **Zungenmandel**, *Tonsilla lingualis*, gelegen (besonders ausgeprägt bei Rind und Pferd).
Die **Gaumenmandel**, *Tonsilla palatina*, die dem Schwein fehlt, liegt jederseits in der Wand des Kehlrachens.
Als **Gaumensegelmandel**, *Tonsilla veli palatini*, bezeichnet man mehr oder weniger stark ausgeprägte Lymphzentren, die mundrachenseitig in der Gaumensegelschleimhaut gelegen sind. Sie sind besonders bei Schwein und Pferd ausgeprägt.
Die **Rachenmandel**, *Tonsilla pharyngea*, ist am Dach des Atmungsrachens gelegen.

Abb. 159. Lymphatischer Rachenring, Rind, schematisch (nach NICKEL, SCHUMMER und SEIFERLE 1967). a Mundrachen, b Atmungsrachen. 1 Zungenmandel; 2 Gaumenmandel; 3 Gaumensegelmandel; 4 Rachenmandel; 5 Mandel in der Tuba auditiva.

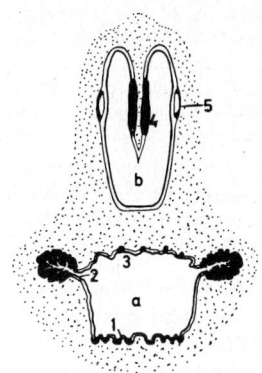

c Vorderdarm

Speiseröhre, Oesophagus

Die Speiseröhre schließt sich an den Schlundrachen an. Sie besteht aus Schleimhaut, Muskelhaut und Bindegewebshaut.

Die **Schleimhaut** ist eine *kutane Schleimhaut,* die besonders bei den Pflanzenfressern stark verhornt ist. Beim Hund sind auf ganzer Länge, beim Schwein in der ersten Hälfte *Submukosadrüsen* ausgebildet. Bei den anderen Haustieren befinden sich Submukosadrüsen nur am Anfang der Speiseröhre.

Die **Muskelhaut** besteht aus einer *Zirkulärmuskelschicht* und einer *Längsmuskelschicht,* die ineinander übergehen. Bei den Wiederkäuern und beim Hund besteht die gesamte Muskulatur der Speiseröhre aus *Skelettmuskulatur.* Beim Schwein wird der kaudalste Teil, beim Pferd und der Katze das letzte Drittel von *glatter Muskulatur* gebildet.

Die **Bindegewebshaut** ist in den kranialen Abschnitten der Speiseröhre eine *Adventitia,* die das Leitungsrohr beweglich mit den umgebenden Organen und Muskeln verbindet. In der Brusthöhle ist sie teilweise von einer *Serosa* (Pleura des Mediastinum) bedeckt.

An der Speiseröhre unterscheidet man einen **Halsteil** und einen **Brustteil,** dem sich der unbedeutende **Bauchteil** anschließt. Im Halsteil liegt die Speiseröhre erst dorsal, dann links und schließlich wieder dorsal der Luftröhre. Im Brustteil verläuft die Speiseröhre median im Mittelfell und durchdringt das Zwerchfell im *Speiseröhrenschlitz, Hiatus oesophageus.* In den Magen mündet die Speiseröhre am Mageneingang, Cardia, dessen Sphinkter aus der Speiseröhrenmuskulatur hervorgeht.

Die Speise wird im Oesophagus durch peristaltische Wellen der Muskulatur magenwärts bewegt. Beim Wiederkäuer kommen beim Ruktus sowie bei der Rejektion und bei den anderen Haustieren beim Erbrechen antiperistaltische Bewegungen der Muskulatur vor.

Von praktischer Bedeutung sind die **Engpässe der Speiseröhre** an ihrem *Eingang,* an ihrem *Durchtritt durch die Brustkorböffnung,* Apertura thoracis, und an ihrem *Durchtritt durch das Zwerchfell,* weil sich an diesen Stellen bevorzugt Fremdkörper bzw. große Futterbestandteile (Rübenköpfe) festsetzen. Beim Pferd kann eine Speiseröhrenverstopfung nach dem Verfüttern trockener Rübenschnitzel auftreten.

Magen, Ventriculus, Gaster

Nach der Form bzw. den Schleimhautverhältnissen unterscheidet man:

1. Einhöhlige Mägen
   a) Einhöhlig-einfacher Magen, ohne Vormagenabteilung, Pars proventricularis (Mensch, Fleischfresser)
   b) Einhöhlig-zusammengesetzter Magen, mit Vormagenabteilung, Pars proventricularis (Pferd, Schwein)
2. Mehrhöhlig-zusammengesetzter Magen
   Vormagenabteilung zu Vormägen erweitert (Wiederkäuer).

1. Einhöhliger Magen

Der einhöhlige Magen ist ein sackförmiges Organ, an dem man eine *große* und eine *kleine Krümmung* oder *Kurvatur* erkennen kann. Das Lumen wird am Eingang und am Ausgang durch einen Schließmuskel verschlossen. Der Mageneingang wird *Cardia,* der Magenausgang *Pförtner* oder *Pylorus* genannt. Dem *Magenkörper, Corpus,* ist die *Magenblase, Fornix,* vorgelagert. Zum Pylorus hin geht er in den *Pylorusteil* über (Abb. 160).

Schleimhaut. An der Schleimhaut der einhöhlig-zusammengesetzten Mägen (Pferd, Schwein) unterscheidet man die mit kutaner Schleimhaut ausgekleidete Vormagenabteilung, Pars proventricularis, von der mit Drüsenschleimhaut ausgekleideten Pars intestinalis.

Beim Pferd kleidet die kutane Schleimhaut eine sackartige Ausstülpung, den *Saccus caecus ventriculi,* aus. Auch beim Schwein findet man eine ähnliche Aussackung, das *Diverticulum ventriculi.* Diese besitzt aber Kardiadrüsen.

Beim Menschen und beim Fleischfresser ist der einhöhlig-einfache Magen nur mit Drüsenschleimhaut ausgekleidet.

Die Drüsenschleimhaut weist grübchenförmige Vertiefungen auf. In der Tiefe der Magengrübchen münden die Drüsenausführungsgänge.

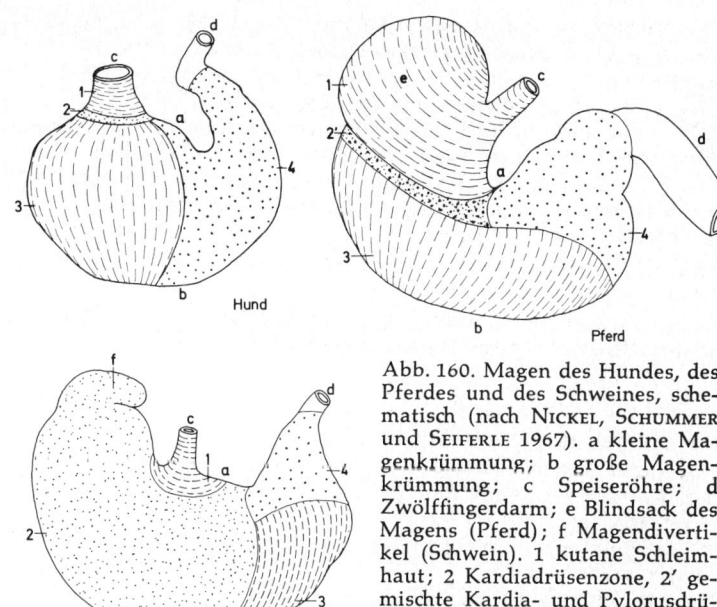

Abb. 160. Magen des Hundes, des Pferdes und des Schweines, schematisch (nach NICKEL, SCHUMMER und SEIFERLE 1967). a kleine Magenkrümmung; b große Magenkrümmung; c Speiseröhre; d Zwölffingerdarm; e Blindsack des Magens (Pferd); f Magendivertikel (Schwein). 1 kutane Schleimhaut; 2 Kardiadrüsenzone, 2' gemischte Kardia- und Pylorusdrüsenzone (Pferd); 3 Fundusdrüsenzone; 4 Pylorusdrüsenzone.

Nach der Art der Drüsen unterscheidet man die *Kardiadrüsenzone,* die *Fundusdrüsenzone* und die *Pylorusdrüsenzone.*

Die **Kardiadrüsen,** die am Mageneingang gelegen sind, sind muköse Drüsen. Sie liefern einen Schleim, der die Magenwand vor der Selbstverdauung schützt.

Die **Fundusdrüsen** sind lange, tubulöse Drüsen, die drei Zelltypen enthalten, die *Hauptzellen,* die Enzyme bilden, die *Belegzellen,* die Salzsäure bilden, und die mukösen Nebenzellen am Ausführungsgang. Die Salzsäure aktiviert das proteolytische Enzym *Pepsin* und wirkt gleichzeitig bakterizid. Das Pepsin entwickelt seine optimale Wirksamkeit bei einem pH von 1,5—2,5. Es spaltet die Proteine bis zu Peptonen. Dem Eiweißabbau dient ferner das *Kathepsin* (s. Physiologie der Verdauung, Seite 257). Das *Labferment* (Chymosin) fällt das Kasein der Milch aus. Zur Fettspaltung kommen im Magen geringe Mengen *Lipase* vor. Die eigentliche Fettverdauung findet im Duodenum statt.

Die **Pylorusdrüsen** sind muköse Drüsen.

Muskelhaut. Sie besteht aus *glatter Muskulatur,* die in eine äußere Längs- und eine innere Zirkulärmuskulatur gegliedert ist. Im Be-

reich des Magenkörpers und des Fornix ist eine dritte Muskelschicht mit schrägem Verlauf ausgebildet. Diese dritte Muskelschicht bildet sich erst bei der Umwandlung des schlauchförmigen
Magens zu seiner endgültigen Form aus.

Zirkulärmuskulatur und Schrägmuskelfasern bilden den Schließmuskel des Mageneingangs, die Cardia, der besonders beim Pferd
sehr kräftig ist, so daß es nicht erbrechen kann. Der Schließmuskel
des Magenausgangs, Pylorus, wird von der Zirkulärmuskelschicht
gebildet.

Seröser Überzug. Der Magen wird vom Bauchfell überzogen.
An der großen Kurvatur setzt das *große Netz, Omentum majus,*
an. An der kleinen Kurvatur entspringt das *kleine Netz, Omentum
minus,* das den Magen mit der Leber verbindet.

2. Mehrhöhliger Magen

Der Verdauungstrakt der *Wiederkäuer* ist dadurch gekennzeichnet,
daß die Pars proventricularis zu drei selbständigen Hohlkörpern,
den *Vormägen,* umgestaltet ist. Erst dann schließt sich der Drüsenmagen an.

Als Vormägen sind ausgebildet: der *Pansen,* die *Haube* und der
Blättermagen.

Der Drüsenmagen wird *Labmagen* genannt.

Entsprechend der Pars proventricularis sind die Vormägen von
kutaner Schleimhaut ausgekleidet. Sie besitzen *keine Drüsen.* Die
Funktion der Vormägen bei der Verdauung ist in der mechanischen Zerkleinerung, der Durchmischung der Nahrung und der
Vergärung der Nahrung durch Bakterien und Protozoen zu sehen.
Vor allem die Zellulose wird im Pansen durch die Pansenflora abgebaut. Dabei finden Austauschvorgänge durch die Pansenwand
hindurch statt.

Nur der Labmagen entspricht dem Drüsenmagen der anderen Tiere. Beim neugeborenen Wiederkäuer sind die Vormägen noch sehr
klein. Die Milch gelangt durch die *Magenrinne* direkt in den Labmagen und gerinnt dort durch die Einwirkung des Labferments.
Erst mit der Aufnahme von Rauhfutter beginnen die Vormägen,
sich zu vergrößern.

Pansen, Rumen (Abb. 161, 162/g, g'; 163/a, a')

Der Pansen beansprucht beim erwachsenen Wiederkäuer nahezu
die gesamte linke Hälfte der Bauchhöhle. Dadurch erfolgt eine
Verlagerung mehrerer Organe, z. B. wird die linke Niere nach
rechts verlagert.

Am Pansen unterscheidet man eine *Wandfläche* und eine *Eingeweidefläche.*

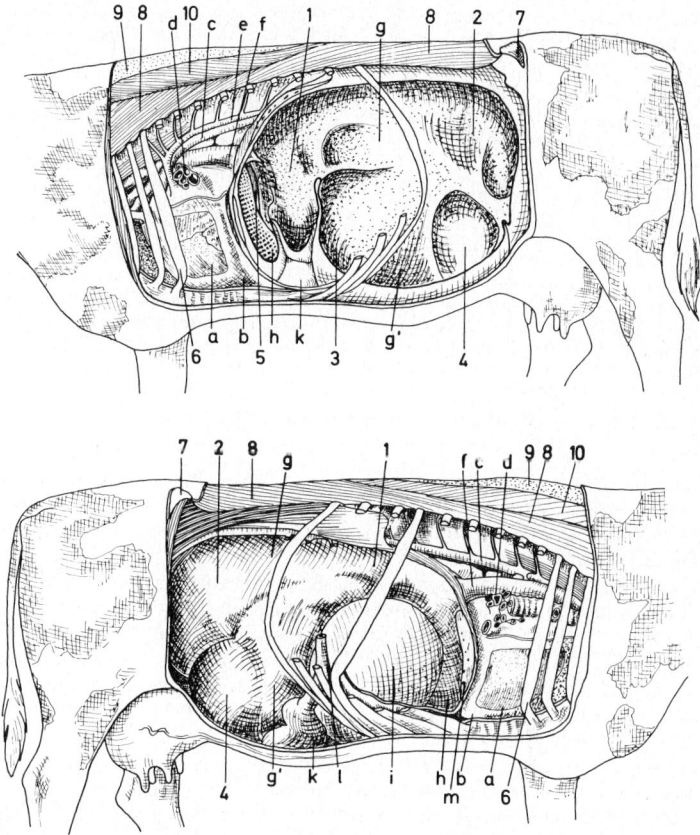

Abb. 161. Lage der Brust- und Bauchorgane des Rindes. Ansicht von links, Lunge entfernt, Pansen und Haube eröffnet (nach NICKEL und WILKENS 1955).

a Herz; b Herzbeutel (gefenstert); c Aorta; d Lungenvenen; e V. azygos sin.; f. Speiseröhre; g dorsaler, g' ventraler Pansensack; h Haube; i Blättermagen; k Labmagen; l Zwölffingerdarm; m Leber (Schnittfläche). 1 Schleudermagen; 2 dorsaler Endblindsack; 3 ventraler Anfangsblindsack; 4 ventraler Endblindsack; 5 Magenrinne; 6 vierte Rippe; 7 Hüfthöcker; 8 M. longissimus dorsi; 9 Nackenrückenband; 10 M. spinalis et semispinalis.

Abb. 162. Lage der Brust- und Bauchorgane des Rindes. Ansicht von rechts; Lunge, Netz, Darm, Nieren und rechter Leberlappen entfernt (nach NICKEL und WILKENS 1955). Bezeichnungen wie Abb. 161.

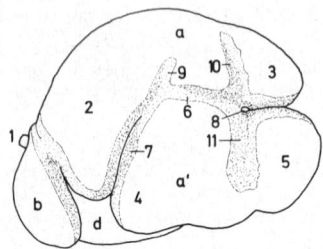 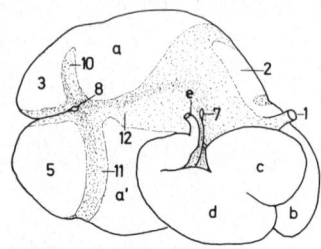

Abb. 163. Mägen des Rindes, Ansicht von links (links) und von rechts (rechts), schematisch (nach NICKEL, SCHUMMER und SEIFERLE 1967). a dorsaler Pansensack, a' ventraler Pansensack; b Haube; c Blättermagen; d Labmagen; e Zwölffingerdarm. 1 Speiseröhre; 2 dorsaler Anfangsblindsack; 3 dorsaler Endblindsack; 4 ventraler Anfangsblindsack; 5 ventraler Endlindsack; 6 linke Längsfurche; 7 kraniale Querfurche; 8 kaudale Querfurche; 9 Nebenfurche; 10 dorsale Kranzfurche; 11 ventrale Kranzfurche; 12 rechte Längsfurche.

Durch starke Muskelbalken ist der Pansen in mehrere Abteilungen unterteilt. Die Grenzen stellen sich von außen als Rinnen oder Furchen dar (*Längs-, Kranz- und Querfurchen*).(Abb. 163). Beim Anblick vom Lumen her ragen die Muskelbalken in den Hohlraum hinein. Sie werden als *Pansenpfeiler, Pilae ruminis,* bezeichnet (Abb. 161). Den Längsfurchen entsprechen die *Längspfeiler,* wobei rechte Längsfurche und rechter Längspfeiler im Mittelteil doppelt ausgebildet sind und die *Panseninsel* umschließen. Den Querfurchen entsprechen der kraniale und der kaudale *Hauptpfeiler,* den Kranzfurchen die *Kranzpfeiler.*

Die durch die Furchen bzw. Pfeiler abgegrenzten Pansenabteilungen sind der **dorsale** und der **ventrale Pansensack.** Der dorsale Pansensack wird auch als *Hauptpansen,* der ventrale als *Nebenpansen* bezeichnet. Von beiden Pansensäcken werden durch die kraniale und die kaudale Kranzfurche je ein **kranialer** und ein **kaudaler Blindsack** abgegrenzt (Anfangs- und Endblindsack). Der dorsale Anfangsblindsack ist kein echter „Blind"sack. Er ist nach kranial zur Haube hin offen und wird als **Pansenvorhof** oder auch als **Schleudermagen** bezeichnet, da durch ihn hindurch und teilweise durch seine Muskeltätigkeit unterstützt, der wechselweise Austausch der Futtermassen zwischen Pansen und Haube erfolgt. Auch beim Wiederkauakt hat er eine wichtige Funktion zu erfüllen, indem er die Futtermassen in den Oesophagus hineinbefördert.

Die Schleimhaut des Pansens ist mit Schleimhautzotten, den sog. **Pansenzotten,** besetzt. Diese können einzelne glatte Muskelzellen

enthalten. Man kann sie vielleicht mit kleinen Tauchsiedern ver-
gleichen, die durch Oberflächenvergrößerung zur besseren Erwärmung der Nahrung, sicher aber auch zur besseren Resorption beitragen. Die Pansenpfeiler und beim Rind auch das Pansendach sind
frei von Zotten.
Die Zotten des Pansens sind unterschiedlich gestaltet. Zwischen
hohen Hauptzotten stehen niedrige Nebenzotten. Nach der Form
unterscheidet man: warzenförmige Papillen, zungenförmige, fadenförmige, bandförmige, lanzettförmige, keilförmige und blattförmige Zotten. Die verschiedenen Zottentypen sind auf bestimmte Pansenregionen verteilt. SCHNORR und VOLLMERHAUS (1967) be-
rechneten für den Rinderpansen etwa 250 000 Hauptzotten, von
denen die meisten eine Höhe von 3—6 mm und eine Breite von
1—2 mm hatten. Am häufigsten fanden sie 10—60 Zotten pro Quadratzentimeter. Der dichteste Besatz wurde mit 121 Zotten auf
einen Quadratzentimeter ermittelt. Durch die Zotten wird die Pan-
senoberfläche stellenweise beim Rind um das 21fache, bei der Ziege um das 13fache vergrößert. Die Gesamtoberfläche des Pansens
von etwa 0,9 m^2 erhöht sich nach den Schätzungen der Autoren
um das 7fache.

Haube, Netzmagen, Reticulum (Abb. 161, 162/h; 163/b)

Die Haube liegt kranial vom Pansen, direkt hinter dem Zwerchfell. Sie kann ihr Lumen stark verändern. In rhythmischen Kontraktionen zieht sie sich bis zu Faustgröße zusammen. Dadurch
können sich Fremdkörper aus der Nahrung sehr leicht in ihre
Wand einspießen. Da der Weg von der Haube durch das Zwerchfell zum Herzbeutel nicht weit ist, sind Herzbeutelerkrankungen
durch Fremdkörper besonders beim Rind nicht selten.
Die Schleimhaut der Haube weist ein netzförmiges Relief auf
(Abb. 164). *Haubenleisten* bilden viele kleine Kästchen, in die kleine Futterpartikel eindringen, die dort weiter zerkleinert werden.
Am freien Rand der Haubenleisten ist ein Muskelzug ausgebildet,
der der Lamina muscularis mucosae entspricht.
Zwischen Haube und Pansen wird die Nahrung hin und her bewegt, bis sie genügend zerkleinert und aufgeschlossen ist, um in
den Blätter- und dann in den Labmagen transportiert werden zu
können.

Blättermagen, Psalter, Buchmagen, Omasum (Abb. 162/i; 163/c)

Der Blättermagen ist ein kugelförmiges Organ, das rechts und
kranial vom Pansen gelegen ist. Vom Dach des Blättermagens ragen zahlreiche *Blätter* von verschiedener Länge in das Lumen hinein. An der Basis bleibt eine Rinne, die *Psalterrinne*, frei (Abb.
165). Durch das blattförmige Einstrahlen der Muskelhaut in die

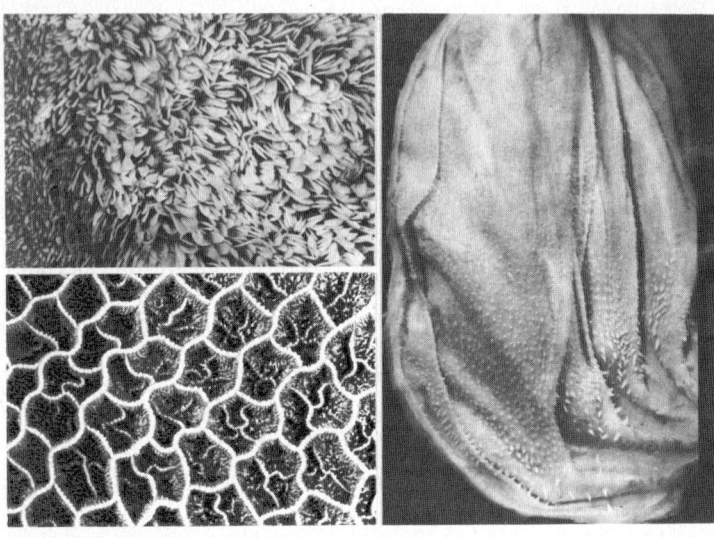

Abb. 164. Oberflächenrelief der Vormägen. Oben links: Pansenzotten, Rind; unten links: Haubenkästchen, Rind; rechts: Blättermagen-Blätter, Schaf.

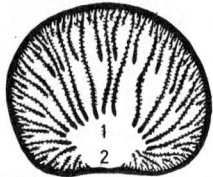

Abb. 165. Querschnitt durch den Blättermagen des Rindes, schematisch (nach NICKEL, SCHUMMER und SEIFERLE 1967). 1 Blättermagenkanal; 2 Blättermagenabschnitt der Magenrinne.

Blätter ergeben sich bei gleichzeitiger Anwesenheit der Lamina muscularis mucosae drei Muskelzüge in den Blättern. Gegen den Labmagen wird der Psalter durch zwei Falten, *Psaltersegel*, verschlossen.

Die Funktion des Blättermagens ist vor allem in dem *Wasserentzug* und der *Resorption von Mineralien* aus dem Nahrungsbrei, weniger in der Zerkleinerung der Nahrung zu sehen.

Der Blättermagen fehlt den Kamelen und Lamas (Tylopodae, Schwielensohler) sowie den Zwerghirschen (Tragulina).

Labmagen, Abomasum (Abb. 161, 162/k; 163/d)

Der Labmagen ist ein langgezogener, birnenförmiger Sack, an dem ähnlich wie bei dem einhöhligen Magen eine *große* und eine *kleine*

Kurvatur zu unterscheiden sind. In seinem Inneren sind *starke Falten* ausgebildet. Die Schleimhaut enthält vor allem *Fundus-* und *Pylorusdrüsen.* Während der Ernährung mit Milch wird besonders reichlich Labferment zur Labgerinnung der Milch gebildet. Die Muskulatur ist in einer äußeren Längs- und einer inneren Zirkulärschicht angeordnet.

Der Labmagen wird ebenso wie die Vormägen von einer Serosa überzogen. (Eingeweideblatt des Bauchfells bzw. Überzug durch das große Netz, in das der Pansen eingelagert ist.)

Magenrinne, Schlundrinne (Abb. 161/5). Durch besondere Muskelzüge wird von der Mündung des Oesophagus an der Hauben-Pansengrenze bis zur Mündung in den Labmagen eine Rinne von zwei Lippen umschlossen. Diese Rinne verläuft spiralig von dorsal nach medioventral in die Haube und von hier an der Basis des Blättermagens entlang in den Labmagen. Bei Jungtieren schließen sich die Lippen während des Trinkens reflektorisch zu einem Rohr, so daß die Nahrung direkt in den Labmagen gelangt. Bei ausgewachsenen Tieren gelingt es gelegentlich durch Spülung der Mundhöhle mit Salzlösungen, den Reflex kurzzeitig auszulösen (Eingabe von Medikamenten).

Kapazität der Wiederkäuermägen. Gesamtkapazität Rind etwa 200 l, davon entfallen 80 % auf den Pansen.

Rind:		*Schaf:*	
Pansen	ca. 150 l	Pansen	ca. 12 l
Haube	ca. 8 l	Haube	ca. 1,5 l
Psalter	ca. 11 l	Psalter	ca. 1 l
Labmagen	ca. 15 l	Labmagen	ca. 3—4,5 l

Das *Verhältnis Pansen zu Labmagen* ändert sich während der Entwicklung zum ausgewachsenen Tier zugunsten des Pansens.

Rind neugeboren	0,4 : 1	Rind 3 Monate	2 : 1
Rind 4 Wochen	0,5 : 1	Rind erwachsen	10 : 1
Rind 8 Wochen	0,5 : 1		

Innervation der Vormägen. Die Zentren liegen in der Medulla oblongata (N. vagus) und im Rückenmark (N. sympathicus). Der N. vagus tritt von dorsal und ventral an die Vormägen heran (Pansennerv und Hauben-Psalter-Labmagen-Nerv). Die Bedeutung des N. sympathicus für die Magenmotorik ist weniger gut erforscht. Das intramurale System des Magens (Seite 353) reicht für die Aufrechterhaltung der Motorik nicht aus (Durchschneidungsversuche). Die zentrale Innervation wird unbedingt benötigt.

Die **Bewegungen der Vormägen** laufen zyklisch ab. Sie wurden von DIRKSEN (1964) zusammenfassend dargestellt (Abb. 166).

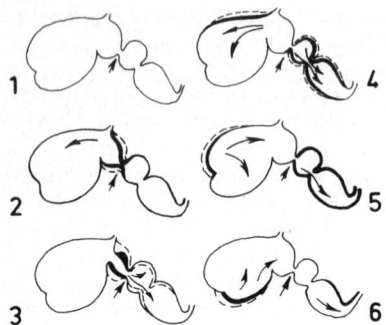

Abb. 166.   Bewegungszyklus der Vormägen der Wiederkäuer, schematisch (nach SEREN 1959, aus DIRKSEN 1964). 1 Ausgangsstellung, Hauben-Blättermagen-Öffnung verschlossen; 2 Haubenkontraktion; 3 Öffnung der Hauben-Blättermagen-Öffnung, Fortsetzung der Haubenkontraktion; 4 und 5 Kontraktion des Schleudermagens und des übrigen dorsalen Pansensacks, des Blättermagens und des Labmagens,   Hauben-Blättermagen-Öffnung wieder verschlossen; 6 Kontraktion des ventralen Pansensacks von kaudal her. Die Pfeile im Lumen der Mägen geben die Bewegungsrichtung des Inhalts an.

1. *Zweiphasige Haubenbewegung*
   Erste Phase (ca. 2 Sek.): Haube zieht sich zur Hälfte bis zwei Drittel zusammen
   Pause mit Erschlaffung (ca. 2 Sek.)
   Zweite Phase (ca. 3 Sek.): vollständige Kontraktion
2. *Kontraktion des dorsalen Pansensackes*
   Sie beginnt am kranialen Hauptpfeiler und läuft von dort entlang den Längspfeilern und dem Pansendach zu den kaudalen Kranzpfeilern und dem kaudalen Hauptpfeiler. Der Futterbrei wird nach kaudal und in den ventralen Pansensack gedrängt.
3. *Kontraktion des ventralen Pansensackes*
   Sie ist vom kaudalen ventralen Kranzpfeiler ausgehend nach kranio-dorsal gerichtet. Der Futterbrei wird in den dorsalen Pansensack hineingedrückt.

2 + 3 = *primäre Pansenkontraktion*

Eventuell folgt eine *sekundäre Pansenkontraktion* ohne vorhergehende Haubenkontraktion, in der Regel aber mit nachfolgendem Ruktus. Außerdem sind kaudo-kraniale Kontraktionen des dorsalen Pansensackes mit anschließendem Ruktus bekannt.

Zur Rejektion beim Wiederkäuen (s. Seite 238) tritt unmittelbar vor der normalen zweiphasigen Haubenkontraktion eine zusätzliche Einzelkontraktion auf (Rejektionskontraktion).

Ferner wurden im Röntgenbild am Boden des ventralen Pansensackes in seinem kranialen Abschnitt peristaltische Wellen beobachtet.

Im Pansen sind die Futtermassen geschichtet. Von dorsal nach ventral folgen Gas, Faserschicht und Flüssigkeit sowie feine Partikel. Die Schichtung ist die Voraussetzung für eine geordnete Funktion.

Bei dem Kontraktionszyklus wird dünnflüssiger Haubeninhalt weit nach hinten in den Pansen geschleudert. Ein gewisser Teil aber, der spezifisch schwer und dickbreiig ist, fällt in den Schleudermagen und die Haube zurück, wird also aussortiert. Bei der Pansenkontraktion wird dann, vor allem bei der Kontraktion des ventralen Pansensackes, die flüssige Nahrung durch das Geflecht der Faserschicht gepreßt.

Die Vormägen haben neben der Funktion der Durchmischung somit auch eine wichtige Funktion beim Sortieren des Inhalts.

Für die Funktion der Vormägen sind die taktilen Reize notwendig, die von dem Rauhfutter auf die Pansenwand im Bereich des Schleudermagens ausgeübt werden. Bei ausschließlicher Füllung mit Weichfutter fehlt dieser Reiz, und die Pansenmotorik wird gestört.

Übergang der Nahrung von der Haube in den Psalter. Menge: Pro Kontraktion ca. 80 ml, in 24 Std. mehr als 100 l. Es ist noch nicht geklärt, ob die Nahrung in den Psalter gedrückt oder vom Psalter angesaugt wird.

Pansenfrequenz: 7—14 Kontraktionen in 5 Minuten. Beschleunigung durch Reizung von Rezeptoren im Pharynx. Verlangsamung durch Hungern. Nach 40—48 Std. Hungern ist klinisch keine Pansenkontraktion nachweisbar.

Die **Dauer der Pansentätigkeit** ist von der Beschaffenheit des Vormageninhalts abhängig. Sie wird aufrechterhalten durch den Reiz des Rauhfutters an Kardia, Schlundrinne, Haubenpsalteröffnung, Hauben-Pansen-Falte, Längspfeiler. Auch erhöhte Gasmengen regen die Pansentätigkeit an.

Eine *Hemmung der Pansentätigkeit* wird durch pH-Verschiebungen nach dem sauren oder dem alkalischen Bereich ausgelöst. Verschiebungen zum sauren Bereich werden durch große Mengen leicht verdaulicher Kohlenhydrate (viel Rüben, viel Getreideschrot) verursacht. Verschiebungen zur alkalischen Seite sind durch Futterverunreinigungen mit Coli- oder Proteusbakterien, aber auch durch faules Futter und kohlenhydratarme Ernährung möglich.

Psalterbewegung. Der Nahrungstransport im Psalter läuft in *zwei Phasen* ab.
1. Der Psaltervorhof und der Psalterkörper erschlaffen und geben die Hauben-Psalter-Öffnung frei. Anschließend schließt sich die Öffnung und die Nahrung wird zwischen die Blätter gepreßt.
2. Die Kontraktion der Psalterwand preßt den Inhalt des Psalters in den Labmagen.

Der Psalter soll nach Art einer Saug- und Druckpumpe arbeiten. Gelegentlich soll auch ein Rückfluß von Nahrung vom Psalter in die Haube möglich sein.

Wiederkäuen, Rumination. Zur Rejektion führen die Tiere eine Inspirationsbewegung bei geschlossener Stimmritze durch. Dadurch wird in der Brusthöhle und im Oesophagus ein Unterdruck erzeugt. Nach Öffnung der Kardia wird Futter vom Schleudermagen in den Oesophagus transportiert und dort durch den herrschenden Unterdruck aufgenommen. Durch antiperistaltische Wellen, unterstützt von einer Exspirationsbewegung bei geschlossener Stimmritze, wird der „Bissen" dann in die Mundhöhle befördert. Dort wird er mit 35—60 Kieferschlägen durchgekaut und wieder abgeschluckt. Der Reiz zum Wiederkäuen wird durch langes Rauhfutter gefördert. Er wird von Mechanorezeptoren des Pansens aufgenommen.

Ruktus. Die durch Gärung im Pansen entstehenden Gase müssen ausgestoßen werden. Das Ausstoßen erfolgt meist in Verbindung mit einer sekundären Pansenkontraktion. Der Reflex wird durch Reize in der Kardiagegend ausgelöst (Gasdruck). Aufgrund amerikanischer Untersuchungen (DOUGHERTY und COOK 1962, DOUGHERTY u. Mitarb. 1962) soll ein Teil des ausgestoßenen Gases durch die Trachea in die Lungen gelangen. Bei Störungen der Pansenverdauung kann es zu schaumigen Gärungen (Durchmischungsgärungen) kommen. Die Gase sammeln sich dann nicht als einheitliche Schicht über den Futtermassen, sondern durchsetzen diese als größere oder kleinere Blasen. Sie können nicht durch einen Ruktus abgegeben werden. Eine andere Art des Aufblähens entsteht, wenn die Gasabgabe nicht möglich ist, weil die Speiseröhre durch einen Fremdkörper verstopft ist oder die Tiere zu lange auf die Seite gelegt werden, so daß die Speiseröhrenmündung nicht frei ist.

d   Mittel- und Enddarm (Abb. 167)

Der Mittel- und der Enddarm werden gemeinhin als Darm bezeichnet. An diesem unterscheidet man den *Dünndarm* mit kleinem Durchmesser und dünnflüssigem Inhalt und den *Dickdarm* mit dickbreiigem Inhalt.

Dünndarm	Dickdarm
1. Zwölffingerdarm, Duodenum	1. Blinddarm, Caecum
2. Leerdarm, Jejunum	2. Grimmdarm, Colon
3. Hüftdarm, Ileum	3. Mastdarm, Rectum

Gemeinsamer Aufbau: **Schleimhaut, Muskelhaut, Serosa.**

Die **Schleimhaut** trägt im **Dünndarm** *Zotten.* Das sind Schleimhautanhängsel, die fingerförmig in das Lumen des Darms hineinragen. Im Zentrum befinden sich eine Arterie, eine Vene und ein Lymph-

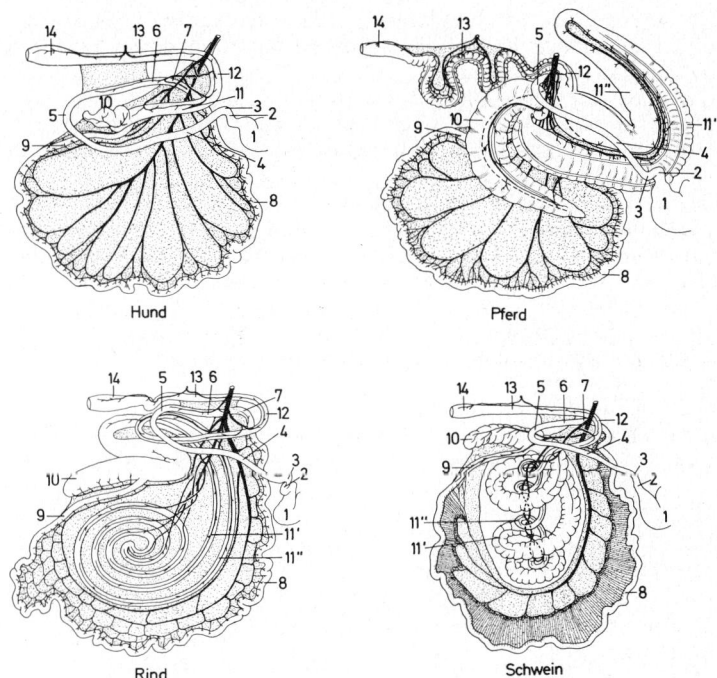

Abb. 167. Darmkanal der Haustiere, schematisch (nach NICKEL, SCHUM-
MER und SEIFERLE 1967). 1 Magen; 2—7 Zwölffingerdarm, Duodenum:
2 Pars cranialis, 3 Flexura duodeni cranialis, 4 Pars descendens, 5 Flexura duodeni caudalis, 6 Pars ascendens, 7 Flexura duodenojejunalis
(6 und 7 beim Pferd verdeckt); 8 Leerdarm, Jejunum; 9 Hüftdarm,
Ileum; 10 Blinddarm, Caecum; 11—13 Grimmdarm, Colon: 11 Colon
ascendens, 11' Gyri centripetales (Wiederkäuer, Schwein) bzw. Colon
ventrale (Pferd), 11" Gyri centrifugales (Wiederkäuer, Schwein) bzw.
Colon dorsale (Pferd), 12 Colon transversum, 13 Colon descendens;
14 Mastdarm, Rectum.

gefäß. Außerdem liegen in der Dünndarmschleimhaut *darmeigene
Drüsen* (Lieberkühnsche Drüsen, Propriadrüsen, Gll. intestinales),
die sich als tubulöse Drüsen in die Tiefe senken. Am Anfang des
Dünndarms sind in der Submukosa sog. *Submukosadrüsen* (Brun-
nersche Drüsen, Gll. duodenales) ausgebildet. Die Dünndarmschleimhaut und die Dünndarmdrüsen sind reich an *Becherzellen*,
die den *Darmschleim* zum Schutz der Schleimhaut vor Selbstverdauung und zum leichteren Gleiten des Darminhalts produzieren.

Die Schleimhaut des **Dickdarms** trägt nur in der Foetalzeit *Zotten.*
Sie bilden sich nach der Geburt zurück. Nur die *Darmeigendrüsen*
(Propriadrüsen) sind ausgebildet. Diese und die Schleimhautoberfläche enthalten *massenhaft Becherzellen.* Die Dickdarmschleim-
haut muß viel Schleim produzieren, da sonst der eingedickte Kot
nicht gleiten kann. Die Schleimhaut des **Hüftdarms** stellt insofern
einen Übergang dar, als ihre Zotten niedriger werden und die
Becherzellen an Zahl zunehmen.
Die **Muskelhaut** des Darmes besteht aus einer *inneren Zirkulärmuskelschicht* und einer *äußeren Längsmuskelschicht.* Die Längsmuskelschicht des Dickdarms ist beim Schwein und Pferd auf sog.
Bandstreifen, Taenien, beschränkt. Zwischen den Bandstreifen befinden sich längsmuskelfreie Abschnitte, die sich vorwölben. Sie
bilden die sog. *Poschen,* wie die Tucheinlagen in den Landsknecht-
hosen und -ärmeln.
Seröser Überzug. Der Darm ist zum größten Teil vom Bauchfell
überzogen. Nur der im retroperitonealen Teil der Beckenhöhle gelegene Abschnitt des Mastdarms besitzt eine *Adventitia.*

Tab. 30. Länge des gesamten Darms (nach NICKEL, SCHUMMER und
SEIFERLE 1967)

kl. Wiederkäuer	25mal Körperlänge	22—43 m
Rind	20mal Körperlänge	33—63 m
Schwein	15mal Körperlänge	20—27 m
Pferd	10mal Körperlänge	25—39 m
Hund	5mal Körperlänge	2— 5,7 (7,0) m

Tab. 31. Durchschnittliche Länge der einzelnen Darmabschnitte in
Metern

	Dünndarm			Dickdarm
	Duodenum	Jejunum + Ileum	gesamt	gesamt
Rind	0,9—1,2	26 —48	35	10
Schaf	0,6—1,2	17,5—34	25	5
Ziege	0,6—1,2	17,5—34	20	5
Schwein	0,7—0,95	15 —20	18	4
Pferd	1 —1,5	17 —28	20	9
Hund	0,2—0,6	1,6— 4,2	4,75	0,92
Katze	0,1—0,12	0,7— 1,2	1,32	0,35

Die Angaben über die Darmlängen schwanken deshalb so stark, weil die Darmlänge in hohem Maß von dem Kontraktionszustand zur Zeit der Messung sowie von der Meßmethode abhängig ist.

Dünndarm, Intestinum tenue

Zwölffingerdarm, Duodenum (Abb. 167/2—7). Er hat seinen Namen daher, daß er beim Menschen die Länge von zwölf Fingerbreiten besitzt. Er beginnt am Pylorus, verläuft kaudal der Leber nach rechts *(Pars cranialis)*, schlägt sich dann nach kaudal um *(Flexura prima s. cranialis)* und verläuft langsam nach dorsal ansteigend bis hinter die vordere Gekrösewurzel *(Pars descendens)*. Hinter der Gekrösewurzel bildet das Duodenum einen Haken nach links *(Flexura secunda s. caudalis)* und läuft wieder nach kranial *(Pars ascendens)*. In Höhe der linken Niere erfolgt in der *Flexura duodenojejunalis* der Übergang in den Leerdarm. Der Übergang ist dadurch gekennzeichnet, daß dort das kurze Gekröse des Darms deutlich länger wird.

Der Zwölffingerdarm ist ein wichtiger Darmabschnitt. Hier werden dem Nahrungsbrei die Enzyme der Bauchspeicheldrüse und die Galle aus der Leber beigemischt. Die Reaktion des Nahrungsbreis wird alkalisch. Der Gallengang und der bzw. die Ausführungsgänge der Bauchspeicheldrüse münden in die Pars cranialis des Duodenum, die mit der Leber durch ein Band, das *Lig. hepatoduodenale*, eine Verlängerung des kleinen Netzes, verbunden ist.

Leerdarm, Jejunum (Abb. 167/8). Er ist bei toten Tieren fast leer, da der dünnflüssige Darminhalt durch die postmortal noch eine Weile fortlaufenden peristaltischen Wellen abtransportiert wird. Er stellt den längsten Darmabschnitt dar und ist in zahlreichen Schlingen girlandenartig an seinem Gekröse befestigt. Beim Schwein und bei den Wiederkäuern umkränzen die Jejunumschlingen als „Kranzdarm" die Schlingen des Dickdarms.

Hüftdarm, Ileum (Abb. 167/9). Er bildet die Fortsetzung des Leerdarms, stellt zugleich aber bereits einen Übergang zum Dickdarm dar. Er ist relativ kurz und dadurch kenntlich, daß er ein dem Gekröse gegenüber verlaufendes (antimesenteriales) Gefäß besitzt, das in einem Band verläuft, das den Hüftdarm mit dem Blinddarm verbindet *(Lig. ileocaecale)*. Wo das Gefäß endet, beginnt das Ileum. Die Zotten des Ileum sind kleiner als die des übrigen Dünndarms, seine Becherzellen sind zahlreicher. Der Hüftdarm mündet in der *Hüftdarm-Blinddarm-Grimmdarm-Öffnung, Ostium ileocaecocolicum*, in den Dickdarm, und zwar an der Grenze zwischen Blind- und Grimmdarm. Das Hüftdarmende ragt beim Schwein zapfenförmig in den Dickdarm vor und besitzt hier einen Schließmuskel, der durch eine Verdickung der Zirkulärmuskelschicht entsteht. Beim Pferd befindet sich ein Verschlußmechanismus, der nicht von Muskeln, sondern von einem Venengeflecht gebildet wird, dessen Füllungszustand über die Öffnung des Ostiums entscheidet. Ist das Venengeflecht wenig gefüllt, ist der Schleimhautwulst schlaff und undeutlich. Ist das Venengeflecht gefüllt, nimmt der Wulst Röhrenform an und ragt halbkugelig in den Blinddarm vor.

Während die Funktion des Leerdarms vor allem in der Resorption der aufgeschlossenen Nahrung liegt, ist der Hüftdarm als Schleuse zwischen Leer- und Dickdarm zu betrachten. Er verhindert den Übertritt von Blinddarminhalt in den Hüftdarm. Hier befinden sich auch viele Lymphknoten im Gekröse und Lymphfollikel in der Schleimhaut selbst *(Peyersche Platten)*, besonders beim Schwein.

Dickdarm, Intestinum crassum

Blinddarm, Caecum (Abb. 167/10). Er ist der Beginn des Dickdarms. Wie sein Name sagt, stellt er einen Blindsack dar. Besonders groß ist er beim *Pferd*, bei dem er eine Hauptgärkammer für die Zelluloseverdauung darstellt. Auch beim *Wiederkäuer* kann er beträchtliche Größe erreichen. Ein Wurmfortsatz, Appendix, s. Proc. vermiformis, wie ihn der Mensch besitzt, fehlt beim Haustier (Hase und Kaninchen haben ihn). Bei allen Haussäugetieren ist der Blinddarm mit dem Hüftdarm durch das gefäßführende *Lig. ileocaecale* verbunden.

Beim **Pferd** ist der Blinddarm etwa 1 m lang und faßt durchschnittlich 33 l (16—68 l). Er liegt auf der rechten Körperseite der Hungergrube an und reicht von hier bis in die Gegend des Schaufelknorpels des Brustbeins.

Man unterscheidet an ihm den *Kopf, Caput*, den großen *Körper, Corpus,* und die *Spitze, Apex.* Wie auch in den anderen Dickdarmabschnitten des Pferdes, bildet die Längsmuskulatur des Blinddarms *Bandstreifen,* zwischen denen sich die Darmwand als *Poschen* vorwölbt.

Der Kopf liegt kaudal der rechten Niere in der rechten Hungergrube, teilweise auch noch intrathorakal. Er ist mit der rechten Niere und zum Teil mit der Bauchspeicheldrüse verwachsen.

Der große Blinddarm des Pferdes wirkt als Gärkammer, die den Vormägen des Rindes vergleichbar ist. Störungen der Funktion mit Eindickung des Futters geben zu sog. Blinddarmkoliken Anlaß.

Beim **Wiederkäuer** erstreckt sich der Blinddarm als wurstförmiges Organ von kranial nach kaudal. Die Blinddarmspitze liegt je nach Füllungszustand vor oder in der Beckenhöhle.

Beim **Schwein** liegt der Blinddarm auf der linken Körperseite, und zwar ventral der linken Niere bis in die linke Leistengegend. Wie beim Pferd sind auch beim Schwein *Bandstreifen* und *Poschen* vorhanden.

Grimmdarm, Colon. Dieser ist bei unseren Haussäugetieren spezifisch ausgebildet (Abb. 167/11—13).
Zur Übersicht seien die einfachen und den Verhältnissen beim Menschen vergleichbaren Verhältnisse beim **Fleischfresser** dargestellt. Vom Blinddarm aus verläuft der Grimmdarm mit seinem Anfangsteil nach kranial bis vor die vordere Gekrösewurzel, *Colon ascendens,* um die er als *Colon transversum* einen Haken von rechts nach links bildet. Anschließend zieht er als *Colon descendens* nach kaudal. Vor der Beckenhöhle geht der Grimmdarm in den Mastdarm über.
Bei den anderen Haussäugetieren erfährt vor allem der Anfangsteil, das Colon ascendens, eine besondere Ausbildung.
Man kann sich das Colon ascendens in seiner Mitte angefaßt und in die Länge gezogen vorstellen. Beim Pferd ist diese Mitte links vor der Beckenhöhle gelegen. Beim Wiederkäuer und beim Schwein bildet sie das Zentrum von Spiraltouren.
Beim **Pferd** hat das Colon ascendens doppelte Hufeisenform. Vom Blinddarm aus zieht der Grimmdarm etwa parallel zum rechten Rippenbogen von kaudo-dorsal nach kranio-ventral in die Schaufelknorpelgegend, schlägt dort nach links um und läuft ventral an der Bauchwand entlang zur Beckengegend. Vor der Beckenhöhle, evtl. sogar mehr nach rechts als nach links gelegen, erfolgt ein Umschlag nach dorsal und kranial. Rücklaufend zieht der Grimmdarm nun wieder auf der linken Seite zum Zwerchfell, von dort nach rechts und kaudal. Noch intrathorakal geht das Kolon dann in den Querteil, *Colon transversum,* über und von dort in das Colon descendens. Die eingangs beschriebenen Kolonteile bis zum Querteil entsprechen also dem Colon ascendens des Menschen und der Fleischfresser. Sie werden wegen ihrer Länge und ihres großen Fassungsvermögens als *großes Kolon* bezeichnet.
Entsprechend der Lage spricht man von der *rechten ventralen Längslage,* von der *ventralen Zwerchfellskrümmung, der linken ventralen Längslage,* der *Beckenkrümmung* (Beckenflexur), der *linken dorsalen Längslage,* der *dorsalen Zwerchfellskrümmung* und der *rechten dorsalen Längslage.* Die rechte dorsale Längslage ist besonders weit und wird daher auch *magenähnliche Erweiterung* genannt. In ihr bilden sich gelegentlich Konkremente oder Kotsteine, die durch ihre Größe den engen Übergang in das Colon transversum verstopfen können. Bei der dadurch ausgelösten Kolik wälzen sich die Tiere, und die Steine fallen in die Erweiterung zurück. Damit ist die Kolik behoben. Sie kann sich aber aus gleichem Anlaß wiederholen (intermittierende Kolik). Durch unterschiedliche Ansammlung von Gasen und festerem Inhalt in den

linken Längslagen kann es gelegentlich zu Verdrehungen dieser Darmabschnitte kommen.

Das Kolon des Pferdes weist deutliche *Bandstreifen* und *Poschen* auf.

Beim **Wiederkäuer** bildet das Colon ascendens (11', 11'') eine *Spirale,* an der man *zentripetale* und *zentrifugale Schlingen* unterscheiden kann, die in der *Zentralschleife, Ansa centralis,* ineinander übergehen. Um diese Spiralschleife herum ist der Leerdarm girlandenförmig angeordnet. Die Spirale (auch als Grimmdarmlabyrinth bezeichnet) liegt vertikal rechts neben dem Pansen in der rechten Körperhälfte. Aus den Spiralschleifen geht das Querkolon hervor und führt in das *Colon descendens.* Das Colon descendens der Wiederkäuer bildet eine *S-förmige Schlinge, Colon sigmoideum.*

Beim **Schwein** ist das Colon ascendens (11', 11'') bienenkorbartig angeordnet. *Außenwindungen* führen zentripetal zur Spitze des Kegels, an der sie in die steiler gewundenen und zentrifugal verlaufenden *Innenwindungen* übergehen. Die Basis des Kegels liegt dorsal und links. Die Achse ist entweder dorso-ventral oder bei starker Füllung des Magens von kranio-dorsal nach kaudo-ventral gerichtet. Auch die Lage des Kegels in der Bauchhöhle richtet sich nach der Magenfüllung. Je voller der Magen ist, desto mehr wird der Kolonkegel nach links und kaudal verdrängt.

Mastdarm, Rectum. Der Mastdarm weist keine Besonderheiten auf. Er verläuft unter der Wirbelsäule nach kaudal und liegt mit seinem kaudalen Abschnitt im retroperitonealen Teil der Beckenhöhle. Dort ist seine Bindegewebshaut eine Adventitia. Das Ende des Mastdarms ist zur *Mastdarmampulle, Ampulla recti,* erweitert. Im Colon descendens und im Rektum wird der Kot entwässert und geformt.

After, Anus

Der After bildet das Ende des Darmrohrs. Mit seinem *inneren* und seinem *äußeren Schließmuskel* (M. sphincter ani internus und M. sphincter ani externus) sorgt er für den Verschluß des Darms nach außen. Der innere Schließmuskel wird von der Zirkulärmuskelschicht gebildet. Der äußere Schließmuskel besteht aus Skelettmuskulatur. Die Schleimhaut des Afters ist eine kutane Schleimhaut. Sie stellt den Übergang von der äußeren Haut zur Darmschleimhaut her. Die Bindegewebshaut ist eine Adventitia.

Beim *Fleischfresser* liegen in der Umgebung des Afters zahlreiche *Zirkumanaldrüsen* und zwei *große Analbeutel,* die ein breiiges Sekret mit spezifischen Duftstoffen sezernieren. Das Sekret wird beim Kotabsatz in kleinen Mengen abgegeben. Es dient in der freien Wildbahn zur Markierung des Terrains. Beim Haushund

kommt es häufig zu Verstopfungen und Entzündungen der Analbeutel (Rutschen bzw. „Schlittenfahren" der Hunde) und zur Bildung bösartiger Tumoren in den Zirkumanaldrüsen.

Darmbewegungen

Der Darm kann verschiedene Bewegungen ausführen, die der
Durchmischung und dem Transport des Darminhalts dienen:

1. *rhythmische Segmentierung* (Vermischung und Durchknetung)
2. *Pendelbewegungen* (Durchmischung)
3. *Peristaltik* (Transport, ausgelöst durch Steigerung des Innen-
drucks).

Im Dickdarm kommen auch *antiperistaltische Bewegungen* für die
Durchmischung und das längere Verweilen des Inhalts zur besseren Austrocknung vor.

Die Darmbewegungen werden vom sog. intramuralen System gesteuert, das seinerseits unter dem Einfluß des Sympathicus und des
Parasympathicus steht (s. Seite 353). Der Sympathicus verlangsamt im allgemeinen die Darmbewegungen, der Parasympathicus
beschleunigt sie.

Der **Kotabsatz** wird durch starke Füllung der Ampulla recti ausgelöst und von der Medulla oblongata und dem Sakralmark gesteuert. Der Reflex läßt sich durch den Willen beherrschen.

Die physiologischen Vorgänge bei der Verdauung werden in einem
besonderen Abschnitt dargestellt (s. Seite 257).

e Anhangsdrüsen des Darms

Die **Leber** und die **Bauchspeicheldrüse** entwickeln sich aus Anla-
gen, die aus dem Darmepithel (Entoderm) aussprossen. Sie werden
daher als Anhangsdrüsen des Darms bezeichnet. Durch die Mitwirkung ihrer Sekrete bei der Verdauung stehen sie in enger funk-
tioneller Verbindung mit dem Darm.

Leber, Hepar, Jecur

Die Leber ist, abgesehen vom Euter des Rindes, die größte Drüse
des Organismus. Wie jede Drüse ist sie aus Interstitium und Parenchym aufgebaut. Das *Interstitium* tritt aus der Leberkapsel, der
Glissonschen Kapsel, in die Drüse ein. Das *Parenchym* ist in *Leberläppchen* angeordnet, die, besonders deutlich beim Schwein,
durch Bindegewebe gegeneinander abgegrenzt sind. Die Leber ist
vom Bauchfell überzogen.

An der Leber unterscheidet man eine konvexe **Zwerchfellsfläche,**
mit der sie dem Zwerchfell eng anliegt, und eine konkave **Eingeweidefläche.** Beim Wiederkäuer ist die Leber durch die Vormägen
in die rechte Hälfte des intrathorakalen Teils der Bauchhöhle ver-

lagert worden. Beim kleinen Wiederkäuer überragt sie den Rippenbogen etwas nach kaudal.

An der Eingeweidefläche ist die sog. **Leberpforte** gelegen, an der die *Leberarterie, A. hepatica,* die *Pfortader, V. portae,* und die *Nerven* eintreten. Die *Lymphgefäße* und die *Gallengänge* treten hier aus.

Dorsal hat die Leber einen *stumpfen Rand, Margo obtusus.* Die übrigen Ränder sind scharf, *Margo acutus.* Bei Krankheiten, Schwellungen und Stauungen wird der scharfe Rand stumpf.

Die Leber der Haussäugetiere läßt eine *Gliederung in verschiedene Abschnitte und Lappen* erkennen. Prinzipiell lassen sich unterscheiden: 1. die Pars sinistra, 2. die Pars dextra, 3. die Pars intermedia infraportalis und 4. die Pars intermedia supraportalis.

Durch weitere Unterteilungen entstehen die **Lappen,** und zwar

1. der Lobus sinister lateralis
2. der Lobus sinister medialis   = Pars sinistra
3. der Lobus intermedius s. quadratus = Pars intermedia infraportalis
4. der Lobus caudatus evtl. mit Proc. caudatus und Proc. papillaris = Pars intermedia supraportalis
5. der Lobus dexter medialis
6. der Lobus dexter lateralis   = Pars dextra

Zur Orientierung dienen die Gallenblase, die zwischen Pars intermedia und Pars dextra liegt, und das Lig. teres, das zwischen Pars intermedia und Pars sinistra an der Leber ansetzt.

Nur beim *Fleischfresser* sind alle Lappen ausgebildet. Beim *Schwein* tritt der Lob. quadratus zwischen die anderen Lappen zurück und der Proc. papillaris fehlt. Beim *Pferd* ist nur die Pars sinistra unterteilt und der Proc. papillaris fehlt. Beim *Wiederkäuer* sind ähnlich wie beim Menschen alle Partes verwachsen und nicht gegeneinander abgegrenzt, nur der Proc. caudatus und der Proc. papillaris bilden Lappen.

Die *Gallenblase fehlt* bei den Equiden sowie bei Reh, Hirsch, Kamel, Elefant, Biber, Hamster und bei der Ratte.

Feinbau der Leber

Die **Leberläppchen** werden von radiär angeordneten Zellsträngen, den *Leberzellbälkchen,* gebildet. Diese werden durch Gitterfasern zusammengehalten. Zwischen den Bälkchen verlaufen sinusartig erweiterte *Leberkapillaren,* in denen das Blut der Pfortader und der Leberarterie von der Peripherie der Läppchen radiär zur im Läppcheninnern gelegenen **Zentralvene** fließt (Abb. 169). Das Blut der Zentralvenen strömt in den **Lebervenen** zusammen. Die hintere Hohlvene tritt dorsal an die Leber heran. Sie verwächst

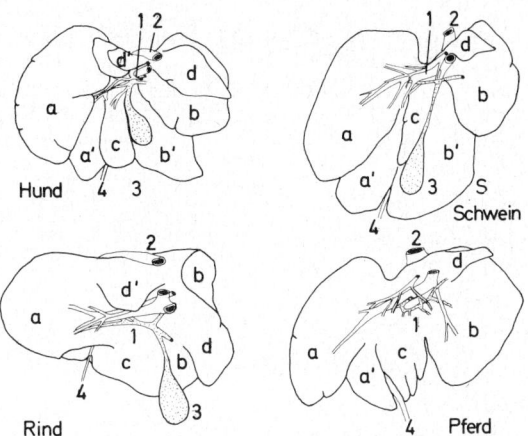

Abb. 168. Leberformen der Haustiere (nach NICKEL, SCHUMMER und SEIFERLE 1967). a, a' Pars sinistra: a linker lateraler Lappen, a' linker medialer Lappen; b, b' Pars dextra: b rechter lateraler Lappen, b' rechter medialer Lappen; c Pars intermedia infraportalis = Lobus quadratus: d, d' Pars intermedia supraportalis = Lobus caudatus: d Proc. caudatus, d' Proc. papillaris. 1 Leberpforte mit Leberarterie, Pfortader und Gallengängen; 2 hintere Hohlvene; 3 Gallenblase (fehlt beim Pferd); 4 obliterierte Nabelvene, Lig. teres hepatis.

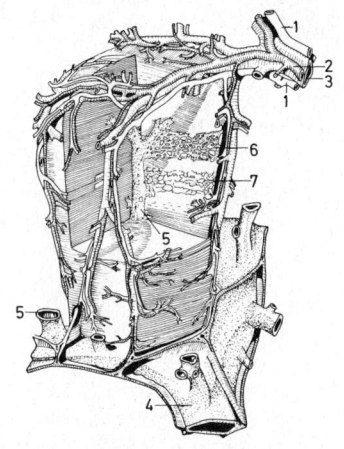

Abb. 169. Leberläppchen des Schweines in plastischer Darstellung (nach BRAUS in BARGMANN 1964). 1, 1 Gallengänge; 2 Zweig der Leberarterie; 3 Zweig der Pfortader; 4 Zweig einer Lebervene; 5,5 Zentralvenen; 6 Lebersinus; 7 Gallenkapillaren.

am stumpfen Rand mit der Leber und verläuft nun zwischen der Leber und dem Zwerchfell, das sie am For. venae cavae durchdringt. Die Lebervenen münden in der Zwerchfellfläche direkt in

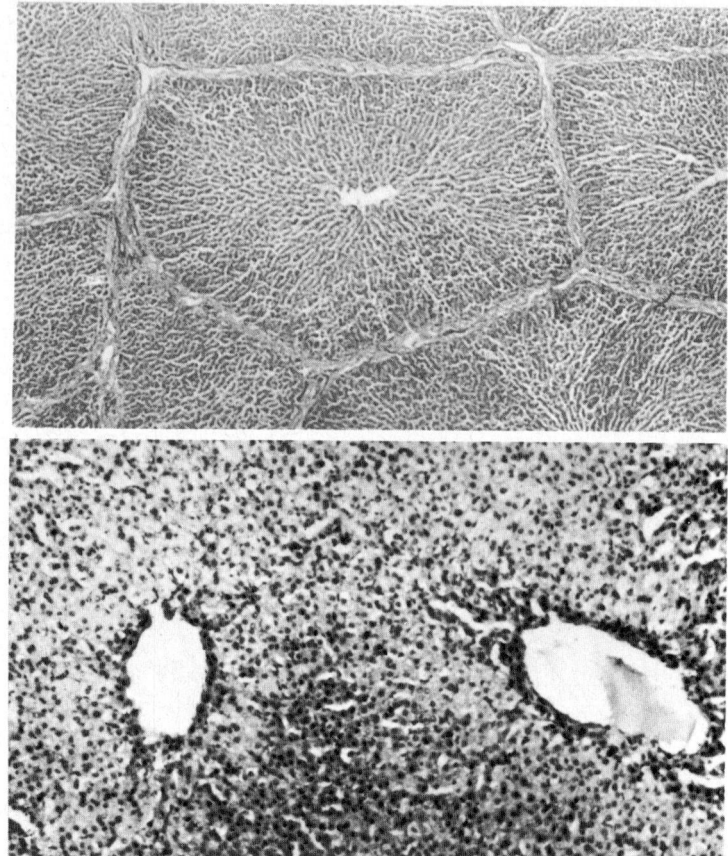

Abb. 170. Leberläppchen (Mikrofotos). Oben: Leberläppchen des Schweines mit deutlicher Abgrenzung durch Bindegewebe. Unten: Leberläppchen des Rindes, undeutlich abgegrenzt.

die Hohlvene. Wenn man die Hohlvene zwischen Zwerchfell und Leber durchtrennt, kann man die Mündungen sehen.

Neben diesem Kanalsystem für das Blut gibt es noch ein *System für die Galle*. Die feinsten Gallenkapillaren werden durch Einkerbungen der Leberzellen an ihren gegenseitigen Berührungsflächen gebildet. Die *Gallenkapillaren* sammeln sich zu *Gallengängen*, die sich zum großen Teil im *Lebergang, dem Duct. hepaticus,* vereinigen. Von diesem zweigt der *Blasengang, Duct. cysticus,* zur *Gallen-blase* ab (außer Pferd u. a.). Als *Gallengang, Duct. choledochus,* setzt sich der Duct. hepaticus bis zum Zwölffingerdarm hin fort, in den er an der *Papilla duodeni,* evtl. zusammen mit einem Ausführungsgang der Bauchspeicheldrüse, mündet.

Die Endothelzellen der Leberkapillaren haben die Fähigkeit, sich aus dem Verband zu lösen. Sie sitzen dann als sog. **Kupffersche Sternzellen** auf der Gefäßwand. Sie haben spezielle Fähigkeiten zur Phagozytose und Speicherung und werden dem retikulo-histiozytären System (RHS) zugerechnet.

Physiologie der Leber

Die Leber kann als Zentrallaboratorium des Organismus angesehen werden. Sie hat folgende Funktionen:

1. Sekretion der Galle
2. Beteiligung an der Regulation des Kohlenhydratstoffwechsels
3. Beteiligung an der Regulation des Fettstoffwechsels
4. Auf- und Abbau von Eiweißstoffen sowie die Bildung von Harnstoff und Harnsäure
5. Speicherung von verschiedenen Vitaminen und Spurenelementen
6. Beteiligung an der Regulation des Hormonhaushalts
7. Entgiftungsfunktion für bestimmte Stoffwechselprodukte
8. Blutspeicher
9. Beteiligung an der Regulierung des Wasserhaushalts.

Gallensekretion

Die Galle ist das Sekret der Leber. Sie wird kontinuierlich gebildet und bei den meisten Tieren in der Gallenblase gespeichert. Sie dient zur Ausscheidung von Schlackenstoffen, hat aber auch wichtige Aufgaben bei der Verdauung zu erfüllen.

Zusammensetzung der Galle:

1. Wasser
2. Schleim (Muzin)
3. Gallensäuren (besonders Glykochol- und Taurocholsäure)
4. Gallenfarbstoffe (Bilirubin, beim Pflanzenfresser besonders Biliverdin)
5. Cholesterin, Lezithin, Spuren von Harnstoff
6. Salze

Wichtigste Bestandteile der Galle sind die Gallensäuren und die Gallenfarbstoffe.

Die Gallensäuren sind Steroide. Sie finden sich in der Galle meist als gallensaure Salze durch Verbindung der Gallensäuren mit Gly-

kokoll oder Taurin (Glykocholsäure, Taurocholsäure). Die Gallensäuren sind tierartlich verschieden.
Die Bedeutung der Gallensäuren liegt in ihrer Fähigkeit, die Oberflächenspannung des Wassers herabzusetzen und mit Fettsäuren
eine Additionsverbindung einzugehen. Hierdurch wird vor allem
die Fettverdauung ermöglicht bzw. erleichtert. Aber auch bei der
Verdauung der Eiweiße und der Kohlenhydrate spielt die Anwesenheit der Gallensäuren eine Rolle. So wird die Trypsinwirkung
bei der Eiweißverdauung dadurch verstärkt, daß die durch das Pepsin des Magens bedingte Quellung der Eiweißstoffe aufgehoben
wird. Der größte Teil der Gallensäuren wird vom Ileum wieder
resorbiert und durch die Pfortader der Leber zugeführt, wo sie wieder zur Galleproduktion verwendet werden (enterohepatischer
Kreislauf).

Die Gallenfarbstoffe entstehen aus dem Blutfarbstoff Hämoglobin
nach Abspaltung des Eisens und des Eiweißkörpers. Man unterscheidet direktes Bilirubin und indirektes Bilirubin. Das indirekte
Bilirubin ist im Labor erst nach Zugabe von Katalysatoren nachzuweisen. Aus dem Blutfarbstoff entsteht zunächst das indirekte Bilirubin, das beim Menschen nicht durch die Niere ausgeschieden
werden kann. Beim Tier ist die Nierenschranke für das indirekte
Bilirubin nicht so deutlich ausgeprägt. Es wird in den Leberzellen
durch Bindung an Glukuronsäure in direktes (konjugiertes) Bilirubin übergeführt. Das direkte Bilirubin wird leicht durch die Nieren
ausgeschieden, wenn es in die Blutbahn gelangt. Im Darm geht es
wieder in indirektes Bilirubin über.
Im Darm wird das Bilirubin weiter umgebaut zu Mesobilirubin,
Mesobilirubinogen (= Urobilinogen), Urobilin, Sterkobilinogen
und schließlich Sterkobilin, das die dunkle Farbe des Kotes bedingt.
Bei fehlender Gallesekretion oder zu schneller Darmpassage ist
eine Umwandlung des Bilirubins unmöglich und der Kot daher
hell gefärbt.
Beim Pflanzenfresser wird vor allem Biliverdin gebildet. Daher ist
die Galle dieser Tiere grünlich. Biliverdin wird nicht weiter abgebaut. Der Hämoglobinabbau kann beim Säugetier auch in der Milz,
dem Knochenmark und an anderen Stellen des RHS erfolgen. Beim
Geflügel ist er auf die Leber beschränkt.
Ein der Bilirubin-Bildung analoger Vorgang spielt sich im Bindegewebe ab, wenn Blut aus den Gefäßen ausgetreten ist (Bluterguß,
der grün und schließlich gelb wird).
Im wesentlichen sind die Gallenfarbstoffe als Exkretionsprodukte
anzusehen.
Bei abnorm hohem Gallegehalt im Blut färben sich die Gewebe
gelb. Das Krankheitsbild wird Gelbsucht, Ikterus, genannt. Die

Bildung und Abbau des Bilirubins

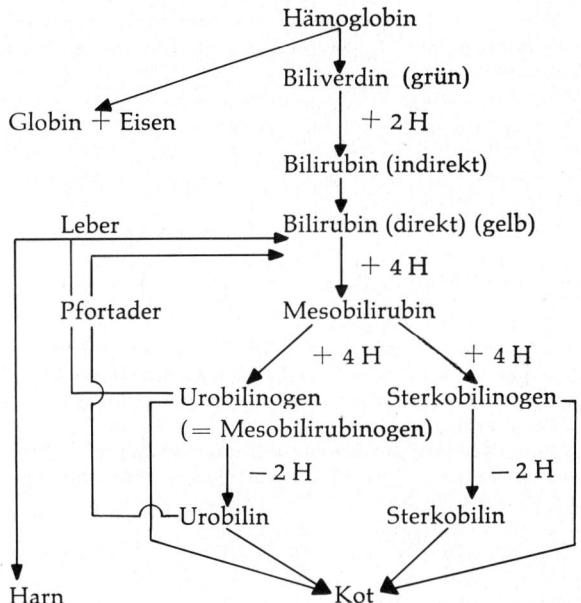

Gelbsucht kann entstehen, wenn so viel Blutfarbstoff angeboten wird, daß die Leber ihn nicht verarbeiten kann. Das ist z. B. der Fall, wenn sehr viele Erythrozyten gleichzeitig zugrunde gehen. Meist entsteht die Gelbsucht jedoch dadurch, daß die Leberzellen geschädigt werden und die von ihnen gebildete Galle in die Blutbahn statt in die Gallenkapillaren austritt, oder dadurch, daß Stauungen im Gallengangsystem vorliegen. Schädigend auf den Organismus wirken nicht so sehr die Gallenfarbstoffe wie die mit ihnen austretenden Gallensäuren (Benommenheit, Apathie, Hauterkrankungen).

Die **Gallenblase** dient als Speicher. Außerdem erfolgt besonders beim Fleischfresser eine Eindickung der Galle (von 2,5—3,5 % Trockensubstanz auf 15—20 %). Während die Lebergalle alkalisch ist, ist die Blasengalle bei Mensch und Fleischfresser leicht sauer. In der Gallenblase wird außerdem der Muzingehalt der Galle erhöht.

Die Ausschüttung der Galle aus der Gallenblase wird sowohl nervös als auch hormonell reguliert. Auslösend wirken Nahrungsbestandteile, besonders der Fettgehalt, aber auch bedingte und unbedingte Reflexe.

Tab. 32. Gallenmenge pro Tag (nach SCHEUNERT und TRAUTMANN 1976)

Mensch	700—800 ml	Ziege	0,7—1 kg
Rind	2—6 kg	Schaf	0,3—0,4 kg
Pferd	5—6 kg	großer Hund	250 ml
Schwein	0,8—1 kg		

Die **Wirkung der Galle** besteht in

1. Alkalisierung des Nahrungsbreis.
   Die Salzsäure aus dem Magen spaltet die Gallensäuresalze und wird dabei gebunden. Durch den Wegfall der Salzsäure wird das Pepsin inaktiviert. Die Pankreasenzyme benötigen ein alkalisches Milieu.
2. Emulgierung der Fette und teilweise Verseifung derselben.
   Fettsäuren werden an Gallensäuren gebunden und können leichter resorbiert werden.
3. Anregung der Darmperistaltik.
4. Förderung der Pankreas-Lipase, -Diastase und -Proteasen.
5. Hemmung der Fäulnisbakterien.
6. Färbung des Darminhalts.
7. Hormonproduktion in der Gallenblasenwand (?).

Beteiligung an der Regulation des Kohlenhydratstoffwechsels

Die Hauptfunktion der Leber im Kohlenhydratstoffwechsel ist in der Umwandlung der unregelmäßigen Kohlenhydratzufuhr aus dem Darm in einen kontinuierlichen Strom und in der Bildung von Reserven für Mangelzeiten zu sehen. Außerdem können Fette und Aminosäuren in der Leber zu Kohlenhydraten umgewandelt werden. Die Kohlenhydrate werden in der Leber in Form des Polysaccharids Glykogen gespeichert.

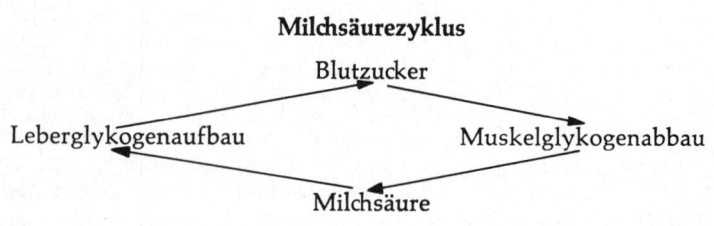

Milchsäurezyklus

Blutzucker

Leberglykogenaufbau   Muskelglykogenabbau

Milchsäure

Die bei der Muskeltätigkeit in den Muskelzellen entstehende Milchsäure wird in der Leber wieder zu Glykogen rückverwandelt und dem Energiehaushalt erneut zur Verfügung gestellt.

In der Leber der Milchkuh werden täglich 1000—1500 g Glukose aus Propionat synthetisiert. Die Glukose wird dem Euter zur Laktosebildung zugeführt (s. Seite 315).

Beteiligung an der Regulation des Fettstoffwechsels

Im Darm aufgenommene Fettsäuren werden in der Leber und in den Fettdepots zu tierartspezifischen Fettsäuren und tierartspezifischem Fett umgebaut.

In großen Mengen aufgenommene Kohlenhydrate werden in der Leber zu Fett umgebaut. Der Fettgehalt der Leber nimmt bei hohem Fett- oder Kohlenhydratgehalt der Nahrung zu. Eine andere Art der Verfettung ist die fettige Degeneration. Sie wird nicht durch Nahrungsmittel, sondern durch Gifte verursacht. Solche Gifte sind Phosphor, Arsen, Tetrachlorkohlenstoff und Chloroform.

Beteiligung am Eiweißstoffwechsel

1. Aufgenommene Aminosäuren werden zu Protein synthetisiert.
2. Aminosäuren werden umgebaut.
3. Die Plasmaproteine, besonders Albumin, Fibrinogen und Prothrombin, aber auch ein Teil der Globuline, werden synthetisiert.
4. Als Abbauprodukte aus dem Nukleinsäure- und Eiweißstoffwechsel werden Harnsäure bzw. Allantoin und Harnstoff gebildet.

Speicherung von Vitaminen und Spurenelementen

Die Speicherfähigkeit für Vitamine ist bei den einzelnen Tierarten unterschiedlich stark ausgeprägt, z. B. ist die Speicherfähigkeit für Vit. A beim Schaf 40mal größer als beim Schwein. Vit. D wird besonders in der Leber von Fischen gespeichert (Thunfisch, Heilbutt, Dorsch).

Die Leber ist ein Depot für Eisen, Kupfer, Mangan und Zink. Das Eisen stammt zu 95 % aus den abgestorbenen Erythrozyten. Der Rest wird durch den Darm resorbiert oder aus anderen Substanzen, wie z. B. Myoglobin, gewonnen.

Regulation des Hormonstoffwechsels

In der Leber werden folgende Hormone abgebaut: Östrogene, Testosteron, Progesteron, Kortikosteroide, Thyroxin, Insulin, Glukagon, ACTH und Vasopressin. Deshalb sind bei Lebererkrankungen Störungen des Hormonhaushalts möglich.

Entgiftungsfunktion

Die Leber ist nicht nur ein wichtiges Syntheseorgan, sondern nimmt auch bei der Entgiftung vieler Zwischen- und Abbauprodukte des Stoffwechsels und körperfremder Stoffe eine zentrale Stellung ein. Die Entgiftung kann durch Bindung der Stoffe an Glukuronsäuren, an Schwefelsäure, an Aminosäuren oder an Glykokoll erfolgen. Eine andere Entgiftungsmöglichkeit besteht in der Azetylierung. Die synthetisierten, ungiftigen Endprodukte werden größtenteils durch die Nieren ausgeschieden.

Blutspeicherung

Die Leber kann bis zu 25 % ihres Gewichts an Blut speichern. Die Speicherung kommt vor allem dadurch zustande, daß das Blut durch Kontraktion glatter Muskelzellen in den Lebervenen zurückgehalten wird. Als Reiz zur Ausschüttung des Blutes wirken ebenso wie in der Milz der CO_2-Anstieg im Blut und die Reizung des N. sympathicus.

Regulierung des Wasserhaushalts

Der Wasserhaushalt wird vor allem über die Synthese der Bluteiweißstoffe reguliert. Bei Leberschäden, die die Synthese dieser Eiweißstoffe stören, kann man vermehrte Aufnahme und Ausscheidung von Wasser beobachten. In den Geweben wird vermehrt Wasser zurückgehalten, da der kolloidosmotische Druck für den Rückstrom des Wassers aus dem Interzellularraum in den venösen Schenkel der Kapillaren fehlt (s. Seite 194).

Bauchspeicheldrüse, Pancreas

Die Bauchspeicheldrüse ist eine Drüse mit exokriner und endokriner Sekretion. Sie produziert einerseits den **Pankreassaft** als wichtigstes Verdauungssekret und andererseits das Hormon **Insulin,** das sehr wesentlichen Anteil an der Regulierung des Blutzuckerspiegels hat, und das Hormon **Glukagon,** das seinerseits die Blutzuckerbildung beeinflußt.

Das Pankreas liegt dem Duodenum eng an. Man kann einen *Querschenkel,* einen *Kopf* und einen *Längsschenkel* unterscheiden, die tierartliche Unterschiede aufweisen (Abb. 171). Der **Querschenkel,** *Lobus sinister,* überragt die Pars cranialis duodeni nach links. Der **Kopf,** neuerdings auch **Mittelstück,** *Corpus pancreatis,* genannt, liegt an der Pars cranialis duodeni und der **Längsschenkel,** *Lobus dexter,* an der Pars descendens. Er wird daher auch als Duodenalschenkel bezeichnet.

Das Pankreas hat je nach Tierart ein bis zwei Ausführungsgänge in den Zwölffingerdarm. Man unterscheidet einen **Haupt-** und

Abb. 171. Bauchspei-
cheldrüse des Rindes
(nach NICKEL, SCHUM-
MER und SEIFERLE 1967).
1 Mittelstück, Corpus
pancreatis; 2 linker
Lappen, Lobus pancrea-
tis sinister; 3 rechter
Lappen, Lobus pancrea-
tis dexter; 4 Ductus

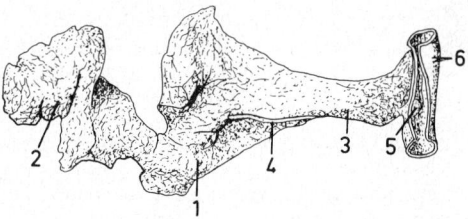

pancreaticus accessorius; 5 Papilla duodeni minor; 6 Teil des Zwölffingerdarms, eröffnet.

einen **Nebengang**. Der Hauptgang mündet zusammen mit dem
Gallengang in der Papilla duodeni.

Der Hauptgang, Ductus pancreaticus (wirsungi) und der Nebengang, Ductus pancreaticus accessorius (santorini) sind bei Pferd
und Hund ausgebildet. Nur der Hauptgang ist bei kleinen Wiederkäuern und Katze, nur der Nebengang bei Rind und Schwein vorhanden.

Das Vorhandensein zweier Ausführungsgänge und die unterschiedliche Ausbildung derselben erklären sich aus der Entwicklung des Pankreas aus einer dorsalen und einer ventralen Anlage,
die ursprünglich je einen Ausführungsgang besaßen.

Im Drüsenparenchym des Pankreas sind besondere Zellen in kleinen Gruppen inselförmig verteilt. Sie bilden die sog. *Langerhansschen Inseln*, deren Gesamtheit als Inselapparat zusammengefaßt
wird. Diese Inseln bestehen aus zwei Zelltypen, den Glukagon
produzierenden α-Zellen und den Insulin produzierenden β-Zellen.

Physiologie der Bauchspeicheldrüse

Der **Pankreassaft** enthält eiweißspaltende, fettspaltende und koh-
lenhydratspaltende Enzyme.

Die **eiweißspaltenden Enzyme** sind Trypsinogen, Chymotrypsino-
gen und Karbopolypeptidase.

Das *Trypsinogen* wird erst nach Berührung mit der Darmschleimhaut durch die in dieser enthaltenen *Enterokinase* zum *Trypsin*
aktiviert. Durch diesen Mechanismus wird vermieden, daß sich die
Bauchspeicheldrüse durch ihre Enzyme selbst verdaut. Diese
Selbstverdauung findet aber unter pathologischen Bedingungen,
z. B. nach Eindringen von Galle in den Pankreasgang, statt. Das im
Darm aktivierte Trypsin kann seinerseits Trypsinogen und Chy-
motrypsinogen aktivieren.

Die genannten Enzyme setzen den im Magen durch das Pepsin be-
gonnenen Eiweißabbau fort.

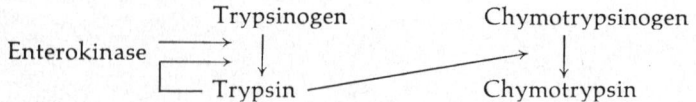

Die **Fettspaltung** erfolgt im Darm im wesentlichen durch die Pankreaslipase *Steapsin*, die ihr Wirkungsoptimum bei einem pH von 8 hat und die Fette größtenteils in Monoglyzeride und Fettsäuren spaltet. Dabei spielen die Emulgierung der Fette durch die Alkalien des Pankreassaftes und ihre Verbindung mit den Gallensäuren eine wichtige Rolle. Die Pankreaslipase wird außerdem erst durch die Gallensäuren aktiviert.

Die **Kohlenhydratspaltung** wird von der *Pankreasdiastase* vorgenommen. Diese baut Stärke und Glykogen über Dextrin zur Maltose ab.

Die **Menge des Pankreassaftes** ist abhängig von der Aufnahme und der Art des Futters. Bei lebhafter Sekretion werden von Pferd und Rind 250—400 g/Std., von Schwein und Schaf 7—15 g/Std. und vom Hund 1—35 g/Std. gebildet. Die Tagesmenge beträgt beim Rind etwa 6 l und beim Pferd etwa 7 l.

Die Ausschüttung des Pankreassaftes wird nach der Nahrungsaufnahme durch Reizung des N. vagus und nach Eintritt des Verdauungsbreis in den Dünndarm hormonell angeregt.

Durch das Übertreten von Salzsäure in den Zwölffingerdarm wird die Darmwand zur Produktion des Hormons *Secretin* veranlaßt, das seinerseits die Pankreassekretion herbeiführt. Es ist verantwortlich für die Menge des Sekrets, seine Reaktion und den Bikarbonatgehalt. Die Konzentration der Enzyme wird durch ein weiteres Hormon, das *Pankreozymin*, reguliert. Die Aktivitäten der Enzyme sind von der Zusammensetzung der Nahrung abhängig. Bei Pferd, Rind und Schwein, deren Magen praktisch nie leer wird, wird durch ständigen Übertritt von Chymus eine Dauersekretion des Pankreassaftes aufrecht erhalten. Beim Fleischfresser erfolgt die Sekretion nur nach der Nahrungsaufnahme, bis die Verdauung abgeschlossen ist.

Innere Sekretion der Bauchspeicheldrüse

Das **Insulin** der β-Zellen hat folgende Wirkungen (Seite 388):

1. Erhöhung der Zellwandpermeabilität für Glukose, dadurch Förderung der Verwertung und Oxydation.
2. Anregung der Glykogenbildung und Speicherung in der Leber.
3. Förderung der Bildung von Fettsäuren und Proteinen aus Zwischenprodukten des Kohlenhydratstoffwechsels.
4. **Hemmung der Glukoneogenese, der Proteolyse und der Lipolyse.**

Die Insulinausschüttung ist abhängig von der Höhe des **Blutzuckerspiegels**. Dieser beträgt beim Pferd 55—95 mg %, beim Rind 40—60 mg %, beim Schaf 30—60 mg %, beim Schwein 60 bis 90 mg % und beim Hund 60—80 mg %.

Störungen können eintreten durch:

1. Überfunktion der β-Zellen. Dieser Zustand führt zu einer Erniedrigung des Blutzuckerspiegels (Hypoglykämie) mit verminderter Leistungsfähigkeit der Muskeln und Nerven, in extremen Fällen mit hypoglykämischem Schock. Die gleiche Wirkung wird erreicht durch eine Einschränkung der Insulinantagonisten (Glukagon, Glukokortikoide, ACTH) bei physiologischer Insulinproduktion.

2. Mangelnde Insulinproduktion oder gesteigerte Aktivität der Antagonisten führt zur Zuckerkrankheit, Diabetes mellitus, die durch Erhöhung des Blutzuckerspiegels (Hyperglykämie) und Glukoseausscheidung mit dem Harn (Glykosurie) gekennzeichnet ist.

Glukagon. Die α Zellen der Langerhansschen Inseln bilden das Hormon Glukagon. Dieses fördert die Glykogenolyse in der Leber und erhöht damit den Blutzuckerspiegel. Auf diese Weise wirkt es dem Insulin entgegen.

Unter physiologischen Bedingungen befinden sich die α- zu den β-Zellen in einem Verhältnis 1 : 5. Dieses kann unter pathologischen Bedingungen auf 2 : 1 bis 5 : 1 verschoben sein.

Seit einigen Jahren ist es möglich, bei einer Überproduktion von Glukagon, die zum sog. Altersdiabetes des Menschen führt, die α-Zellen durch bestimmte Sulfonamide zu dämpfen und damit den Blutzuckerspiegel ohne Insulingaben zu regulieren. Beim Jugenddiabetes, der in den weitaus meisten Fällen ein Insulinmangeldiabetes ist, muß nach wie vor eine Substitution durch Insulin-Injektionen erfolgen.

f Physiologie der Verdauung

Das Wesen der Verdauung besteht in dem Zerlegen der aufgenommenen Nahrungsstoffe in seine kleinsten Bausteine und deren Aufnahme. Aus diesen Bausteinen werden durch Umbau bzw. Zusammenbau im intermediären Stoffwechsel körpereigene Substanzen gebildet.

Der Abbau der Nahrungsbestandteile erfolgt durch mechanische Zerkleinerung und chemische Aufbereitung mit Hilfe der Enzyme der Verdauungsdrüsen, der Nahrung und der Bakterien bzw. Infusorien.

Nahrungsaufnahme

Das **Futter** wird von den Haustieren in unterschiedlicher Weise aufgenommen.

Tab. 33. Übersicht über die wichtigsten bei der Verdauung wirksamen körpereigenen Enzyme (nach KOLB 1967)

Enzym	Vorkommen	Substrat	Endprodukte
Ptyalin	Speichel (Schwein)	Stärke	Maltose
Pepsin	Magensaft	Eiweißstoffe	Polypeptide
Kathepsin	Magensaft	Eiweißstoffe	Polypeptide
Magenlipase	Magensaft	Fette	Fettsäuren, Glyzerin und Monoglyzeride
Chymosin	Magensaft (junge Wiederkäuer)	Eiweißstoffe	Polypeptide (Labgerinnung)
Trypsin	Pankreassaft	Eiweißstoffe	Polypeptide
Chymotrypsin	Pankreassaft	Eiweißstoffe	Polypeptide
Pankeasdiastase	Pankreassaft	Stärke	Maltose
Pankreaslipase	Pankreassaft	Fette	Fettsäuren, Glyzerin und Monoglyzeride
Karboxypeptidase	Pankreassaft	Polypeptide	Aminosäuren und Dipeptide
Aminopeptidase	Darmsaft	Polypeptide	Aminosäuren und Dipeptide
Dipeptidase	Darmsaft	Dipeptide	Aminosäuren
Maltase	Darmsaft	Maltose Saccharose	2 x Glukose Glukose und Fruktose
Laktase	Darmsaft	Laktose	Glukose und Galaktose
Nuklease	Darmsaft	Polynukleotide	Mononukleotide
Nukleotidase	Darmsaft	Mononukleotide	Nukleoside und Phosphorsäure
Phosphatase	Darmsaft	Phosphorsäureester	Alkohol und Phosphorsäure

Das Rind bedient sich in starkem Maß seiner Zunge. Mit ihr werden lange Grashalme umfaßt und in die Mundhöhle gezogen. Auch beim Fressen aus der Krippe werden Futterbrocken mit der Zunge in die Mundhöhle transportiert. Kurzes Gras wird von den Wiederkäuern mit den Unterkieferschneidezähnen und der Kauplatte erfaßt und abgerupft.

Das *Pferd* ergreift das Futter mit den Lippen und den Schneidezähnen und reißt Pflanzenteile ab bzw. nimmt Körnerfutter portionsweise aus der Krippe auf.

Das *Schwein* beißt in das Futter hinein. Bei flüssiger Nahrung überwiegt ein schlürfendes Saugtrinken nach schöpfend-kauender Einleitung.

Die *Fleischfresser* reißen Stücke aus größeren Nahrungsbrocken heraus und werfen diese dann mit einer ruckartigen Bewegung des Kopfes in den Rachen, oder sie schneiden mit den Backenzähnen große Bissen ab. Sie gehören zu den „Schlingern".

Das **Wasser** und andere Flüssigkeiten werden von *Pferd, Wiederkäuer* und *Schwein* saugend aufgenommen. Dabei wird durch Rückziehen der Zunge in der Mundhöhle ein Unterdruck erzeugt. Dafür muß der Lippenschluß gut sein, und die Backen dürfen keine perforierenden Wunden aufweisen, sonst kann kein Unterdruck erzeugt werden.

Der *Hund* und die *Katze* befördern Flüssigkeiten durch löffelnde Bewegungen der Zunge in die Mundhöhle. Die Zungenspitze wird in die Flüssigkeit getaucht und stark benetzt. Anschließend wird sie mit einer Dorsalflexion in die Mundhöhle geschleudert. Der Katze kommt dabei die Rauhigkeit ihrer Zungenoberfläche besonders zugute.

Die **Zerkleinerung der Nahrung** wird mit den Zähnen vorgenommen.

Die *Wiederkäuer* führen dabei mahlende Bewegungen durch, wobei die Kiefer vor allem in seitlicher Richtung gegeneinander geführt werden. Während der Futteraufnahme wird die Nahrung nur oberflächlich gekaut. Deshalb kommt es verhältnismäßig häufig zur Speiseröhrenverstopfung durch Rübenköpfe etc. Auch können Fremdkörper leicht in die Vormägen gelangen.

Das *Pferd* führt ebenfalls mahlende Kieferbewegungen durch. Dabei werden die Unterkieferbackenzähne aber nicht nur in seitlicher Richtung bewegt, sondern gleichzeitig auch noch in der Richtung von vorn nach hinten. Bei reiner seitlicher Bewegung bildet sich leicht ein Treppengebiß aus.

Kieferschläge pro Minute: Pferd 70—80; Rind 78—94
Kieferschläge pro Bissen: Pferd 30—60; Rind 15—40

Das *Schwein* führt mehr oder weniger hackende Bewegungen mit seinen Kiefern durch. Die Nahrung wird zwischen den schmelzhöckerigen Backenzähnen zerquetscht.

Die *Fleischfresser* zerkleinern die Nahrung nur wenig. Sie benutzen die scharfen Backenzähne vor allem, um zähe, feste Fleischteile zu zerschneiden bzw. um Knochen zu zerkleinern.

Den Wiederkäuern muß nach der Futteraufnahme genügend **Zeit zum Wiederkäuen** gegeben werden. Aber auch Pferde sollten nach der Nahrungsaufnahme nicht sofort zu Arbeitsleistungen herangezogen werden.

Das Wiederkäuen beginnt beim Rind je nach Futter 30—70 Min., beim Schaf 20—45 Min. nach der Futteraufnahme.
Kieferschläge je Wiederkäuportion: Rind 35—50; Schaf 50—60
Wiederkäuperioden pro Tag: Rind und kl. Wiederkäuer ca. 16
Wiederkäuzeit pro Tag: Rind ca. 7 Std. (ca. 32 Min. pro kg Futter-Trockensubstanz)
Schafe käuen bei reiner Stallhaltung vorwiegend zwischen 20 und 8 Uhr wieder.
Bei landwirtschaftlichen Nutztieren werden Verhaltensstudien durchgeführt, um die Ställe bzw. die Haltung möglichst optimal den Bedürfnissen der Tiere anpassen zu können. So konnte man z. B. beobachten, daß die Rinder im Laufstall auch während der Abend- und frühen Morgenstunden zum Futterplatz gehen.

Abschlucken der Nahrung

Die Nahrung wird portionsweise mit der Zunge in den Mundrachen befördert. Dort sind Rezeptoren vorhanden, die den sehr komplexen Schluckreflex auslösen. Zum Abschlucken wird der Kehlkopf hinter den Zungengrund geduckt. Dabei verschließt sich der Kehlkopf durch Auflegen des Kehldeckels auf den Eingang. Am Schluckvorgang sind nicht nur die Schlundkopf-, Zungen- und Kehlkopfmuskeln beteiligt, sondern auch die langen Zungenbeinmuskeln (M. sternohyoideus und M. sternothyreoideus). Man muß daher beim Eingeben flüssiger Nahrung bzw. Medikamente mit der Flasche darauf achten, daß der Kopf nicht zu weit nach dorsal gestreckt wird, da den Tieren dann ein Abschlucken nicht möglich ist. Außerdem muß darauf geachtet werden, daß die Tiere abschlucken. Deshalb gibt man Flüssigkeiten in kleinen Portionen und nicht zügig ein. Die Tiere können sich sonst verschlucken. Die Folge ist oft eine Lungenentzündung, die nur in sehr seltenen Fällen geheilt werden kann.

Ist die Nahrung in die Speiseröhre gelangt, so wird sie durch peristaltische Wellen der Speiseröhrenmuskulatur magenwärts befördert. Vor der Kardia verweilt sie kurz, dann gelangt sie nach Öffnung der Kardia in den Magen. Der proximale und der distale Schließmuskel der Speiseröhre öffnen und schließen sich im Wechselspiel.

Magenverdauung

Verdauung im einhöhligen Magen

Das wichtigste Verdauungsenzym im Magen ist das **Pepsin,** das sein Wirkungsoptimum bei einem pH von 1—2 hat. Pepsin wird nicht in fertiger Form von den Hauptzellen ausgeschieden, sondern diese bilden Pepsinogen als Vorstufe, das durch Salzsäure zu Pepsin aktiviert wird. Pepsin aktiviert dann weiteres Pepsinogen.

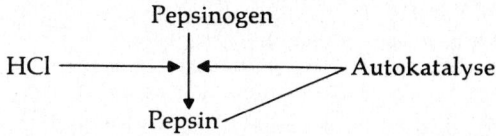

Pepsin spaltet hochmolekulare Proteine zu Polypeptiden.

Weitere Magenenzyme sind das **Kathepsin** zur Eiweißspaltung mit einem Wirkungsoptimum bei einem pH von 3—5 und die **Magenlipase** zur Fettspaltung. Beide Enzyme kommen jedoch nur in geringen Mengen vor.

Von den Belegzellen der Fundusdrüsen wird **Salzsäure** gebildet. Diese dient zur Aktivierung des Pepsins, zur Quellung der Eiweißstoffe und entfaltet eine starke antibakterielle und antivirale Wirkung. Außerdem wird durch sie das mit der Nahrung zugeführte Eisen zum resorptionsfähigen zweiwertigen Eisen reduziert.

Die Salzsäure im Magen hat beim Schwein eine Konzentration von 0,3—0,4 % und beim Pferd von 0,2 %.

Die **Magensaftproduktion** erfolgt beim Schwein und Pferd kontinuierlich. Sie wird durch die Futteraufnahme gesteigert. Dabei spielen auch Reflexe, die in der Mundhöhle durch Rezeptoren ausgelöst werden, sowie optische Eindrücke eine Rolle.

Man unterscheidet bei der Magensaftabsonderung eine reflektorische *Gehirnphase*, die 45 % der Magensaftsekretion bedingt, eine *Magenphase* (mechanische Reizung, chemische Wirkung der Nahrung, die zur Gastrinbildung führt), die 45 % der Magensaftsekretion unterhält, und die *Darmphase* durch humorale Beeinflussung vom Darm her, auf die 10 % der Magensaftsekretion zurückzuführen sind.

Besonderheiten beim Pferd: Trotz des Fehlens der Diastase im Speichel und im Magensaft findet ein Abbau der Stärke im Pferdemagen statt, und zwar durch Bakterien und durch Futterdiastase.

Besonderheiten beim Schwein: Der Stärkeabbau wird durch Speicheldiastase und Futtermitteldiastasen sowie durch Bakterienenzyme eingeleitet.

Verdauung in den Vormägen der Wiederkäuer

Aufgaben der Vormägen: Abbau der Zellulose durch Bakterienenzyme (Gärung) sowie Ab- und Umbau anderer Kohlenhydrate und der Proteine (Bakterien, Infusorien). Dabei werden mikrobielle Reservekohlenhydrate und Proteine sowie niedere Fettsäuren gebildet (3—5 kg niedere Fettsäuren pro Tag beim Rind).

Stoffwechselvorgänge im Pansen:

1. Freisetzung von NH_3 aus N—haltigen Produkten und teilweise Resorption desselben.

2. Neu- und Umbildung von Eiweißstoffen aus Nichteiweißverbindungen bzw. Proteinen der Nahrung.
3. Durch Bildung mikrobieller Eiweißstoffe im Pansen wird eine Erhöhung der biologischen Wertigkeit der Eiweißstoffe der Nahrung erreicht. Die Mikroorganismen werden im Labmagen und im Darm verdaut. In ca. 24 Stunden wird die gesamte Pansenflora einmal umgesetzt. 1 ml Panseninhalt enthält ca. 10^6 Protozoen und 10^9 Bakterien.
4. Abbau der Kohlenhydrate, besonders Zellulose und Stärke, unter Bildung niederer Fettsäuren.

Abbau verschiedener Kohlenhydrate im Pansen
(nach GÜRTLER und KOLB 1967)

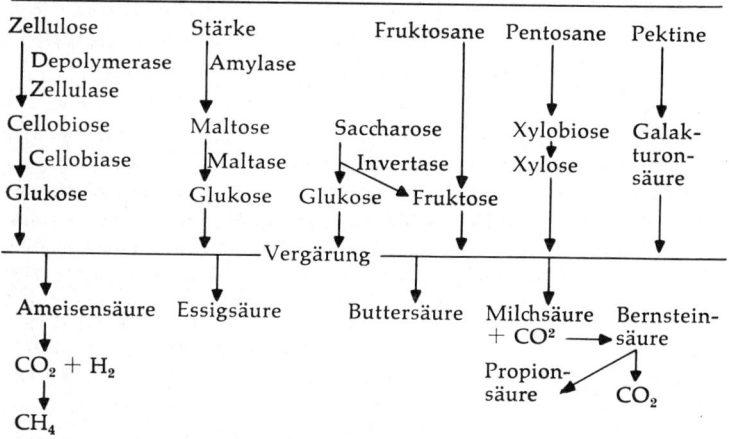

Schema der Umsetzung N-haltiger Produkte im Pansen
(nach GÜRTLER und KOLB 1967)

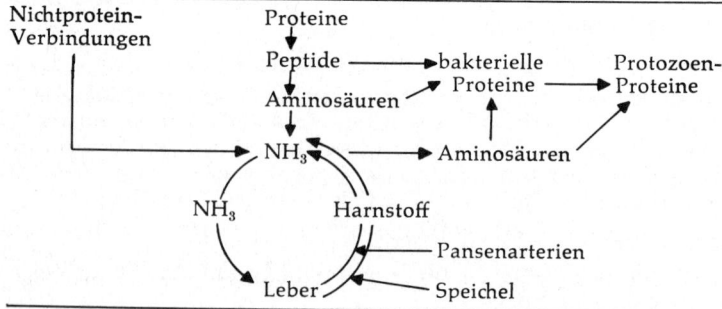

5. Hydrierung der hochgradig ungesättigten Fettsäuren und z. T. Verdauung der Fette.
6. Synthese aller wasserlöslichen Vitamine.

Gasbildung im Pansen: 25—35 l/Std. nach der Fütterung.

Verdauung im Labmagen

Das Rind bildet täglich bis zu 100 l Labmagensaft. Der pH-Wert im Labmagen beträgt 2—4,1.
Der Verdauungsbrei (Chymus) hält sich im Labmagen nur relativ kurze Zeit auf. Die Eiweißverdauung wird fortgesetzt (Pepsin).
Das bei jungen Wiederkäuern im Labmagen gebildete **Chymosin** dient der Verdauung des Milcheiweißes Kasein (Labgerinnung).

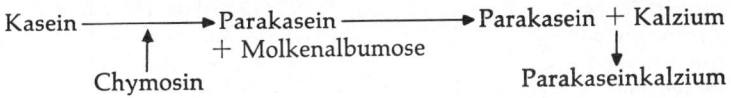

Kasein ⟶ Parakasein ⟶ Parakasein + Kalzium
    ↑ + Molkenalbumose
  Chymosin   ↓
                                 Parakaseinkalzium

Dünndarmverdauung

Pankreassaft und Galle wurden bereits besprochen. Wichtig für die Verdauung im Darm ist ferner der sog. **Darmsaft,** der von den darmeigenen Drüsen und von den Duodenaldrüsen gebildet wird. Dabei werden Enzyme nur von den darmeigenen Drüsen sezerniert. Die Duodenaldrüsen liefern ein muköses Sekret, das die Darmwand gegen den anfangs noch sauren Chymus schützt.
Wichtige Enzyme des Darmsaftes sind:
1. Ein Gemisch aus *Aminopolypeptidasen* und verschiedenen *Dipeptidasen*, das die Eiweißspaltung bis zu den Aminosäuren fortsetzt. Außerdem besitzt der Darmsaft eine geringe lipolytische Wirkung, so daß er bei einer Pankreasinsuffizienz die Fettspaltung im begrenzten Maße durchführen kann.
2. **Maltase** und **Laktase** zur Spaltung der Disaccharide.
3. **Enterokinase** zur Aktivierung des Trypsinogens.

Abbau der Eiweißstoffe: Die aus dem Magen in den Darm abgegebenen hochmolekularen Eiweißstoffe (Polypeptide) werden durch *Trypsin* und *Chymotrypsin* in niedermolekulare Polypeptide zerlegt. Durch die *Karboxypolypeptidase* des Pankreas und die *Aminopolypeptidase* des Darmsaftes wird der Abbau zu Dipeptiden fortgeführt. Diese werden schließlich durch die *Dipeptidasen* in Aminosäuren gespalten.

Zum Abbau der hochmolekularen Kohlenhydrate ist außer beim Schwein die *Pankreasdiastase* das einzige körpereigene Enzym. Die Disaccharide werden durch die Enzyme des Darmsaftes (*Maltase, Laktase*) in Monosaccharide zerlegt.

Der **Fettabbau** beginnt zwar mit der Magenlipase, wird im wesentlichen jedoch im Darm durch die *Pankreaslipase* durchgeführt. Dafür spielt die Verbindung der Fettsäuren mit den Gallensäuren zu sog. Choleinsäuren sowie die Emulgierung durch die Galle und die Alkalien des Pankreassaftes eine wichtige Rolle. Die Resorption erfolgt im allgemeinen nach der Spaltung in Glyzerin bzw. Monoglyzeride und Fettsäuren, wobei in den Darmepithelzellen die Resynthese zu Fett erfolgt. Fette mit kurzkettigen Fettsäuren können als einheitliches Fettmolekül resorbiert werden (besonders Milchfett).

Für die Resorption und den Transport der aufgeschlossenen Nahrung ist der **Bau der Darmzotten** von Bedeutung. Im Zentrum der Zotten sind neben einer aufsteigenden Arterie und einer absteigenden Vene Lymphgefäße ausgebildet. Außerdem ziehen in die Zotten die Muskelzüge der Lam. muscularis mucosae. Die Zotten führen pumpende Bewegungen durch, indem sie sich zusammenziehen und wieder ausdehnen. Dadurch werden das Venenblut und die Lymphe aus den Zotten herausgedrückt. Kohlenhydrate und Eiweißspaltprodukte werden auf dem Blutweg durch die Venen in die Pfortader und mit dieser zur Leber transportiert. Die Fette mit langkettigen Fettsäuren werden auf dem Lymphweg transportiert, kurzkettige Fettsäuren unverestert über die Pfortader. Durch die emulgierten Fettropfen erhält die Lymphe (Chylus) ein milchiges Aussehen, das besonders nach der Nahrungsaufnahme auffällig ist. Der Hauptlymphgang, der Ductus thoracicus, hat daher auch die Bezeichnung Milchbrustgang erhalten.
Jejunum und Ileum resorbieren große Mengen Wasser.

Dickdarmverdauung

Funktion: 1. Beendigung der Verdauung, 2. Resorption der Spaltprodukte, 3. Eindickung durch weiteren Wasserentzug, 4. Kotformung.
Beim Pferd spielen der Blinddarm und der Anfangsteil des Kolons für die Zelluloseverdauung eine wichtige Rolle, in geringerem Maße auch beim Schwein und Wiederkäuer.
Im Dickdarm werden außerdem durch die Darmbakterien Vitamine der B-Gruppe und Vit. K gebildet.

Kotabsatz
Der Kotabsatz erfolgt reflektorisch, wenn der Mastdarm gefüllt ist und er, besonders in seiner Ampulle, gedehnt wird.
Form, Farbe, Geruch, Konsistenz und eventuelle Beimengungen des Kotes sowie Häufigkeit und Art des Absatzes können wertvolle Hinweise auf den normalen oder gestörten Verdauungsablauf geben. Unverdaute Haferkörner beim Pferd weisen z. B. auf Zahn- und Gebißfehler hin. Dünnbreiiger Kot kommt bei ungenü-

gender Wasserresorption im Dickdarm durch Schleimhauterkrankungen oder durch übereilte Passage vor. Heller oder fetter Kot läßt auf Sekretionsstörungen der Leber (Galle) oder der Bauchspeicheldrüse (Lipase) schließen. Dicke, schleimige Beläge, die manchmal den Eindruck erwecken, es habe sich die gesamte Schleimhaut abgestoßen, sind durch chronische Schleimhautreizungen im Dickdarm bedingt. Blut, das aus proximalen Darmabschnitten stammt, färbt den Kot dunkel, Blut aus distalen Abschnitten ist dagegen hell und behält seine Farbe.

9 Harnapparat, Organa uropoetica

Der Harnapparat dient der Ausscheidung von Abfall- bzw. Abbauprodukten aus dem Stoffwechsel sowie solcher Stoffe, die in zu großer Menge vom Organismus aufgenommen wurden.

Zum Harnapparat gehören die *Nieren* als harnbereitende Organe sowie die *Harnleiter,* die *Harnblase* und die *Harnröhre* als ableitende Organe.

Ein Teil der Harnorgane hat enge topographische und funktionelle Beziehungen zu den Geschlechtsorganen, so daß man auch von den Harn- und Geschlechtsorganen spricht.

a Niere, Ren, Nephros

Die paarigen Nieren sind die Hauptexkretionsorgane des Organismus. In ihnen wird das Blut von den Schlackenstoffen, den sog. harnpflichtigen Stoffen, befreit.

Die Nieren sind im allgemeinen bohnenförmig (Abb. 172). Beim Pferd ist die rechte Niere herzförmig. Sie liegen beiderseits der Wirbelsäule in der Lendengegend in Höhe der ersten Lendenwirbel. Beim erwachsenen Wiederkäuer wird die linke Niere auf die rechte Körperseite gedrängt, da sich links der Pansen ausdehnt. Dabei bildet sich für die linke Niere ein Gekröse aus, während die Nieren sonst retroperitoneal liegen (bei der Katze hängen sie ebenfalls in die Bauchhöhle hinein).

Abb. 172. Nieren des Pferdes, Ansicht von ventral (nach NICKEL, SCHUMMER und SEIFERLE 1967). a rechte, b linke Niere. 1 Nierenarterie; 2 Nierenvene; 3 Harnleiter.

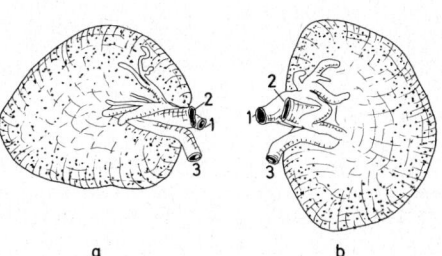

a   b

Die Nieren sind von einer dicken **Fettkapsel,** *Capsula adiposa,* umgeben, der sich eine feste **Bindegewebskapsel,** *Capsula fibrosa,* anschließt. Diese ist nur durch Gitterfasern mit dem Niereninterstitium verbunden und läßt sich vom gesunden Nierengewebe ohne Substanzverlust abziehen. An der medialen Seite ist die Niere zum *Nierenhilus* eingezogen. Hier treten die Nierengefäße ein und der Harnleiter aus.

Von außen nach innen unterscheidet man bei der Niere folgende Schichten:

1. die *Nierenrinde, Cortex renis s. Zona granulosa*
2. die *Markzone, Medulla renis s. Zona radiata.* Beide sind durch eine
3. Grenzzone, Zona subcorticalis, getrennt, die jedoch schmal ist. Auf die Markzone folgt
4. das *Nierenbecken, Pelvis renalis,* das schon zu den harnleitenden Organen gehört.

Nach dem Bau unterscheidet man einfache und zusammengesetzte Nieren.

Bei den *zusammengesetzten Nieren* der Meeressäuger (Wale, Robben, Eisbär, Fischotter) ist die Nierensubstanz aus vielen einzelnen „Nierchen" (Renculi oder Lobi) zusammengesetzt, die jedes für sich in Mark und Rinde zu unterteilen sind und einen eigenen Kelch des Nierenbeckens besitzen.

Bei den *einfachen Nieren* unserer Haustiere sind die Lobi mehr oder weniger verwachsen. Nach dem Grad der Verschmelzung kann man zwischen gefurchten und glatten sowie ein- und mehrwarzigen Nieren unterscheiden.

Bei den *mehrwarzig gefurchten Nieren* des Rindes sind die benachbarten Renculi an den Berührungsflächen verschmolzen (Abb. 173 a).

Bei den *mehrwarzig glatten Nieren* des Schweines und des Menschen (Abb. 173 b) sind Rinde und Mark verschmolzen, das Nierenbecken aber noch in einzelne Kelche oder Warzen unterteilt.

Die *einwarzig glatten Nieren* des Pferdes, der kleinen Wiederkäuer und der Fleischfresser sind in allen Teilen verschmolzen und haben ein einheitliches Nierenbecken, das noch Buchten ausbildet.

Die exkretorische Einheit ist das **Nephron** (Abb. 174). Dieses beginnt mit einem *Glomerulum,* einer Gefäßschlinge rein arteriellen Charakters. In das Glomerulum hinein führt das weite *Vas afferens,* heraus das engere *Vas efferens.* Durch die unterschiedliche Lumenweite entsteht der Filtrationsdruck. Das Glomerulum liegt in der *Bowmanschen Kapsel,* die von einem einschichtigen Plattenepithel ausgekleidet wird. Die Nierenkapillaren schließen sich an das Vas efferens an. Glomerulum und Bowmansche Kapsel bilden ein *Nierenkörperchen* (Malpighisches Körperchen).

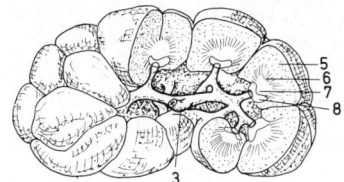

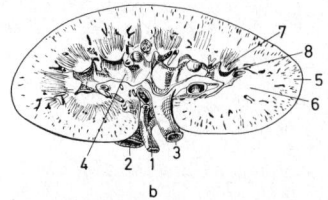

a

b

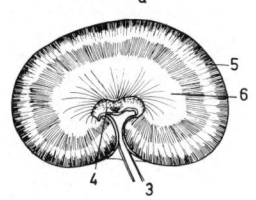

Abb. 173. Nierenformen (unter Verwendung von Zeichnungen aus NICKEL, SCHUMMER und SEIFERLE 1967 und KOCH 1963). a. Mehrwarzig gefurchte Niere des Rindes. b. Mehrwarzig glatte Niere des Schweines (Medianschnitt). c. Einwarzig glatte Niere des Hundes (Medianschnitt). 1 Nierenarterie; 2 Nierenvene; 3 Harnleiter; 4 Nierenbecken; 5 Nierenrinde; 6 Nierenmark; 7 Nierenpapille; 8 Nierenkelch.

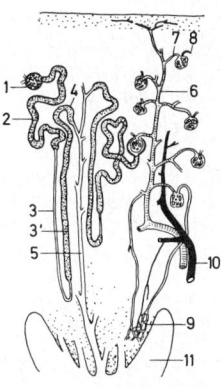

Abb. 174. Schematische Darstellung der Nierenkörperchen und -kanälchen sowie der Gefäßaufteilung (nach SMITH in KOLB 1967). 1 Nierenkörperchen; 2 Tubulus contortus I; 3 absteigender Teil der Henleschen Schleife, 3' ihr aufsteigender Teil; 4 Tubulus contortus II, Schaltstück; 5 Sammelrohr; 6 Arterie; 7 Vas afferens; 8 Vas efferens; 9 Kapillargebiet; 10 Vene; 11 Kelch des Nierenbeckens.

Von der Bowmanschen Kapsel führt der *Tubulus contortus I* zur *Pars recta*. Ihr folgt die *Henlesche Schleife* mit dünnem absteigendem Schenkel (Überleitungsstück) und dickem aufsteigendem Schenkel. Den Abschluß bildet der *Tubulus contortus II* (Schaltstück). Durch ein *Verbindungsstück* ist das Nephron an die ableitenden Harnröhren angeschlossen (Sammelröhren).

Das Nephron ist von mehr oder weniger hohem kubischem Epithel ausgekleidet. In den Sammelröhren werden die Epithelzellen polygonal und mehrschichtig.

Das **Nierenbecken,** *Pelvis renalis,* sammelt den Harn aus den ableitenden Harnröhrchen wie ein Trichter und führt ihn dem Harnleiter zu. Das Nierenbecken ist bei den Tierarten unterschiedlich

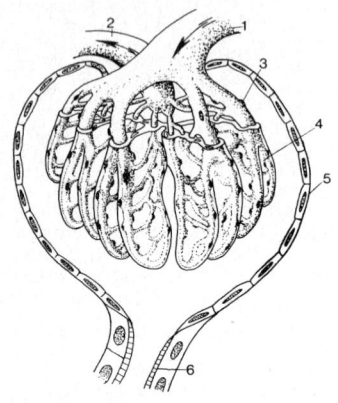

Abb. 175. Halbschematische Darstellung eines Nierenkörperchens (in Anlehnung an Darstellungen von ELIAS 1957 und KOLB 1967). 1 Vas afferens; 2 Vas efferens; 3 Glomerulum; 4 Deckzellen; 5 Bowmansche Kapsel (Außenblatt); 6 Hauptstück.

in mehrere Kelche gegliedert (Schwein) oder einheitlich (Pferd, kleine Wiederkäuer, Fleischfresser). Beim Rind tritt es als verzweigter Anfang des Harnleiters in Erscheinung, dem die einzelnen Kelche für die Nierenwarzen (-papillen) aufsitzen. Das Nierenbecken ist bereits wie alle harnleitenden Wege von einem Übergangsepithel ausgekleidet. Der Schleimhaut des Nierenbekkens folgen eine Muskelhaut und eine Adventitia. Das Nierenbekken des Pferdes enthält, wie auch der Anfangsteil des Harnleiters, viele Schleimdrüsen, so daß der Pferdeharn auffallend schleimig ist.

b   Harnleiter, Ureter

Er besteht aus Schleimhaut, Muskelhaut und Bindegewebshaut. Die *Schleimhaut* trägt ein Übergangsepithel.

Die *Muskelhaut* besteht aus glatten Muskelzellen, die in einer äußeren und einer inneren Längsschicht und einer mittleren Zirkulärschicht angeordnet sind.

Proximal ist der Harnleiter von einer Adventitia, distal von einer Serosa umgeben.

Der Harnleiter entspringt aus dem Nierenbecken und verläuft nach kaudal harnblasenwärts. Er ist anfangs noch unter dem Bauchfell gelegen und tritt erst im Becken in die Beckenhöhle ein, wobei er ein Gekröse auszieht (Abb. 176/1).

Die beiden Harnleiter münden im sog. Trigonum vesicae in der Nähe des Blasenhalses in die Harnblase, nachdem sie ein Stück weit in der Blasenwand verlaufen sind. Hierdurch wird eine Ventilfunktion gegen den Rückstau bei voller Blase erreicht. Der Harn

wird vom Nierenbecken in einzelnen Portionen durch peristaltische Bewegungen des Harnleiters zur Blase transportiert.

c   Harnblase, Vesica urinaria (Abb. 176/2)

Sie ist ein birnenförmiges, muskulöses Hohlorgan zum Sammeln
des Harns. Man unterscheidet an ihr:
1. den Blasenscheitel (kranial)
2. den Blasenkörper
3. den Blasenhals (kaudal).

Die Blase ist mit einem ventralen und zwei lateralen Haltebän-
dern mit der Bauchwand verbunden.
Die leere oder nur schwach gefüllte Blase liegt in der Beckenhöhle.
Bei starker Füllung kann sie weit in die Bauchhöhle hineinragen.
Die *Schleimhaut* trägt ein Übergangsepithel. Bei leerer Blase ist sie
stark gefältelt. Mit zunehmender Blasenfüllung verstreichen die
Falten. Die Zellen platten sich ab und vermögen sich wahrscheinlich
auch gegeneinander zu verschieben, so daß die Zahl der sich über-
deckenden Zellen abnimmt.
Die *Muskelhaut* besteht aus glatter Muskulatur in drei Schichten:
1. äußere longitudinale oder schräge Schicht
2. mittlere transversale Schicht
3. innere longitudinale Schicht.

Am Blasenscheitel und am Blasenhals befinden sich Muskelschleifen. Die Muskelschleifen des Blasenhalses bilden den Schließmuskel der Blase, M. sphincter vesicae, während die übrigen Blasenmuskeln als Blasenentleerer, M. detrusor vesicae, aufgefaßt werden können, wenn auch gegen diese Auffassung Bedenken ange-
meldet wurden (NICKEL, SCHUMMER und SEIFERLE 1967).
Die Blase ist größtenteils vom Bauchfell bedeckt. Ihre kaudalen
Abschnitte umgibt lockeres Bindegewebe.
Die Füllung der Blase wirkt als Reiz zur Entleerung. Die Kontraktionen der Blasenmuskeln unterliegen dem Einfluß des vegetativen Nervensystems, können aber bei einigem Training auch
willkürlich beeinflußt werden (besonders beim Menschen und
Fleischfresser).

d   Harnröhre, Urethra

Die Harnröhre der *weiblichen Tiere* ist sehr kurz und dehnungsfähig. Sie beginnt am Blasenhals und führt, in der Beckenhöhle
am Boden des knöchernen Beckens gelegen, zur Grenze zwischen
Scheide und Scheidenvorhof (Abb. 191). Dort mündet sie mit dem
Ostium urethrae externum. Abgesehen von einem kleinen Anfangsteil liegt sie im Bindegewebe des sog. retroperitonealen Teils
der Beckenhöhle.

Die Schleimhaut trägt ein Übergangsepithel. Die Muskulatur bildet eine longitudinale und eine zirkuläre Schicht. Unter der Schleimhaut liegt ein Schwellkörper.

Beim *männlichen Tier* unterscheidet man das *Beckenstück* und das *Penisstück* der Harnröhre. Das Beckenstück liegt in der Beckenhöhle über dem Beckenboden, das Penisstück im Penis. Beim kleinen Wiederkäuer überragt die Harnröhre den Penis als *Processus urethralis*, sog. „Fädchen", um einige Zentimeter (s. auch S. 280). Auch die Harnröhre der männlichen Tiere verfügt über einen Schwellkörper. Durch ihre enge Verbindung mit dem Penis und ihre Lage in dessen Sulcus urethralis ist sie wenig dehnungsfähig und bildet ein Passagehindernis für abgehende Harnsteine aus der Blase. In das Beckenstück der Harnröhre männlicher Tiere münden die akzessorischen Geschlechtsdrüsen.

e Physiologie der Harnbildung

Die Nieren haben die Aufgabe, die harnpflichtigen Substanzen, das sind Schlackenstoffe, toxische Stoffe und Stoffe, die im Blut in zu hoher Konzentration vorhanden sind, auszuscheiden. Darüber hinaus wird von ihnen der Salz- und Wasserhaushalt reguliert. Sie stehen damit an zentraler Stelle in der Aufrechterhaltung der Konstanz der Zusammensetzung des Blutes und der Interzellularflüssigkeit. Die Harnbildung ist ein sehr komplexer Vorgang aus Filtration, Exkretion und Rückresorption. Wichtigster Schlackenstoff ist der Harnstoff als Abbauprodukt aus dem Eiweißstoffwechsel (bei Vögeln Harnsäure).

Die Harnbildung setzt ein bestimmtes Blutdruckminimum voraus. Bei Blutdruckabfall (Blutverlust, Schock, Herzversagen) kann kein Harn gebildet werden. Der Organismus geht an einer Harnstoffvergiftung (Urämie) zugrunde.

Funktion des Glomerulum

Durch den Filtrationsdruck im Glomerulum wird der sog. **Primärharn** in die Bowmansche Kapsel ausgeschieden (Ultrafiltration). Der Primärharn entspricht im großen und ganzen in seiner Zusammensetzung der des Blutplasmas ausschließlich der Eiweiße, die unter physiologischen Bedingungen die Wand des Glomerulum nicht passieren (Molekulargewicht der Albumine 69 000, der Globuline 70 000—200 000). Stoffe bis zu einem Molekulargewicht von 38 000 werden dagegen leicht filtriert. Die filtrierende Oberfläche der Nieren ist sehr groß (Tab. 34). Für ihre Tätigkeit benötigt die Niere sehr viel Blut. Etwa 25 % des Herzminutenvolumens durchströmen die Nieren (Tab. 35).

Tab. 34. Filtrierende Oberfläche (in cm^2) in beiden Nieren (nach KOLB 1974)

Rind	5730	Schaf	730
Pferd	3910	Schwein	1420
Ziege	880		

Tab. 35. Nierendurchblutung in l/24 Std. (nach KOLB 1974)

Pferd	6600	Schaf	1250
Rind	4500	Schwein	1005
Ziege	1600	großer Hund	705

Funktion der proximalen Tubulusabschnitte
Rückresorption von Glukose, Wasser (kolloidosmotisch) und Elektrolyten.
Exkretion körperfremder Substanzen, wie z. B. Medikamente oder deren Abbauprodukte.

Funktion des distalen Tubulus (nach Überleitungsstück)
Rückresorption von Wasser, Natrium und Harnstoff.
Exkretion von körpereigenen Substanzen, z. B. Kalium, Natrium.
Auch in den Sammelröhrchen findet noch eine Aufnahme von Na$^+$- und Abgabe von H$^+$-Ionen statt.
Die Funktionstüchtigkeit der Nieren wird durch sog. *Clearance-Methoden* bestimmt. Man injiziert Stoffe in die Blutbahn, die entweder durch reine Filtration durch die Nieren ausgeschieden werden (z. B. Inulin) oder sowohl durch Filtration in den Primärharn gelangen als auch in den Tubulusabschnitten durch Sekretion abgegeben werden (z. B. Para-Aminohippursäure). Die tatsächliche Harnkonzentration dieser Stoffe wird dann mit der theoretisch zu erwartenden verglichen.

Regulierung des Wasserhaushalts über die Nieren
Das *antidiuretische Hormon* (*ADH*) des Hypophysenhinterlappens erhöht die Rückresorption von Wasser (erhöhte Epithelzellpermeabilität).
Wichtigster Elektrolyt für den Wasserhaushalt des Organismus ist das Natrium. Seine Rückresorption wird durch das Hormon *Aldosteron* der Nebennierenrinde gefördert.
Wenn der Blutdruck und der Filtrationsdruck im Glomerulum absinken, reagieren besondere Zellen an der Glomerulumwurzel, die juxtaglomerulären Zellen, mit der Ausscheidung des Enzyms *Renin* in die Blutbahn. Dieses setzt aus dem α-Globulin Angioten-

sinogen das *Angiotensin I* frei. Die sich anschließende Dipeptid-
abspaltung führt dieses in das Oktapeptid *Angiotensin II* über,
das die Aldosteronausscheidung der Nebennierenrinde anregt.
Das vermehrte Aldosteron bewirkt eine verstärkte Natriumrückresorption und damit eine gesteigerte Wasserrückresorption, besonders im distalen Tubulus, und eine Vergrößerung des Blutvolumens.

Prinzip der Na-Rückresorption

In den Tubuluszellen wird unter dem Einfluß der Karboanhydrase
aus $CO_2 + H_2O = H_2CO_3$ gebildet. Die Kohlensäure wird in H^+
und HCO_3^--Ionen gespalten. H^+ wird gegen Na^+ aus dem Harn
ausgetauscht. In der Zelle bildet sich $NaHCO_3$, das ins Blut abgegeben wird. Im Harn bilden sich aus $H^+ + HCO_3^- = H_2O$
$+ CO_2$. Das CO_2 wandert in die Tubuluszelle und steht zur weiteren H_2CO_3-Produktion zur Verfügung.

Harn

Der ausgeschiedene Harn ist viel konzentrierter als der Primärharn. Er macht außerdem nur etwa $1/100$ des Primärharnvolumens
aus (s. Tab. 36).

Tab. 36. Mengenverhältnis von Harn zu Primärharn in l/24 Std.

	Harnmenge		$\emptyset$ Primärharnmenge
Pferd	3 —10 l		550 l
Rind	6 —20 l		450 l
Schwein	2 — 6 l		140 l
Hund	0,05— 2 l	großer Hund	80 l
Mensch	1,5 — 3 l		170 l

Das **spezifische Gewicht** des Harns ist abhängig von der aufge-
nommenen Flüssigkeitsmenge. Als Durchschnittswerte gelten:
Pferd 1038, *Rind* 1030, *Schwein* 1015, *Hund* 1030. Eine gesunde
Niere hat die Fähigkeit, bei Aufnahme großer Flüssigkeitsmengen
große Mengen wenig konzentrierten Harns abzusondern, bei Was-
sermangel aber den Harn stark zu konzentrieren.
Die **Farbe** des Harns ist gelblich-trüb (hellgelb bis dunkelbraun).
Die Trübung ist durch $CaCO_3$ bedingt. Beim *Pferd* enthält der
Harn viel Schleim.
Harn-Reaktion: Beim *Menschen* und *Fleischfresser* ist der Harn
sauer (durch N-haltige Eiweißnahrung), beim *Pflanzenfresser* al-
kalisch. Bei Entzündungen der Nieren und der Harnwege wird der
Harn auch beim Menschen und bei den Fleischfressern alkalisch.

Harnzusammensetzung: Die Elektrolytwerte sind von der Futterzusammensetzung abhängig. *Fleischfresserharn* enthält viel Phosphate, Sulfate und Ammoniumsalze. Beim *Pferd* findet sich viel Hippursäure. Pathologische Bestandteile sind Zellen aus den Nieren oder Harnwegen, Bilirubin, Zucker in großen Mengen, Eiweiß, Blut und Blutkörperchen, Blutfarbstoff oder Muskelfarbstoff.

Der **Harnabsatz,** *Mictio,* erfolgt reflektorisch infolge des Dehnungsreizes der Blase. Die vegetativen Zentren liegen im Sakralmark. Der Mensch und einige Fleischfresser können den Harn willkürlich absetzen bzw. zurückhalten. In der Regel erfolgt der Harnabsatz kontinuierlich und im Strahl.

10 Geschlechtsorgane, Organa genitalia

Die männlichen und die weiblichen Geschlechtsorgane zeigen bei allen morphologischen Unterschieden mehrere Homologien. Die Keimzellen (Samenfäden, Eizellen) entwickeln sich in den Keimdrüsen (Hoden, Eierstock), die in der Embryonalzeit durch die einwandernden Urkeimzellen in ihrem Geschlechtscharakter geprägt werden. Gemeinsam sind auch die enge Beziehung zu den Harnorganen sowie der prinzipielle Bau von Penis und Clitoris. Die Ähnlichkeit der Geschlechtsorgane wird besonders in den verschiedenen Übergängen bei den Zwitterbildungen deutlich.

Den keimzellenbildenden Organen schließen sich die ausführenden Organe an. Den inneren Geschlechtsorganen werden die Begattungsorgane gegenübergestellt.

a Männliche Geschlechtsorgane, Organa genitalia masculina

Zu den männlichen Geschlechtsorganen gehören: *Hoden, Nebenhoden, Samenleiter, akzessorische Geschlechtsdrüsen, Harnröhre* und *Penis* (Abb. 176, 177).

Man kann unterscheiden zwischen keimbereitenden Teilen (Hoden) und keimleitenden Teilen (Nebenhoden, Samenleiter, Harnröhre). Die Nebenhoden haben zugleich keimaufbewahrende Funktion.

Hoden, Testis, Orchis

Die Hoden liegen als paarige Organe im *Hodensack, Scrotum,* der sie umhüllt und schützt. (Zur Lage des Scrotum und der Hoden s. Abb. 177). Sie werden von mehreren Hüllen umschlossen, die den einzelnen Schichten der Bauchwand entsprechen, weil die Hoden im Laufe der Eigenentwicklung der männlichen Tiere von ihrer ursprünglichen Lage in der Nierengegend durch den Leistenspalt aus der Bauchhöhle auswandern (Descensus testis). Der *Descensus testis* erfolgt tierartlich zu verschiedenen Zeiten:

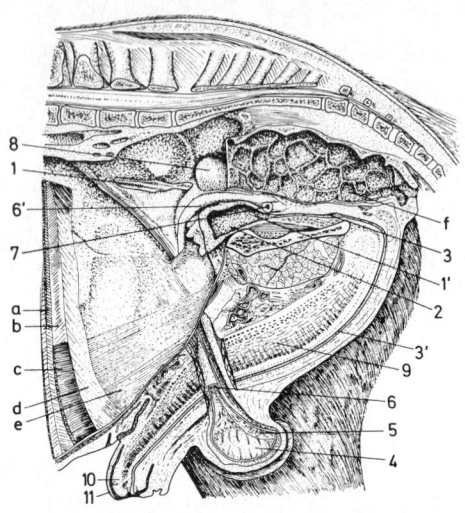

Abb. 176. Übersicht über die Harn- und die Geschlechtsorgane eines Hengstes, Medianschnitt (nach NICKEL, SCHUMMER und SEIFERLE 1967). 1 rechter Harnleiter (Bauchfell gefenstert), 1' seine Mündung in der Harnblase; 2 Harnblase; 3 Beckenstück der Harnröhre; 3' Penisstück der Harnröhre; 4 rechter Hoden; 5 Nebenhoden; 6 Samenleiter, durchschnitten; 6' rechte Samenleiterampulle; 7 linke Samenleiterampulle, durchschnitten; 8 rechte Samenblase; 9 Peniskörper; 10 Eichel; 11 Vorhaut.

a äußerer schiefer Bauchmuskel; b innerer schiefer Bauchmuskel; c gerader Bauchmuskel; d Querbauchmuskel; e Bauchfell; f Mastdarm.

Wiederkäuer: vor der Geburt
Pferd, Schwein, Mensch: zur Zeit der Geburt
Fleischfresser: in den ersten Lebenswochen. (Bei Geburt noch in der Lendengegend.)
Wenn die Hoden nicht oder unvollständig ausgewandert sind, spricht man vom *Kryptorchismus*, der Verborgenhodigkeit. Es gibt einen einseitigen oder beidseitigen sowie abdominalen oder inguinalen Kryptorchismus (Binneneber, Spitz-, Klopphengst).

Folgende Hüllen umgeben die Hoden (Abb. 178):
1. äußere Haut, 2. Unterhaut = Fleischhaut, Tunica dartos, 3. äußere Rumpffaszie, 4. Muskelschicht = Hodenmuskel, M. cremaster, 5. innere Rumpffaszie und 6. parietales Blatt des Bauchfells.
Die innere Rumpffaszie und das parietale Blatt des Bauchfells bilden den **Scheidenhautfortsatz,** *Proc. vaginalis.*

An dem Scheidenhautfortsatz unterscheidet man:
1. *Corpus vaginale* mit *Cavum vaginale* als Hohlraum.
2. *Collum vaginale* mit *Canalis vaginalis* als Hohlraum.
3. *Ostium vaginale* als Eingang von der Bauchhöhle her.

Der Scheidenhautfortsatz ähnelt einer weitbauchigen Flasche, in der der Hoden mit Nebenhoden und Samenleiter gelegen ist. An

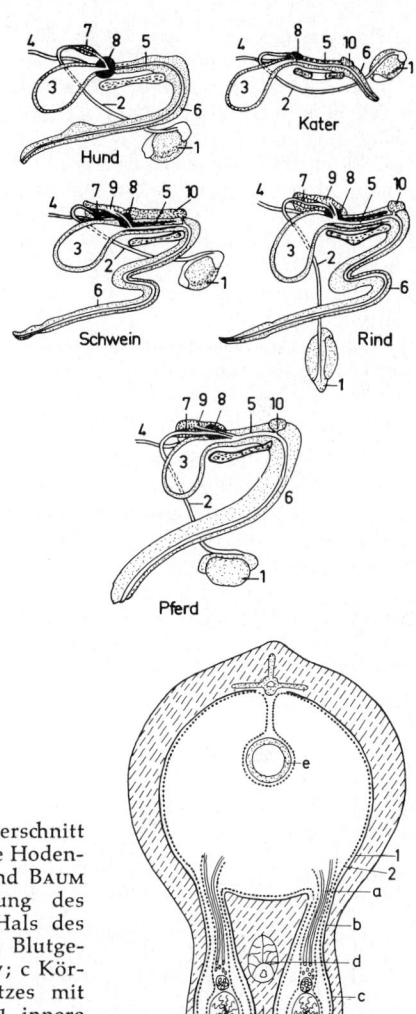

Abb. 177. Schema der männlichen Geschlechtsorgane (nach NICKEL, SCHUMMER und SEIFERLE 1967). 1 Hoden und Nebenhoden; 2 Samenleiter; 3 Harnblase; 4 Harnleiter; 5 Beckenstück der Harnröhre; 6 Penis mit Penisstück der Harnröhre; 7 Samenleiterampulle bzw. Drüsenteil des Samenleiters (Schwein); 8 Prostata; 9 Samenblase; 10 Bulbourethraldrüse.

Abb. 178. Schematischer Querschnitt durch den Hodensack und die Hodenhüllen (nach ELLENBERGER und BAUM 1943, modifiziert). a Öffnung des Scheidenhautfortsatzes; b Hals des Scheidenhautfortsatzes mit Blutgefäßen, Samenleiter und Nerv; c Körper des Scheidenhautfortsatzes mit Hoden; d Penis; e Darm. 1 innere Rumpffaszie; 2 Bauchfell.

ihm setzt lateral der M. cremaster an, der bei seiner Kontraktion den Scheidenhautfortsatz und damit den Hoden in die Leistengegend zieht. Der Tonus des M. cremaster ist temperaturabhängig. Bei Kälte kontrahiert sich der Muskel.

Der Hoden ist wie alle Organe in der Bauchhöhle von einer Serosa überzogen (Epiorchium). Unter dieser befindet sich eine straffe Bindegewebskapsel (Tunica albuginea). Von der Tunica albuginea ziehen Septen in das Hodeninnere, die sich zum Corpus fibrosum s. Mediastinum testis sammeln.

Die Hoden sind eiförmige Drüsen, die keine Unterschiede der Pole zeigen. Man orientiert sich daher bei der Benennung der Pole an den Nebenhoden. Jener Pol, dem der Nebenhodenkopf anliegt, wird *Kopfende,* jener, dem der Nebenhodenschwanz anliegt, *Schwanzende* genannt (Abb. 179).

Das Parenchym besteht aus Samenkanälchen, die schließlich im Kopfende des Hodens in das Hodennetz münden.

In den Samenkanälchen bilden die Sertolischen Fußzellen ursprünglich einen einschichtigen Epithelbelag. Zwischen die Sertolischen Fußzellen werden die Ursamenzellen, Spermiogonien, eingelagert. Diese bilden über die folgenden Stufen die Spermien:

Ursamenzellen (= Spermiogonien) → Spermiozyten → Präspermiden, — [Reifeteilung] → Spermiden → Spermien.

Die Spermien liegen dann der Wand in Form der Samenähren an. An den reifen Spermien kann man Kopf, Hals, Verbindungsstück und Schwanz unterscheiden.

Zwischen den Samenkanälchen im Interstitium des Hodens befinden sich die **Leydigschen Zwischenzellen,** die besonders deutlich beim Schwein zu erkennen sind. Die Zwischenzellen bilden unter dem Einfluß des ICSH (interstitial cell stimulating hormon) des

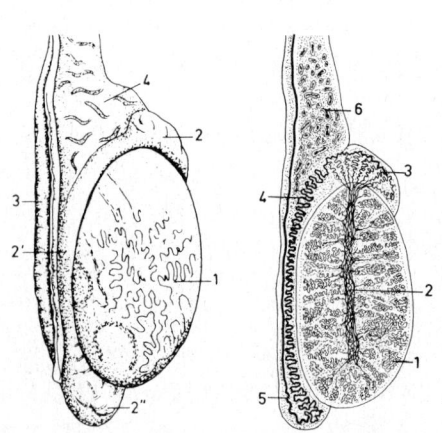

Abb. 179. Hoden, Nebenhoden und Samenleiter eines Bullen (nach NICKEL, SCHUMMER und SEIFERLE 1967). 1 Hoden; 2 Nebenhodenkopf, 2' Nebenhodenkörper, 2'' Nebenhodenschwanz; 3 Samenleiter in seinem Gekröse; 4 Gefäßteil des Samenstrangs.

Abb. 180.   Längsschnitt durch den Hoden, Nebenhoden und Samenstrang eines Bullen, schematisch (nach NICKEL, SCHUMMER und SEIFERLE 1967). 1 Samenkanälchen; 2 Hodennetz; 3 Ductus efferentes; 4 Nebenhodenkanal; 5 Samenleiter; 6 Gefäßteil des Samenstrangs.

Hypophysenvorderlappens das männliche Geschlechtshormon *Testosteron*. Sie sind damit für die Endausbildung der primären und die Bildung der sekundären männlichen Geschlechtsmerkmale verantwortlich.

Nebenhoden, Epididymis

Am Nebenhoden unterscheidet man 1. den *Kopf, Caput,* 2. den *Körper, Corpus,* 3. den *Schwanz, Cauda epididymidis* (Abb. 179). Der Nebenhodenkopf enthält die *Ductuli efferentes* (umgebildete Urnierenkanälchen). Der übrige Nebenhoden enthält den *Nebenhodenkanal, Canalis epididymidis.* Dieser ist sehr lang und unverzweigt. Er geht in den Samenleiter über, und die Spermien machen in ihm einen Reifungsprozeß durch. Außerdem werden sie hier, besonders im Schwanz, gespeichert.

Länge des Nebenhodenkanals: Rind: 40—50 m; Pferd: 72—81 m; kleine Wiederkäuer: 47—52 m; Schwein: 17—18 m; Hund: 5—8 m.

Die Schleimhaut des Nebenhodenkanals besitzt ein zweireihiges Zylinderepithel mit Stereozilien.

Samenleiter, Ductus deferens

Er übernimmt den Transport der Spermien aus dem Nebenhoden bis zur Harnröhre. Er verläuft in einem eigenen Gekröse durch den Canalis vaginalis zum Ostium vaginale und von dort zum kranialen Ende der Harnröhre (Abb. 177). Sein Ende kurz vor der Mündung in die Harnröhre ist zur *Samenleiterampulle, Ampulla ductus deferentis,* erweitert. Diese fehlt beim Schwein und der Katze. In der Samenleiterampulle befinden sich Drüsen, die zu den akzessorischen Geschlechtsdrüsen zählen (Pars glandularis).

Der Samenleiter und die ihn begleitenden Blutgefäße (A. und V. spermatica interna) werden als **Samenstrang,** *Funiculus spermaticus,* bezeichnet. Im Gegensatz hierzu faßte man früher das Collum vaginale mit Inhalt als Samenstrang auf.

Der Samenleiter besitzt ein einschichtiges bis zweireihiges Zylinderepithel und eine sehr kräftige dreischichtige Muskelhaut. Er wird von einer Serosa bedeckt.

Akzessorische Geschlechtsdrüsen
Samenleiterampulle (s. oben)
Samenblasendrüse, Glandula vesicularis. Sie fehlt beim Fleischfresser und ist nur beim Pferd eine richtige Blase mit einheitlichem Lumen. Bei den anderen Tieren ist sie eine kompakte Drüse. Ihr Ausführungsgang mündet beim Wiederkäuer immer, beim Pferd oft und beim Schwein gelegentlich zusammen mit dem Samenleiter auf einer Schleimhauterhebung, dem Samenhügel, in die Harnröhre. Die gemeinsame Mündung wird Ostium ejaculatorium genannt.

Das Sekret der Samenblasendrüse enthält Globuline, Lipoide und Hexosen.

Vorsteherdrüse, Prostata. Sie umgreift die Harnröhre mehr oder weniger vollständig und mündet mit mehreren Ausführungsgängen in sie ein. Beim Fleischfresser ist sie besonders groß.
Ihr Sekret enthält Proteine, Lipoide und Hexosen.

Harnröhrenzwiebeldrüse, Glandula bulbourethralis, Cowpersche Drüse. Sie fehlt beim Hund und ist besonders groß beim Schwein. Beim Pferd ist sie etwa walnußgroß. Sie ist von Muskulatur bedeckt und mündet im Bereich des Sitzbeinausschnitts mit mehreren Ausführungsgängen in die Harnröhre. Bei frühzeitig kastrierten Tieren entwickelt sie sich nur schwach. Man kann an ihrer Größe kastrierte Tiere von Kryptorchiden unterscheiden.
Ihr Sekret ist besonders muzinreich.

Gemeinsame Funktion der akzessorischen Geschlechtsdrüsen

Die akzessorischen Geschlechtsdrüsen bilden unter dem Einfluß des Testosterons ein Sekret, welches reich an Fruktose und an Zitrat ist. Dieses Sekret fördert die Bewegung der Spermien bzw. löst sie erst aus und dient als Transportmittel für die Spermien sowie als Puffer für das Sperma gegen das saure Scheidenmilieu. Außerdem liefert es die Spermaflüssigkeit.

Glied, Rute, Penis

Der Penis entspringt im Sitzbeinausschnitt mit zwei **Schenkeln,** *Crura penis.* Er verläuft dann nach ventral und kranial und legt sich dem Bauch an. Nur beim Kater ist er nach kaudal gerichtet.

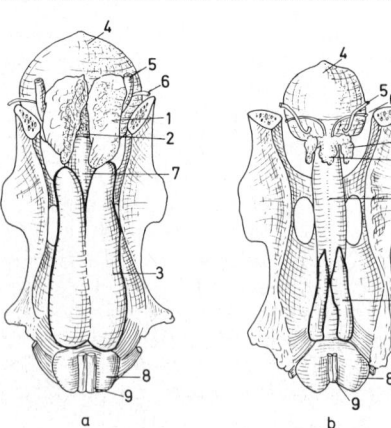

Abb. 181. Akzessorische Geschlechtsdrüsen eines geschlechtsreifen Ebers (a) und eines Frühkastraten (b) (nach NICKEL, SCHUMMER und SEIFERLE 1967). 1 Samenblase; 2 Prostata; 3 Bulbourethraldrüse; 4 Harnblase; 5 Harnleiter; 6 Samenleiter; 7 Beckenstück der Harnröhre; 8 M. bulbocavernosus; 9 M. retractor penis.

Außer den Schenkeln unterscheidet man am Penis den *Peniskör-per, Corpus,* und die *Eichel, Glans,* die von kutaner Schleimhaut bedeckt wird und in der Vorhaut liegt.

Am Penis befindet sich ein ventraler Einschnitt für die Harnröhre, *Sulcus urethralis.* Ventral der Harnröhre verläuft der After-Penis-Muskel, M. retractor penis. Er besteht aus glatter Muskulatur. Peniskörper und Eichel besitzen getrennte **Schwellkörper.** Im Peniskörper sind die Schwellkörper paarig. Die Schwellkörper stellen Hohlräume dar, die von einem Maschenwerk gestützt und umgeben werden. Bei der Erektion füllen sich die Kavernen mit arteriellem Blut, indem sich besondere Sperreinrichtungen der zuführenden Arterien öffnen (Aa. helicinae). Gleichzeitig wird der Abfluß in den Venen gedrosselt. Bei der Erschlaffung findet der umgekehrte Vorgang statt.

Nach dem Bau unterscheidet man den Penis vom fibro-elastischen Typ (Wiederkäuer, Schwein) und den Penis vom muskulo-kavernösen Typ (Pferd, Fleischfresser).

Der *Penis vom fibro-elastischen Typ* enthält starke Bindegewebs-septen und ist von einer starken Bindegewebshülle, *Tunica albuginea,* umgeben. Seine Schwellkörper sind nicht sehr ausgedehnt

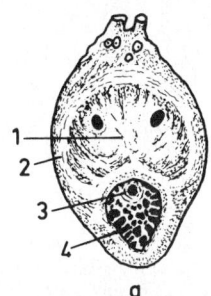
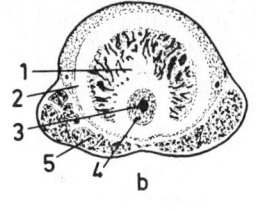

Abb. 182. Querschnitt durch den Penisschaft des Bullen (a) und des Ebers (b) (nach GRABOWSKI in NICKEL, SCHUMMER und SEIFERLE 1967). 1 Penisschwellkörper; 2 Bindegewebshülle, Tunica albuginea; 3 Harnröhre; 4 Harnröhrenschwellkörper; 5 M. retractor penis.

Abb. 183. Abschnitt aus dem Penisschaft des Hengstes (nach HEINEMANN 1937 in NICKEL, SCHUMMER und SEIFERLE 1967). 1 Penisschwellkörper; 2 Tunica albuginea; 3 Harnröhre; 4 M. bulbocavernosus; 5 M. retractor penis.

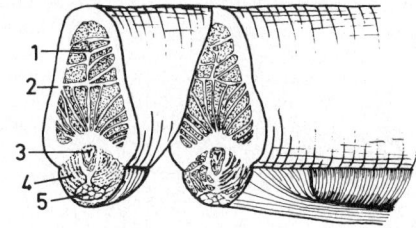

und vermögen dem Penis bei der Erektion wohl Festigkeit zu verleihen, verlängern ihn aber nicht wesentlich. Der Penis liegt daher in einer S-förmigen Schleife unter dem Becken. Bei der Erektion verstreicht diese Schleife.

Der *Penis vom muskulo-kavernösen Typ* enthält große und ausgedehnte Schwellkörper, die ihn bei der Erektion nicht nur festigen, sondern auch erheblich länger und dicker werden lassen.

Die **Eichel** ist der von kutaner Schleimhaut überzogene freie Teil des Penis, der in der Vorhaut liegt. Sie besitzt einen eigenen Schwellkörper.

Beim Hengst ist sie durch eine Einschnürung, *Collum glandis*, gegen den Penis abgesetzt und enthält eine Grube, *Fossa glandis*, um die Harnröhrenmündung mit ihrem *Proc. urethrae.* Bei den kleinen Wiederkäuern ist ein besonders langer Harnröhrenfortsatz ausgebildet, und die Eichel des Ebers ist korkzieherartig gewunden. Beim Rüden ist ein *Penisknochen* in der Eichel vorhanden, außerdem ein sehr erweiterungsfähiger kaudaler Abschnitt, *Bulbus glandis.* Durch das Anschwellen dieses Bulbus ist es dem Rüden während des Deckaktes nicht möglich, den Penis aus der Vagina zu ziehen.

Die Eichel und das kraniale Ende des Penis werden von der **Vorhaut, Präputium,** umgeben. Sie besteht aus dem *Außenblatt*, das von der äußeren Haut gebildet wird und an der Vorhautöffnung

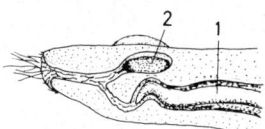

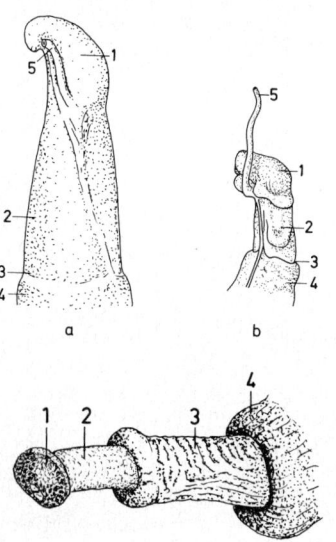

◀ Abb. 184. Penisende des Bullen (a) und des Schafbocks (b) (nach NICKEL, SCHUMMER und SEIFERLE 1967). 1 Spitzenkappe; 2 intrapräputialer Teil des Penis, vom Penisblatt des Präputium bedeckt; 3 Präputiumgrund; 4 Wandblatt des Präputium; 5 Harnröhrenfortsatz.

Abb. 185. Sagittalschnitt durch das Präputium des Ebers (nach NICKEL, SCHUMMER und SEIFERLE 1967). 1 intrapräputialer Teil des Penis; 2 Präputialbeutel.

◀ Abb. 186. Ausgeschachteter Penis des Hengstes (nach ELLENBERGER und BAUM 1943). 1 Eichel; 2 Penisblatt der Vorhaut; 3 innere Vorhaut; 4 äußere Vorhaut.

in das *Innenblatt* übergeht. Dieses schlägt als *Penisblatt* auf die Eichel über. Innenblatt und Penisblatt werden von kutaner Schleimhaut gebildet. Beim *Hengst* sind eine äußere und eine innere Vorhaut vorhanden, die je ein Außenblatt und ein Innenblatt besitzen. Beim *Eber* ist ein bauchwärts gerichteter *Präputialbeutel, Diverticulum praeputiale,* ausgebildet.

Physiologie der männlichen Geschlechtsorgane

Die Aufgabe der männlichen Geschlechtsorgane besteht in der Produktion des männlichen Geschlechtshormons und des Samens sowie in der Einführung des Samens in das weibliche Genitale.

Das männliche Geschlechtshormon, **Testosteron,** wird von den Leydigschen Zwischenzellen gebildet. Unter dem Einfluß des Testosteron bilden sich in der Pubertät der typische männliche Körperbau und die sekundären Geschlechtsmerkmale aus. Später ist das Testosteron für die Aufrechterhaltung des Geschlechtstriebes, Libido sexualis, verantwortlich. Nach Entfernung der Hoden durch die Kastration geht der Geschlechtstrieb der Tiere verloren. Sie werden im allgemeinen ruhiger, unterwerfen sich leichter dem Willen des Menschen und neigen zum Fettansatz. Der Eiweißansatz ist vermindert. Beim Eber bilden die Hoden Steroide (bes. 5α-Androst-16-en-3on), die den Geschlechtsgeruch verursachen.

Der **Samen, Sperma,** setzt sich zusammen aus 1. den Samenzellen, die in den Hodenkanälchen gebildet werden, und 2. dem Samenplasma, den Sekreten des Nebenhodens und vor allem der akzessorischen Geschlechtsdrüsen.

Der Transport der Samenzellen in dem Nebenhoden erfolgt teils durch Schub der neugebildeten Spermien, teils durch die Muskulatur des Nebenhodenkanals. Im Nebenhoden werden sie gespeichert und machen einen Reifungsprozeß durch. Außerdem werden Schutzkolloide angelagert. Im Nebenhoden können die Spermien 2—3 Monate leben. Dann werden sie durch Spermiophagen oder enzymatisch abgebaut.

Der Spermienkopf ist der Träger der Erbanlagen und reich an Nukleoproteiden.

Die Länge der Spermien beträgt beim Haustier 50—80 μ. Der Kopf ist 3—4 μ lang, 2—5 μ breit und 0,5—2 μ dick.

Die bei der Ejakulation abgegebene Samenmenge wird als **Ejakulat** bezeichnet. Die Menge des Ejakulats und die Spermadichte sind abhängig von der Tierart, der Häufigkeit des Deckaktes, der Fütterung und von erblichen, individuellen Unterschieden. Tierarten mit großer Ejakulatmenge und geringer Spermadichte (Pferd, Schwein, Hund) setzen den Samen in der Gebärmutter ab (Uterusbesamer). Die Wiederkäuer besamen in das Scheidengewölbe (Scheidenbesamer).

Die *Beurteilung des Spermas* erfolgt makroskopisch hinsichtlich
der Farbe, der Menge, der Konsistenz und grober Beimengungen
sowie mikroskopisch hinsichtlich der Dichte, der Beweglichkeit und
der morphologischen Beschaffenheit der Spermien. Weitere Kriterien sind der pH-Wert, die Fruktosekonzentration etc.

Tab. 37. Ejakulatmenge und Spermadichte bei Haustieren

	ml	Spermien/mm³
Hengst	100 (30—500)	300 000 (30 000—800 000)
Bulle	5 (2— 10)	1 Mill. (300 000—2 Mill.)
Widder	1 (0,7— 2)	3 Mill. (2—5 Mill.)
Eber	250 (150—500)	100 000 (25 000—500 000)
Rüde	7 (2— 25)	100 000 (50 000—200 000)

Die Spermien bleiben in den weiblichen Geschlechtsorganen eine
Zeitlang befruchtungsfähig. Bei den Säugetieren ist dieses Zeit im
allgemeinen relativ kurz (ca. 24 Std.). Bei Vögeln, vor allem aber
bei niederen Tieren und Insekten, vermögen sie sich aber sehr lange
befruchtungsfähig zu erhalten (z. B. beim Huhn bis 3 Wochen, beim
Truthahn bis 6 Wochen).
Für die *künstliche Besamung* kann das Ejakulat verdünnt werden,
so daß mit einem Ejakulat mehrere weibliche Tiere besamt werden
können. Durch Zusatz von Puffersubstanzen und Kühlung kann
der Samen konserviert und transportiert werden. Mit Hilfe der
Tiefkühlung ist es möglich, Pferde- und Rindersamen lange Zeit
befruchtungsfähig zu erhalten.

Sterilitätsursachen beim männlichen Tier

Man unterscheidet die Deckunfähigkeit, Impotentia coeundi,
und die Befruchtungsunfähigkeit, Impotentia generandi, sowie den
Libidomangel.
Bei der **Impotentia coeundi** liegen Störungen vor, die die Ausführung des Deckaktes verhindern, z. B. schmerzhafte Erkrankungen
an den Gelenken, Sehnen, Klauen oder Knochen, besonders an den
Hintergliedmaßen und der Lendenwirbelsäule, Mißbildungen oder
rudimentäre Entwicklung der Geschlechtsorgane sowie Dysfunk-
tion des After-Penis-Muskels.

Bei der **Impotentia generandi** wird zwar der Deckakt vollzogen, er
führt aber nicht zur Befruchtung. Wenn keine Spermauntersu-
chung vorgenommen wird, ist in der Praxis die Feststellung dadurch erschwert, daß man die Impotentia generandi erst erkennt,

wenn mehrere gedeckte Tiere nicht tragend geworden sind. Ursachen können sein:

1. Zu wenig Ejakulat. Bis die Spermien den Eileiter, in dem die Befruchtung erfolgt, erreichen, ist die Verlustrate sehr hoch. Außerdem ist für die Befruchtung eine größere Zahl von Spermien notwendig. Zwar wird die Eizelle nur von einem Spermium befruchtet, jedoch tragen die anderen Spermien durch die Abgabe von Enzymen zur Vorbereitung der Befruchtung bei, weil der Verband der Granulosazellen in der Umgebung der Eizelle erst aufgelockert und durchwandert werden muß.

2. Veränderungen der Spermien, z. B. Mißbildungen, keine genügende Beweglichkeit u. a., oder Fehlen der Spermien (Azoospermie).

3. Entzündungen oder Verklebungen im Nebenhoden oder Samenleiter, Mißbildungen usw.

Bei **Libidomangel** läßt das männliche Tier brünstige weibliche Tiere unbeachtet. Die Ursachen sind meist Schwäche durch Mangelernährung oder nach Krankheiten, sexuelle Überbeanspruchung, besonders bei jungen Tieren, Fettsucht infolge Überernährung und Bewegungsmangel sowie hormonelle Störungen.

b   Weibliche Geschlechtsorgane, Organa genitalia feminina

Keimbereitende Organe sind die *Eierstöcke*, keimleitende Organe sind die *Eileiter* und die *Gebärmutter* (auch keimaufbewahrend). Zu den weiblichen Begattungsorganen gehören die *Scheide*, der *Scheidenvorhof* und die *Scham* (Abb. 187).

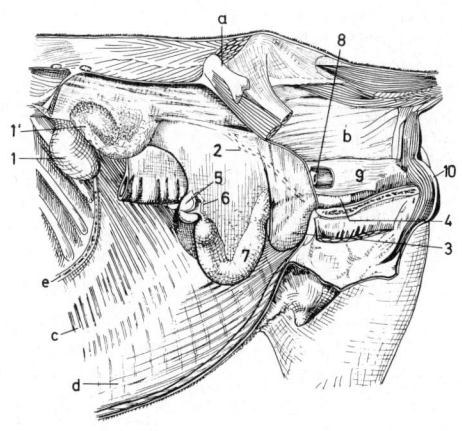

Abb. 187. Übersicht über die Harn- und die Geschlechtsorgane einer Stute (nach NICKEL, SCHUMMER und SEIFERLE 1967). 1 rechte, 1' linke Niere; 2 linker Harnleiter in Gekrösefalte; 3 Harnblase; 4 Harnröhre; 5 linker Eierstock; 6 linker Eileiter; 7 linkes Gebärmutterhorn; 8 Portio vaginalis des Gebärmutterhalses im Scheidengewölbe; 9 Scheide; 10 linke Schamlippe. a Hüfthöcker; b Mastdarmampulle; c Querbauchmuskel; d gerader Bauchmuskel; e Ansatz des Zwerchfells.

Eierstock, Ovarium

Die Eierstöcke liegen beiderseits der Wirbelsäule in der Lendengegend kaudal der Nieren in der Bauchhöhle.

Das Gekröse des Ovars, das *Mesovar*, steht über das kaudale Keimdrüsenband, *Lig. ovarii proprium*, und über das Gekröse des Eileiters, *Mesosalpinx*, mit dem Gekröse der Gebärmutter, *Mesometrium*, in Verbindung. Von dem Lig. ovarii proprium auf der medialen Seite und der Mesosalpinx lateral wird die *Eierstockstasche, Bursa ovarica*, gebildet (Abb. 188). Sie umhüllt den Eierstock mehr oder weniger vollständig. Der Zugang liegt medial.

Der Eierstock ist rund-oval. Die Oberfläche ist durch Follikel oder Gelbkörper mehr oder weniger höckerig. Beim Rind ist der Eierstock etwa walnußgroß, bei der Stute kleinkastaniengroß.

Der Eierstock läßt sich in eine innere *Mark- oder Gefäßzone, Zona vasculosa*, und eine äußere *Rindenzone, Zona parenchymatosa*, gliedern. Das einschichtige Plattenepithel des Bauchfells geht am Eierstock in ein einschichtiges kubisches Epithel über. Unter diesem befindet sich eine Bindegewebeschicht (Tunica albuginea).

Beim *Pferd* liegen insofern besondere Verhältnisse vor, als hier eine *Ovulationsgrube* ausgebildet ist. Nur diese ist von dem einschichtigen kubischen Epithel bedeckt. Die übrige Oberfläche des Eierstocks trägt einschichtiges Plattenepithel.

Bis zur Geburt befindet sich beim Stutfohlen ein ausgedehntes Pigmentzell-Lager im Eierstock. Nur am freien Rand liegen Follikel in Form der sog. Keimplatte. Diese stülpt sich nach der Geburt ein und dehnt sich immer mehr aus, wobei das Pigmentzell-Lager abgebaut wird. Die Zona vasculosa gelangt dabei immer mehr nach außen.

Der Eierstock hat die Aufgabe, Eizellen und Eierstockshormone zu bilden und abzugeben.

Die Zahl der Eizellen im Eierstock ist bei der Geburt schon festgelegt. Beim Rind sind es etwa 350 000. Die Eizellen sind aus den Ureizellen entstanden, die in der Fötalzeit in die Keimleiste einge-

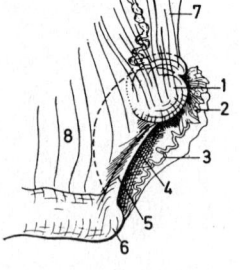

Abb. 188. Linker Eierstock und Eierstockstasche der Stute (nach v. BÖNNINGHAUSEN 1936 aus NICKEL, SCHUMMER und SEIFERLE 1967, modifiziert). 1 Eierstock; 2 Eileitertrichter; 3 Eileiter im Eileitergekröse; 4 Zugang zur Eierstockstasche; 5 Lig. ovarii proprium; 6 Uterushorn; 7 Eierstocksgekröse; 8 Gebärmuttergekröse.

wandert sind. Sie haben noch einen doppelten Chromosomensatz. Die Reifeteilung erfolgt im allgemeinen erst nach dem Follikelsprung im Eileiter.

Die Eizellen machen im Eierstock einen Reifungsprozeß durch. Dabei nimmt die Zahl der sie umgebenden epithelialen Zellen ständig zu.

Follikelreifung

Unter dem Einfluß des Follikelreifungs- und des luteinisierenden Hormons (FSH, LH) des Hypophysenvorderlappens reifen die Follikel heran.

Primärfollikel: Die ruhende Eizelle ist von einer einschichtigen Lage von Plattenepithel umgeben (Abb. 189).

Sekundärfollikel: Um die Eizelle ist ein *Oolemm* (Membrana pellucida) ausgebildet. Das ist eine Verdichtung an der Außenseite der Zellmembran. Das einschichtige Plattenepithel ist kubisch geworden, *Zona radiata,* und hat sich durch Teilung nach außen vermehrt, wobei polygonale Zellen entstanden sind, *Zona granulosa.* Das umgebende Bindegewebe bildet eine Kapsel, die sog. *Theca folliculi.*

Tertiärfollikel: In dem stark vermehrten Follikelepithel hat sich ein Hohlraum, die *Follikelhöhle,* gebildet, die mit *Follikelflüssigkeit, Liquor folliculi,* ausgefüllt ist. Die Eizelle liegt in der Tiefe auf dem sog. *Eihügel, Cumulus oophorus.* Der Follikel überragt den Eierstock blasenförmig. Tertiärfollikel, die kurz vor dem Platzen stehen und besonders groß sind, werden *Graafsche Follikel* genannt. Von einigen Autoren werden alle Tertiärfollikel als Graafsche Follikel bezeichnet. Tertiärfollikel bilden **Follikelhormone.**

Follikelsprung, Ovulation

Der Binnendruck der Follikelflüssigkeit erhöht sich unter dem Einfluß von FSH und LH. Die Follikelwand wird an der Oberfläche lokal dünner und platzt während eines kurzfristigen Anstiegs des LH-Blutspiegels, so daß die Eizelle austreten kann. Sie wird vom Eileitertrichter aufgenommen.

Abb. 189. Eierstocksfollikel, schematisch. a. Primärfollikel. b. Sekundärfollikel. c. Tertiärfollikel. 1 Eizelle; 2 Zona granulosa; 3 Eihügel; 4 Follikelhöhle; 5 bindegewebige Theka folliculi.

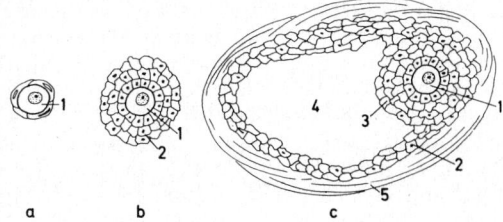

Gelbkörperbildung

Unter dem Einfluß des luteinisierenden Hormons (LH) des Hypophysenvorderlappens beginnen die Follikelepithelzellen (Granulosazellen) und die Thekazellen zu wuchern. Sie füllen die ehemalige Follikelhöhle aus und überragen schließlich die Eierstocksoberfläche sektpfropfenartig. Der so entstandene Gelbkörper, Corpus luteum, ist besonders am Anfang sehr blutgefäßreich, denn das von ihm gebildete Hormon, **Gelbkörperhormon, Progesteron,** muß abtransportiert werden. Nach einigen Tagen fällt er im allgemeinen der Resorption und Rückbildung anheim und wird blutarm. Beim Hund bleibt er zwei Monate lang bestehen.

Man unterscheidet:

1. Das *Corpus luteum periodicum,* das rückgebildet wird, wenn die Eizelle nicht befruchtet wurde, zyklischer Gelbkörper;
2. das *Corpus luteum graviditatis,* das während der Trächtigkeit bestehen bleibt, Trächtigkeitsgelbkörper.

Beim zyklischen Gelbkörper unterscheidet man nach funktionellen Gesichtspunkten 1. das Stadium der Bildung (2.—7. Tag), 2. das Stadium der Blüte (8.—18. Tag) und 3. das Stadium der Rückbildung (ab 18. Tag). Die Zahlen gelten für das Rind.

Wenn die Eizelle nicht befruchtet wurde, erfolgt die *Rückbildung des Gelbkörpers,* offensichtlich unter dem luteolytischen Einfluß von Prostaglandin $F_2\alpha$ aus dem Uterus. Man konnte nachweisen, daß die Gelbkörper nicht regelrecht zurückgebildet wurden, wenn die Uterushörner amputiert wurden (ANDERSON und Mitarb. 1962).

**Eileiter, Tuba uterina
(Fallopische Tube, Muttertrompete, Ovidukt, Salpinx)**

Der Eileiter beginnt proximal mit dem *Eileitertrichter, Infundibulum tubae uterinae,* der sich dem platzenden Follikel anlegt und die Eizelle auffängt. In der Tiefe des Trichters liegt die proximale Öffnung des Eileiters, *Ostium abdominale tubae uterinae.* Der folgende Abschnitt, *Ampulla tubae uterinae,* ist durch Schleimhautfalten stark erweitert und geht in einen engen Teil, *Istmus tubae uterinae,* über. Distal mündet der Eileiter in das Uterushorn.
Länge des Eileiters: Pferd: 25—30 cm; Rind: 25—28 cm; kleine Wiederkäuer: 15—16 cm; Schwein: 15—30 cm; Hund: 5—9 cm.
Die drüsenfreie Schleimhaut trägt ein einschichtiges Zylinderepithel mit Flimmern (bei den Wiederkäuern und dem Schwein ist das Zylinderepithel mehrschichtig). Die kräftige Muskelhaut mit vorwiegend zirkulär, aber auch längs und schräg verlaufenden Zügen kann peristaltische Bewegungen ausführen, die zur Durchmischung der Eileiterflüssigkeit und zum Eitransport beitragen.

Außen wird der Eileiter vom Bauchfell überzogen, das mit einer Falte, *Eileitergekröse, Mesosalpinx,* an den Eileiter herantritt. Im Eileitergekröse befinden sich viele Blutgefäße mit Sperreinrichtungen.

Die Befruchtung erfolgt in der Eileiterampulle. Die **Wanderung der Eizelle im Eileiter** dauert mehrere Tage, so daß hier bereits die ersten Teilungsstadien durchlaufen werden. Beim *Rind* erreicht das befruchtete Ei den Uterus in 3—4 Tagen und im 8- bis 16-Zellen-Stadium. Beim *Pferd* und *Hund* dauert diese Eileiterwanderung etwa 8—10 Tage, beim *Schwein* 1—3 Tage und bei den *kleinen Wiederkäuern* und der *Katze* etwa 5 Tage.

Gebärmutter, Uterus

Die Gebärmutter, der „Wohnraum" der Frucht während der Entwicklung, gliedert sich bei den Haussäugetieren in zwei *Hörner, Cornua uteri,* einen *Körper, Corpus uteri,* und einen *Hals, Cervix uteri.*

Die unterschiedliche Form der Uteri der Saugetiere und besonders des Menschen wird aus der Phylogenese verständlich. Eileiter, Uterus und Scheide bilden sich aus den paarig angelegten *Müllerschen Gängen.* Tierartlich verschieden findet ein Vereinigungsprozeß von kaudal her statt.

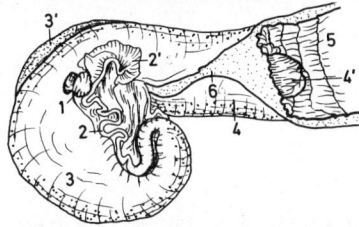

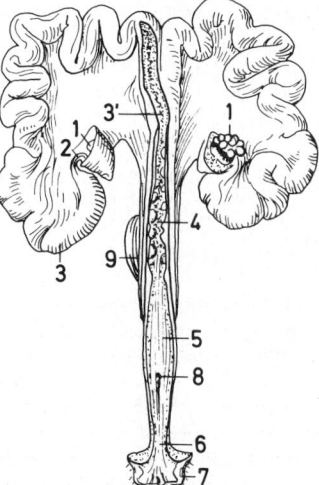

Abb. 190. Eierstock, Eileiter und Gebärmutter des Rindes (nach NICKEL, SCHUMMER und SEIFERLE 1967). 1 linker Eierstock mit Gelbkörper; 2 linker Eileiter, 2' sein Trichter; 3 linkes Gebärmutterhorn, 3' rechtes Gebärmutterhorn; 4 Gebärmutterhals, 4' seine Portio vaginalis; 5 Scheide; 6 Schnitt durch das Gebärmuttergekröse.

Abb. 191. Weibliche Geschlechtsorgane des Schweins, Dorsalansicht (nach NICKEL, SCHUMMER und SEIFERLE 1967). 1 Eierstock; 2 Eileiter; 3 Gebärmutter, 3' ihr Körper; 4 Gebärmutterhals; 5 Scheide; 6 Scheidenvorhof; 7 Schamlippe; 8 Harnröhrenmündung; 9 Harnblase.

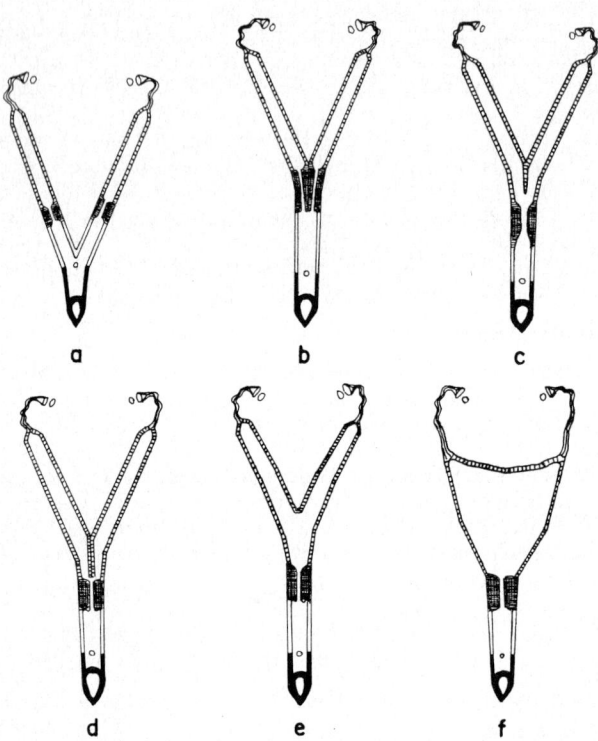

Abb. 192. Uterusformen, schematisch (nach SEIFERLE 1933 aus NICKEL, SCHUMMER und SEIFERLE 1967 ergänzt). a. Uterus duplex — Vagina duplex. b. Uterus duplex — Vagina simplex (Kaninchen). c. bis e. Uterus bicornis — Vagina simplex (c. Schwein, d. Rind, e. Pferd). f. Uterus simplex — Vagina simplex (Mensch).

Ein Uterus duplex und eine Vagina duplex finden sich bei den Beuteltieren. Uterus und Vagina sind doppelt angelegt. Erst der Scheidenvorhof als Sinus urogenitalis ist einheitlich.

Ein Uterus duplex und eine Vagina simplex sind z. B. bei den Kaninchen ausgebildet. Die Scheide ist einheitlich, der Uterus einschließlich Uterushals jedoch doppelt. Zwei zeitlich unabhängige Trächtigkeiten in den Uteri sind deshalb möglich.

Einen Uterus bipartitus besitzen Fleischfresser und Schwein. Vagina und Zervix sind einheitlich. Der Uterus ist in seinen kaudalsten Abschnitten zu einem kurzen Körper vereinigt. Die Hörner sind jedoch sehr lang und getrennt.

Der Uterus bicornis compositus (subseptus) besitzt einen kurzen einheitlichen Körper. Außerdem sind die Hörner ein Stück weit äußerlich vereinigt, innen jedoch durch ein Septum getrennt. Diese Form findet sich z. B. bei den Wiederkäuern.

Der Uterus bicornis (non subseptus) der Stute hat einen langen einheitlichen Körper und nur mäßig lange Hörner.

Der Uterus simplex des Menschen ist birnenförmig und weist in ganzer Länge ein einheitliches Lumen auf. Von den Müllerschen Gängen sind nur mehr die beiden Eileiterabschnitte getrennt.

Der **Gebärmutterhals, Cervix uteri,** ragt außer beim Schwein ein Stück weit in die Scheide vor. Dieser Teil wird als Gebärmutterzapfen, *Portio vaginalis,* bezeichnet. Am Gebärmutterhals unterscheidet man den *äußeren* und den *inneren Muttermund, Ostium uteri externum* und *internum.*

Bau des Uterus

Die **Schleimhaut,** *Endometrium,* wird von einem ein- bis mehrschichtigen, kubischen bis zylindrischen Epithel bedeckt. In der Propria liegen zahlreiche tubulöse Drüsen, die in den ersten Tagen der Trächtigkeit bis zur Ausbildung der Eihäute die Uterinmilch zur Ernährung des Embryo bilden. Sie werden daher auch Uterindrüsen genannt.

Die **Muskelhaut,** *Myometrium,* setzt sich aus einer inneren Zirkulärschicht und einer äußeren Längsschicht zusammen. Dazwischen liegt eine starke Gefäßschicht, Stratum vasculare.

Der **seröse Überzug,** *Perimetrium,* wird vom Bauchfell gebildet.

Das **Gekröse** der Gebärmutter ist das doppelt angelegte *breite Gebärmutterband, Mesometrium, Lig. latum uteri,* von dem sich das *Lig teres uteri* abzweigt, das bei der Hündin in den Processus vaginalis zieht.

In der **Zervix** zeigt die Muskelhaut besondere Bildungen, die für die Eröffnung des Gebärmutterhalses während der Brunst und der Geburt sowie für den festen Verschluß in der Zwischenzeit wichtig sind.

Die *Schleimhaut* der Zervix besitzt ein einschichtiges Zylinderepithel, das den Zervikalschleim liefert, der in seiner Zusammensetzung und Viskosität zyklischen Veränderungen unterliegt.

Abb. 193. Medianschnitt durch den Gebärmutterhals des Rindes (nach NICKEL, SCHUMMER und SEIFERLE 1967). 1 Gebärmutterlumen; 2 innerer Muttermund; 3 Kanal des Gebärmutterhalses; 4 äußerer Muttermund; 5 Portio vaginalis des Gebärmutterhalses; 6 Scheidengewölbe; 7 Scheidenlumen.

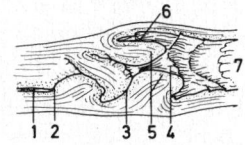

Die *Muskelhaut* besteht wie die der Gebärmutterhörner und des Körpers aus einer inneren Zirkulärschicht, die sehr kräftig ist, und einer äußeren Längsmuskelschicht sowie einem kräftigen Stratum vasculare zwischen beiden Schichten.

Die Zirkulärmuskelschicht bildet bei den einzelnen Tierarten unterschiedlich stark ausgeprägte *Ringwülste* (Abb. 193). Beim Pferd finden sich vorwiegend Längsfalten. Beim Rind sind drei bis vier Ringwülste ausgebildet, die als 1. Orifiziumfalte, 2. Postorifiziumfalte, 3. Präportiofalte und 4. Portiofalte bezeichnet werden (PREUSS 1953). Außerdem sind noch inkonstante Falten und Längsfalten vorhanden. Beim Schwein zeigen sich besonders zahlreiche und starke Verschlußkissen.

Besonderheiten der Gebärmutter bei den Tierarten

Rind. Der Uterus ist posthornförmig aufgerollt. Die Eierstöcke liegen ihm seitlich an. In der Schleimhaut befinden sich 80—120 vorgebildete Karunkeln zum Ansatz der Eihäute, und zwar im Uteruskörper unregelmäßig, in den Hörnern in 4 Reihen zu je 10—14 Karunkeln. Diese Karunkeln sind beim nicht tragenden Tier, das aber bereits einmal getragen hat, 1,5—1,7 cm lang, 0,6—0,9 cm breit und 0,2—0,4 cm hoch. Während der Trächtigkeit werden sie kinderfaustgroß und gestielt (Abb. 199).

Kleine Wiederkäuer. Die Karunkeln sind teller- bis napfförmig. Beim Schaf sind die Karunkeln und die Uterusschleimhaut oft pigmentiert. In jedem Horn sind 4 Reihen zu 11—12 Karunkeln ausgebildet.

Schwein. Der Körper der Gebärmutter ist nur 5 cm lang. Die Hörner können bis zu 1,5 m lang werden. Sie sind dünndarmähnlich geschlängelt, haben aber eine dickere Wand. Die Zervix ist nicht gegen den Körper abgesetzt, sehr lang (15—20 cm) und mit starken Querwülsten versehen. Die Portio vaginalis fehlt.

Begattungsorgane

Scheide, Vagina

Sie bildet ein langes, mit kutaner Schleimhaut ausgekleidetes Rohr zur Aufnahme des männlichen Gliedes bei der Begattung (Abb. 191/5). Kranial bildet die Scheide das Scheidengewölbe, Fornix vaginae, in dem die Portio vaginalis des Uterus gelegen ist.

Nach kaudal ist die Scheide durch den *Hymenalring, Hymen s. Plica vestibulovaginalis*, gegen den Scheidenvorhof getrennt. Bei Tieren, die geboren haben, ist er verstrichen. Deutlicher wird die Grenze zwischen Scheide und Scheidenvorhof durch die ventral gelegene Mündung der Harnröhre markiert.

Die **Schleimhaut** der Scheide ist eine drüsenfreie, kutane Schleimhaut.

Die **Muskelhaut** besteht aus einer inneren Zirkulär- und einer äußeren Längsmuskelschicht.
Die **Bindegewebshaut** wird in den kranialen Bezirken vom Bauchfell bedeckt. Die kaudalen Abschnitte werden vom lockeren Bindegewebe des retroperitonealen Teils der Beckenhöhle umschlossen (perivaginales Bindegewebe).

Scheidenvorhof, Vestibulum vaginae

Er erstreckt sich vom Hymenalring bis zur Scham (Abb. 191/6). An der Grenze zur Vagina mündet von ventral die Harnröhre. Dort befindet sich beim Wiederkäuer und beim Schwein ein nach ventral gerichteter Blindsack, das *Diverticulum suburethrale*.
Schleimhaut. In der Submukosa der kutanen Schleimhaut sind Glandulae vestibulares minores (ventral) und, besonders beim Rind, Glandulae vestibulares majores (Bartholinische Drüsen, dorsolateral) ausgebildet. Letztere sind den Bulbourethraldrüsen der männlichen Tiere homolog. Diese Drüsen feuchten die Begattungsorgane an.
Muskelhaut. Die Muskulatur des Vorhofausganges und der Scham ist willkürlich innervierte Skelettmuskulatur.
Bindegewebshaut. Sie ist eine Adventitia aus lockerem Bindegewebe.

Scham, Vulva

Die Scham bildet jederseits eine *Schamlippe, Labium vulvae*. Zwischen ihnen ist die *Schamspalte, Rima vulvae*, gelegen.
Die Schamlippen bilden den *dorsalen* und den *ventralen Schamwinkel*. Beim Pferd ist der dorsale Winkel spitz, der ventrale gerundet. Bei den anderen Haustieren ist es umgekehrt.
Im ventralen Schamwinkel ist der **Kitzler, Clitoris,** gelegen. Dieser entspringt, wie der Penis, mit zwei *Schenkeln, Crura clitoridis,* im Sitzbeinausschnitt und ist gleichfalls in *Corpus* und *Glans* gegliedert, die je einen eigenen *Schwellkörper* besitzen.
Das Gebiet zwischen After und Vulva wird **Damm**, *Perineum*, genannt. Bei Schwergeburten kann es zu Einrissen des Gewebes in diesem Bereich kommen.

Physiologie der weiblichen Geschlechtsorgane

Die physiologischen Vorgänge an den weiblichen Geschlechtsorganen laufen periodisch ab. Sie bilden den **Sexualzyklus.** Dieser dauert von einer Brunst zur anderen und ist bei den Tierarten verschieden lang. Innerhalb des Sexualzyklus unterscheidet man den *ovariellen, Eileiter-, uterinen* und *vaginalen Zyklus.* Der ovarielle Zyklus ist den anderen übergeordnet, seinerseits aber abhängig von der Steuerung durch die Hypophyse.

Der **Eierstockszyklus** umfaßt alle Vorgänge am Eierstock, also das zyklische Heranreifen von Follikeln, den Follikelsprung sowie die Aus- und Rückbildung der Gelbkörper.

Der **uterine Zyklus** macht sich besonders an der Gebärmutterschleimhaut bemerkbar. Unter dem Einfluß des Follikelhormons verdickt sich die Gebärmutterschleimhaut. Gleichzeitig werden die Gebärmutterdrüsen länger. Sie schlängeln sich stärker. Die Schleimhaut bereitet sich auf die Einpflanzung der befruchteten Eizelle vor (*Proliferationsphase*). Unter dem Einfluß des Gelbkörperhormons schließt sich die *Sekretionsphase* an. Bleibt die Befruchtung aus, so bildet sich die Gebärmutterschleimhaut wieder zurück. Beim Menschen und bei den Primaten werden in dieser Phase die obersten Schleimhautschichten abgestoßen, wobei Blutungen auftreten (Menstruation). Bei unseren Haussäugetieren fehlen vergleichbare Blutungen. Blutungen, die beim Rind und beim Hund im Zusammenhang mit der Brunst auftreten, sind auf das Platzen einiger Gefäße bei starker Blutfülle der Schleimhaut zurückzuführen. Sie fallen also nicht in die Phase der Rückbildung und sind bei „still brünstigen" Kühen ein wertvolles Orientierungsmerkmal für eine 1—2 Tage zurückliegende Brunst.

Äußerlich erkennbares Merkmal des zyklischen Geschehens ist die **Brunst.** Die Zyklusdauer ist tierartlich verschieden. Wildlebende Tiere werden im allgemeinen ein- bis zweimal im Jahr brünstig, oder es findet sich eine saisongemäße Häufung von Zyklen. Als Brunst, *Oestrus*, wird jene Phase im Zyklus bezeichnet, in der Begattung und Befruchtung erfolgen können.

Man unterscheidet monöstrische, diöstrische und polyöstrische Tiere.

Tab. 38. Dauer des Sexualzyklus und der Brunst

Tierart	mittlere Zyklusdauer	mittlere Brunstdauer
Rind	21 Tage	24 Std.
Pferd*	19—23 Tage	5—7 Tage
Schaf*	16—18 Tage	24—48 Std.
Ziege*	20—21 Tage	24—48 Std.
Schwein	21 Tage	2—3 Tage
Hund	ca. 6—8 Monate	21 Tage (8—10 Tage Proöstrus, 13 Tage Östrus)
Katze	sehr wechselnd saisongebunden	ca. 4 Tage

* **zum Teil Sexualsaison**

Monöstrische Tiere werden nur einmal im Jahr brünstig, z. B. Reh, Hirsch.

Diöstrische Tiere werden zweimal im Jahr brünstig, z. B. Hund.

Polyöstrische Tiere sind mehrmals im Jahr brünstig. Bei Schaf und Ziege finden sich jahreszeitliche Häufungen (Sexualsaison). Im Herbst lassen sich im allgemeinen bessere Befruchtungsziffern erreichen. Bei der Stute kann man gelegentlich eine ähnliche jahreszeitliche Häufung der Brunst beobachten.

Die Brunst wird bei den einzelnen Tierarten und regional verschieden bezeichnet. Man spricht beim Pferd von der Rosse, bei der Kuh vom Rindern, bei der Sau von der Rausche, bei der Hündin von der Läufigkeit, bei der Katze vom Rolligsein und bei Schaf und Ziege vom Bocken.

Brunstsymptome sind: Schwellung der Schamlippen, Ausfluß klaren, mehr oder weniger dünnflüssigen Schleims (beim Rind gegen Ende der Brunst, beim Hund am Anfang mit Blut vermischt), Unruhe der Tiere, Aufspringen wird geduldet (Duldungsreflex), Kühe und Sauen springen auf Nachbartiere auf.

Wirkungen der Hormone während des Zyklus

Der Hypophysenvorderlappen bildet drei Hormone, die in das zyklische Geschehen der Geschlechtsorgane eingreifen (Gonadotropine). Die Ausschüttung wird durch das FSH/LH Releasing Hormone und die Prolactin Releasing bzw. Inhibiting Hormones des Hypothalamus gesteuert. So können äußere Einflüsse (z. B. Tageslänge und Lichtintensität, beim Menschen auch psychische Belastungen) auf den Sexualzyklus einwirken.

1. **Follikelreifungshormon, (FSH** = follikelstimulierendes Hormon), follikulotropes Hormon, Gonadotropin I, Prolan A. Es bedingt das Heranreifen der Follikel und damit die Produktion von Follikelhormon.

2. **Luteinisierungshormon, (LH** = luteinisierendes Hormon), ICSH, Gelbkörperreifungshormon, Gonadotropin II, Prolan B. Es fördert die Follikelhormonbildung sowie die Follikelreifung bis zum Follikelsprung und bedingt die Gelbkörperbildung.

3. **Luteotropes Hormon (LTH),** Prolaktin, Laktationshormon. Es leitet die Milchproduktion ein und erhält sie, nachdem die Milchdrüse durch Östrogene und Progesteron vorbereitet wurde. Bei Labortieren hat es Einfluß auf die Progesteronbildung und -ausschüttung.

Die FSH- und die LH-Ausschüttung werden durch ein FSH/LH Releasing Hormone des Hypothalamus angeregt. Die LTH-Ausschüttung wird durch das Prolactin Releasing Hormone gefördert, durch das Inhibiting Hormone gehemmt. Außer den vom Hypophysenvorderlappen gebildeten Hormonen spielen die in den Eier-

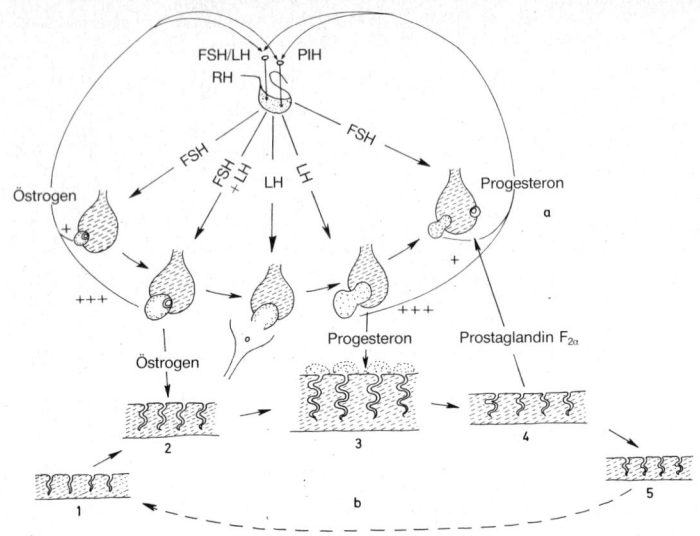

Abb. 194. Eierstockszyklus (a) und Gebärmutterzyklus (b). 1 und 5 Ruhestadium; 2 Proliferationsphase; 3 Sekretionsphase; 4 Rückbildung.

stöcken bzw. in der Plazenta gebildeten Hormone eine große Rolle. Zwischen dem Hypothalamus-Hypophysensystem und den Eierstöcken bestehen Wechselbeziehungen (Rückkoppelung). Außerdem bestehen Beziehungen zum vegetativen Nervensystem.

Follikelhormone. *Bildung:* in den Tertiärfollikeln. Als Follikelhormone werden eine Gruppe von Hormonen zusammengefaßt, die dieselbe Wirkung zeigen. Sie werden **Östrogene** genannt. Die wichtigsten Vertreter sind 17-β-Östradiol, Östron und Östriol. Sie gehören wie viele andere Hormone zu den Steroiden. Östrogene kommen auch in der Plazenta, der Nebennierenrinde und im Hoden vor.

Wirkung: Vor der Geschlechtsreife bewirkt das Follikelhormon die Ausbildung der sekundären Geschlechtsmerkmale. Im Zyklus bedingt das Follikelhormon die Auslösung der Brunsterscheinungen, die Proliferation der Uterusdrüsen und das Dickenwachstum der Uterusschleimhaut.

Die Produktion von Follikelhormon wird durch das Follikelreifungshormon (FSH) gesteuert. Niedrige Östrogenblutspiegel fördern die Gonadotropinsekretion, unphysiologisch hohe Blutspiegel hemmen sie.

Gelbkörperhormon, Progesteron, Gestagen. *Bildung:* in den Theka- und den Granulosaluteinzellen des Gelbkörpers und während der Trächtigkeit auch in der Plazenta.

Wirkung: Das Gelbkörperhormon macht die Gebärmutterschleimhaut für die Ernährung und Aufnahme des befruchteten Eies aufnahmefähig und leitet die Sekretionsphase ein. Es schützt die heranreifende Frucht vor Abort und hemmt das Ausreifen und den Sprung neuer Follikel. In neuer Zeit werden Gestagene zur Brunstsynchronisation und im Anschluß an eine Geburt zur hormonellen Sterilitätsprophylaxe mittels der temporären, hypophysären Kastration verwendet. Die Fruchtbarkeitsbereitschaft soll durch Ausschaltung der Konkurrenz zwischen Laktation und Reproduktion anschließend größer sein.

Die Produktion von Gelbkörperhormon im Ovar wird durch das LH angeregt.

An der Rückbildung des Corpus luteum ist der Uterus beteiligt (s. Seite 286).

Befruchtung und Trächtigkeit

Die **Befruchtung** ist die Vereinigung der beiden Geschlechtszellen. Eine Spermie dringt am Empfängnishügel in die Eizelle ein, den diese ihr entgegenwölbt. Die Enzyme des Ejakulats bedingen vorher eine Auflockerung des Verbandes der die Eizelle umgebenden Granulazellen. Aus diesem Grund dürfen die Ejakulatmenge nicht zu klein und der Verdünnungsgrad nicht zu hoch sein.

Nach der Aufnahme einer Spermie bildet die Eizelle eine *Befruchtungsmembran* aus, die von weiteren Spermien nicht durchdrungen werden kann. Im Augenblick des Eindringens der Spermie schrumpft die Eizelle, so daß ein *perivitelliner Raum* zwischen der Oberfläche der Eizelle und dem Oolemm entsteht.

Der Spermienkopf verdickt sich durch Quellung und wird zum *Samenkern.* Der *Eikern* wandert ebenfalls zur Mitte, und beide Kerne verschmelzen zu einem Kern (*Konjugation, Kopulation*).

Nach der Befruchtung erfolgt die erste Teilung (Furchung). Die Furchungszellen sind diploid, haben also einen doppelten Chromosomensatz im Gegensatz zu den beiden Geschlechtszellen, die haploid sind.

Die Befruchtung erfolgt gewöhnlich im Anfangsabschnitt des Eileiters, so daß das Ei während der Eileiterwanderung bereits die ersten Furchungen durchmacht und als Blastozyste im Morulastadium die Gebärmutter erreicht. Der Eitransport erfolgt mit Hilfe des Flimmerschlags der Epithelzellen und der Peristaltik der Muskelschicht *gegen den Strom des Eileitersekrets.* Dieser fließt zum Infundibulum, weil der Übergang vom Eileiter zum Uterushorn durch einen Sphinkter verschlossen ist, der sich erst zum Übertritt des Eies in die Gebärmutter öffnet (KOESTER 1970).

Dauer der Eileiterwanderung: Pferd und Hund 8—10 Tage, Wiederkäuer 3—5 Tage, Schwein 1—3 Tage (s. auch Seite 287).
Nach der Ankunft im Gebärmutterhorn vergehen noch einige Tage bzw. Wochen bis zur Ausbildung der Eihäute und ihrer Kontaktaufnahme mit der Gebärmutterwand (Implantation, Nidation). Das Ei bzw. der Embryo wird durch das Sekret der Uterusdrüsen ernährt, das zusammen mit Bestandteilen zugrunde gegangener Epithelzellen die sog. *Uterinmilch* bildet.
Beginn der Implantation (Tage nach der Befruchtung):
Pferd: 25—40; Rind: 25—30; Schwein: 8—12; Fleischfresser: 10—12.
Nach der Gastrulation ist das Stadium der Blastozyste abgeschlossen. Man spricht danach bis zum Ende der Organentwicklung vom Embryo und anschließend vom Fötus oder Fetus. Dann ist auch die Gliedmaßenentwicklung bereits abgeschlossen.

Eihautbildung (über Furchung s. Seite 37)
Im Gegensatz zu den Eiern der Amphibien und Fische benötigen die Embryonen und Föten der höheren Wirbeltiere besondere Hüllen zum Schutz vor Austrocknung und mechanischen Schädigungen, zum Stoff- und Gasaustausch, zur Hormonproduktion sowie zur Eröffnung der Geburtswege. Diese Hüllen bilden sich in der frühesten Embryonalzeit aus. Sie werden Eihäute genannt.
Bei den Säugern besteht die Morula aus einer äußeren und einer inneren Zellschicht. Die äußere Schicht, *Trophoblast,* dient zur Ernährung des Embryos und bildet die eigentlichen Eihäute (Chorion und Amnion). Die innere Schicht, *Embryoblast,* bildet den Embryo und Teile der Eihäute.
Aus Wülsten des Ektoderms und des parietalen Blatts des Mesoderms, die neben der Neuralplatte gelegen sind, faltet sich das **Amnion** ab (Abb. 195/3). Im Bereich des Amnionnabels, der nach seinem Verschluß in die Amnionnaht übergeht, trennt sich das Amnion von dem übrigen Trophoblast ab, der zum außen gelegenen **Chorion** wird (Abb. 195/8). Das Amnion umschließt schließlich den Embryo sackartig. In die Amnionhöhle wird als Sekret der ektodermalen Amnionzellen die Amnionflüssigkeit abgeschieden, in der der Embryo schwimmt (Abb. 195/4). Dadurch wird der Embryo vor mechanischer Schädigung geschützt und durch das Schweben in der Flüssigkeit vor schädigenden Einflüssen der Schwerkraft bewahrt.
Synonyma für Amnion sind: Schafhaut, Fußhaut.
Das Chorion bildet Zotten aus, die in Krypten der Gebärmutterschleimhaut bzw. in die Gebärmutterschleimhaut selbst eindringen und dadurch einen innigen Kontakt zwischen Gebärmutterschleimhaut und Eihäuten herstellen.
Beim Menschen bildet sich das Amnion nicht durch Abfaltung,

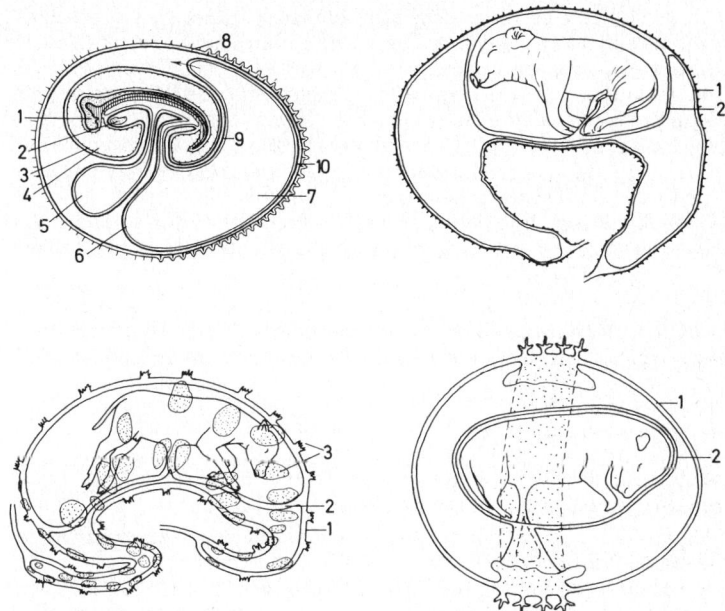

Abb. 195 (oben links). Schema der Allantoisbildung beim Säugetier (nach ZIETZSCHMANN und KRÖLLING 1955). 1 Embryo; 2 sein Herz; 3 Amnion; 4 Amnionhöhle; 5 Nabelbläschen; 6 Allantois; 7 Allantoishöhle; 8 Chorion; 9 Allantoamnion; 10 Allantochorion.

Abb. 196 (oben rechts). Fruchtsack des Schweines mit diffusen Chorionzotten (in Anlehnung an Abbildungen von ZIETZSCHMANN und KRÖLLING 1955). 1 Allantochorion; 2 Allantoamnion.

Abb. 197 (unten links). Fruchtsack des Rindes. Chorionzotten zu Kotyledonen angeordnet (in Anlehnung an Abbildungen von ZIETZSCHMANN und KRÖLLING 1955). 1 Allantochorion; 2 Allantoamnion; 3 Kotyledonen.

Abb. 198 (unten rechts). Fruchtsack des Hundes mit gürtelförmig angeordneten Chorionzotten (in Anlehnung an eine Abbildung von ZIETZSCHMANN und KRÖLLING 1955). 1 Allantochorion; 2 Allantoamnion.

sondern durch Abspaltung. Bezüglich weiterer Einzelheiten sei auf Spezialwerke der Entwicklungsgeschichte verwiesen.

Zwischen dem außen gelegenen Chorion (Zottenhaut) und dem Amnion befindet sich das *Exocoel*, das von Mesoderm ausgekleidet ist. Das Exocoel umschließt den *Dottersack,* der sich zur *Nabelblase* mit der *Nabelblasenhöhle* zurückbildet. Die Nabelblasenhöhle steht mit der Darmhöhle in Verbindung.

Von einer Knospe im Enddarm ausgehend, bildet sich die **Allantois** mit der *Allantoishöhle*. Diese steht über den *Urachus* mit der Blase in Verbindung.

Die Allantois ist vom Entoderm ausgekleidet und legt sich mit ihrem mesodermalen Anteil dem Mesoderm des Amnion und des Chorion an. So entstehen **Allantoamnion** und **Allantochorion** (Abb. 195). Mit der Allantois gelangen die Gefäße des Embryo zum Chorion (Nabelarterien und Nabelvenen).

In der Allantoishöhle befindet sich der Harn des Embryos, der aus der Harnblase dorthin gelangt. Auch die Allantoisflüssigkeit wirkt als mechanischer Schutz.

Der Keimling der Haussäugetiere wird also von zwei flüssigkeitsgefüllten Blasen umgeben. Außen befindet sich die Allantois- oder Wasserblase. Sie schimmert weiß-bläulich, und ihr Inhalt ist wässerig. In ihr und direkt um die Frucht liegt die Amnion- oder Fußblase. Ihr Inhalt ist schleimig. Sie wird deshalb auch Schleimblase genannt.

Beim Menschen bildet sich keine Allantoisblase, sondern nur ein Allantoisstiel mit den Blutgefäßen. Bei ihm ist daher nur die Amnionhöhle mit der Amnionflüssigkeit ausgebildet.

Die Einheit von Allantochorion und Gebärmuttergewebe wird **Plazenta,** *Mutterkuchen,* genannt. Die Bezeichnung stammt von der Plazenta des Menschen, die ein scheibenförmiges Gebilde ist. Sowohl nach der Art der Verbindung von Allantochorion und Gebärmutterschleimhaut als auch nach der örtlichen Ausbildung bestehen tierartliche Unterschiede.

Man unterscheidet zwischen *Pars uterina* und *Pars fetalis*. Als Pars uterina werden die von der Gebärmutter gestellten Anteile, als Pars fetalis die von dem Fötus gebildeten Anteile bezeichnet.

Man unterscheidet *Vollplazenta* (Placenta vera oder conjuncta) und *Halbplazenta* (Semiplacenta, Placenta apposita).

Wenn eine **Vollplazenta** ausgebildet wird, werden nach der Geburt des Fötus als *Nachgeburt (Secundinae)* nicht nur die Eihäute, sondern auch Teile der Pars uterina ausgestoßen. Bei Tieren mit einer **Halbplazenta** besteht die Nachgeburt dagegen nur aus den Eihäuten (einschließlich der Pars fetalis).

Als Vollplazenta sind ausgebildet die *Placenta zonaria s. circularis* (Abb. 198) (Fleischfresser, Raubtiere, Elefant, Robben u. a.) und die *Placenta discoidalis* (Mensch, Affen, Nagetiere, Insektenfresser, Fledermäuse, Gürteltiere).

Als Halbplazenta sind ausgebildet die *Placenta diffusa* (Abb. 196) (Pferd, Schwein, Halbaffe, Tapir, Nilpferd, Kamel, Wale, Schuppentiere) und die *Placenta multiplex s. cotyledonata* (Abb. 197) (Wiederkäuer).

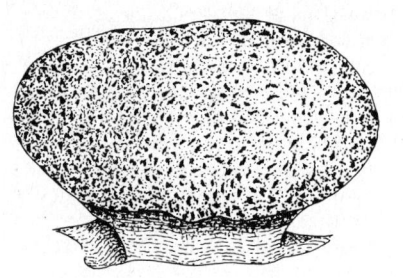
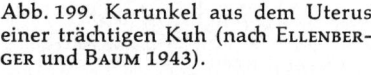
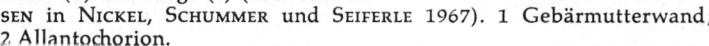
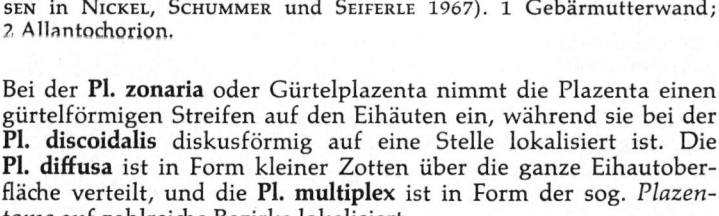

a
b
c

2
1
2
1
2
1

Abb. 199. Karunkel aus dem Uterus einer trächtigen Kuh (nach ELLENBERGER und BAUM 1943).

Abb. 200. Plazentome von Rind (a), Schaf (b) und Ziege (c) (nach ANDERSEN in NICKEL, SCHUMMER und SEIFERLE 1967). 1 Gebärmutterwand; 2 Allantochorion.

Bei der **Pl. zonaria** oder Gürtelplazenta nimmt die Plazenta einen gürtelförmigen Streifen auf den Eihäuten ein, während sie bei der **Pl. discoidalis** diskusförmig auf eine Stelle lokalisiert ist. Die **Pl. diffusa** ist in Form kleiner Zotten über die ganze Eihautoberfläche verteilt, und die **Pl. multiplex** ist in Form der sog. *Plazentome* auf zahlreiche Bezirke lokalisiert.

Bei einem **Plazentom** unterscheidet man die *Kotyledone* als fötalen Anteil und die *Karunkel* als mütterlichen Anteil (Abb. 200).

Eine andere Einteilung richtet sich nach der Innigkeit der Verbindung zwischen fötalen und mütterlichen Anteilen der Plazenta bzw. nach der Tiefe, in die die fötalen Blutgefäße in die Gebärmutterschleimhaut eindringen.

Die **Placenta epitheliochorialis** (Rind, Pferd, Schwein) stellt die loseste Verbindung dar. Bei ihr ist das Uterusepithel erhalten. Die Nahrungsstoffe und Gase müssen 6 Schichten durchwandern:
1. Endothel der mütterlichen Gefäße
2. Bindegewebe der Uterusschleimhaut
3. Uterusepithel
4. Epithel des Chorion
5. Bindegewebe der Eihaut
6. Endothel der Gefäße des Allantochorion.

Bei der **Placenta syndesmochorialis** (kleine Wiederkäuer, Hirsch) ist das Uterusepithel durchbrochen, und die Chorionzotten liegen im Bindegewebe der Gebärmutterschleimhaut. Es sind 5 Schichten zu durchdringen.

Nachdem anfänglich das gesamte Karunkelepithel zerstört wird, bilden sich etwa in der 5. Trächtigkeitswoche in der Tiefe der Karunkelkrypten epitheloide Zellen, die abgebaut und neugebildet werden und somit zur Ernährung des Embryo beitragen. Später verschwinden diese Zellen wieder. Das Epithel zwischen den Karunkeln wird hoch prismatisch und sezerniert stark. Etwa ab dem 4. Trächtigkeitsmonat verwischen sich die Grenzen zur Pl. haemochorialis insofern, als auch beim kleinen Wiederkäuer Blutgefäße der Karunkel in zunehmendem Maß zerstört werden und sich ausgedehnte Blutlachen bilden, in denen die Chorionzotten schwimmen (PETKOV 1966).

Bei der **Placenta endotheliochorialis** (Fleischfresser) grenzt das Chorion an das Endothel der Uterusgefäße. Es sind nur 4 Schichten zu durchwandern.

Bei der **Placenta haemochorialis** (Mensch, Primaten, verschiedene Nager, Insektenfresser, Fledermäuse) ragen die Zotten des Chorion in bluterfüllte Spalten des mütterlichen Plazentateils hinein und werden dort vom mütterlichen Blut umspült.

Die **Placenta haemoendothelialis** (Maus, Ratte, Meerschweinchen, Kaninchen) stellt die innigste Verbindung zwischen mütterlichem und fötalem Kreislauf dar. Bei ihr wird die Trennwand zwischen den beiden Kreisläufen nur noch durch das Endothel der fötalen Gefäße gebildet.

In jedem Fall bleibt jedoch eine Trennung zwischen mütterlicher und fötaler Blutbahn erhalten. Lediglich bei der Geburt kann es, besonders bei den beiden letztgenannten Plazentationsformen, zum Übertritt geringer Mengen embryonalen Blutes in den Kreislauf der Mutter bzw. in umgekehrter Richtung kommen, wenn Gefäße einreißen.

Alle dem Embryo über die Plazenta zugeführten Nahrungsstoffe werden als **Embryotrophe** bezeichnet. Sie umfaßt:
Histiotrophe (bei Pflanzenfressern Uterinmilch genannt) = Bestandteile des Uterus (Epithel, Sekret, Lymphozyten, Blut) und *Haemotrophe* = die im mütterlichen Blut gelösten Bestandteile (auch Gase).
In der ersten Zeit der Trächtigkeit erfolgt die Ernährung des Embryo vorwiegend durch die Histiotrophe.

Tierartliche Besonderheiten der Eihautbildung

Pferd. Die Allantois tritt am 24.–26. Tag nach der Befruchtung auf. Die Plazentation ist erst in der 14. Woche beendet. Bis dahin erfolgt die Ernährung vor allem durch das Sekret der Uterusdrüsen. Aber auch im Verlauf der Trächtigkeit findet noch ein Zerfall von Uterusschleimhautgewebe mit Blutungen statt.

Schwein. Die Allantois wächst nur bis zur halben Höhe des Amnion. Über dem Rücken des Fötus werden Chorion und Amnion durch das Gefäßblatt der Allantois vereinigt. Eine Allantoishöhle existiert hier nicht. Infolge der starken Größenzunahme der Amnionhöhle verschwindet die Allantoishöhle, daher ist bei der Geburt nur die Amnionhöhle ausgebildet.

Wiederkäuer. Wie beim Schwein wächst die Allantois nur bis zur halben Höhe des Amnion, und nur das Gefäßblatt zieht weiter (intermediäre Allantoisschicht). Die Plazentome sind in 4 Reihen angeordnet.

Zahl der Plazentome:
Rind, Schaf, Ziege: 80—120; Reh 3—5; Hirsch 10—20.

Form der Plazentome:
Rind und Hirsch: pilzförmig gewölbt; Schaf und Ziege: napfförmig eingezogen.

Bezüglich der **Kreislaufverhältnisse im Embryo** s. Seite 197.

Auf die **Embryonalentwicklung** soll nicht im einzelnen eingegangen werden. Wichtig ist jedoch, daß die wesentliche Ausbildung und Ausformung der Gliedmaßen und Organe in der ersten Zeit der Trächtigkeit erfolgen. Entwicklungsstörungen und Schäden, die an der Frucht in dieser Zeit auftreten, werden als *Embryopathien* bezeichnet. Viele Entwicklungsstörungen, die früher als Erbfehler angesehen wurden, haben sich in den letzten Jahren auf äußere Einflüsse zurückführen lassen. Als derartige Einflüsse kommen Sauerstoffmangel, Mangelernährung (besonders auch Vitaminmangel), chemische Stoffe (Medikamente) und Virusinfektionen in Frage. Die Art der Schädigung hängt dabei nicht so sehr von dem Agens, als von dem Zeitpunkt und der Intensität der Einwirkung ab. Bei der Aussage über die Erblichkeit einer Fruchtschädigung (Mißbildung) muß man demnach größte Vorsicht walten lassen. Auch das gehäufte Auftreten in einem Bestand spricht unter Umständen eher für einen exogenen Faktor als für einen Erbfehler, da die meisten Erbfehler rezessiv sind und daher seltener auftreten. Eine echte Aussage ist nur nach Rückkreuzungsversuchen und statistischer Bearbeitung möglich. Weitere Beobachtungen und Untersuchungen werden noch größere Klarheit in die Ätiologie der exogenen Fruchtschädigungen bringen.

Die **Altersbestimmung des Fötus** nach eventuellen Aborten wird anhand der Scheitel-Steiß-Länge und der Ausbildung der Behaarung vorgenommen (Tab. 39).

Veränderung des Muttertieres durch das Wachstum der Frucht

1. Wachstum des Euters während der ersten Trächtigkeit bzw. Rückgang der Milchleistung bei Kühen.

Tab. 39. Embryonalwachstum und -alter (nach ZIETZSCHMANN und KRÖLLING 1955)

Alter (Wochen)	Pferd	Scheitelsteißlänge (cm) Rind	Schaf	Schwein
2—3	0,325	0,5— 0,6	1,0	1,5
4	1,0	0,8— 1,0	1,5	1,8— 2,0
6	4,0	2,7	2,2	4,4— 4,7
7	5,0	3,86	3,0	7,4
8	6,5— 7,5	6,5— 7,0	5,0	9,0—10,0
9	8,0	7,8	9,0	13,0—14,0
10	9,0	9,6—11,0	13,0	15,0
12	12,0	15,0	16,0	17,0
15	16,5—18,0	19,5—20,5	27,0	18,0
17	22,0	24,0	38,0	23,3
20	33,0—37,0	36,0	50,0	
24	48,0	48,0		
28	—	60,0		
34	68,0	70,0		
40	—	80,0		
48	100,0			

Trächtigkeitsdauer

Pferd: 335—337 Tage (320—355)   ca. 11 Mon.
                  Kaltblutpferde haben eine
                  kürzere mittlere Tragezeit,
                  Landschläge die längste,
                  Vollblutpferde liegen
                  dazwischen

Rind: Schwarzb., Rotbunte   278 (263—294) Tage
                  Rotvieh, Jersey, Angler 280 (265—295) Tage
                  Fleckvieh, Gelbvieh,
                  Braunvieh, Pinzgauer   288 (273—304) Tage

Schaf und Ziege: 150 Tage (149—152)   ca. 5 Mon.
Schwein: 114 Tage (110—118)   3 Mon. +
                                               3 Wochen +
                                               3 Tage bzw.
                                               4 Mon. minus
                                               1 Woche

Hund: 63 Tage (56—68)   ca. 2 Monate
Katze: 60 Tage (56—63)   ca. 2 Monate

2. Vergrößerung des Bauchumfangs. Asymmetrie des Bauches bei Wiederkäuern, rechts stärker ausgewölbt als links.
3. Später Ringbildung an den Hörnern als Ausdruck verminderter Ernährung der Hornmatrix.
4. Trächtigkeitsödeme am Unterbauch und an den Gliedmaßen infolge Kreislaufbelastung (Erweiterung der Gefäßbahnen im Uterus). Häufig beim Pferd, seltener beim Rind.
5. Neigung zu Fettansatz und Gewichtszunahme (Decken der Kühe vor dem Schlachten).
6. Beim Rind häufig feine Fältelung der Schamlippen zu Beginn der Trächtigkeit.
7. Bei Pferd und Hund gelegentlich im Anfangsstadium der Trächtigkeit stärkere Behaarung, gegen Ende Haarausfall.

Besondere Formen der Trächtigkeit

Superfetatio, Überfruchtung, Nachempfängnis. Befruchtung von einem oder mehreren Eiern im bereits trächtigen Uterus. Sehr selten. (Vgl. Marx und Haase 1957, Arbeiter 1965.)

Superfecundatio, Überschwängerung. Befruchtung mehrerer Eier während derselben Brunst durch verschiedene Vatertiere oder durch ein Vatertier bei mehreren Begattungen. Beim Hund häufiger. Nachgewiesen durch verschiedene Rassenzugehörigkeit der Vatertiere. Auch bei anderen Tierarten und beim Menschen beobachtet.

Vielfrüchtigkeit. Man versteht darunter das Auftreten von übernatürlich vielen Früchten. So beobachtet man gelegentlich die Geburt von 4 Kälbern bei einer Kuh. Inwieweit es sich dabei um einen krankhaften Zustand handelt, ist neben der Zahl der Früchte im wesentlichen von der Größe der Früchte und der Belastungsfähigkeit des Muttertieres abhängig (Marx und Haase 1959).

Verhalten der Körpertemperatur während der Trächtigkeit

Beim *Rind* steigt die Körpertemperatur etwa ab 7. Monat bis auf 39,5–40 ° C an. 1–2 Tage vor der Geburt erfolgt ein kurzer Abfall der Temperatur, aber nicht unter die Norm (38 ° C).
Beim *Hund* fällt die Körpertemperatur kurz vor der Geburt (18 bis 24 Std.) auf subnormale Werte ab (bis 37 ° C und darunter).
Beim *Pferd, kleinen Wiederkäuer* und *Schwein* treten keine deutlichen Temperaturveränderungen auf.

Feststellung der Trächtigkeit (s. auch Seite 301)

Äußere Untersuchung

Rind: Ab 6. Monat ist durch Stoß gegen die rechte Flanke die Frucht festzustellen (Gegenstoß). Später sind spontane Bewegungen des Fötus zu beobachten.

Bei *kleinen Wiederkäuern* ist die Frucht erst gegen Ende der Trächtigkeit zu fühlen. Beim *Schwein* und *Pferd* können die Frucht und ihre Bewegungen meist nicht gefühlt werden.

Beim Pferd kann man ab 5. Monat gelegentlich Bewegungen der Frucht fühlen, wenn man morgens nach der Tränke mit kaltem Wasser die Hand auf den Unterbauch vor dem Euter legt.

Die Auskultation der Herzgeräusche des Fötus ist bei den Haustieren wegen zu starker Nebengeräusche nicht möglich.

Rektale Untersuchung durch den Tierarzt

Beim Rind kann ab ca. 6. Woche die Trächtigkeit durch rektale Untersuchung der Gebärmutter festgestellt werden. Im 5. Monat können Schwierigkeiten auftreten, weil sich in dieser Zeit die Gebärmutter durch die Last des Fötus stark senkt. Beim Pferd ist die rektale Trächtigkeitsdiagnose ab der 4.–5. Woche möglich.

Vaginale Untersuchung durch den Tierarzt

Bei trächtigen Tieren wird der äußere Muttermund durch einen zähen Schleimpfropf verschlossen.

Histologische Untersuchung des Scheidenepithels

Bei der *Sau* kann die Trächtigkeitsdiagnose ab etwa der 4. Woche der Trächtigkeit mit hinreichender Sicherheit durch die histologische Untersuchung einer Biopsieprobe aus dem Scheidengewölbe nahe dem äußeren Muttermund gestellt werden. Dazu wird ein etwa reiskorngroßes Stück aus der Schleimhaut mit Epithel und Propria entnommen. Bei tragenden Sauen besitzt das Epithel 3–5, bei nichttragenden etwa 12 Schichten (Abb. 201).

Hormonale Trächtigkeitsdiagnose beim Pferd

Immunologischer Test (Miptest): Von der Plazenta des Pferdes wird ein Choriongonadotropin gebildet, das als PMSG (Pregnant Mare Serumgonadotropin) zwischen dem 45. und 90. Tag der Trächtigkeit im Blut der Stute nachgewiesen werden kann. Der optimale Zeitabschnitt liegt zwischen dem 50. und 60. Tag. Dazu werden mit Pferde-Choriongonadotropin beladene Schaferythrozyten mit dem zu untersuchenden Stutenserum sowie mit Kaninchenserum, das Antikörper gegen Pferde-Choriongonadotropin enthält, zusammengebracht. Ist die fragliche Stute tragend, so werden die Antikörper von dem in ihrem Serum enthaltenen Hormon gebunden. Andernfalls bewirken die Antikörper eine Zusammenballung (Agglutination) der hormonbeladenen Schaferythrozyten.

ALLEN-DOISY-Test: Nach dem 120. Tage möglich, Stutenharn wird Mäusen injiziert. Danach wird das Scheidenepithel der Tiere untersucht. Beim Vorliegen einer Trächtigkeit wird durch das Follikelhormon das sog. Schollenstadium hervorgerufen. Nach dem 130. Tag ist auch der chemische Nachweis des Follikelhormons im Harn möglich (CUBONI-Reaktion).

Untersuchung mit Ultraschall
Versuche hierzu laufen vor allem am Schwein und an den kleinen
Wiederkäuern.

Röntgenuntersuchung
Sie ist bei Kleintieren etwa ab 40. Trächtigkeitstag möglich. Es
stellen sich dann die Skelette der Föten dar (Achtung wegen Strah-
lenschäden).

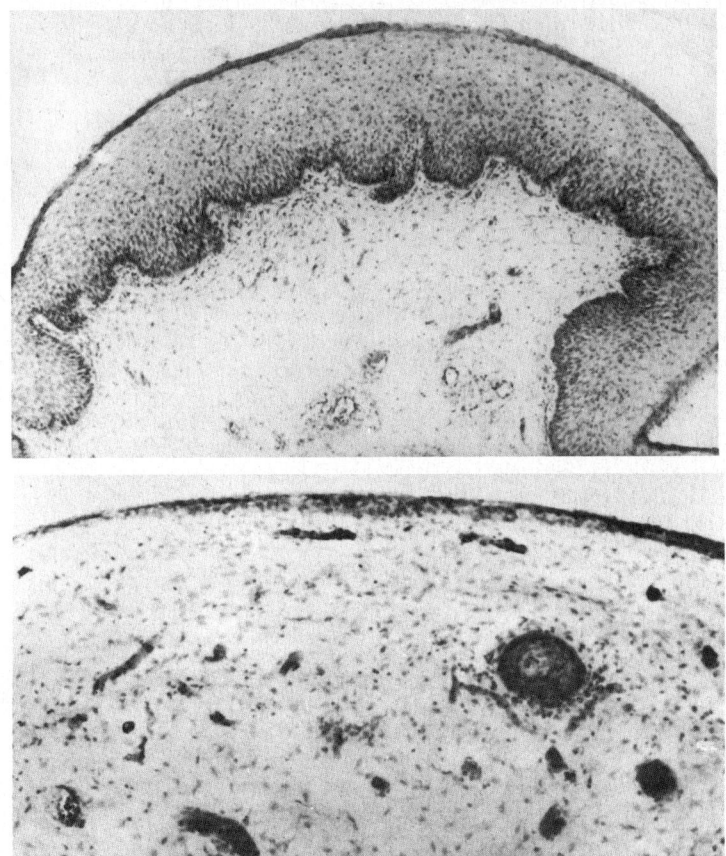

Abb. 201. Querschnitt durch die kutane Scheidenschleimhaut einer
nichttragenden (oben) und einer tragenden Sau (unten) (Mikrofotos).

Anzeichen der Geburtsnähe sind:

Schwellung der Scham;
Senkung der Schamspalte;
Ausfluß von zähflüssigem Zervikalschleim 1—2 Tage vor der Geburt oder erst kurz vor der Geburt (kleine Haustiere und Pferd);
Senkung und Lockerung der breiten Beckenbänder, wobei sich ihr strangartiger kaudaler Rand beim Rind 12—18 Stunden vor der Geburt lockert;
„Einschießen" der Milch. Beim Pferd bilden sich 1—6 Tage vor der Geburt eingetrocknete oder klebrige Sekretmassen an den Zitzenmündungen („Pechzäpfchen", „Harzen"). Beim Schwein spritzt die Milch häufig ab 4 Stunden vor der Geburt bei Druck aus den gefüllten Zitzen.

Pathologie der Trächtigkeit

Scheinträchtigkeit: Besonders häufig bei der Hündin treten Trächtigkeitssymptome auf, ohne daß das Tier trächtig ist. Zum „Geburtstermin" bauen die Tiere ein „Nest" und tragen Puppen oder andere Gegenstände als Welpen herum. Die Milchsekretion kann so stark sein, daß die Hündinnen als Ammen benutzt werden können.

Brunst während der Trächtigkeit: Am Anfang der Trächtigkeit können Brunstsymptome auftreten. Sie werden besonders beim Rind beobachtet.

Festliegen vor der Geburt: Bei ungenügender Mineralstoff- und Vitaminversorgung der Muttertiere wird dem Skelettsystem zu viel Kalzium entzogen, so daß die Tiere aufgrund von Gelenk- und Knochenschmerzen nicht mehr stehen können. Außerdem wird der Gesamtstoffwechsel negativ beeinflußt.

Gebärmutterdrehung: Gelegentlich erfolgt eine Drehung der Gebärmutter, der Zervix und des Scheidengewölbes um ihre Längsachse. Tritt die Gebärmutterdrehung um den Geburtszeitpunkt auf, so ist die Passage der Frucht nicht möglich.

Bauchbruch: Man versteht darunter die Zerreißung der Bauchdecken bei trächtigen Tieren, meist bei Unfällen.

Extrauteringravidität: Man unterscheidet eine Eierstocks-, eine Eileiter- sowie eine primäre oder sekundäre Bauchhöhlenträchtigkeit. Beim Tier spielt im wesentlichen nur die sekundäre Bauchhöhlenträchtigkeit eine Rolle, bei der die Frucht durch einen Riß in der Gebärmutter in die Bauchhöhle gelangt, über die Nabelschnur aber noch mit der Plazenta in Verbindung steht.

Eihautwassersucht: Die Ursache ist unbekannt (evtl. Zirkulationsstörungen). Die Eihäute sind stark aufgequollen und können die Versorgung der Frucht nicht mehr gewährleisten.

Abort: Als Abort wird der vorzeitige Abgang der Frucht bezeichnet. Ursachen sind meist Ernährungsstörungen und Tod der Frucht infolge mechanischer oder infektiöser Schädigung der Plazenta. Als Erreger sind vor allem *Vibrio foetus* und *Trichomonas foetus* bekannt, die zum sog. Frühabort vor der 2. Trächtigkeitshälfte führen, Leptospiren und Rotlauferreger beim Schwein sowie Brucellen (*Brucella abortus bovis* beim Rind, *Brucella abortus suis* beim Schwein und *Brucella melitensis* bei den kleinen Wiederkäuern), die Spätaborte in der 2. Trächtigkeitshälfte verursachen.

Geburt, Partus

Da die Geburt des Kalbes bereits unter physiologischen Bedingungen langsamer und schwerer erfolgt, als die der anderen Tiere, und sich daher häufiger Komplikationen einstellen, soll besonders auf diese Verhältnisse eingegangen werden.

Phasen:

1. Eröffnungsstadium mit Eröffnungswehen bis zum Fruchtblasensprung.
2. Austreibungsstadium mit Austreibungswehen nach vorheriger Aufweitungsphase.

Die *Wehen* sind Kontraktionen der Gebärmuttermuskulatur, die durch die Bauchpresse unterstützt werden können. Sie werden durch das Hypophysenhinterlappenhormon Oxytocin ausgelöst. Die glatten Muskelzellen sprechen auf dieses Hormon an, wenn die Progesteronbildung im Eierstock und vor allem in der Plazenta vermindert ist bzw. aufhört und das Follikelhormon überwiegt.

Während des Eröffnungs- und des Austreibungsstadiums muß der Geburtsweg allmählich geweitet werden. Das braucht Zeit. Zuerst tritt ein Abschnitt des Allantochorion mit Fruchtwasser in die bereits durch Hormonwirkung erschlaffte Zervix ein. Bei der Kompression der Eihäute während der Eröffnungswehen wird der Druck auf die Allantoisblase übertragen, deren extrauteriner Teil sich vergrößert und hydraulisch den Geburtsweg zu erweitern beginnt. Daher soll die Allantoisblase nicht eröffnet werden. Schließlich platzt sie spontan. Ihr folgt die Amnionblase, die auch Fußblase genannt wird, weil in der Regel die Gliedmaßenspitzen in dem sich vorwölbenden Teil dieser Blase sichtbar werden. Auch diese Blase soll aus den oben genannten Gründen und wegen der Infektionsgefahr nicht geöffnet werden. Die Erweiterung wird nun infolge einer langsamen und immer stärker werdenden Keilwirkung durch die weiter ausgepreßte Frucht vervollständigt. Die maximale Weitung ist im allgemeinen dann erreicht, wenn der Kopf völlig ausgetreten ist. Die Frucht wird anschließend durch einige sehr kräftige Preßwehen schnell geboren.

Eine Zughilfe ist nicht angebracht, wenn ein ausgeglichenes Größenverhältnis zwischen Muttertier und Frucht besteht und die Frucht in regelrechter Vorderendlage vorliegt. Übereilte Auszugsversuche sind schädlich, weil sie zu Einrissen des weichen Geburtsweges, Frakturen des knöchernen Geburtsweges, eventuell auch des Kalbes oder zum Festliegen führen können. Wenn Zughilfe notwendig ist, muß sie überlegt, dem jeweiligen Zustand angepaßt und im Rhythmus der Austreibungswehen eingesetzt werden. In keinem Fall dürfen mehr als vier Personen ziehen oder grobe Hilfsmittel angewandt werden.

In bezug auf die **Lagerung der Frucht im Muttertier** unterscheidet man zwischen Lage, Stellung und Haltung der Frucht.

Lage: Sie betrifft die Körperachse des Fötus in Beziehung zur Körperachse der Mutter

1. Längslagen: Vorderendlage (Vordergliedmaßen in Richtung des mütterlichen Beckens) und Hinterendlage.
   95 % der Kälber werden in Vorderendlage geboren, 5 % in Hinterendlage. Bis zum 7. Trächtigkeitsmonat ist das Verhältnis Vorder- zu Hinterendlage noch 1 : 1. Bei der Fixierung in Vorderendlage ist möglicherweise die unterschiedliche Länge der Gliedmaßen der Frucht beteiligt (G.MAYER 1965).
2. Querlage: Wirbelsäulen quer zueinander.
3. Vertikallage: Der Fötus sitzt meist mit dem Kopf zur Wirbelsäule der Mutter (hundesitzig).

Stellung: Sie bezieht sich auf den Rücken des Fötus. In der Regel ist er dem Rücken des Muttertieres zugekehrt = obere Stellung.

Haltung: Sie bezieht sich auf die Lagerung der Gliedmaßen und des Kopfes des Fötus zu seinem Rumpf.

Pflege des Neugeborenen. Nach der Geburt sollte bei Kälbern und Fohlen der Nabelstrumpf desinfiziert und das Junge zur Trocknung abgerieben werden. Wichtig ist, daß die Jungen in den ersten 4—6 Stunden nach der Geburt Kolostralmilch trinken können (S. 317). Durchschnittliches Geburtsgewicht: Kalb 35—40 kg; Ferkel 1,2—1,8 kg.

Das Muttertier nach der Geburt. Ebenso wie das Jungtier bedarf das Muttertier besonderer Aufmerksamkeit und Pflege. Wichtig ist besonders, auf den ordnungsgemäßen Abgang der Nachgeburt bzw. der Nachgeburten zu achten, sowie darauf, daß der auf die Geburt folgende Ausfluß von Sekret und Geweberesten aus der Scham (Lochialfluß) keine eitrige Beschaffenheit annimmt.

Abgang der Nachgeburt

Rind: 3—8 Stunden nach der Geburt; *kleine Wiederkäuer:* 3 bis 8 Stunden nach der Geburt; *Pferd:* 15—30 Minuten nach der Geburt; *Schwein:* in der Regel nach der Geburt des letzten Ferkels, gelegentlich einzelne Nachgeburten früher; Hund: mit jedem Welpen, wird von der Hündin aufgefressen.

Ausfluß nach der Geburt, Lochialfluß (Plazentateile, Leukozyten, etwas Blut)

Rind: 2—3 Wochen, anfangs zähflüssig mit etwas Blut, später schokoladefarben, dünnflüssig, schließlich klar; *kleine Wiederkäuer:* höchstens eine Woche; *Stute:* einige Tage, spärlich; *Hund:* 2—3 Wochen, anfangs grünlich.

Auftreten der ersten Brunst nach der Geburt

Pferd: 5—9 Tage; *Rind:* 3—4 Wochen; *Schwein:* 6—7 Tage nach dem Absetzen der Ferkel, mit Schwankungen, besonders abhängig von der Länge der Säugezeit.

c Milchdrüse, Gesäuge, Euter, Glandula lactifera, Mamma

Das Gesäuge entwickelt sich aus der sog. *Milchleiste,* die ventral am Unterbauch gelegen ist. Ursprünglich sind beim Säugetier mehrere Drüsenkomplexe (Mammarkomplexe) beiderseits der Linea alba angelegt, ähnlich wie noch jetzt beim Schwein und Fleischfresser. Tierartlich bilden sich Unterschiede in der Zahl und der Lage der Drüsenkomplexe heraus.

Zahl der Mammarkomplexe je Körperseite

Pferd und kleine Wiederkäuer 1, Rind 2, Katze 4, Hund 4—5 (6), Schwein 6—8.

Lage der Mammarkomplexe

Thorakal: Elefant, Affe, Mensch = Brustdrüse
Thorako-abdominal: Katze }= Gesäuge
Thorako-inguinal: Schwein, Hund }
Inguinal: Rind, kleine Wiederkäuer, Pferd = Euter
Die beidseitigen Drüsenkomplexe sind durch eine Furche getrennt. Diese ist bei Rind und Pferd flach.

Bau der Milchdrüse

Jeder Drüsenkomplex besteht aus einem oder mehreren **Drüsenkörpern** mit Alveolen, Milchgängen und Drüsenteil der Milchzisterne sowie der **Zitze** mit Zitzenteil(en) der Milchzisterne(n) und einem oder mehreren Strichkanälen.

Beim *Rind* ist je Mammarkomplex nur ein Strichkanal mit anschließendem Hohlraumsystem ausgebildet. Beim *Pferd* sind 2 (3, selten 4), beim *Schwein* 2—3, beim *Fleischfresser* und *Mensch* viele (5—20) Strichkanäle mit getrennten Drüsensystemen vorhanden.

Aufgaben der Milchdrüse
1. Versorgung des Neugeborenen mit Immunstoffen (Immunglobulinen) in den ersten Stunden nach der Geburt.
2. Ernährung des Jungtieres.
3. Beim Rind und den kleinen Wiederkäuern, gelegentlich auch bei Pferd, Wasserbüffel und Kamel, wirtschaftliche Nutzung.

Rindereuter

Das Rind besitzt jederseits zwei Milchdrüsenkomplexe (Viertel). Es sind dieses die Vorder- oder Bauchviertel und die Hinter- oder Schenkelviertel, jeweils mit gleich benannter Zitze. Alle Viertel sind gegeneinander vollkommen getrennt. Allerdings sind die Drüsenlappen der gleichseitigen Viertel ineinander verzahnt, die Viertel beider Seiten dagegen durch ein starkes bindegewebiges Septum getrennt. Dieses Septum ist ein Teil des *Aufhängeapparates der Milchdrüse* (Abb. 202). Das tiefe Blatt der äußeren Rumpffaszie spaltet im Bereich des Euters sowohl seitlich als auch median

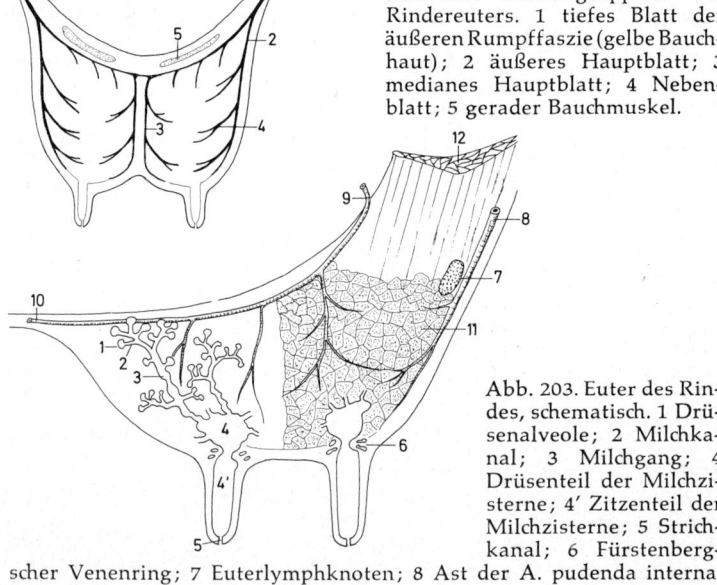

Abb. 202. Aufhängeapparat des Rindereuters. 1 tiefes Blatt der äußeren Rumpffaszie (gelbe Bauchhaut); 2 äußeres Hauptblatt; 3 medianes Hauptblatt; 4 Nebenblatt; 5 gerader Bauchmuskel.

Abb. 203. Euter des Rindes, schematisch. 1 Drüsenalveole; 2 Milchkanal; 3 Milchgang; 4 Drüsenteil der Milchzisterne; 4' Zitzenteil der Milchzisterne; 5 Strichkanal; 6 Fürstenbergscher Venenring; 7 Euterlymphknoten; 8 Ast der A. pudenda interna, A. mammaria caudalis; 9 Ast der A. pudenda externa; 10 A. epigastrica caudalis superficialis, A. mammaria cranialis; 11 Drüsenläppchen; 12 Beckenfuge.

Blätter ab (jederseits ein seitliches und ein medianes Blatt). Diese Hauptblätter verlaufen an der Drüsenoberfläche zitzenwärts und spalten in ihrem Verlauf Nebenblätter ab, die sich zwischen die Drüsenlappen einsenken und schließlich im Interstitium der Drüsenviertel aufgehen. Durch diese Anordnung ist eine druck- und zugfreie Aufhängung des Euters gewährleistet.

Der Drüsenkörper ist von einer *Fettkapsel* umgeben, der das oberflächliche Blatt der äußeren Rumpffaszie und die Haut aufliegen. Die *Haut* ist im Bereich der Drüse fein behaart und verschieblich, an der Zitze haarlos, nicht verschieblich und drüsenfrei (Einfetten beim Melken). Bei einem Euter mit guter Leistung ist dessen derbweiche, feinkörnige Konsistenz zu palpieren.

Das **Parenchym** der Viertel ist in Drüsenläppchen unterteilt, die durch bindegewebiges Interstitium verbunden werden und sich aus Alveolen und Milchkanälchen aufbauen. Mehrere Drüsenläppchen vereinigen sich zu einem größeren Drüsenlappen.

Die **Alveolen** sind bei jugendlichen Tieren von einem zweischichtigen Epithel ausgekleidet. Mit dem Einsetzen der Milchsekretion bildet sich das Drüsenepithel zu einem einschichtigen Epithel um. Die Zellen sind je nach dem Sekretionszustand zylindrisch bis flach kubisch, wobei man in einer Alveole verschiedene Stadien finden kann. Die Alveolen sind von zahlreichen Blutkapillaren umsponnen und mit Myoepithelien besetzt, denen eine Funktion bei der Milchabgabe zugeschrieben wird.

Die Alveolen münden in sinusartige Gänge, die stark verzweigt sind. Diese gehen in größere, ebenfalls sich stark aufzweigende *Milchgänge* über. Die Zweige des Gangsystems liegen jeweils in parallelen Ebenen. Das Epithel ist in den kleinen Gängen einschichtig, in den größeren zweischichtig. Die einschichtigen Abschnitte sollen zur Sekretion befähigt sein. Die sinusartigen Erweiterungen des gesamten Gangsystems dienen als Speicherreservoire. An ihnen befinden sich Schnürringe aus glatter Muskulatur. Am Übergang der Milchgänge in die Milchzisterne sind Faltenringe mit glatter Muskulatur ausgebildet. Auch sie dienen zum Verschluß der Gänge und damit zur Regulation des Milchflußes.

Die **Milchzisterne** (Abb. 203/4,4'), in die die Milchgänge münden, gliedert sich in einen proximalen, im Drüsenkörper gelegenen Teil (*Drüsenteil*) und einen distalen, in der Zitze gelegenen Teil (*Zitzenteil*). Zwischen beiden ist das Lumen durch einen stark ausgebildeten Venenring (*Fürstenbergscher Venenring*) sowie zirkuläre glatte Muskelfasern eingeengt. Der Zitzenteil der Zisterne ist durch Längs- und einige Querfalten von der Wand her nochmals gegliedert. Distal geht er in den etwa 1–1,5 cm langen **Strichkanal** über, der durch einen starken Schließmuskel verschlossen wird. Die Mündung des Strichkanals soll flach sein und weder spitz hervorragen noch trichterförmig eingezogen sein, da beide Formen zu Verschmutzung und Infektion des Euters prädisponieren. Der Schließmuskel soll nicht zu fest schließen, da er sonst Hartmelkigkeit verursacht, aber auch nicht zu schlaff, damit er dem Milchdruck genügend Widerstand entgegensetzen kann. Zu starke Ausbildung der Querfalten im Zitzenteil der Zisterne und narbige Septen, durch falsche Melktechnik hervorgerufen, können ebenfalls Hartmelkigkeit verursachen.

Die Wand der Zitze enthält glatte Muskulatur, die zusammen mit den sehr zahlreichen und weitlumigen Venen die Faltenbildung bedingt. Muskulatur und Blutgefäße dürften im Sinne eines funktionellen Systems angeordnet sein und für den optimalen Milchabfluß von Bedeutung sein (Rigidität der Zitze).

Blutgefäßversorgung des Euters. Das Euter benötigt täglich 6000—10 000 Liter Blut, etwa 300 Liter pro Stunde (300—500 Liter Blut für 1 Liter Milch). Es verfügt daher über ein ausgeprägtes Blutgefäßsystem. Je drei Arterien und Venen führen das Blut zu bzw. ab. Alle drei Zu- bzw. Abflußgebiete anastomosieren miteinander, so daß die Blutversorgung stets gewährleistet ist, auch wenn das Euter beim Liegen des Tieres gedrückt wird. Bei Eutern mit hoher Milchleistung kann man unter der Haut zahlreiche Venen erkennen.

Die *Lymphgefäße* des Euters sammeln sich in den kaudodorsal gelegenen Euterlymphknoten, von denen aus Verbindungen zu den seitlichen Darmbeinlymphknoten bestehen.

Männliche Milchdrüse. Bei männlichen Tieren ist ebenfalls eine Milchdrüse mit Zitzen ausgebildet (Mamma masculina), doch bleibt sie im allgemeinen auf eine unbedeutende Anlage beschränkt. Bei hormonellen Fehlregulationen kann aber auch die männliche Milchdrüse Milch sezernieren.

Akzessorische Milchdrüsen. Neben der regulären Milchdrüse können akzessorische Milchdrüsenanlagen in unterschiedlichster Vollkommenheit ausgebildet sein. Beim Rind sind überzählige Zitzen (Afterzitzen) nicht selten. Diese Zitzen enden blind oder aber auch in kleinen Milchdrüsenkörpern. Gelegentlich haben die Afterzitzen aber auch Verbindung mit dem regulären Zitzenlumen.

Afterzitzen sind unerwünscht, da sie beim Melken hinderlich sind oder aber, wenn sie einem eigenen Drüsengewebe aufsitzen, Infektionsherde für das ganze Euter werden können. Besonders störend sind sie, wenn sie Verbindung zur regulären Zitze haben und fistelartige Nebenabflüsse bilden. Die Anlage von Afterzitzen wird als erblich angesehen und mit züchterischen Maßnahmen angegangen.

Physiologie der Milchsekretion

Die Milchsekretion findet nicht nur während des Melkens statt, sondern kontinuierlich. Die Milchbildung ist ein aktiver Prozeß der Drüsenzellen, die die Grundbestandteile der Milch aus dem Blutserum aufnehmen, sie teilweise umbauen und in das Drüsenlumen abgeben. In der Milch sind viele Stoffe in anderer Konzentration und Zusammensetzung als im Blut enthalten.

Die Sekretbildung findet im Ergastoplasma (Milchfett) und teilweise auch im Golgi-Apparat (Milcheiweiß) der Drüsenzellen statt. Die Milch reichert sich in kleinen Tröpfchen am distalen Pol der Alveolenzellen an und soll in Art der apokrinen Sekretion abgegeben werden. Gelegentlich wurde auch merokrine Sekretion beobachtet, besonders dann, wenn das Alveolarlumen durch angestaute Milch gefüllt ist.

Aufgrund eigener Untersuchungen an Milchdrüsen vom Schwein sowie der Ergebnisse anderer Autoren, besonders an kleinen Versuchstieren, vertritt ADAMIKER (1967) die Ansicht, daß das Milcheiweiß im Golgi-Apparat synthetisiert und in kleinen Bläschen ausgeschleust wird (Extrusion, merokrine Sekretion). Das Milchfett wird durch Abnabelung kleiner Fetttröpfchen von der Zelloberfläche ausgeschieden (apokrine Sekretion). Milchzucker wird zusammen mit dem Eiweiß abgegeben.

Die Milch, die bei gefülltem Kanalsystem gebildet wird, ist flüssigkeitsärmer, d. h. fettreicher. Bei schlechtem Ausmelken geht nicht nur die Milchmenge zurück, sondern auch der Fettgehalt. Im Anfangsgemelk sind ca. 1 %, im Endgemelk ca. 10 % Fett enthalten. Bei einem Milchdruck von 25—40 mm Hg wird keine Milch mehr gebildet (etwa gleich der Höhe des Blutdruckes in den Alveolenkapillaren).

Entleerung der Milchdrüse

Die taktile Reizung der Milchdrüse beim „Anrüsten" bzw. beim Stoßen des Kalbes gegen das Euter regt über das Rückenmark das Hypophysen-Hypothalamus-System zur Ausschüttung des Hinterlappenhormons **Oxytocin** an. Dieses veranlaßt die Kontraktion der Korbzellen an den Alveolen und die Öffnung der Sperrmechanismen der Gänge. Hierdurch kommt etwa 30 Sekunden nach der Reizung das Einschießen der Milch zustande.

Auch über das Gehirn, die Augen, den Geruchssinn usw. kann durch bedingte Reflexe das Einschießen der Milch hervorgerufen werden (z. B. Klappern der Milchkannen).

Oxytocin wird im Blut schnell durch Enzyme abgebaut (etwa 7 Minuten).

Das Anrüsten und das Ausnutzen der Oxytocin-Wirkung sind für das vollständige Ausmelken und die Erhaltung der Milchmenge entscheidend wichtig. Bei Beunruhigung der Tiere beim Anrüsten oder beim Melken kommt es zur Ausschüttung von Nebennieren-mark-Hormonen (Adrenalin und Noradrenalin). Diese hemmen die Oxytocin-Wirkung durch Verengung der Blutgefäße („Nichtherablassen der Milch", „Hochziehen der Milch" usw.).

Kuhmilch

Zusammensetzung der Kuhmilch

Die Milchzusammensetzung variiert von Rasse zu Rasse und von Tier zu Tier. Selbst bei ein und demselben Tier treten Schwankungen innerhalb der Laktationsperiode sowie nach Fütterung und Gesundheitszustand auf, so daß nur Annäherungswerte angegeben werden können. Der früher stark ausgeprägte Unterschied im Fettgehalt und in der Milchmenge zwischen Höhen- und Niederungsrassen ist infolge der züchterischen Erfolge unbedeutend geworden. Allgemein gilt, daß die Milchmenge im Laufe der Laktationsperiode, besonders gegen ihr Ende hin, abnimmt, während der Fettgehalt entsprechend steigt.

Tab. 40. Durchschnittliche Zusammensetzung der Kuhmilch

Gesamtprotein	3,2—3,5 %	Milchzucker	4,7 %
Fett	3,8—4,3 %	Asche	0,7 %

Eiweiß der Milch. Es besteht hauptsächlich aus *Kasein* (84 %). Dazu kommen *Laktalbumin* (etwa 15 %) und *Immunglobulin* (etwa 1 %). Die Eiweißfraktionen können weiter aufgegliedert werden.

Tab. 41. Benennung der Milcheiweiße und ihr Anteil am Gesamteiweiß (nach KOLB 1974)

Name	Gehalt in % des Gesamtproteins
α-Kaseine	45—63
β-Kasein	19—28
γ-Kasein	3— 7
α-Laktalbumin	2— 5
β-Laktalbumin	7—12
Milchserumalbumin	0,7—1,3
Immunglobuline	
Euglobulin	0,8—1,7
Pseudoglobulin	0,6—1,4

Kasein ist ein Phosphoproteid (phosphorsäurehaltiges Eiweiß). Es gerinnt beim Zusatz von Labferment oder schwachen Säuren, nicht aber beim Kochen. Im Blut ist kein Kasein vorhanden. Es wird also in den Milchdrüsenzellen gebildet, ebenso das α-Laktalbumin. Milchserumalbumin und die Immunglobuline werden unverändert aus dem Blut übernommen.

Die *Baustoffe für das Milcheiweiß* sind Aminosäuren, die im Pansen durch die Mikroflora synthetisiert wurden, aber auch Globulin, Albumin, Fibrinogen, Glykoproteide, Karbonat, Azetat, Propionat, Butyrat und Glukose.

Bei mehreren Eiweißfraktionen der Milch sind ähnliche *Polymorphismen* ausgebildet wie beim Hämoglobin. So lassen sich z. B. beim β-Kasein die Typen A, B und C unterscheiden. Das Allel für den Typ C ist interessanterweise ebenso wie das Allel für den Hämoglobin-Typ B in den deutschen Rindern nur bei den süddeutschen Rassen vertreten (MEYER 1967). Ob Beziehungen zwischen den Protein-Typen und der Qualität der Proteine bestehen, muß noch geprüft werden.

Kohlenhydrate der Milch. In der Milch ist als Kohlenhydrat fast ausschließlich *Laktose* (Disaccharid aus Glukose und Galaktose) enthalten. Laktose kommt nur in der Milch vor, ist also auch ein Syntheseprodukt der Drüsenzellen. In der Milch ist die 80fache Zuckerkonzentration des Blutserums enthalten.

Ausgangsprodukte für Milchkohlenhydrate. Die Synthese von 85 % der Laktose erfolgt aus Glukose des Serums (bei jedem Blutdurchfluß werden fast 20 % des Blutzuckers entnommen). Dabei ist zu berücksichtigen, daß die Glukosesynthese beim Wiederkäuer in der Leber erfolgt, die hierfür besonders Laktat, Propionat und Alanin benutzt.

Weitere Ausgangsstoffe sind Milchsäure, Formiat, Azetat, Propionat und Butyrat.

Fett der Milch. In der Milch ist der 20fache Fettgehalt des Blutserums enthalten. Das Milchfett zeigt einen anderen Aufbau als das übrige Körperfett. Es enthält 10—12 % niedere Fettsäuren (C_4 bis C_{12}). Diese werden in den Drüsenzellen synthetisiert.

Ausgangsprodukte sind höhere und niedere Fettsäuren, Azetonkörper, Kohlenhydrate, Azetat, Propionat (besonders für Glyzerinbildung), Formiat und Butyrat.

Essigsäure und andere niedere Fettsäuren fallen in großen Mengen bei der Vergärung der Kohlenhydrate im Pansen an.

Die höheren Fettsäuren der Milch werden in der Leber synthetisiert und gelangen vom Blut aus in die Milch.

Aus den geschilderten Verhältnissen über Eiweiß-, Fett- und Kohlenhydratsynthese in der Milchdrüse wird die *enge Koppelung von*

Pansenstoffwechsel und Milchsekretion ersichtlich. Änderungen in der Futterzusammensetzung beeinflussen über die veränderte Biosynthese der Pansenflora die Milchbestandteile.

Mineralstoffe der Milch (s. Tab. 42). In der Milch erfolgt gegenüber dem Blutserum eine starke Anreicherung von *Kalzium* und *Kalium*. In der Milch befinden sich die 10fache Kalium- und die 15fache Kalzium-Menge des Blutserums. Auch *Phosphor* wird stark angereichert. Würden sich diese Stoffe in freier Form in der Milch befinden, so würde ein starker osmotischer Druck entstehen. Daher sind etwa 25 % des Kalzium an Kasein gebunden (Kalzium-Kaseinat). In seiner Gegenwart wird kolloidales $CaHPO_4$ gebildet, das ebenfalls osmotisch wenig aktiv ist. Nur etwa 25 % des Kalzium liegen als osmotisch aktives Kalziumchlorid oder Kalziumzitrat vor. Große Mengen des Phosphors sind als $CaHPO_4$ oder an Kasein gebunden.

Im Vergleich zum Blut ist in der Milch 5mal weniger Natriumchlorid enthalten. Bei Eutererkrankungen wird die Milch salzig, da die Zellen dann die Fähigkeit verloren haben, Natrium zu eliminieren.

Mit steigendem Fett- und Eiweißgehalt der Milch steigt ihr Gehalt an Ca, Mg und P. In der Höhe bestehen jedoch große individuelle, genetisch bedingte Unterschiede (COMBERG 1967).

Von den **Spurenelementen** ist besonders der *Eisengehalt* für den Aufbau neuer Erythrozyten nach der Geburt wichtig. Bei den meisten Tieren ist der Eisengehalt ausreichend, für das Ferkel dagegen nicht. Der Bedarf liegt bei 7—16 mg/Tag und Tier. Mit der Muttermilch nehmen die Ferkel aber nur 1—2 mg Eisen auf. Man muß ihnen daher prophylaktisch Eisen verabreichen.

Tab. 42. Mineralstoff-, Spurenelement- und Vitamingehalt in 100 ml Kuhmilch (nach SCHEUNERT und TRAUTMANN 1965)

Mineralstoffe		Spurenelemente		Vitamine	
Kalzium	120 mg	Eisen	50 γ	Vit. A	120 IE
Phosphat	90 mg	Kupfer	20 γ	Vit. D	3 IE
Magnesium	10 mg	Mangan	10 γ	Vit. E	0,4 mg
Kalium	150 mg	Zink	0,3 mg	Vit. B_1	30 γ
Natrium	50 mg	Kobalt	0,7 γ	Vit. B_2	170 γ
		Jod	0,02 mg	Niacin	100 γ
				Pantothen-säure	300 γ
				Vit. C	2 mg

Vitamine werden vorgebildet aus dem Blut übernommen. Die wichtigsten sind Vit. A, Vit. D_3, Vit. E, Vit. B und Vit. C.

Geruchs- und Geschmacksstoffe. Ihr Auftreten ist abhängig von der Fütterung, Haltung und eventuellen Behandlungen (Kräuter, Medikamente).

Tab. 43. Heritabilitätswerte für Milchbestandteile bei Deutschen Schwarzbunten (nach COMBERG 1967)

Trockensubstanz	0,49	Kalzium	0,19
fettfr. Trockensub.	0,33	Phosphor	0,36
Fett	0,50	Magnesium	0,12
Eiweiß	0,41	Kalium	0,43
Milchzucker	0,29	Natrium	0,38

Verschiedenes. Als abnorme Milchbestandteile können auftreten: Toxische Stoffe, z. B. Schädlingsbekämpfungsmittel, radioaktive Stoffe, z. B. Strontium 90, Medikamente, z. B. Phenothiazin, Penicillin, und Krankheitserreger, z. B. Brucella abortus Bang, Tb-Bakterien, Escherichia coli u. a.

Änderungen der Milchzusammensetzung

Kolostralmilch, Biestmilch. In der ersten Woche nach der Geburt wird ein spezielles Milchdrüsensekret gebildet. Es hat ganz bestimmte Aufgaben zu erfüllen. Durch den hohen Gehalt an Immunglobulinen erhält das Jungtier die ersten Schutzstoffe gegen Infektionen. Die Kolostralmilch hat eine leicht abführende Wirkung zur Lösung des Darmpechs (Mekonium).

Besonderheiten der Kolostralmilch: Erhöhter Gehalt an Trockenmasse; Kolostrumkörperchen (fettbeladene weiße Blutkörperchen); erhöhter Gehalt an Eiweiß, besonders Immunglobulinen, Fett und Vitaminen, besonders Vit. A und Vit. D_3; verminderter Gehalt an Michzucker.

In der Asche: Erhöhter Gehalt an Natrium, Chlorid, Kalzium, Magnesium, Phosphor und Eisen; erniedrigter Gehalt an Kalium.

Die Kolostralmilch darf nicht als Milch in den Handel gebracht werden, dagegen sollte aber jedes Jungtier genügende Mengen erhalten, da sie die unbedingt nötigen Immunglobuline enthält. Das Jungtier ist frühestens nach 14 Tagen fähig, ausreichende Antikörper zu bilden. Nach etwa 24—48 Stunden verliert der Darm die Fähigkeit, Immunglobuline unverändert aufzunehmen (Verschlußzeit).

Die Verabreichung von Kolostralmilch ist besonders bei jenen Haussäugetieren wichtig, die eine Plazenta epitheliochorialis ausbilden (Rind, Pferd, Schwein), da bei diesen Tieren vor der Geburt keine Immunglobuline auf den Fötus übergehen können. Wird dem Jungtier keine Kolostralmilch gegeben, ist es während der ersten Lebenswochen gegen Infektionserreger schutzlos und erliegt leicht Infektionen durch stallübliche Erreger (Durchfall, Lungenentzündung, Gelenkentzündungen). Mit der Kolostralmilch dagegen erhält das Jungtier spezifische Antikörper gegen die im Stallmilieu verbreiteten Erreger, so daß es gegen die üblichen Jungtierkrankheiten wesentlich widerstandsfähiger ist. Bei Mensch und Fleischfressern treten Immunglobuline bereits während der Fötalzeit über.

Einfluß der Brunst. Während der Brunst ist die Milchmenge häufig geringer. Der Fettgehalt kann erhöht, aber auch vermindert sein. Gelegentlich ist die Labgerinnung gestört (wichtig bei nymphomanen Tieren).

Einfluß der Trächtigkeit. Etwa im 3. Monat der Trächtigkeit beginnt sich beim Rind die Milchmenge zu vermindern. Annähernd 8 Wochen vor der Geburt sollen die Kühe trockengestellt werden. In dieser Zeit sollen sie nicht gemolken werden, damit dem Organismus nicht zu viele Aufbaustoffe für den gerade in den letzten Wochen besonders intensiv wachsenden Fötus entzogen werden. Während der Trockenperiode ist das Euter besonders durch Euterinfektionen gefährdet, da durch den Strichkanal eindringende Krankheitserreger nicht ausgemolken werden und sich ausbreiten können. Aufmerksame Kontrolle des Euters und hygienische Haltung der hochträchtigen Tiere sind sehr wichtig.

Tab. 44. Länge der Trockenzeit beim Rind und ihr Einfluß auf die kommende Laktation (nach RINGLER 1965)

Trockenzeit (Tage)	Zahl der untersuchten Kühe	Milch (kg)	Leistung in 305 Tagen in %/o der Höchstleistung
0	13	2947	68,2
1—10	20	3227	74,7
11—20	48	3780	87,5
21—30	61	4040	93,5
31—40	154	4298	99,4
41—50	166	4322	100,0
51—60	189	4230	97,9

Weitere Einflüsse auf die Milchzusammensetzung und Milchmenge üben u. a. Fütterung, Haltung, Melkakt, Jahreszeiten und Umgebungstemperatur aus.

Unsere Rinderrassen sind weniger kälteempfindlich, als allgemein angenommen wird. Dagegen werden sie durch höhere Temperaturen rasch in ihrem Wohlbefinden und in ihrer Leistung beeinträchtigt.

Die Milch als Nahrungsmittel

1 Liter Milch hat einen Nährwert von 650 cal. Mager- und Buttermilch enthalten 350 cal/Liter.

Die Milch ist ein vollwertiges Nahrungsmittel, da es alle vom Organismus benötigten Stoffe enthält. Besonders wichtig ist der Gehalt an essentiellen Aminosäuren (s. Tab. 45) und an Kalzium. Nicht nur die Vollmilch, sondern auch die Milchprodukte schließen eine wichtige Lücke in der Eiweiß- und Mineralstoffversorgung des Menschen.

Damit die Milch und die Milchprodukte hochwertige Lebensmittel werden und bleiben, sind an die Gewinnung und Verarbeitung strenge hygienische Anforderungen zu stellen. Der Einfluß auf die Milch beginnt bei der Fütterung und Haltung der Tiere. Er setzt sich bei der Säuberung des Gesäuges und des Melkgerätes fort und erstreckt sich auf die Verhinderung der Beimengung unerwünschter Zusätze (z. B. Penicillin aus behandelten Eutern) und von Krankheitserregern sowie auf die ordnungsgemäße Lagerung, den Transport und die Verarbeitung in der Molkerei.

Tab. 45. Durchschnittlicher Aminosäuregehalt der Kuhmilch in % des Gesamteiweißes (nach KOLB 1974)

Valin	8,4	Phenylalanin	5,7
Leucin	10,6	Tyrosin	6,4
Isoleucin	8,5	Tryptophan	1,4
Threonin	4,5	Lysin	6,6
Methionin	3,7	Histidin	2,6
Cystin	0,7	Arginin	3,8

Milch anderer Tierarten

Die Milch der anderen Haussäugetiere weist zum Teil erhebliche Unterschiede gegenüber der Kuhmilch auf. Diese Unterschiede sind besonders dann zu beachten, wenn Kuhmilch als Ersatz der Muttermilch verwendet werden soll. Dieses ist vor allem bei Ferkeln und Hundewelpen der Fall. Von der Industrie werden Präparate, die nach Anrühren mit Wasser oder Kuhmilch der Sauenmilch bzw. der Milch der Hündin weitgehend entsprechen, hergestellt. Die Anwendung dieser Präparate empfiehlt sich mehr als die Verwendung reiner Kuhmilch oder von Kuhmilch mit selbst zusammengestellten Zusätzen.

Tab. 46. Zusammensetzung von Milch und Milchprodukten in g/100 ml (nach KOLB 1974)

	N-haltige Verbindungen	Fett	Laktose	Mineralstoffe
Molke	0,8	0,2	4,8	0,6
Magermilch	4,0	0,1	4,7	0,8
Buttermilch	3,9	1,0	4,2	0,7
Vollmilch	3,4	3,7	4,8	0,8
Rahm (süß)	3,5	10,0	4,0	0,6
Kondensmilch ungezuckert	11,2	11,4	14,0	2,0
Magerkäse	35,6	12,4	4,2	4,7
Fettkäse	26,2	29,5	3,4	3,5

Tab. 47. Zusammensetzung der Milch verschied. Tierarten in % (nach KOLB 1974, ergänzt)

Tierart	Trockenmasse	Fett	Eiweiß	Kasein	Laktose	Asche
Rind	12,7	4,0	3,2	2,5	4,7	0,7
Schwein	19,0	6,9	5,9	3,3	5,5	0,9
Schaf	18,5	7,2	6,5	4,5	4,3	0,8
Ziege	14,2	4,9	4,3	3,3	3,9	0,8
Pferd	10,5	1,6	2,0	1,2	6,4	0,4
Hund	21,1	8,6	7,1	4,0	4,1	1,3
Esel	9,9	1,4	1,9	1,0	6,2	0,5
Büffel	17,6	7,7	4,1	3,5	4,8	0,7

Schwein. Die durchschnittliche Milchleistung der Sau liegt zwischen 3,6—10,7 kg/Tag. Das Maximum wird in der 2.—3. Woche nach der Geburt erreicht. Die Laktationsperiode dauert 7—8 Wochen. Die Gesamtmilchmenge in dieser Zeit schwankt zwischen 100 und 450 kg. Sie ist abhängig von der Fütterung, der Ferkelzahl sowie dem Alter, der Wurfzahl und der Rasse der Sau.

Zusammensetzung der Kolostralmilch der Sau (GLAWISCHNIG 1964)
Trockensubstanz 25,9 %, Fett 5,8 %, Eiweiß 15 %, Laktose 3,6 %,
Asche 0,7 %.
Aus der Sicht moderner Aufzuchtbedingungen enthält die Sauenmilch für die Ferkel zu wenig Eiweiß und zu viel Fett. Es empfiehlt sich daher eine Zufütterung von proteinreichem Starterfut-
ter ab dem 10. Tag. Ab der 3. Laktationswoche kann die Sau den
Nahrungsbedarf der Ferkel nicht mehr decken (s. auch Eisengehalt
der Milch, Seite 316).

11   Äußere Haut und Anhangsgebilde der Haut

a   Äußere Haut, Cutis

Die äußere Haut besteht aus der epithelialen **Oberhaut**, *Epidermis,* und der bindegewebigen **Lederhaut**, *Corium.* Als Verschiebeschicht ist ihr die **Unterhaut**, *Subcutis,* aus lockerem Bindegewebe
untergelagert (Abb. 204).

Haut (Cutis)	Oberhaut Epidermis	Stratum corneum (Keratin)
		Stratum lucidum (Eleïdin)
		Stratum granulosum (Keratohyalin)
		Stratum spinosum (Tonofibrillen, Desmosomen)
		Stratum basale s. cylindricum (evtl. Pigment)
	Lederhaut Corium	Straffes Bindegewebe, Papillarkörper, Talgdrüsen, Schweißdrüsen, Haare, Mm. arrectores pilorum, evtl. Pigment, regional glatte Muskelzellen,
Unterhaut (Subcutis)		Verschiebeschicht, enthält Fett, locke-res Bindegewebe, regional glatte Muskelzellen als Spannungsregler und Skelettmuskelzellen (Hautmuskeln)

Funktionen der Haut

Temperaturregulation, Ausscheidungsorgan, Sinnesorgan, Spei-
cher für Fett und Elektrolyte, mechanischer Schutz, Säuremantel,
Blutbildung in der Fötalzeit.
Anhangsgebilde der Haut mit mechanischer Bedeutung sind die
Nägel, Krallen, Hufe, Klauen und Hörner.
Anhangsgebilde mit Bedeutung für den Wärmehaushalt sind die
Haare (Federn).
Die **Oberhaut, Epidermis,** wird von einem *mehrschichtigen Plat-
tenepithel* gebildet (s. S. 41). Die dichte Lage von Epithelzellen

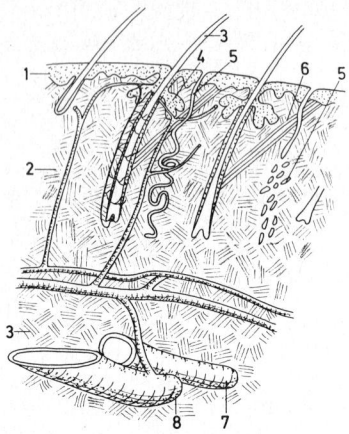

Abb. 204. Schema der äußeren Haut. 1 Oberhaut, Epidermis; 2 Lederhaut, Corium; 3 Unterhaut, Subcutis; 3 Haar; 4 Talgdrüse; 5 Schweißdrüse; 5′ Schweißdrüse, wie sie sich im histologischen Schnittpräparat darstellt; 6 Haarbalgmuskel; 7 Arterie; 8 Vene.

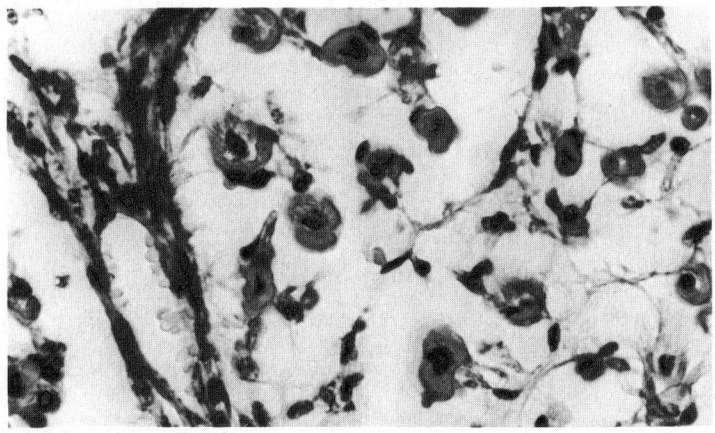

Abb. 205. Blutbildendes Retikulum in der Unterhaut eines Rinderfötus von 16 cm Scheitel-Steiß-Länge (Mikrofoto).

gewährleistet einen wirksamen Schutz gegen mechanische, chemische und thermische Einflüsse auf das darunter liegende Bindegewebe. Ein Überzug mit ungesättigten Fettsäuren aus dem Talg der Talgdrüsen und aus dem Schweiß wirkt gegen bakterielle Besiedlung. Hinzu kommt die Anwesenheit von Symbionten. Die Oberfläche ist je nach der mechanischen Beanspruchung mehr oder weniger stark verhornt.

In den unteren Epithelzellschichten befinden sich pigmenthaltige Melanozyten, die der ektodermalen Neuralleiste entstammen. Sie geben Melanin an die basalen Epithelzellen ab. (Über die Entstehung der Farbmuster s. DANNEEL 1968.)

Die **Lederhaut, Corium,** ist der Träger der spezifischen Hautorgane wie Haare, Drüsen, Haarbalgmuskeln. Die Lederhaut wird von straffem Bindegewebe gebildet, dessen kollagene Faserbündel ein dreidimensionales Mattengewebe großer Stabilität erzeugen. Aus ihr wird das Leder hergestellt. Zur Epidermis hin bildet die Lederhaut einen *Papillarkörper* aus, der an unbehaarten Körperteilen besonders kräftig entwickelt ist. Man kann die Lederhaut einteilen in ein Stratum papillare, Stratum subpapillare und Stratum fibrosum.

Die Lederhaut enthält besonders im Str. papillare und im Str. subpapillare zahlreiche *Blutgefäße.* Die Füllung dieser Blutgefäße trägt wesentlich zum Wärmeausgleich des Körpers bei, indem große Blutmengen an die Peripherie geführt werden. Andererseits können durch Verengung der Hautgefäße in Notfallsituationen größere Blutmengen mobilisiert werden. Vielerorts sind spezielle Regulationseinrichtungen in Form arterio-venöser Anastomosen zwischengeschaltet.

Hautdrüsen

Talgdrüsen sind *alveoläre Drüsen,* die fast immer als Anhangsorgane der Haare ausgebildet sind. Ohne Haare kommen sie vor am Lippenrand, am Anus, an der Glans penis, am Präputium und am Rand der Schamlippen. Eine besondere Form stellen die Meibomschen Drüsen des Augenlids dar. Der Talg wird durch *holokrine Sekretion* gebildet, d. h. die Stammzellen an den Alveolenwänden teilen sich, und die neuen Zellen wandern immer weiter in das Lumen der Drüse und machen dabei eine Umwandlung durch. In ihrem Zelleib bilden sie das Sekret und gehen dann zugrunde (nicht ausschließlich Degeneration). Der Talg tritt dann entlang den Haaren an die Hautoberfläche. Er hält Haare und Hautoberfläche geschmeidig und wirkt wasserabstoßend.

Schweißdrüsen sind unverzweigte, stark geknäuelte *tubulöse Drüsen.* Die überwiegende Zahl der Schweißdrüsen der Tiere und die Duftdrüsen des Menschen (Achsel, Scham) sezernieren apokrin, die Mehrzahl der Schweißdrüsen des Menschen merokrin.

Der Schweiß dient der Exkretion von Stoffwechselprodukten, vor allem aber der Regulation der Körperwärme. Bei steigender Körpertemperatur kann diese durch den Entzug der Verdunstungswärme des Schweißes gesenkt werden.

Der Schweiß enthält vor allem Natriumchlorid, Kalium und Harnstoff. In Untersuchungen von Schulz und Mitarb. 1965, Schulz und Frömter 1968 konnte gezeigt werden, daß die Schweißdrüsen des Menschen ähnlich wie die Nieren arbeiten. Wie in dem Glomerula der Nieren wird in den Schweißdrüsen ein Ultrafiltrat gebildet, das dem Blutplasma weitgehend entspricht. In den Anfangsabschnitten des Ausführungsgangs werden dann Natrium- und Chlorid-Ionen sowie andere Substanzen aktiv rückresorbiert. Kalium-Ionen werden im Verlauf der Drüse ausgeschieden. Wie die Niere sprechen auch die Schweißdrüsen auf Aldosteron an.

Duftdrüsen mit apokriner Sekretion sind bei den Säugetieren häufig. Sie münden in den Haarbalg und haben mannigfaltige Funktionen im Sozialverhalten der Tiere.

Haare, Phili

Am **Haar** unterscheidet man den *Haarschaft* und die *Haarwurzel*, die in der **Wurzelscheide** steckt und mit der *Haarzwiebel* beginnt. Die Haarzwiebel umgreift die bindewebige *Papille*, die ein Blutgefäßknäuel und Melanozyten enthält. Von zentral nach peripher unterscheidet man: das Haarmark, die Haarrinde, die Haarkutikula sowie die epitheliale und die bindegewebige Wurzelscheide. Die bindegewebige Wurzelscheide wird *Haarbalg* genannt und enthält ein dichtes Kapillarnetz, das von dem zur Papille führenden Gefäß ausgeht (Abb. 204). Die Hauptsubstanz der Haare ist cystinreiches α-Keratin.

An den Haarbälgen setzen bei den meisten Haaren *Haarmuskeln, Mm. arrectores pilorum*, an. Diese glatten Muskeln vermögen die Haare aufzurichten, um den Luftmantel zum Schutz vor Kälte oder die Körperkonturen beim sog. Imponiergehabe zu vergrößern (Rückenbürste des Hundes, buschiger Schwanz der Katze).

Die Haare werden in der Fötalzeit einzeln angelegt (*„Ersthaare"* nach Fleischauer 1953). Dicht um diese entstehen weitere Haare, so daß sie zu *„Mittelhaaren"* einer Gruppe werden. Die anderen Haare werden *„Beihaare"* genannt. Wenn mehr als 2 Beihaare entwickelt sind, entstehen *„Vielhaargruppen"*. Die Beihaare stehen meist nicht konzentrisch um das Mittelhaar, sondern in einer Reihe quer zum Haarstrich.

Mit der Anlage der Ersthaare ist ein Entwicklungsschritt getan, dem die weitere Differenzierung der Haut und ihrer Anhangsorgane zwangsläufig folgt. Haar, Talgdrüsen und apokrine Schweißdrüsen gehen aus einer Anlage hervor. Innervation, Blutgefäße und Sinnesorgane schließen sich den epithelialen Gebilden unmittelbar an. Für die Beihaare und die merokrinen Schweißdrüsen ist der Ort der Bildung ebenfalls durch die Anlage der Ersthaare bestimmt. Schließlich wird auch die Form der Grenzfläche zwischen

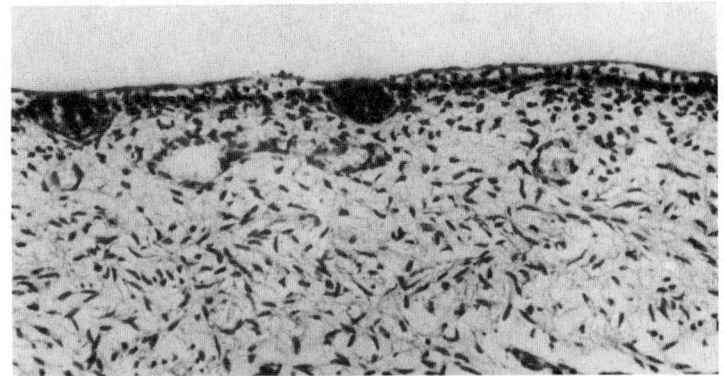

Abb. 206. Haaranlagen eines Rinderfötus von 16 cm Scheitel-Steiß-Länge (Mikrofoto).

Epidermis und Corium von den Anhangsgebilden beeinflußt (deutlicher Papillarkörper nur dort, wo keine Haare ausgebildet sind). Man unterscheidet u. a. *Grannenhaare*, die besonders lang sind, *Wollhaare*, die bei Huf- und Klauentieren sowie beim Menschen marklos, häufig gekräuselt und kürzer sind, und *Sinushaare* (Tasthaare).

Die **Sinushaare** sind ganz besonders lang. Ihre Wurzel ist von einem Blutsinus umgeben (Abb. 207), an dem Tastnerven enden. Die Sinushaare befinden sich in der Umgebung des Mundes, der Nasenlöcher und der Augen. Sie entwickeln sich früher als die anderen Haare.

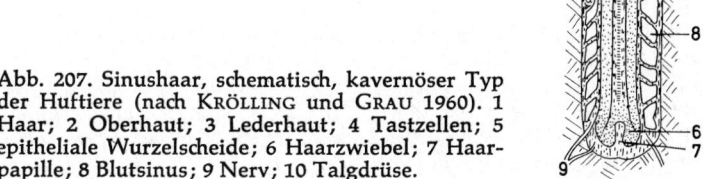

Abb. 207. Sinushaar, schematisch, kavernöser Typ der Huftiere (nach KRÖLLING und GRAU 1960). 1 Haar; 2 Oberhaut; 3 Lederhaut; 4 Tastzellen; 5 epitheliale Wurzelscheide; 6 Haarzwiebel; 7 Haarpapille; 8 Blutsinus; 9 Nerv; 10 Talgdrüse.

Rezeptoren der Haut (s. auch Seite 380)

1. **Druck- und Berührungsrezeptoren**
   a) Nervenmanschetten der Haare und freie Nervenendigungen in der Epidermis
   b) Merkelsche Tastscheiben (besonders beim Tier) in den tieferen Schichten der Epidermis
   c) Meissnersche Tastkörperchen als eiförmige Gebilde mit Bindegewebshülle in den Papillen
   d) Vater-Pacinische Lamellenkörperchen in der Unterhaut (oval, abgeplattet, 4 mm × 2 mm, mit bindegewebiger Hülle und bis zu 60 Lamellen)
2. **Schmerzrezeptoren**
Sie sind sehr dicht gelegene, freie Nervenendigungen zwischen dem Stratum basale und dem Stratum granulosum, wahrscheinlich auch im Corium.
3. **Temperaturrezeptoren**
   a) Kälterezeptoren (Krausesche Endkolben) in den Papillen
   b) Wärmerezeptoren (Ruffinische Körperchen) in den tieferen Schichten des Corium und der Subcutis.

Spezifische haarlose Hautorgane

Die spezifischen haarlosen Hautorgane sind durch eine mächtige, stark verhornte Epidermis und eine kräftige Lederhaut mit ausgeprägtem Papillarkörper gekennzeichnet. Drüsen und Haare fehlen. Die prinzipielle Beschaffenheit der Haut aus Oberhaut und Lederhaut ist aber beibehalten. Derartige Hautorgane sind: das Zehenendorgan (Huf, Klaue, Kralle, Nagel), der Sporn und die Kastanie sowie die Hörner der Wiederkäuer.

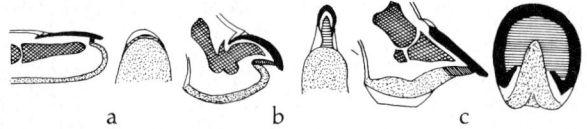

Abb. 208. Fingernagel (a), Kralle (b) und Huf (c), vergleichend (nach ELLENBERGER und BAUM, 1943).

b   Zehenendorgan, Organon digitale

Huf

Der Huf besteht aus dem Hautüberzug und den von diesem umschlossenen Stützteilen.
Die *Stützteile* sind das Hufbein, das Strahlbein und der distale Abschnitt des Kronbeins, die das Hufgelenk bilden, der Hufknorpel, die Bänder und Sehnen (tiefe Beugesehne, Strecksehne) sowie der Fußrollenschleimbeutel (Abb. 209).

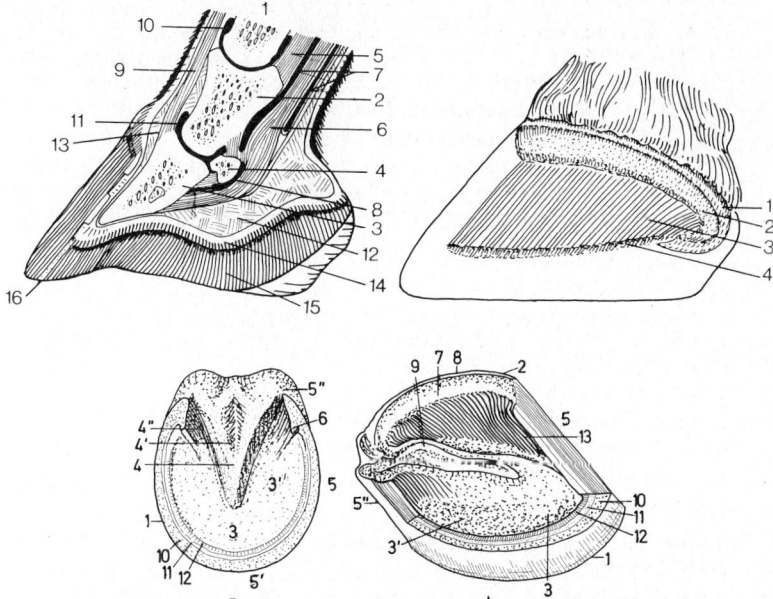

Abb. 209. Medianschnitt durch die Zehenspitze des Pferdes (nach ELLENBERGER und BAUM 1943). 1 Fesselbein; 2 Kronbein; 3 Hufbein; 4 Strahlbein; 5 oberflächliche Beugesehne; 6 tiefe Beugesehne; 7 gemeinsame digitale Sehnenscheide der oberflächlichen und der tiefen Beugesehne; 8 Fußrollenschleimbeutel; 9 Strecksehne der Zehe; 10 Krongelenkshöhle; 11 Hufgelenkshöhle; 12 Ballen- und Strahlkissen; 13 Kronpolster; 14 Huflederhaut; 15 Hornschuh; 16 weiße Linie.

Abb. 210 (oben rechts). Abschnitte der Huflederhaut (nach ELLENBERGER und BAUM 1943). 1 Saumlederhaut; 2 Kronlederhaut; 3 Wandlederhaut; 4 Sohlenlederhaut.

Abb. 211. Hornschuh des Pferdes (nach ELLENBERGER und BAUM, 1943). a. Volaransicht. b. Seitenansicht (Wand teilweise entfernt). 1 Tragrand; 2 Kronrand; 3 Sohlensegment, 3' Sohlenast; 4 Strahl; 4' mittlere Strahlfurche; 4'' seitliche Strahlfurche; 5—5'' Wandsegment; 5 Seitenteil, 5' Dorsalteil, 5'' Trachtenteil; 6 Eckstrebe; 7 Kronsegment; 8 Saumsegment; 9 Hahnenkamm; 10 Schutzschicht; 11 weiße Linie; 12 Verbindungsschicht; 13 Hornblättchen.

Der Fußrollenschleimbeutel, das Strahlbein und die tiefe Beugesehne bilden zusammen die *Fußrolle*.
Der *Hautüberzug* gliedert sich in drei Schichten, die Hufunterhaut, die Huflederhaut und die Hufepidermis.

Die **Hufunterhaut** bildet stellenweise Polster bzw. Kissen aus. Sie ist dort besonders dick und enthält viele elastische Fasern. Solche Polster sind das Saum-, das Kron- und das Hufkissen (Ballen- und Strahlkissen). Im Bereich der Wand und der Sohle geht die Hufunterhaut in das Periost des Hufbeins über.

Die **Huflederhaut** entspricht dem Corium der Haut. An ihr lassen sich verschiedene Segmente unterscheiden, die bezüglich der Ausbildung des Papillarkörpers spezifische Formen entwickeln.

Die Lederhaut ist stark durchblutet und nervenreich. Die Gefäße treten zum großen Teil durch das Hufbein in die Huflederhaut ein.

Man unterscheidet:

1. die *Sohlenlederhaut* (mit Papillen)
2. die *Strahllederhaut* (mit Papillen)
3. die *Ballenlederhaut* (mit Papillen)
4. die *Wandlederhaut* (mit Blättchen)
5. die *Kronlederhaut* (mit Papillen)
6. die *Saumlederhaut* (mit Papillen)

Entsprechend den Segmenten der Lederhaut lassen sich an der Hufepidermis, dem Hornschuh, folgende **Segmente** unterscheiden:

1. die *Hornsohle* mit den *Sohlenästen*
2. der *Strahl* mit einer *mittleren* und zwei *seitlichen Strahlfurchen*
3. der *Hornballen*
4. die *Wand* mit *Dorsalteil, Seitenteil* und *Volar- (Plantar-)* oder *Trachtenteil*, der in die *Eckstreben* übergeht
5. das *Kronsegment*
6. das *Saumsegment*

Die Sohle und die Wand berühren sich am *Tragrand*. Proximal befindet sich der *Kronrand*.

Zur Huflederhaut hin bildet der Strahl entsprechend den Strahlfurchen zwei seitliche *Strahlleisten* und den medianen *Hahnenkamm* aus (Abb. 211/9).

An jenen Stellen, an denen die Huflederhaut Papillen ausbildet, werden im **Hornschuh** epitheliale *Hornröhrchen* gebildet. Im Wandsegment, das Lederhautblättchen besitzt, bilden sich *Hornblättchen*, und zwar *Primärblättchen* und *Sekundärblättchen*. Im Bereich des Blättchenhorns findet nur eine Verschiebung von proximal nach distal statt, während die Wachstumsvorgänge auf die Gebiete mit Papillen beschränkt sind.

Eine andere Einteilung ergibt die **Gliederung der Wand nach Schichten** (Abb. 211/10—12). Von außen nach innen folgen einander:

1. die *Glasurschicht*, die vom Saumsegment der Huflederhaut gebildet wird und sich bereits in den proximalen Bezirken abnutzt
2. die sehr dicke *Schutzschicht*, die vom Röhrchenhorn des Kronsegments gebildet wird
3. die *Verbindungsschicht*, die aus den in die Primär- und Sekundärblättchen der Wandlederhaut eingeschalteten Primär- und Sekundärblättchen des Hornschuhs besteht.

Die **Schutzschicht** wächst vom Kronrand zum Tragrand. Ihr Aufbau wurde besonders von NICKEL (1938) untersucht. Die Hornröhrchen bestehen aus verhornten Epithelzellen und zeigen analogen Bau wie die Haversschen Kanälchen, d. h. sie bauen sich aus verschiedenen Lamellen mit unterschiedlich steiler Wicklung auf. Der Zwischenraum zwischen den Hornröhrchen wird vom sog. Zwischenhorn ausgefüllt.

Vergleichende Untersuchungen mit dem Klauenhorn haben jedoch ergeben, daß die Hufröhrchen keine so deutliche Gliederung in Lamellen aufweisen wie die Osteone, und daß die Tonofibrillen nicht so einseitig ausgerichtet sind wie die kollagenen Fasern in den Speziallamellen. Es ließen sich innerhalb bestimmter Hufröhrenwände lediglich Zonen unterschiedlich geformter Wandzellen mit überwiegend steilem oder flachem Tonofibrillenverlauf nachweisen. Diese Wandzonen sind aber nicht Lamellen gleichzusetzen (WILKENS 1964).

Die **Verbindungsschicht** bewirkt eine innige Verbindung zwischen dem Hornschuh und der Huflederhaut im Bereich der Wand. Die Innenteile des Hufes *hängen* im Hornschuh, so daß die Sohle und der Ballen nur einen kleinen Teil der Körperlast aufnehmen müssen. Ist die Verbindung im Wandsegment durch krankhafte Vorgänge gestört (z. B. Ödeme der Huflederhaut, die sich bei der Hufrehe ausbilden), so senkt sich das Hufbein und die Sohle kann die Last nicht tragen. Sie wird durchgetreten.

Das Horn der Verbindungsschicht ist unpigmentiert. Dort, wo es am Rand der Sohle zutage tritt, bildet es die sog. weiße Linie. Wenn beim Beschlagen ein Nagel in die weiße Linie eingeschlagen wird, so tritt er, bedingt durch seine besondere Form (Abb. 212) durch die Wand wieder aus, ohne die sehr empfindliche Huflederhaut zu verletzen oder zu quetschen. Ist versehentlich die Huflederhaut durch einen Hufnagel in Mitleidenschaft gezogen worden, so treten starke Schmerzen auf und das Pferd lahmt. Man spricht dann vom Vernageln.

Das durchschnittliche **Wachstum des Hufhorns** beträgt 8 mm pro Monat. Die Zeit, in der das Hufhorn erneuert wird, beträgt nach GROSSBAUER und HABACHER (1928) für:

Dorsalteil der Wand	12 Monate
Seitenteil der Wand	6—8 Monate
Trachtenteil der Wand	4—5 Monate
Sohle und Strahl	2 Monate

Beschleunigend wirken: Gehen ohne Beschlag („Barfußgehen"), viel Bewegung auf mäßig weichem Boden, gute Hufpflege und regelmäßige Erneuerung des Beschlags.

Verzögernd wirken: Beschlag, Bewegungsmangel, Arbeit auf hartem Pflaster, schlechte Hufpflege, falsche Belastungsverhältnisse infolge fehlerhafter Hufform oder Stellungsanomalien sowie Allgemeinerkrankungen.

Da sich der Huf unter natürlichen Bedingungen an der Zehenspitze, also im Dorsalteil, am stärksten abnutzt (Reibung beim Fußen und beim Abheben), ist die Wand dort besonders dick und daher widerstandsfähig. Das führt dazu, daß bei ungenügender Hufpflege durch den Schutz des Hufeisens der Dorsalteil des Hufes zu lang wird.

Hufmechanismus. Beim Belasten der Gliedmaße weichen die Trachten des Hufes auseinander, und die Sohle flacht sich etwas ab. Nur der Dorsalteil des Hufes bleibt in Ruhe. Deshalb darf beim Beschlagen kein Nagel in die Volar- bzw. Plantarabschnitte des Tragrandes geschlagen werden. An einem gebrauchten Hufeisen erkennt man die Wirkung des Hufmechanismus an den polierten Scheuerstellen auf den Eisenschenkeln.

Hufformen (Abb. 213). Beim gesunden Huf ist der mediale Seitenteil der Wand steiler gestellt als der laterale, der dorsale Wandabschnitt bildet einen Winkel von etwa 55 ° zum Erdboden. Von der

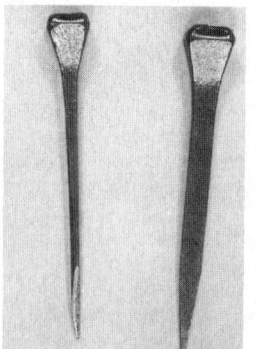
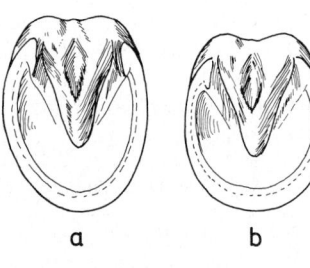

a   b

Abb. 212. Hufnagel in Ansicht von der Seite und von der Außenfläche.

Abb. 213. Volaransicht eines Hinterhufes (a) und eines Vorderhufes (b) (nach ELLENBERGER und BAUM 1943).

Sohle her gesehen ist der Tragrand medial weniger gerundet als lateral. Der Hinterhuf zeigt eine längsovale Form. Der Vorderhuf ist runder.

Ist die Wand zu flach gestellt, spricht man von einem *Flachhuf.* Steht sie zu steil, spricht man vom *Bockhuf.* Verletzungen der Huflederhaut, besonders im Bereich der Krone, können sich auf das Hornwachstum auswirken und zur Deformierung, z. B. Hornsäule, Hornspalt oder Hornkluft führen.

Klaue

Die Klaue des Rindes weist im Prinzip den gleichen Bau auf wie der Huf des Pferdes. An dem *Wandsegment* sind jedoch die *Außenwand* und die *Interdigitalwand* unterschiedlich gewölbt. Beide gehen im *Rückenteil* ineinander über. Der *Ballen* reicht an den Seiten, ganz besonders aber an der Fußungsfläche, weit klauenspitzenwärts. Die *Sohle* ist auf zwei schmale Schenkel von der Breite der weißen Linie reduziert (Abb. 214/3). Sie ist makroskopisch nicht vom Ballenhorn zu unterscheiden. Das Rind gehört zu den „Langballern". Ein Strahl fehlt. Am Kronrand ist eine *Pfalzrinne* ausgebildet (Abb. 214/8). Die Lamellen der Klauenlederhaut und der Klauenepidermis haben keine Sekundärblättchen. Die Schutzschicht und die Glasurschicht bestehen auch bei der Klaue aus *Hornröhrchen* und *Zwischenhorn.* An den Hornröhrchen lassen sich aber keine unterschiedlichen Zonen nachweisen. Sie haben einen tannenzapfenähnlichen Bau. Die abgeplatteten Zellen konvergieren in distaler Verlaufsrichtung zur Röhrchenachse. Der Bau des Klauenhorns wurde besonders von WILKENS (1964) untersucht

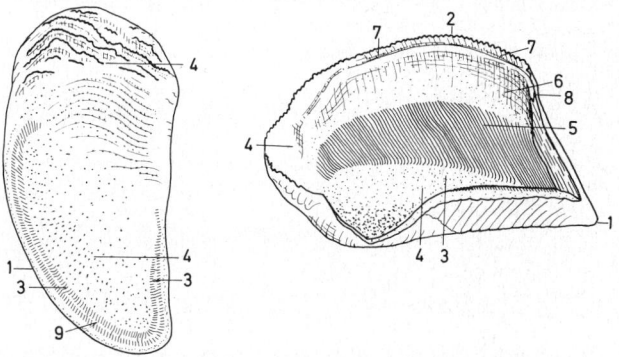

Abb. 214. Hornschuh der Rinderklaue (nach WILKENS, 1963). Links Volaransicht; rechts Seitenansicht. 1 Tragrand; 2 Kronrand; 3 Sohlensegment; 4 Ballensegment; 5 Wandsegment mit Hornblättchen; 6 Kronsegment; 7 Saumsegment; 8 Pfalzrinne; 9 weiße Linie.

(siehe dort auch Einzelheiten über die makroskopische und mikroskopische Anatomie der Rinderklaue).

Das **Wachstum des Klauenhorns** beträgt durchschnittlich 5 mm pro
Monat. Es unterliegt jedoch starken Schwankungen (KNEZEVIC
1960).

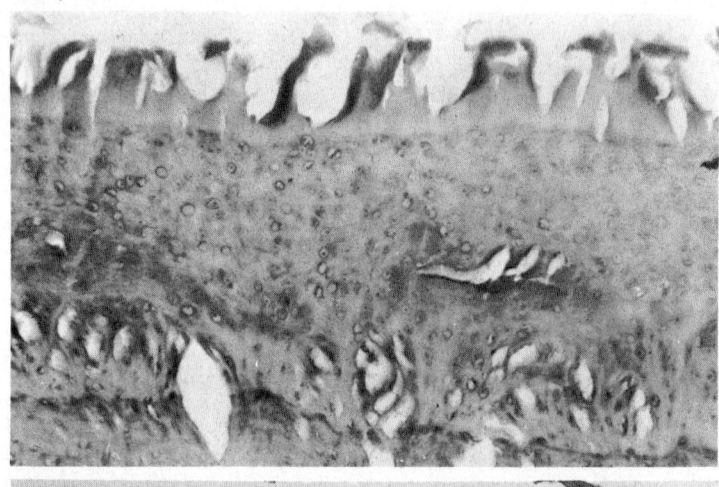

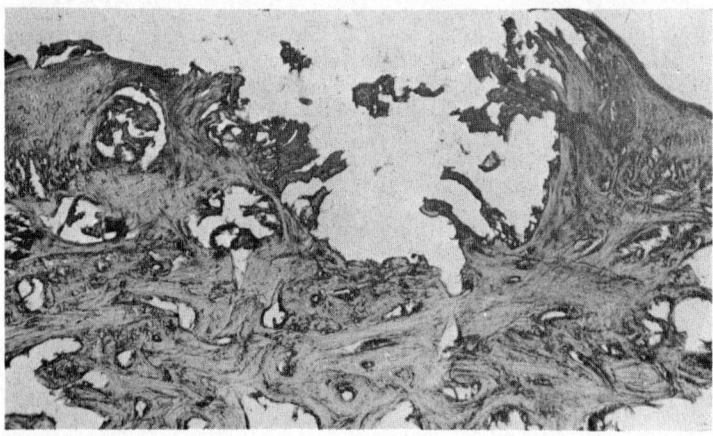

Abb. 215. Durch Stallklauenbildung bedingte krankhafte Veränderungen am Klauensesambein und an der tiefen Beugesehne des Rindes
(aus HOMANN 1969). Oben: Verdickung des Polsters der Beugesehne
mit Saum aus Grundsubstanz als Anfangsstadium der Veränderungen;
unten: Zerstörung des Knorpels auf der Gleitfläche des Sesambeins.

Bei den kleinen Wiederkäuern und beim Schwein liegen ähnliche Verhältnisse wie beim Rind vor. Bei ihnen wird der Unterschied zwischen Sohlenhorn und Ballenhorn allerdings deutlicher als beim Rind.

Klauenpflege. Da der Klauenabrieb bei der Stallhaltung vermindert oder ungleichmäßig ist, bedürfen die Klauen ganz besonderer Beachtung und Pflege. Wenn die Klauenspitze zu lang ist (Stallklaue), wird der Ballen unphysiologisch stark belastet. Neben dem durch diese Fehlbelastung bedingten Schmerz an den Ballen tritt eine schmerzhafte Überstreckung des Klauengelenks mit starker Dehnung der tiefen Beugesehene ein. An der Gleitfläche der tiefen Beugesehne und am Klauen-Sesambein (Sesamum ungulae) bilden sich durch die unphysiologische, starke Belastung degenerative Prozesse aus. Der verstärkten Einlagerung von Knorpelgewebe in die Sehne durch Metaplasie der Bindegewebs- und der Sehnenzellen zu Knorpelzellen folgt bei Fortbestehen der Belastung eine Gewebseinschmelzung mit Usurenbildung an Sehne und Sesambein (HoMANN 1969) (Abb. 215). Ungepflegte Klauen sind als ein Verstoß gegen das Tierschutzgesetz anzusehen.

Sporn und Kastanie (Abb. 216)

Der Sporn und die Kastanie der Pferde stellen Umbildungen des Sohlen- und des Fußwurzelballens dar. Sie weisen eine stark verhornte Epidermis mit Hornröhrchen auf.

c Horn der Wiederkäuer

Das Horn sitzt, ebenso wie der Hornschuh der Klaue bzw. des Hufs, als epitheliale Bildung einer spezifischen Lederhaut auf. Es weist Hornröhrchen auf, die einen schrägen Verlauf von proximal und innen nach distal und außen zeigen. Der knöcherne Hornzapfen des Stirnbeins wird im Laufe des Lebens von der Stirnhöhle pneumatisiert, die bei Hornfrakturen eröffnet werden kann. Im Gegensatz zum Horn stellt das Geweih der Hirsche und Rehe („Gehörn") eine rein knöcherne Bildung dar. Haut und Periost werden als „Bast" nach beendetem Wachstum des Geweihs abgefegt. Das Geweih ist nicht pneumatisiert.

Das Hornwachstum wird vom Epithel der Hornknospe im Stirnbereich induziert. Entfernt man während der ersten Lebenswochen die Hornknospe, dann bildet sich kein Horn. Auch der Hornfortsatz des Stirnbeins wird nicht gebildet.

Das Horn des Bullen ist kürzer und massiger als das Horn der Kühe. Die Hörner der Niederungsrinder wachsen nach unten, die der Höhenrinder nach oben, wobei sie in einzelnen Gegenden (z. B. Simmental) eine besondere Schienung erhalten, damit sie gleich-

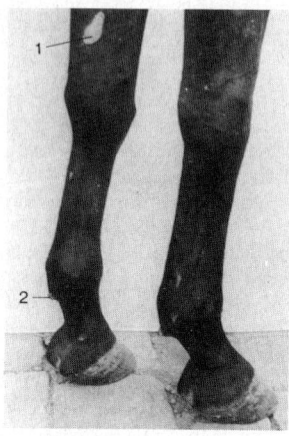

Abb. 216. Kastanie (1) und Sporn (2) an der Vordergliedmaße eines Pferdes.

mäßig gebogen werden. Durch irreguläres Wachstum, meist nach Frakturen, können die Hornspitzen in die Augen oder in die Kopfhaut einwachsen. Solche Hörner bedürfen besonderer Aufmerksamkeit, evtl. müssen sie entfernt werden.

Infolge der veränderten Haltungsbedingungen (Laufstall, Melkanlagen bzw. deren Warteräume), unter denen es u. a. zu gegenseitigen Verletzungen der Tiere kam, ist in der letzten Zeit die Enthornung der Rinder, besonders bei bösartigen Tieren, immer häufiger notwendig geworden. Sie kann beim Kalb durch Ätzen oder chirurgische Entferung der Hornanlage erfolgen. Beim ausgewachsenen Tier werden die Hörner durch Gummiringe allmählich abgeschnürt oder vom Tierarzt unter Lokalanästhesie amputiert. Bei der Amputation der Hörner ausgewachsener Rinder wird, ebenso wie bei offenen Hornfrakturen, die ausgedehnte aborale

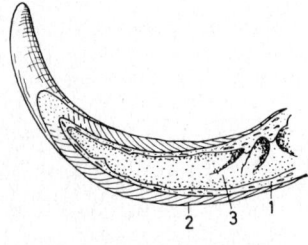

Abb. 217. Horn des Rindes, eröffnet (nach ELLENBERGER und BAUM 1943). 1 Hornfortsatz des Stirnbeins; 2 Hornscheide; 3 Ausbuchtung der aboralen Stirnhöhle.

Stirnhöhle (Abb. 79/8) eröffnet. Die Tiere müssen daher im Anschluß an die Operation entsprechend versorgt und gewissenhaft beobachtet werden, um Verschmutzungen und Infektionen der Stirnhöhlen zu verhindern. Nach einiger Zeit verschließt sich der Hornstumpf mit einer Hornplatte.

12 Nervensystem

a Allgemeines und Entwicklung

Das Nervensystem ist den anderen Organsystemen funktionell übergeordnet. Es überwacht und reguliert deren Tätigkeit. Mit Hilfe der Sinnesorgane und des Nervensystems orientiert sich das Tier in der Umwelt.

Zwischen dem Nervensystem und dem zweiten Steuerungssystem, den endokrinen Drüsen, bestehen enge Wechselbeziehungen.

Einteilung des Nervensystems

1. *Zentralnervensystem* (ZNS) mit Gehirn und Rückenmark.
2. *Vegetatives Nervensystem* (VNS). Es reguliert die unbewußten Organfunktionen und gliedert sich seinerseits in das System des Sympathicus, in das System des Parasympathicus und in das intramurale System.
3. *Periphere Nerven* als Gesamtheit der vom Zentralnervensystem und vom vegetativen Nervensystem abgehenden Nerven.

Kleinste Einheit des Nervensystems ist das **Neuron.** Dieses besteht aus einer Nervenzelle (Ganglienzelle) und ihren Fortsätzen (Abb. 218).

Die **Nervenzellen** sind große Zellen mit einem großen Kern und deutlichen Kernkörperchen. Einzelne Zytoplasmaabschnitte der Nervenzelle um den Kern, aber auch solche, die in die Fortsätze einstrahlen, färben sich dunkler. Diese Gebiete haben lichtmikroskopisch scholliges Aussehen *(Nissl-Schollen).* Es handelt sich um ein ausgeprägtes endoplasmatisches Retikulum. Darüber hinaus

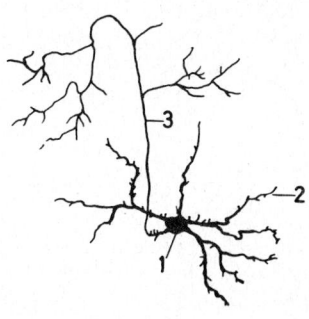

Abb. 218. Nervenzelle mit Fortsätzen (nach GLEES 1968). 1 Nervenzell-Körper; 2 Dendrit; 3 Neurit, Axon.

enthalten die Nervenzellen einen deutlichen *Golgi-Apparat* und viele *Mitochondrien* (wahrscheinlich über 1000). Dieser Aufbau der Nervenzelle weist auf lebhafte Stoffwechselvorgänge hin. So erklärt sich auch, daß das Nervensystem nur sehr kurze Zeit (etwa 2 Minuten) ohne Energie- und Sauerstoffzufuhr bleiben kann, ohne daß bleibende Schäden auftreten.

Bei den **Fortsätzen** unterscheidet man einen *Neuriten* (Axon), der meist lang ist und die Erregung von der Nervenzelle auf andere Zellen (Nerven-, Muskel-, Drüsenzellen) überträgt (= efferenter Fortsatz), und die *Dendriten*, die meist zahlreich vorhanden sind und die Erregung von anderen Nervenzellen oder von Rezeptoren aufnehmen (= afferente Fortsätze).

Die Fortsätze sind in ihrem Verlauf von der *Schwannschen Scheide* und zum Teil auch von einer *Markscheide* umgeben. Die Schwannsche Scheide wird von spiralig um den Nervenzellfortsatz gewundenen Schwannschen Zellen gebildet. Das sind umgewandelte Gliazellen (s. unten).

An schnell leitenden Fortsätzen ist eine Markscheide ausgebildet. Diese besteht aus *Myelin*. Das Myelin wird in den Schwannschen Zellen gebildet und ordnet sich infolge der Spiralwindungen der Schwannschen Zellen in Lamellen um die Nervenfasern an. Die Lamellen bestehen aus Protein-Lipoid-Protein-Schichten, die isolierend wirken, und zwar entspricht wahrscheinlich an peripheren Nervenfasern das Protein dem Zytoplasma der Schwannschen Zellen, die Lipoidschichten deren Zellmembranen. Die Markscheiden sind immer wieder unterbrochen. An den Unterbrechungen ist nur die Schwannsche Scheide ausgebildet. Diese Stellen werden als *Ranviersche Schnürringe* bezeichnet. Bei der Behandlung histologischer Präparate mit Silbersalzen bilden sich dort sog. Ranviersche Kreuze, da das Silber in die Nervenfasern eindringen kann. Die Ranvierschen Schnürringe spielen eine wichtige Rolle bei der Reizleitung (s. S. 360). Die Fasern des vegetativen Nervensystems besitzen keine Markscheide. Sie leiten dadurch wesentlich langsamer (s. S. 359). Sie sind in den Zell-Leib der Schwannschen Zellen eingelagert.

Nach der Verlaufsrichtung der Erregung unterscheidet man *zentrifugale* und *zentripetale Nervenfasern*, auch als efferente und afferente Faser bezeichnet, wobei das ZNS als Zentrum gilt. Nach ihrer Funktion werden diese Fasern im ZNS auch als *motorische* bzw. *sensible Nervenfasern* bezeichnet.

Die Leitung erfolgt im allgemeinen nicht direkt vom Zentralorgan, z. B. Großhirnrinde oder Grenzstrang, zur Peripherie oder umgekehrt, sondern unterwegs erfolgt eine Umschaltung von einem Neuron zum anderen. Diese Verbindungsstellen werden als **Synapsen** bezeichnet. Die Synapsen werden meist zur Herstellung mehrerer Querverbindungen benutzt, so daß der Reiz, besonders

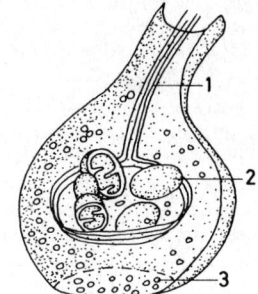

Abb. 219. Synapse (nach GLEES 1968).
1 Neurofibrillen; 2 Mitochondrien; 3
synaptische Bläschen.

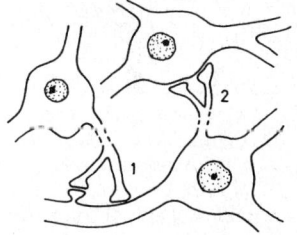

Abb. 220. Synaptische Verbindung
(nach GLEES 1968). 1 Synapsen zwischen Axon und Dendrit (axodendri-
tische Synapsen); 2 Synapsen zwischen Axon und Nervenzelleib (axo-
somatische Synapsen).

bei den sensiblen Nervenfasern, auf mehrere Neurone übergeleitet
wird.

An den Synapsen sind die Nervenfasern kolbig erweitert. In den
Kölbchen liegen zahlreiche Mitochondrien und kleine *synaptische
Bläschen*. Diese enthalten im ZNS und in parasympathischen Synapsen Azetylcholin, in den postganglionären sympathischen Synapsen Noradrenalin (s. Seite 360).

Über Synapsen, die an ihren Dendriten oder am Zell-Leib ansetzen, sind die Nervenzellen mit vielen anderen Nervenzellen verbunden.

Je nachdem, ob der Neurit und die Dendriten an einer oder mehreren Stellen aus dem Zell-Leib hervorgehen, spricht man von
uni-, bi- oder multipolaren Nervenzellen. Gelegentlich verlaufen
der Neurit und die Dendriten ein Stück gemeinsam, so daß man
von pseudounipolaren Nervenzellen spricht.

Entwicklung des Nervensystems

Das Nervensystem entwickelt sich aus dem äußeren Keimblatt.
Dorsal bildet sich auf der Embryonalplatte die *Neuralplatte*. Seitlich werfen sich die *Neuralwülste* auf, so daß sich eine *Neuralrinne*
bildet, die sich zum *Neuralrohr* schließt. Dieses ist anfangs noch
kranial und kaudal im *Neuroporus cranialis* und im *Neuroporus*

caudalis offen. Der kraniale Porus schließt sich später ganz, der kaudale verengt sich. Der Hohlraum bleibt bestehen und bildet später die Gehirnkammern und den Zentralkanal des Rückenmarks.

Bevor sich die Neuralrinne zum Rohr schließt, trennen sich von seinen dorsalen Rändern Zellen ab, die dann beiderseits des Neuralrohrs die *Ganglienleisten* bilden und Ausgangspunkte für die Entstehung der Gehirn- und Rückenmarksganglien, für die vegetativen Ganglien und für das Nebennierenmark sind.

Am Neuralrohr bilden sich seitlich die Flügelplatte und die Grundplatte. Aus der Flügelplatte entstehen die sensiblen Kerne, aus der Grundplatte die motorischen Kerne.

Im Bereich des späteren Kopfes bilden sich drei *primäre Gehirnbläschen:*

1. das *Vorderhirnbläschen* mit Augenbläschen (Prosencephalon)
2. das *Mittelhirnbläschen* (Mesencephalon)
3. das *Rautenhirnbläschen* (Rhombencephalon).

Aus dem Prosencephalon entstehen das Endhirn (Telencephalon) und das Zwischenhirn (Diencephalon).

Das Mesencephalon teilt sich nicht.

Das Rhombencephalon teilt sich in das Hinterhirn (Metencephalon) mit Brücke (Pons) und Kleinhirn (Cerebellum) sowie in das Nachhirn (Myelencephalon), das verlängerte Mark, Medulla oblongata.

Primäre und sekundäre Gliederung des Gehirns

Primäres Hirnbläschen	Sekundäre Abschnitte
Vorderhirnbläschen (Prosencephalon)	1. *Endhirn* (Telencephalon) mit 1. und 2. Gehirnkammer (Seitenventrikel)
	2. *Zwischenhirn* (Diencephalon) mit Augenblase und 3. Gehirnkammer
Mittelhirnbläschen (Mesencephalon)	3. *Mittelhirn* (Mesencephalon) mit Aquaeductus sylvii
Rautenhirnbläschen (Rhombencephalon)	4. *Hinterhirn* (Metencephalon) mit Brücke und Kleinhirn
	5. *Nachhirn* (Myelencephalon), verlängertes Mark mit 4. Gehirnkammer

Nachdem das Nervensystem ausgewachsen ist (beim Mensch ca. 2 Jahre, bei den Haustieren einige Wochen bis Monate nach der Geburt), ist eine weitere Zellvermehrung nicht mehr möglich. Zugrunde gegangene Nervenzellen können nicht ersetzt werden. Nur zerstörte Fortsätze können bis zu einem bestimmten Grad neu auswachsen.

b   Zentralnervensystem

Das ZNS wird unterteilt in das **Gehirn** und das **Rückenmark**. Bei beiden unterscheidet man zwischen der grauen und der weißen Substanz. Die *graue Substanz* enthält die Masse der Nervenzellen (Ganglienzellen), während die *weiße Substanz* im wesentlichen von den Nervenfortsätzen mit ihren Markscheiden gebildet wird. Im Gehirn liegt die graue Substanz außen und die weiße innen. Beim Rückenmark ist es umgekehrt. Im verlängerten Mark als Übergangsgebiet zeichnet sich keine deutliche Gliederung in graue und weiße Substanz ab.

Zwischen den Nervenzellen und den Fortsätzen sind als Stützzellen die sog. **Gliazellen** ausgebildet, die wegen ihrer vielen Fortsätze, die einen Faserfilz bilden, auch als *Astrozyten* bezeichnet werden. Die Gliazellen entstammen ebenso wie die Ganglienzellen dem Ektoderm. Sie haben Stütz- und Ernährungsfunktionen für die Nervenzellen und deren Fortsätze. Die Gliazellen sitzen z. T. mit kleinen Endfüßchen den Kapillarwandungen auf, mit anderen Endfüßchen berühren sie Nervenzellen. Auf diese Weise können sie Stoffe aus den Kapillaren zu den Nervenzellen übertragen.

Im ZNS ist Bindegewebe in spärlichem Maße und nur um die Blutgefäße ausgebildet. Das ist bei Entzündungs- und Heilungsvorgängen wichtig. Weil kein Bindegewebe vorhanden ist, bilden sich auch keine Narben mit Narbenstrikturen, die gesundes Nervengewebe quetschen können.

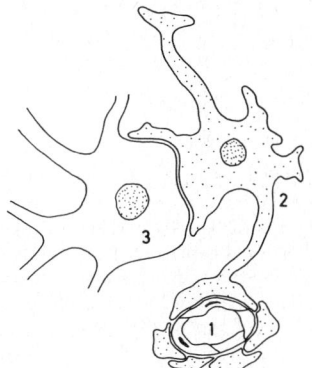

Abb. 221. Verbindung zwischen einer Ganglienzelle und einem Kapillargefäß über eine Gliazelle (nach GLEES 1968). 1 Kapillargefäßlumen; 2 Gliazelle; 3 Ganglienzelle.

Gehirn- und Rückenmarkshüllen

Gehirn und Rückenmark werden von besonderen Hüllen umgeben, die dem Schutz der empfindlichen Organe und ihrer Blutversorgung dienen (Abb. 222).

340   Nervensystem

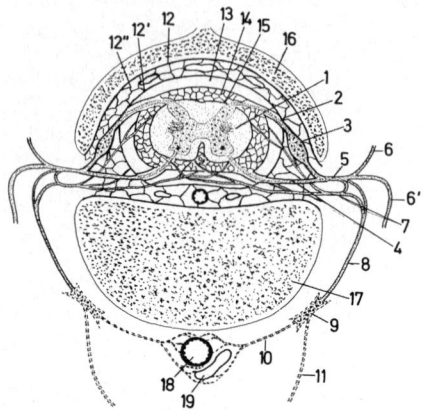

Abb. 222. Querschnitt durch das Rückenmark und seine Hüllen (nach ELLENBERGER und BAUM 1943). 1 Rückenmark; 2 Dorsalwurzel; 3 Spinalganglion; 4 Ventralwurzel; 5 Rückenmarksnerv; 6 sein Ramus dorsalis, 6' sein Ramus ventralis; 7 Ramus meningeus; 8 Ramus communicans albus; 9 Vertebralganglion des Grenzstrangs; 10 Ramus transversus; 11 Ramus postganglionaris; 12 äußeres Blatt der Dura mater, 12' ihr inneres Blatt, 12'' Interduralraum; 13 Subduralraum (in Natur ein kapillärer Spalt); 14 Arachnoidea; 15 Pia mater; 16 Wirbelbogen; 17 Wirbelkörper; 18 Arterie; 19 Vene.

1. *Knöcherne Hüllen*
   Schädel, Wirbelkörper und -bögen
2. *Häutige Hüllen (Meningen)*
   a) Harte Gehirn- und Rückenmarkshaut, Dura mater encephali et spinalis, Pachymeninx
   b) Spinnwebhaut, Arachnoidea encephali et spinalis
   c) Weiche Gehirn- und Rückenmarkshaut, Pia mater encephali et spinalis, Leptomeninx

Die **harte Gehirn- und Rückenmarkshaut, Dura mater encephali et spinalis,** ist eine derbe, fibröse Haut. Im Bereich des Rückenmarks sind zwei Lamellen ausgebildet, zwischen denen der **Epiduralraum,** *Cavum epidurale,* verbleibt. Dieser ist mit lockerem Fett- und Bindegewebe angefüllt. An den Wirbeln setzt das äußere Durablatt als Periost an. Am Hinterhauptsloch vereinigen sich die beiden Blätter, so daß das Gehirn nur von einer einheitlichen Dura überzogen ist, die gleichzeitig das innere Periost der Schädelknochen bildet. Nur an einzelnen Stellen teilen sich die beiden Blätter und bilden weite venöse Räume, die sog. *Blutleiter,* die als Ausweichbehälter für das Gehirnblut bei lokalem Druck dienen. Die Dura mater encephali folgt den Gehirnkonturen nur in groben Zügen. Zwischen den Großhirnhälften bildet sie die *Gehirnsichel, Falx cerebri,* und zwischen den Großhirnhemisphären und dem Kleinhirn das häutige *Gehirnzelt, Tentorium cerebelli membranaceum,* das eine entsprechende knöcherne Bildung, das *knöcherne Gehirnzelt, Tentorium cerebelli osseum,* als Grundlage hat.

Die **Spinnwebhaut, Arachnoidea encephali et spinalis,** ist von der Dura mater nur durch den kapillären **Subduralraum,** *Cavum subdurale,* getrennt, der mit einem einschichtigen Plattenepithel ausgekleidet ist. Mit der weichen Gehirn-Rückenmarkshaut ist die Spinnwebhaut durch feine Trabekel verbunden, die den Subarachnoidalraum durchziehen. Auch die Spinnwebhaut folgt den Furchen und Windungen des Gehirns und des Rückenmarks nicht. Dadurch bilden sich manchenorts mehr oder weniger große Räume. Der größte ist die *Lymphzisterne, Cisterna cerebellomedullaris s. Cisterna magna,* zwischen Kleinhirn und verlängertem Mark. Der Subarachnoidalraum ist, ebenso wie der Zentralkanal des Rückenmarks und die Gehirnkammern mit der **Gehirn-Rückenmarksflüssigkeit,** *Liquor cerebrospinalis,* angefüllt.

Die Gehirn-Rückenmarksflüssigkeit kann bei Verdacht auf Gehirn-Rückenmarksentzündungen nach Punktion der Cisterna cerebellomedullaris untersucht werden. Von der Cisterna cerebellomedullaris aus können die Gehirnkammern zur Röntgenuntersuchung mit Luft gefüllt werden. Bei der sog. Myelographie wird Kontrastmittel zur Röntgenuntersuchung des Rückenmarks in den Subarachnoidalraum injiziert.

Die **weiche Gehirn- und Rückenmarkshaut, Pia mater encephali et spinalis, Leptomeninx,** liegt dem ZNS direkt auf. Im Bereich der Gehirnkammern durchdringt sie stellenweise die graue und die weiße Substanz und bildet die Adergeflechte (Telae choroideae), die den Liquor cerebrospinalis sezernieren. Bei einer Abflußbehinderung bildet sich der sog. Wasserkopf, Hydrocephalus, aus. An einzelnen Stellen sind *Verbindungen zwischen dem zentralen Kanalsystem und dem Subarachnoidalraum* vorhanden (s. S. 347). Es sind dieses:

1. das For. magendii im kaudalen Marksegel über der 4. Gehirnkammer (Mensch, Fleischfresser)
2. das For. luschkae rechts und links seitlich über der 4. Gehirnkammer
3. der Neuroporus caudalis am kaudalen Ende des Rückenmarks.

Gehirn, Encephalon

Die markantesten Gehirnteile sind die beiden Großhirnhemisphären und das Kleinhirn. Sie sind zur Oberflächenvergrößerung gefurcht und sitzen den basalen Gehirnabschnitten auf. Die basal und medial gelegenen unpaaren Gehirnabschnitte werden unter dem Begriff *Hirnstamm,* Truncus encephali, *Caudex,* zusammengefaßt. Zu diesem zählen der Stamm des Endhirns, das Zwischenhirn, das Mittelhirn, der Isthmus, die Brücke und das verlängerte Mark.

Von humanmedizinischen Autoren werden das Endhirn und das

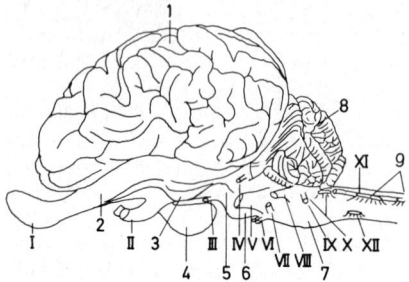

Abb. 223. Gehirn eines Rindes, Seitenansicht (nach Koch 1965). 1 linke Großhirnhemisphäre; 2 Tractus olfactorius lateralis; 3 Lobus piriformis; 4 Hypophyse bzw. Hypophysenstiel; 5 linker Großhirnschenkel; 6 Brücke; 7 verlängertes Mark; 8 Kleinhirn; 9 Wurzeln des ersten Halsnerven; 10 Sehnervenendigung (in Abb. 224).

I—XII Gehirnnerven: I Bulbus olfactorius; II N. opticus; III N. oculomotorius; IV N. trochlearis; V N. trigeminus; VI N. abducens; VII N. intermediofacialis; VIII N. vestibulocochlearis; IX N. glossopharyngeus; X N. vagus; XI N. accessorius; XII N. hypoglossus.

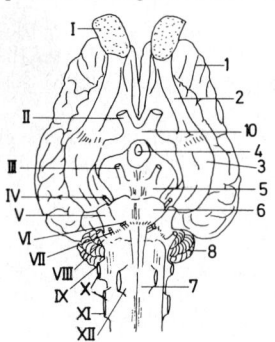

Abb. 224. Gehirn eines Rindes, Ventralansicht (nach Koch 1965). Legende wie Abb. 223.

Zwischenhirn als Vorderhirn, Prosencephalon, dem Hirnstamm mit Mittel-, Hinter- und Nachhirn gegenübergestellt. Hierfür sprechen morphologische Unterschiede zwischen diesen Abschnitten.

Endhirn, Großhirn, Telencephalon, Cerebrum

Das Endhirn hat mit der höheren Entwicklung der Wirbeltiere, besonders der Säuger, eine erhebliche Vergrößerung seiner Hemisphären erfahren. Diese Hemisphären, in denen sich die Ganglienzellen für die dem Willen unterworfenen Bewegungen und für die Reaktionen auf die Umwelt befinden und in dem die aus der Umwelt aufgenommenen Reize und Sinneseindrücke registriert und verarbeitet werden, sind beim Menschen ganz besonders groß. Beim Menschen hat, im Gegensatz zu den Tieren, das Gehirn eine Spezialisierung erfahren.

Die Oberfläche der Hemisphären weist zur Vergrößerung der Oberfläche **Windungen** und **Furchen**, *Gyri* und *Sulci*, auf (Abb. 223).

Die Windungen und Furchen sind bei den einzelnen Tieren unterschiedlich stark ausgeprägt. An den Schädelknochen kann man den Windungen und den Furchen entsprechende Impressionen und Erhebungen erkennen.

Durch gehirnphysiologische Untersuchungen und durch die Beobachtung von Ausfallserscheinungen nach Gehirnverletzungen gelang es, bestimmte Funktionen des Gehirns mit bestimmten Gehirnregionen in Verbindung zu bringen. So kennt man z. B. eine motorische Region, eine sensorische Region, eine Sehregion, eine Hörregion u. a. Andererseits scheinen Erinnerungen und Denkvorgänge durch das Zusammenwirken zahlreicher Gehirnabschnitte zustandezukommen. Die früher häufig geäußerte Meinung, daß man den Intelligenzgrad einer Tierart von der Ausprägung der Windungen des Gehirns ablesen könne, ist nicht in vollem Umfang gültig.

Die beiden **Hemisphären** werden median durch die Falx cerebri voneinander und nach kaudal durch das Tentorium cerebelli membranaceum vom Kleinhirn getrennt. Sie schließen je eine **Seitenkammer** ein. Es handelt sich um die erste und die zweite Kammer,

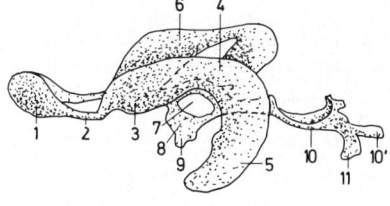

Abb. 225. Binnenräume des Gehirns einer Katze, Ausgußpräparat, Seitenansicht (nach einer Abbildung von Böhme 1967). 1—5 linke Seitenkammer: 1 Ventriculus olfactorius, 2 Recessus olfactorius, 3 Vorderhorn, 4 eigentlicher Kammerraum, Corpus ventriculare, 5 Unterhorn; 6 rechte Seitenkammer; 7 Aussparung durch die Massa intermedia; 8 dritte Gehirnkammer; 9 Hypophysentrichter; 10—11 vierte Gehirnkammer: 10 Pars apicalis, 10' Pars caudalis, 11 Recessus lateralis.

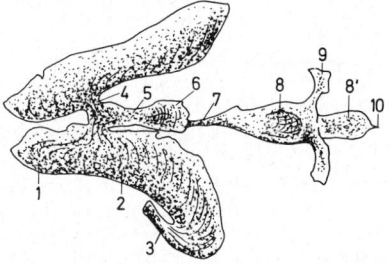

Abb. 226. Binnenräume des Gehirns eines Hundes, Ausgußpräparat, Dorsalansicht, Ventriculus und Recessus olfactorius nicht dargestellt (nach einer Abbildung von Böhme 1967). 1—3 linke Seitenkammer: 1 Vorderhorn, 2 Corpus ventriculare, 3 Unterhorn; 4 Foramen interventriculare, Zugang zur Seitenkammer; 5 dritte Gehirnkammer; 6 Recessus suprapinealis; 7 Aquaeductus cerebri; 8—9 vierte Gehirnkammer: 8 Pars apicalis, 8' Pars caudalis, 9 Recessus lateralis; 10 Zentralkanal des Rückenmarks.

die dem zentralen Hohlraumsystem des ZNS angehören. Durch das *Foramen interventriculare* stehen die beiden Seitenkammern untereinander und mit der dritten Gehirnkammer in Verbindung. Von dem Raum der Seitenkammern gehen nach nasal und okzipital je eine enge Aussackung ab, die als *Vorderhorn, Cornu frontale*, und als *Hinterhorn, Cornu occipitale*, bezeichnet werden. Das Vorderhorn führt in den Riechkolben, der vor den Hemisphären in der rechten bzw. linken Siebbeingrube gelegen ist. Das *Cornu ventrale* stellt eine dritte Ausbuchtung der Seitenkammern nach temporal dar.

Am Boden der Seitenkammern ist jeweils ein *Adergeflecht, Tela choroidea*, zu erkennen. Medial und auch am Boden der Seitenkammer ist als wulstige Vorwölbung das sog. *Ammonshorn* gelegen (Hippocampus, Cornu ammonis), das insofern von Interesse ist, als sich in dieser Gehirnregion bei an Tollwut oder einigen anderen Virusinfektionen erkrankten Tieren besonders häufig Veränderungen an den Nervenzellen nachweisen lassen.

Riechhirn, Rhinencephalon

Das Riechhirn wölbt sich beiderseits am kranialen Ende der Gehirnbasis vor und legt sich mit seinen Riechkolben, *Bulbi olfactorii*, der Siebplatte des Siebbeins fest an. Es ist also wie die Hemisphären doppelt ausgebildet (Abb. 223, 224/I, 2).

Vom Bulbus olfactorius ausgehende Fasern, *Fila olfactoria*, treten durch die Löcher der Siebplatte in die Siebbeinhöhle ein und enden in der Riechschleimhaut der Regio olfactoria des Nasenhöhlengrundes. Die Fila olfactoria sind Neuriten der in der Riechschleimhaut gelegenen Riechzellen. Ihre Gesamtheit wird auch als *N. olfactorius* bezeichnet und den Gehirnnerven zugerechnet (s. auch Geruchssinn, Seite 379).

Der Innenraum des Riechhirns, der Ventriculus bulbi olfactorii, wird von dem Vorderhorn der jeweiligen Seitenkammer gebildet.

Zwischenhirn, Diencephalon (Abb. 227/5—11)

Das Zwischenhirn ist der dem Endhirn kaudal folgende Teil des Großhirns und gegen dieses und gegen das Mittelhirn nicht deutlich abgesetzt. Es ist eine wichtige Schalt- und Durchgangsstation für Erregungsabläufe aus der Peripherie zu den Hemisphären und umgekehrt. Hier sind viele Reflexzentren gelegen. Die Summe der in dieses Geschehen einbezogenen Bahnen und Zentren des Zwischenhirns, die sich zum Teil noch gar nicht lokalisieren und isolieren lassen, wird als **limbisches System** bezeichnet. Dieses gewinnt zunehmend an Bedeutung, nachdem es in den letzten Jahren gelungen ist, durch Medikamente Einfluß auf die Abläufe der Reize in diesem Gebiet zu nehmen und damit die psychische Grundstimmung des Individuums zu ändern (Neuroleptika, Psychosedativa, Tranquillizer). Ein ähnliches Gebiet ist die Formatio reticularis des Rautenhirns. Interessant an der pharmakologischen Wirkung derartiger Stoffe ist, daß die Aufmerksamkeit und Reaktionsfähigkeit des Individuums wenig gestört wird, emotionale Erregungen aber nicht oder nur stark gedämpft übergeleitet werden.

Am Dach des Zwischenhirns ist rechts und links je ein als **Sehhügel,** *Thalamus opticus,* bezeichnetes Gebiet ausgebildet, das sich nach dorsal vorwölbt. In ihm werden sensible Nervenbahnen, die Tast- und Schmerzreize sowie die Reize der Sinnesorgane (Seh-, Gehör- und Riechreize) zum Großhirn leiten, umgeschaltet.
Zwischen den Sehhügeln liegt die *Zirbeldrüse,* **Epiphyse, Gl. pinealis,** die als innersekretorische Drüse Einfluß auf die Entwicklung der Keimdrüsen nehmen soll (s. auch S. 393). Bei verschiedenen Tieren, z. B. Amphibien, registriert sie den Lichteinfall und reguliert die Pigmentverteilung.
Ventral am Zwischenhirn liegen die Sehnervenkreuzung, die Hypophyse und jederseits ein Corpus mamillare (Abb. 227/7, 8, 11).
Die **Sehnervenkreuzung,** *Chiasma opticum,* stellt die Kreuzungsstelle eines Teiles der im Tractus opticus aus dem Gehirn austretenden Nervenfasern dar, die im Fasciculus opticus bzw. Nervus opticus jederseits zum Auge verlaufen (s. auch Auge, Seite 373).
Die **Hypophyse,** *Hirnanhang, Hypophysis cerebri,* ist eine der wichtigsten innersekretorischen Drüsen. Ihre Hormone regulieren weitgehend die Hormonproduktion der anderen Hormondrüsen (s. auch Seite 383).
Die zentralen und ventralen Abschnitte des Zwischenhirns werden als **Hypothalamus** bezeichnet, der eine wichtige Schaltstelle des vegetativen und hormonellen Systems ist. Der Hypothalamus geht trichterförmig in den Hypophysenhinterlappen über, der sich aus ihm entwickelt hat (Neurohypophyse). Der Hypophysenvorderlappen ist aus dem Mundhöhlendach hervorgegangen. Die Nervenzellen des Hypothalamus sind zur Produktion von Neurosekreten befähigt, die über den Hypophysenstiel zum Hypophysenhinterlappen transportiert und hier an das Gefäßsystem abgegeben werden. Über Venen gelangen die Neurosekrete auch in den Hypophysenvorderlappen, wo sie die Hormonproduktion beeinflussen. Vom Hypothalamus werden außerdem die Körpertemperatur und die Blutzusammensetzung reguliert. Über den Hypophysenhinterlappen reguliert er den Wasserhaushalt.
Im Zwischenhirn befindet sich die **dritte Gehirnkammer,** die von der *Massa intermedia* zu einem ringartigen Hohlraum eingeengt wird. An ihrem Dach ist ein *Adergeflecht* ausgebildet.

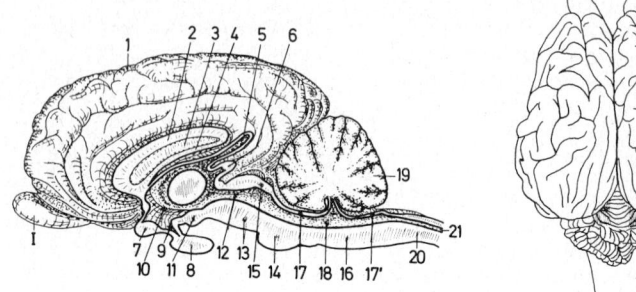

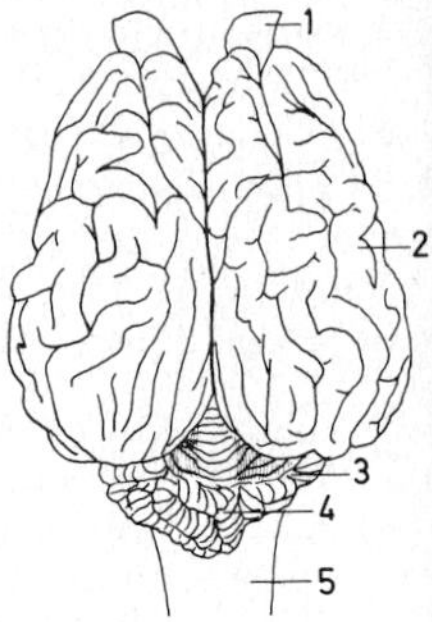

Abb. 227. Gehirn eines Pferdes, Medianschnitt (nach Koch 1965)
1 rechte Großhirnhemisphäre; 2 Balken, Corpus callosum; 3 Trennwand zwischen den Seitenkammern, Septum pellucidum; 4 Gewölbe, Fornix; 5 Recessus suprapinealis; 6 Zirbeldrüse, Glandula pinealis; 7 Sehnervenkreuzung; 8 Hypophyse; 9 Hypophysentrichter; 10 dritte Gehirnkammer; 11 Corpus mammilare; 12 Aqueductus cerebri; 13 Großhirnschenkel; 14 Brücke, Pons; 15 Vierhügel, Corpora quadrigemina; 16 verlängertes Mark; 17 nasales und 17' kaudales Marksegel; 18 vierte Gehirnkammer; 19 Kleinhirn; 20 Rückenmark; 21 Zentralkanal.

Abb. 228. Gehirn eines Rindes, Dorsalansicht (nach Koch 1965). 1 Bulbus olfactorius; 2 Großhirnhemisphäre; 3 Kleinhirnhemisphäre; 4 Wurm des Kleinhirns; 5 Rückenmark.

Mittelhirn, Mesencephalon (Abb. 227/12, 13, 15)

Es bildet den kaudalen Großhirnabschnitt. Als Teil des Gehirnstammes ist es unpaar in der Medianen gelegen. Dorsal erheben sich auf dem Mittelhirn vier hügelförmige Gehirngebiete, die **Vierhügel**, *Corpora quadrigemina*. Sie bilden das Dach, Tectum. Die vorderen zwei Hügel integrieren Sehreflexe, die hinteren sind in die Überleitung von Hörreizen eingeschaltet.

Die Ventralfläche ist zu den sog. **Großhirnschenkeln,** *Pedunculi cerebri*, geformt. Die zentralen Teile werden als **Mittelhirnhaube,** *Tegmentum*, bezeichnet. Das enge Hohlraumsystem des Mittelhirns ist der **Aquaeductus cerebri s. sylvii.**

Das Mittelhirn ist Sitz zahlreicher Reflexzentren und wichtiger Leitungsbahnen zwischen den Gehirnteilen sowie dem Gehirn und dem Rückenmark. Besonders bei niederen Tieren werden hier komplizierte Flucht- und Abwehrreflexe gesteuert.

Außerdem kann das Mittelhirn Seh-, Gleichgewichts- und Gehörreize aufnehmen und in primitiver Weise auswerten. Bei den höheren Tieren tritt seine Bedeutung nicht mehr so klar hervor, da seine Funktionen von denen der Endhirnhemisphären überla-

gert und gedämpft werden. Als Reflexsteuerungszentrum hat es aber weiterhin Bedeutung.

Rautenhirn, Rhombencephalon

An der Basis des Rautenhirns liegen **Brücke, Pons,** und **verlängertes Mark, Medulla oblongata** (Abb. 227/14, 16). Sie sind wichtige Gebiete und Reflexzentren mit Ursprungskernen von Gehirnnerven. In dieser Gehirnregion befinden sich die Zentren der lebenswichtigen Steuersysteme (Atemzentrum, Kreislaufzentrum u. a.). Das zentrale Kanalsystem erweitert sich hier zur **4. Gehirnkammer,** deren Dach kranial und kaudal von je einem *Marksegel* gebildet wird. Zwischen beiden Marksegeln bleibt eine Öffnung frei, die in die sog. *Dachkammer, Recessus tecti,* führt. Diese ist eine kleine Bucht der 4. Kammer in das Kleinhirn hinein. Der Boden der 4. Kammer wird von der **Rautengrube,** *Fossa rhomboides,* gebildet. Die Rautengrube weist an verschiedenen Stellen leichte Erhabenheiten auf. Dort liegen Kerne von Gehirnnerven (Area acustica, Area hypoglossi, Area vagoglossopharyngici u. a.).

Die Rautengrube gliedert sich in eine *Pars nasalis* (bedeckt vom nasalen Marksegel), eine *Pars intermedia* (bedeckt vom Kleinhirn) mit zwei lateralen Buchten, Recc. laterales, und eine *Pars caudalis* (bedeckt vom kaudalen Marksegel). In den Seitenbuchten der Pars intermedia ist je eine Verbindung der 4. Gehirnkammer mit dem Subarachnoidalraum gelegen. Die Öffnungen werden *Apertura lateralis* bzw. *Foramen luschkae* genannt. Beim Menschen und Fleischfresser ist eine weitere Verbindungsöffnung zwischen der 4. Kammer und dem Subarachnoidalraum im kaudalen Marksegel ausgebildet, das *Foramen magendii* bzw. die *Apertura mediana ventriculi IV.* Im Bereich des kaudalen Marksegels schiebt sich ein Gefäßnetz, Tela chorioidea rhombencephali, von der Seite her ein.

Dem Rautenhirn gehört außer der Brücke und dem verlängerten Mark das **Kleinhirn, Cerebellum,** an. Dieses ist ein kugeliger Gehirnteil, dessen Oberfläche viele Windungen und Furchen aufweist. Aus dem Gewirr der Windungen und Furchen hebt sich eine mediane, von nasal nach kaudal verlaufende, langgestreckte Wölbung ab, der **Wurm,** *Vermis* (Abb. 228/4). Auf einem Medianschnitt durch das Kleinhirn erkennt man mehrere astartige Stränge der zentral gelegenen weißen Substanz, die von grauer Substanz umgeben sind und aus zwei Hauptstämmen, dem Truncus nasalis und dem Truncus caudalis, hervorgehen. Diese Struktur wird als **Lebensbaum,** *Arbor vitae s. Arbor medullaris cerebelli,* bezeichnet. Auch das Kleinhirn enthält wichtige Reflex- und Koordinationszentren. Über drei paarige Stiele steht es mit der Vierhügelplatte, der Brücke und dem verlängerten Mark in Verbindung. Das Kleinhirn koordiniert die motorischen Befehle des Großhirns mit den

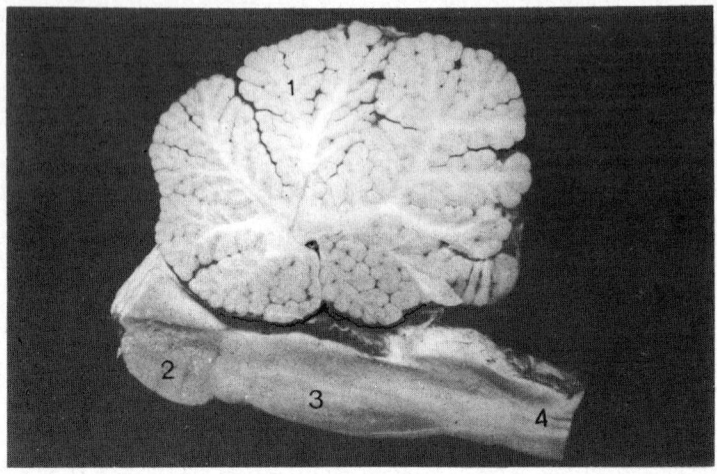

Abb. 229. Medianschnitt durch das Kleinhirn und das verlängerte Mark des Pferdes zur Darstellung des Arbor vitae cerebelli. 1 Kleinhirn; 2 Brücke; 3 verlängertes Mark; 4 Rückenmark.

aus der Peripherie gemeldeten Daten über Muskeltonus, Gleichgewichtslage usw.

Mit der Entwicklung des aufrechten Gangs haben sich bei den Primaten die Seitenteile des Kleinhirns zu den Kleinhirnhemisphären vergrößert. Sie werden als Neukleinhirn, Neocerebellum, dem Altkleinhirn, Paleocerebellum, gegenübergestellt.

Rückenmark, Medulla spinalis

Das Rückenmark liegt im Wirbelkanal und wird von den bereits besprochenen Hüllen umgeben (s. S. 339). Entsprechend den Abschnitten der Wirbelsäule gliedert man das Rückenmark in das Hals-, das Brust-, das Lenden- und das Kreuzmark. Eine Zuordnung der einzelnen Rückenmarksabschnitte zu den Wirbelsäulenabschnitten ist deshalb leicht möglich, weil das Rückenmark jeweils zwischen zwei Wirbeln einen Rückenmarksnerv in die Peripherie entsendet. Die Zahl der Rückenmarksnerven entspricht demnach der Zahl der Wirbel der einzelnen Abschnitte. Nur am Hals sind 8 Halsnerven ausgebildet, da der 1. Halsnerv das Rückenmark zwischen dem Hinterhauptsbein und dem Atlas und der letzte zwischen letztem Hals- und erstem Brustwirbel verläßt.

Da das Rückenmark sein Wachstum früher als die Wirbelsäule einstellt, liegt beim ausgewachsenen Tier das kaudale Rückenmarksende im Gebiet der Lendenwirbel, und zwar bei den Tierarten unterschiedlich weit kranial (zur Übersicht s. GOLLER 1959). Ganz besonders kurz ist das Rückenmark des Menschen, das bereits in Höhe der ersten beiden Lendenwirbel endet. In dieser unterschiedlichen Länge des Rückenmarks ist auch der Grund für unterschiedliche Folgen bei Traumen im Lendengebiet zu sehen. Da die entsprechenden Rückenmarksnerven den Wirbelkanal erst zwischen dem gleichzähligen und dem folgenden Wirbel verlassen können, müssen die letzten Rückenmarksnerven als Faserstrang über das Rückenmarksende hinaus nach kaudal verlaufen. Dieser Faserstrang umgibt das konische *Rückenmarksende, Conus medullaris*, und dessen fadenförmigen Ausläufer, *Filum terminale*, wie Haare die Schweifrübe eines Pferdes. Daher wird diese Bildung auch als *Pferdeschwanz, Cauda equina*, bezeichnet.

Am Ende des Halsmarks und am Anfang des Brustmarks verlassen besonders kräftige Nerven das Rückenmark. Sie sind für die Vordergliedmaßen bestimmt. Vor allem sind in diesen Rückenmarksabschnitten viele Ganglienzellen vorhanden, die Reize überleiten und umschalten, so daß das Rückenmark in diesem Gebiet eine Verdickung aufweist, die *Halsanschwellung, Intumescentia cervicalis*. Eine entsprechende Verdickung kann man kurz vor dem Rückenmarksende feststellen. Hier liegen die Ganglien für die Hintergliedmaßen. Sie wird *Lendenanschwellung, Intumescentia lumbalis*, genannt.

Auf einem Querschnitt durch das Rückenmark (Abb. 222) sieht man die *weiße Substanz außen, die graue Substanz innen* gelegen. Von dorsal und von ventral senkt sich je ein Einschnitt median in das Rückenmark. Der *Sulcus medianus dorsalis* ist nicht sehr tief. Die *Fissura mediana ventralis* teilt das Rückenmark dagegen fast bis zum *Zentralkanal, Canalis centralis*. Dieser liegt median und etwas mehr ventral als dorsal. Die graue Substanz ist in Form eines Schmetterlings angeordnet. Die motorischen Fasern verlassen das Rückenmark ventral, die sensiblen treten dorsal ein. Man spricht von dem **Ventral-** und dem **Dorsalhorn.** An ihnen entspringen die Ventral- und die Dorsalwurzel der Rückenmarksnerven. Zwischen beiden besteht insofern ein Unterschied, als die motorischen Ganglien im Ventralhorn liegen, die sensiblen Ganglien dagegen das außerhalb des Rückenmarks gelegene *Ganglion spinale* bilden, von dem die Fasern in das Dorsalhorn der grauen Substanz eintreten.

Die weiße Substanz wird durch die Einschnitte von dorsal und ventral sowie durch die aus- und eintretenden Nervenfasern in verschiedene Stränge gegliedert. Man unterscheidet jederseits einen **Dorsalstrang,** *Funiculus dorsalis*, einen Seitenstrang, *Funiculus lateralis*, und einen **Ventralstrang,** *Funiculus ventralis*, die sich noch feiner untergliedern lassen und ganz bestimmten Leitungsbahnen zugehören. Dorsal- und Seitenstrang leiten vor allem sensible Reize zum Gehirn. Die motorischen Reize vom Gehirn verlaufen über den Ventralstrang (vor allem über die Pyramidenbahn).

Das Rückenmark ist somit eine wichtige Leitungsbahn vom Gehirn zur Peripherie und umgekehrt. Es beherbergt aber auch viele Zentren und Fasern für einfachere Reflexe, die ohne Beteiligung des Gehirns direkt über das Rückenmark ablaufen (z. B. Kniescheibenreflex). Vom Rückenmark gehen außerdem Fasern zum Grenzstrang des Sympathicus, und im Sakralmark ist ein Teil des Parasympathicus gelegen (s. auch Seite 351 und 352).

Bei den Haussäugetieren hat das Rückenmark noch eine größere Selbständigkeit als beim Menschen, bei dem die Reflexe zugunsten der vom Großhirn gesteuerten Reaktionen unterdrückt sind.

c Vegetatives Nervensystem

Das vegetative Nervensystem (VNS) steuert die dem Willen nicht unterworfenen Organfunktionen wie z. B. die Magen-Darm-Bewegungen, die Blutgefäßweite, die Drüsentätigkeit usw. An der Regulierung dieser Funktionen sind zwei getrennte Einheiten beteiligt, die im allgemeinen antagonistische Wirkungen ausüben. Das eine System ist der **Sympathicus,** dessen Reize den Organismus zu aktiver Arbeit bzw. zu Angriffs-, Verteidigungs- oder Fluchtreaktionen befähigen. Seine Wirkung ist dissimilatorisch. Das andere System ist der **Parasympathicus.** Er regt die Assimilationsprozesse in Zeiten der Ruhe an. Die Reizleitung im VNS läuft langsamer ab als im ZNS, da die vegetativen Neuriten keine Markscheiden besitzen.

Früher wurde das vegetative Nervensystem meist als autonomes Nervensystem bezeichnet, weil man aus der Tatsache, daß dieser Anteil des Nervensystems nicht dem Willen unterliegt, seine Autonomie folgerte. Neue Untersuchungen, vor allem seit Ende des letzten Weltkrieges, haben aber gezeigt, daß dieses Nervensystem nicht die ihm nachgesagte Autonomie besitzt. Ebenso wie die Hormondrüsen mit dem Nervensystem verbunden sind (s. Hypothalamus, Seite 345), wird andererseits auch das Nervensystem, vor allem das vegetative Nervensystem, von den innersekretorischen Drüsen beeinflußt. Die Erfahrungen mit dem in der technisierten Welt lebenden Menschen haben überdies gezeigt, daß enge Wechselbeziehungen zwischen dem Zentralnervensystem und dem vegetativen Nervensystem bestehen.

Treffend dagegen ist die Bezeichnung vegetatives Nervensystem insofern, als es vorwiegend Stoffwechsel-, also vegetative, Prozesse steuert im Gegensatz zum Zentralnervensystem, das den willkürlichen Bewegungen und den Denkprozessen dient.

Sympathicus

Die Zentrale des Sympathicus ist der Grenzstrang (Abb. 230/2). Man versteht darunter eine Ansammlung von Ganglien, die beiderseits der Wirbelsäule liegen und durch Nervenfasern, *Rami interganglionares*, zu einem Strang vereinigt sind. Sie erhalten Fasern von Ganglienzellen aus dem Brust- und dem Lendenmark, die *Rami communicantes albi*.

Abgesehen von den Ganglien im Grenzstrang befinden sich größere sympathische Ganglien in der Bauchhöhle (z. B. Ganglion coeliacum, Ganglion mesentericum craniale bzw. caudale) und in den Organen. Auch zu diesen Ganglien ziehen Fasern direkt aus

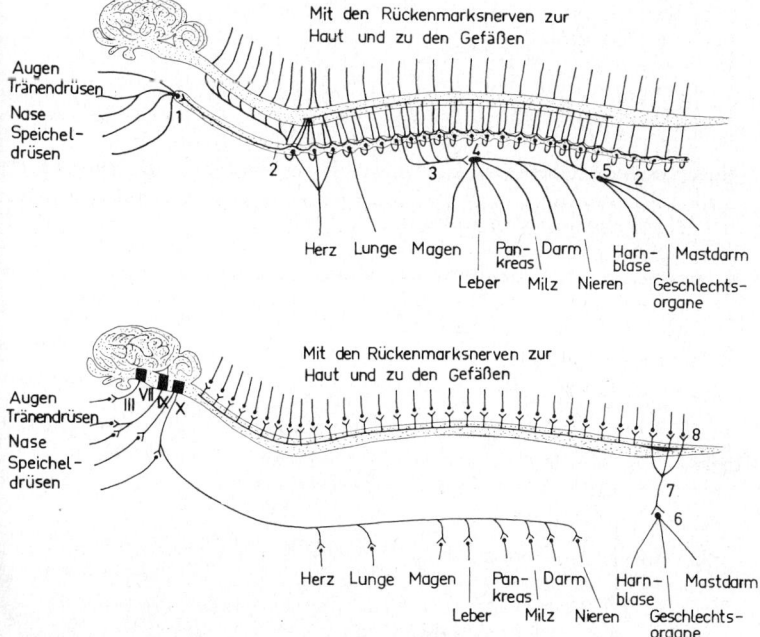

Abb. 230. Vegetatives Nervensystem (nach KOLB 1967, verändert). Oben Sympathicus; unten Parasympathicus. 1 Ganglion cervicale craniale; 2,2 Grenzstrang mit Vertebralganglien; 3 N. splanchnicus major; 4 Ganglien der Bauchhöhle; 5 Ganglien der Beckenhöhle; 6 Plexus hypogastricus; 7 N. pelvicus; 8 Spinalganglien.

dem Rückenmark. Die Fasern, die aus dem Rückenmark ohne Unterbrechung zu den Ganglien im Grenzstrang oder in der Peripherie verlaufen, sind die sog. *präganglionären Fasern.* Die Fasern, die von den Ganglien zu den Organen verlaufen, sind die sog. *postganglionären Fasern.*

Der Grenzstrang reicht von der Schädelbasis bis zum Schwanzende. Im Halsbereich sind die Ganglien des Grenzstranges nicht segmental angeordnet, sondern zu 2 (Pferd, kleine Wiederkäuer) bis 3 (Rind, Schwein, Hund, Mensch) Halsganglien zusammengelagert. Der Grenzstrang ist am Hals mit dem N. vagus zum *N. vagosympathicus* vereinigt, der die A. carotis communis begleitet. Dabei ist zu beachten, das der N. vagus von kranial nach kaudal leitet, der Sympathicus dagegen in diesem Gebiet von kaudal nach kranial. Am Schwanz vereinigen sich die beiden Grenzstränge miteinander. Im Brust- und Lendengebiet sind sie über die Wirbelkörper hinweg durch *Rami transversi* verbunden.

Von den Grenzstrangganglien verlaufen sympathische Fasern als markscheidenlose *Rami communicantes grisei* zu den Organen der Brust- und der Bauchhöhle oder mit den Rückenmarksnerven zur Peripherie. Aus dem kranialen Ende des Halsgrenzstranges entspringen die Sympathikusanteile für die Kopforgane.

Sympathikuswirkungen sind u. a.: Beschleunigung der Herzfrequenz, Erweiterung der Pupille, Erschlaffung des Ziliarkörpers, Erweiterung der Bronchien und der Blutgefäße in den Muskeln, Verengung der Hautgefäße sowie der Eingeweide- und Genitalgefäße, unter bestimmten Bedingungen aber auch der Muskelgefäße. Am Darm kann die Motorik angeregt oder gehemmt werden. Die Wirkungen des Sympathicus und des Parasympathicus hängen vielfach von einem komplexen Zusammenspiel verschiedenster Faktoren an den Organen ab (Tonus bei Einsetzen der Wirkung, Füllungszustand, Hormonspiegel etc.). Man umschreibt diesen Zustand gern mit dem Begriff der „vegetativen Ausgangslage", der zwar etwas verschwommen ist, bei der Beurteilung vegetativer Abläufe dennoch berücksichtigt werden sollte.

Parasympathicus

Der vorwiegend assimilatorisch wirkende Parasympathicus besteht aus zwei großen Anteilen, dem aus dem N. vagus und anderer Gehirnnerven kommenden Teil *(kranialer Parasympathicus)* und dem aus dem Sakralmark entspringenden Teil *(sakraler Parasympathicus* (Abb. 230). Hinzu kommen parasympathische Fasern, die segmental aus der Dorsalwurzel des Rückenmarks austreten und mit den Rückenmarksnerven in die Peripherie ziehen *(spinaler Parasympathicus).* Der überwiegende Teil ist der Vagusteil, so daß man häufig auch von einer „Vaguswirkung" spricht, wenn man parasympathische Wirkungen meint. Der N. vagus versorgt die Organe des Kopfes, der Brusthöhle und der Bauchhöhle bis zum Grimmdarm. Der Sakralparasympathicus innerviert den Mastdarm, die Blase und die Geschlechtsorgane.

Parasympathikuswirkungen sind u. a.: Verlangsamung des Herzrhythmus, Verengung der Pupille, Kontraktion des Ziliarkörpers, Verengung der Bronchien, Förderung der Sekretion der Magen- und Darmdrüsen sowie der Leber und der Bauchspeicheldrüse.

Das intramurale System

Unter diesem Begriff werden Ganglienzellen zusammengefaßt, die in der Wand des Verdauungskanals sowie der Harnblase liegen und insofern eine gewisse Autonomie besitzen, als sie eine spontane rhythmische Motorik des Organs bewirken (z. B. Darmperistaltik). Diese Motorik wird, ähnlich wie die Herzmotorik, vom Sympathicus und vom Parasympathicus moduliert. Wegen seiner rein vegetativen Funktionen kann das intramurale System dem vegetativen Nervensystem zugerechnet werden.

d Periphere Nerven

Man versteht darunter die aus dem Gehirn und dem Rückenmark austretenden Nerven. Diese leiten als **motorische Nerven** Reize vom Gehirn zu den in der Peripherie gelegenen Muskeln oder als **sensible Nerve** Reize von den Sinnesorganen bzw. Rezeptoren in der Peripherie zum Gehirn. Die von den Sinnesorganen kommenden Nerven werden auch als *sensorische Nerven* bezeichnet. Viele Gehirn- und alle Rückenmarksnerven sind gemischt, d. h. sie haben motorische und sensible Nervenfasern in sich vereinigt. Mit den Gehirn- und den Rückenmarksnerven können auch Fasern der vegetativen Nerven in die Peripherie verlaufen, die an Drüsen, Gefäßen, Haarmuskeln usw. enden.

Die Nerven ähneln in ihrem Bau einem Kabel, in dem die einzelnen Leitungen gebäude-, straßen- und stadtteilweise gebündelt sind. Im Verlauf zweigen einzelne Bündel ab. Der Nerv wird immer dünner. Die einzelnen Fasern werden vom **Endoneurium** umgeben. Das **Perineurium** umgibt die Faserbündel. Es trägt auf der Innenseite eine dünne Epithelschicht, die als Fortsetzung der weichen Gehirn-Rückenmarkshaut aufgefaßt wird und als Isolierschicht gegen die Gewebsflüssigkeit wirkt. Mehrere Faserbündel werden vom lockeren Bindegewebe des **Epineurium** zum Nerv vereinigt.

Gehirnnerven

Es gibt 12 Gehirnnerven. Die meisten von ihnen verbreiten sich im Kopfgebiet. Nur der N. vagus und der N. accessorius entsenden auch Fasern zu Muskeln bzw. Organen am Hals und im Rumpf.

I. N. olfactorius s. Fila olfactoria, Riechnerv. Als Riechnerv werden alle aus der Riechgegend der Nasenhöhle in den Riechkolben eintretenden Nervenfasern zusammengefaßt. Er ist ein sensorischer Nerv (s. auch Seite 379).

II. Nervus opticus s. Fasciculus opticus, Sehnerv. Er tritt als Tractus opticus aus dem Zwischenhirn hervor und bildet nasal der Hypophyse die *Sehnervenkreuzung, Chiasma opticum,* in der sich ein Teil der Bahnen kreuzt. Die Nervenfasern kommen aus der Netzhaut des Auges. Diese stellt eine Ausstülpung des Gehirns dar. Man kann daher den Sehnerv ebenso wie den Riechnerv den anderen Gehirnnerven nicht völlig gleichstellen.

III. Nervus oculomotorius, gemeinsamer Augenmuskelnerv. Er verläßt das Gehirn in der Mitte der Großhirnschenkel. Sein motorischer Teil innerviert die meisten äußeren Augenmuskel (oberer, unterer und medialer gerader Augenmuskel, Zurückzieher des Auges, unterer schiefer Augenmuskel). Mit ihm zusammen verlaufende parasympathische Fasern innervieren den M. sphincter pupillae (Verengung der Pupille) und den Ziliarmuskel (Spannung bzw. Entspannung der Linse).

IV. Nervus trochlearis. Er tritt im Gebiet der Vierhügel und des vorderen Marksegels aus und innerviert den oberen schiefen Augenmuskel.

V. Nervus trigeminus, dreiteiliger Nerv. Er verläßt das Gehirn an der Seite der Brücke und teilt sich in *zwei sensible Äste und einen gemischten Ast.* Der sensible *N. ophthalmicus* leitet Empfindungsreize aus dem Gebiet der Augenlider, des Augapfels, der Nasenhöhle und aus der Dura mater encephali ab. Der gleichfalls sensible *N. maxillaris* nimmt Reize vom Dach der Mundhöhle, vom Boden der Nasenhöhle und deren Seitenwand sowie vom größten Teil des Angesichts auf. Auch die Dura mater encephali wird von ihm mit innerviert. Der *N. mandibularis* innerviert motorisch die Kaumuskeln (M. masseter, M. pterygoideus und M. temporalis). Seine sensiblen Fasern innervieren den Vorhof der Mundhöhle und die Haut am Kinn. Vegetative Fasern, die ihm beigefügt sind, ziehen an die Backendrüsen.

Der N. trigeminus ist der wichtigste sensible Nerv des Kopfes. Schädigungen seines motorischen Astes mit nachfolgender Atrophie der Kaumuskeln treten relativ häufig beim Hund auf. Die Ursache ist noch nicht sicher festgestellt. Man vermutet Quetschungen beim starken Zubeißen.

VI. Nervus abducens, äußerer Augenmuskelnerv. Er tritt aus dem verlängerten Mark aus und innerviert den lateralen geraden Augenmuskel und die lateralen Teile des Rückziehers des Auges.

VII. Nervus intermediofacialis, Angesichtsnerv. Er kommt ebenfalls vom verlängerten Mark. Sein *motorischer Anteil* innerviert die gesamte mimische Muskulatur des Kopfes (Augen, Backen, Lippen, Ohren). *Sensible Fasern* gehen als Geschmacksfasern an die vorderen zwei Drittel der Zunge. *Parasympathische* Fasern innervieren als sekretorische Fasern alle Drüsen des Kopfes außer der Ohrspeicheldrüse. Die sensiblen und die parasympathischen Fasern werden als *N. intermedius* zusammengefaßt. Der N. intermediofacialis hat in der Felsenbeinpyramide enge Lagebeziehungen zum Innen- und Mittelohr, so daß bei Entzündungsprozessen in diesem Gebiet Nervenschäden auftreten. Am auffälligsten sind dabei die Lähmungen der mimischen Muskeln. Auch die Ohrmuskeln sind mitbetroffen (proximale Fazialislähmung). Der motorische N. facialis verläuft nach seinem Austritt zum Hinterrand des Unterkieferastes und von dort zur Backe. Gegen den harten Rand des Unterkieferastes kann der Nerv leicht gequetscht werden. Die daraus resultierende Lähmung wird als distale Fazialislähmung bezeichnet. Die Ohren sind dabei nicht betroffen, da die Fasern zu den Ohrmuskeln bereits vorher abgehen.

VIII. Nervus vestibulocochlearis s. statoacusticus, Gehör- und Gleichgewichtsnerv. Er verläßt die Medulla oblongata und tritt in den Porus acusticus internus ein. Er ist rein sensorisch und innerviert mit einem Teil (Pars cochlearis) die Schnecke. Der andere Teil innerviert als Pars vestibularis das Gleichgewichtsorgan.

IX. Nervus glossopharyngeus, Zungen- und Schlundkopfnerv. Er innerviert sensibel den Zungengrund, den Rachen und die Paukenhöhle. Parasympathische Fasern ziehen von ihm aus zur Ohrspeicheldrüse. Auch er tritt aus dem verlängerten Mark aus.

X. Nervus vagus. Er ist ein sehr wichtiger Gehirnnerv und hat *motorische, sensible und vegetative Anteile.* Besonders die *parasympathischen Anteile* sind bedeutungsvoll, da von ihnen nicht nur die Kopforgane versorgt werden, sondern fast alle Organe des Organismus. Nur im Sakralmark sind ebenfalls größere parasympathische Zentren gelegen, die die Organe der Beckenhöhle versorgen (s. vegetatives Nervensystem, Seite 352).

Die Kerne und der Ursprung des N. vagus sind in der Medulla oblongata gelegen. Motorisch werden der weiche Gaumen, der Schlundkopf und der Kehlkopf versorgt.

Die Stellknorpelmuskeln des Kehlkopfes werden ebenso wie die meisten anderen Kehlkopfmuskeln von motorischen Fasern des N.

vagus innerviert, die erst zusammen mit den vegetativen Anteilen am Hals absteigen, dann als *N. recurrens* wieder zum Kehlkopf aufsteigen und von kaudal an diesen herantreten. Der linke N. recurrens schlägt sich in der Brusthöhle um den Aortenbogen, der rechte um den Truncus costocervicalis. Lähmungen dieser Nerven, besonders des linken, kommen beim Pferd aus bisher noch nicht geklärter Ursache häufig vor. Durch die Lähmung der Stellknorpelmuskeln bedingt, wird dann die Stimmritze beim Einatmen nicht geweitet, und es entsteht ein inspiratorisches Atemgeräusch, das als *Kehlkopfpfeifen* bezeichnet wird. Kehlkopfpfeifen ist ein Hauptmangel.

Die sensiblen Anteile des N. vagus innervieren den Kehlkopf, die Luftröhre und die Speiseröhre. Die vegetativen Anteile sind beim vegetativen Nervensystem besprochen (Seite 352).

XI. Nervus accessorius. Er wird von zwei völlig getrennt entspringenden Anteilen gebildet. Der *Gehirnanteil* tritt kaudal vom N. vagus, der *Rückenmarksanteil* aus dem Halsmark aus, und zwar bis zum 6. bzw. 7. Halssegment. Die einzelnen Fasern vereinigen sich in ihrem Verlauf kopfwärts und treten durch das Hinterhauptsloch in die Schädelhöhle ein, wo sie sich mit dem Gehirnteil verbinden. Das Innervationsgebiet des Gehirnteils deckt sich mit dem Gebiet des motorischen Anteils des N. vagus. Der Halsteil innerviert motorisch die Mm. trapezius, sternocephalicus und cleidocephalicus. Der letztgenannte ist der kopfseitige Anteil des M. brachiocephalicus (Arm-Kopf-Muskel).

XII. Nervus hypoglossus, Zungenmuskelnerv. Er ist der motorische Nerv der Zunge und innerviert die Zungenmuskeln.

Rückenmarksnerven, Nervi spinales

Die Rückenmarksnerven entspringen segmental aus dem Rückenmark und treten jeweils zwischen zwei Wirbeln durch das Foramen intervertebrale aus. Sie entsprechen in der Zahl derjenigen der Wirbel, jedoch sind 8 Halsnerven ausgebildet. Der 1. Halsnerv tritt zwischen dem Hinterhauptsbein und dem Atlas aus, der letzte zwischen 7. Hals- und 1. Brustwirbel.

Die Rückenmarksnerven gehen aus einer *dorsalen, sensiblen* und einer *ventralen, motorischen Wurzel* hervor (Abb. 222). Die Ganglienzellen der sensiblen Nervenfasern liegen außerhalb des Rückenmarks im *Ganglion spinale* vereinigt. Nach der Vereinigung der dorsalen und der ventralen Wurzel zum Rückenmarksnerven entläßt dieser bald einen *Ramus dorsalis,* der motorisch die dorsal der Wirbelquerfortsätze gelegenen Muskeln und sensibel die Haut der dorsalen Hälfte des Halses bzw. des Rumpfes innerviert. Die Fortsetzung des Rückenmarksnerven zieht als *Ramus ventralis*

nach ventral und innerviert die Muskulatur und die Haut ventral
der Querfortsätze.

Im Bereich der letzten Hals- und der ersten Brustsegmente sowie
im Bereich der letzten Lenden- und Kreuzsegmente bilden die
Ventraläste der Rückenmarksnerven das *Arm-* bzw. das *Kreuzgeflecht* (Plexus brachialis und Plexus sacralis). Sie tauschen untereinander Fasern aus, bevor aus dem Geflecht die Nerven für die
Vorder- bzw. für die Hintergliedmaßen hervorgehen. Diese Nerven enthalten daher Fasern verschiedener Rückenmarksnerven.
Außerdem ziehen mit ihnen auch vegetative Fasern in die Peripherie. Die parasympathischen Fasern treten aus der Dorsalwurzel
aus. Die sympathischen Fasern kommen vom Grenzstrang.

Neben den genannten Dorsal- und Ventralästen der Rückenmarksnerven sind noch sog. Rami communicantes ausgebildet.
Diese führen als *Rami communicantes albi* Fasern aus dem Rük-
kenmark zu den Ganglien des Grenzstranges. *Rami communicantes grisei* leiten sympathische Fasern von den Grenzstrangganglien
zu den Eingeweide- und den Rückenmarksnerven und mit diesen
zur Peripherie (Abb. 222/8, 11).

Ein *Ramus meningeus* der Rückenmarksnerven innerviert die
Rückenmarkshäute. Auch ihm werden durch einen Ramus communicans griseus sympathische Fasern beigegeben.

Die Bezeichnung Ramus communicans albus bzw. griseus leitet
sich vom Vorhandensein der Myelinscheide oder ihrem Fehlen ab.
Ist sie ausgebildet, bekommt der Nerv ein weißes Aussehen.

Von den peripheren Nerven haben besonders die **Gliedmaßenner-
ven** praktische Bedeutung, und zwar jene, die bei Unfällen leicht
verletzt werden können, und solche, die leicht verletzbare Glied-
maßenabschnitte versorgen, z. B. die Nerven, die zu den Klauen
bzw. zu den Hufen verlaufen.

Wichtige Nerven an der Vordergliedmaße

Der **N. suprascapularis** verläuft vom Achselgeflecht kommend um
den Halsrand des Schulterblattes und innerviert den M. supraspinatus und den M. infraspinatus, die zusammen mit dem M. subscapularis die Funktion der Seitenbänder des Schultergelenkes
übernommen haben. Bei der Quetschung des Nerven und Lähmung der Muskeln verliert daher das Gelenk seinen Halt. Die
Schultergliedmaße blattet im Schultergelenk ab. Der Nerv kann
beim Pferd gegen den Halsrand des Schulterblattes gedrückt werden, da er nicht durch das überragende Acromion der Schulterblattgräte geschützt ist, wie es beim Rind der Fall ist. Außerdem
ist der Halsrand des Rindes stärker zur Schulterblattgräte hin eingezogen. Wegen der Gefahr der Quetschung dieses Nerven soll

man Pferde nicht ohne Führung durch enge Türen oder zu zweit in Stalleingänge laufen lassen.

Der **N. radialis** tritt aus dem Achselgeflecht an den Kaudalrand des Oberarmbeins heran, windet sich um diesen nach lateral und kranial herum und tritt in die Streckmuskeln des Karpalgelenks und der Zehen ein. Er kann bei Unfällen leicht gegen das Oberarmbein gequetscht werden. Dann fallen die genannten Strecker aus. Der Tonus der Beuger verursacht eine leichte Beugung der Gelenke vom Karpalgelenk an. Die Gliedmaße wird etwas angehoben. Die Haltung wird als „Kußhandstellung" bezeichnet.

Beim Pferd sind die beiderseits des Röhrbeins verlaufenden **Nn. volares** klinisch wichtig. Sie innervieren das Zehenendorgan sensibel und können bei chronischen Erkrankungen der Hufrolle und des Hufgelenkes durchtrennt werden (Neurektomie der Rami volares der Nervi volares). Durch diesen Eingriff wird das Leiden zwar nicht geheilt, die Tiere können aber noch eine mehr oder weniger lange Zeit schmerzfrei gehalten und genutzt werden.

Wichtige Nerven an der Hintergliedmaße

Der starke **N. ischiadicus** löst sich aus dem Kreuzgeflecht und verläuft kaudal des Oberschenkelknochens. Er ist der Nerv mit dem größten Durchmesser und teilt sich in den *N. tibialis* und den *N. fibularis*, die vom Kniegelenk an einen unterschiedlichen Verlauf nehmen. Der N. fibularis innerviert die Muskeln kranial der Unterschenkelknochen (Beuger des Sprunggelenks und Strecker der Zehe). Er kann lateral am Proximalende des Schienbeins gequetscht werden. Nach einem weiteren Namen dieses Nerven (N. peroneus) wird die Lähmung häufig auch als Peroneuslähmung bezeichnet. Der N. tibialis innerviert die Strecker des Sprunggelenkes und die Beuger der Zehe sowie das Zehenendorgan sensibel. Bei chronischen Entzündungen der Gliedmaßenspitze kann er durchtrennt werden (Tibialisneurektomie).

e Nervenphysiologie

Erregungsleitung und Erregungsübertragung

Die Erregungsleitung im Neuron geschieht ähnlich wie bei den Muskelzellen durch das Zusammenbrechen des *Membranpotentials*. Auch bei der Nervenzelle strömen dabei Na^+-Ionen in die Faser ein, und K^+-Ionen strömen aus. Anschließend wird das Membranpotential durch die „Natriumpumpe" wieder hergestellt. Da die erregte Stelle der Nervenfaser den ruhenden gegenüber negativ wird, bewirkt die Erregungsleitung ein *Aktionspotential*. Das Aktionspotential aller erregten Nervenfasern summiert sich zum

Aktionspotential der peripheren Nerven, das abgenommen und registriert werden kann. Das Aktionspotential einer erregten Faser beträgt etwa 100 mV, eine Größe, die konstant bleibt. Die *Erregungsintensität* wird durch Frequenzsteigerung der Erregungsimpulse bzw. durch Erhöhung der Zahl der erregten Fasern gesteigert (zeitliche Summation und räumliche Summation). Die *Geschwindigkeit der Erregungsleitung* ist nicht bei allen Nervenfasern gleich. Sie ist am größten bei Fasern mit großem Querschnitt und dicker Markscheide und am langsamsten bei Fasern mit dünnem Querschnitt ohne Markscheide. Die Erregungsleitung ist weiterhin abhängig von der Temperatur und der Tierart. Sie ist bei Warmblütern schneller als bei Wechselwarmen. Nach der Geschwindigkeit der von ihnen geleiteten Erregungsimpulse unterscheidet man *A-, B-,* und *C-Fasern,* wobei die Gruppe der A-Fasern noch weiter unterteilt werden kann.

Tab. 48. Einteilung, Beschaffenheit und Funktion der verschiedenen Nervenfasern der Wirbeltiere (nach LULLIES 1957)

Gruppen-bezeich-nung	Leitungsge-schwindigkeit m/sec		Faser-durch-messer	Mark-scheide	Funktion
	Wech-sel-warme	Warm-blüter	µ		
A	30—40	80—120	15—20	dick	motorisch und afferent von den Muskelspindeln
	22—28	60	10—12		von den Berührungsrezeptoren der Haut
	15—19	40—50	8—10	dünner	efferent zu den Muskelspindeln
	12—13	20—40	4—8		von den Wärme-, Kälte- und Schmerzrezeptoren der Haut
B	8—15	15—20	2—4	dünn	präganglionäre vegetative Fasern
C	0,8—1,5	0,5—2	0,3—2	„marklos"	postganglionäre Fasern des N. sympathicus

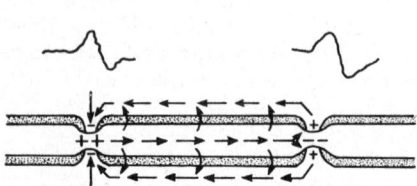

Abb. 231. Saltatorische Erregungsleitung (nach GLEES 1968). Der Austausch von Natrium- und Kaliumionen zwischen dem Inneren der markhaltigen Nervenfaser und ihrer Umgebung führt über lokale Ströme zu dem Spitzenpotential an den Ranvierschen Schnüringen.

Die schnelle Leitung der A- und B-Fasern kommt dadurch zustande, daß sich die Welle des zusammenbrechenden Membranpotentials nicht wie bei den C-Fasern ohne Markscheide kontinuierlich fortpflanzt, sondern von einem Ranvierschen Schnürring zum anderen überspringt (Abb. 231). Man spricht von *saltatorischer Erregungsleitung*.

Die Erregungsübertragung von Neuron zu Neuron erfolgt an den *Synapsen* auf chemischem Weg. An der Synapse des Neuron, das den Reiz zuführt, wird **Azetylcholin** ausgeschieden (motorische, sensible und parasympathische Synapsen sowie die Synapsen der praeganglionären Fasern des Sympathicus) bzw. **Noradrenalin** (sympathische postganglionäre Synapsen). Diese Stoffe verändern die Membran des Nachbarneuron derart, daß das Membranpotential örtlich zusammenbricht und somit der Reiz zur Weiterleitung der Erregung gegeben ist. Die Überträgerstoffe sind vor der Erregungsübertragung in den sog. synaptischen Bläschen gespeichert und werden nach der Ausscheidung sehr schnell durch Enzyme abgebaut. Synapsen können immer nur in einer Richtung leiten. Ein Neuron ist auf vielfältige Weise mit anderen Neuronen verbunden. Über seine Dendriten erhält es Erregungsreize von ande-

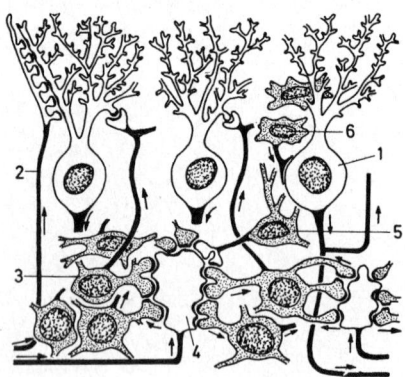

Abb. 232. Übersicht über die Schaltvorgänge im Kleinhirn (nach GLEES 1968, geringfügig verändert). Die Purkinje-Zellen (1) empfangen zwei Arten von axo-dendritischen Synapsen, und zwar von den Kletterfasern (2) und von den Neuriten der Granularzellen (3). Die Dendriten der Granularzellen werden von den Moosfasern (4) erregt. Der Moosfaserleitbogen kann von den Golgi-Zellen (5) gehemmt werden. 6 Korbzelle.

ren Neuronen ebenso wie über Synapsen, die direkt an der Nervenzelle ansetzen (sog. Endknöpfchen). Über den Neuriten und dessen Verzweigungen wird die Erregung anderer Neuronen mitgeteilt. Auf diese Weise sind zahllose Schaltungen und gegenseitige Erregungen bzw. Hemmungen möglich.

Reflexe und Automatien

Als **Reflexe** bezeichnet man Vorgänge, die dadurch zustande kommen, daß Erregungen, die über zentripetale Bahnen dem Zentralnervensystem oder dem vegetativen Nervensystem zugeführt werden, ohne Mitwirkung des Willens auf zentrifugale Bahnen umgeschaltet werden. Derartige Vorgänge verlaufen also unwillkürlich. Andere unwillkürliche Abläufe entstehen dadurch, daß ein Zentrum direkt erregt wird, z. B. unwillkürliche Atembewegungen durch Erregung des Atemzentrums durch den CO_2-Gehalt des Blutes. Derartige Abläufe werden **Automatien** genannt.

Reflexe verlaufen über einen **Reflexbogen,** der aus einem Rezeptor, einem afferenten Schenkel, einem Reflexzentrum, einem efferenten Schenkel und einem Effektor besteht (Abb. 233). Erregungen können auf verschiedenen Ebenen umgeschaltet werden, z. B. im Rückenmark, im Mittelhirn oder in der Großhirnrinde, wobei nur im letzten Fall der Vorgang bewußt wird.

Man unterscheidet *animale Reflexe,* die auf die Skelettmuskulatur einwirken, und *vegetative Reflexe,* die das vegetative Nervensystem betreffen. Wenn Anfang und Ende eines Reflexbogens in demselben Organ liegen, spricht man von *Eigenreflexen,* andernfalls von *Fremdreflexen.* Nach dem Zweck der Reflexe teilt man sie in *Schutz-, Abwehr-, sekretorische Reflexe* usw. ein. *Unbedingte Reflexe* sind angeboren. *Bedingte Reflexe* bilden sich erst im Laufe des Lebens durch Erfahrung aus. Das klassische Beispiel

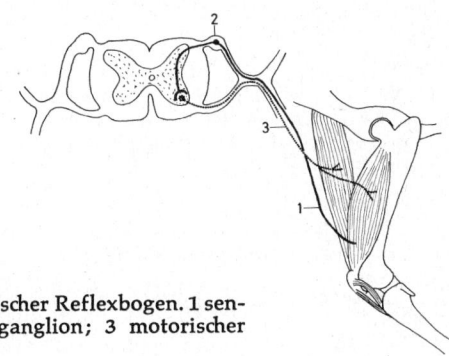

Abb. 233. Monosynaptischer Reflexbogen. 1 sensibler Nerv; 2 Spinalganglion; 3 motorischer Nerv.

für bedingte Reflexe ist der Versuch von PAWLOW, der erreichte, daß bei seinen Versuchshunden Magensekret sezerniert wurde, wenn eine Glocke ertönte, die in Vorversuchen immer zu Beginn der Fütterung geläutet hatte. Auf einem bedingten Reflex beruht z. B. auch das „Einschießen" der Milch, wenn mit dem Melkzeug hantiert wird.

Je nach der Zahl der Schaltstellen unterscheidet man *einfache, monosynaptische Reflexe,* die nur einmal in ihrem Reflexzentrum umgeschaltet werden, und *zusammengesetzte, polysynaptische Reflexe,* die über Zwischenneuronen verlaufen und meist mehrere Effektoren zu einer Reflexhandlung vereinigen.

Einige bekannte und wichtige *unbedingte Reflexe* sind:

1. *Lidreflex:* Verschluß des Auges bei Berührung eines Augenlids, einer Wimper oder eines Sinushaares um die Augen.
2. *Kornealreflex:* Verschluß des Auges bei Berührung der Hornhaut.
3. *Saugreflex:* Saugbewegungen beim Jungtier bei Berührung der Mundschleimhaut, geht später in den Kaureflex über.
4. *Schluckreflex:* Schluckbewegung nach Berührung der Rachenschleimhaut und des Zungengrundes.
5. *Niesreflex und Hustenreflex:* Niesen bzw. Husten nach mechanischer oder chemischer Reizung der Nasen- bzw. der Kehlkopfschleimhaut.
6. *Widerristreflex:* Zuckungen der Hautmuskeln bei Berührung des Widerrists (besonders Pferd).
7. *Rückenreflex:* Durchbiegen der Wirbelsäule beim Kneifen der Haut über den Dornfortsätzen der kaudalen Brustwirbel.
8. *Kratzreflex:* Kratzbewegungen beim Bestreichen der Seitenbrust (beim Hund).
9. *Schwanzreflex:* Anklemmen des Schwanzes nach Berührung der Schwanzwurzel von ventral.
10. *Analreflex:* Kontraktion des Afterschließmuskels bei Berührung.
11. *Kniescheibenreflex:* Streckung des Kniegelenks nach Klopfen auf das mittlere gerade Kniescheibenband.
12. *Huf- bzw. Klauenreflex:* Anziehen der Gliedmaße bei Druck auf den Huf bzw. die Klaue, besonders an der Krone.
13. *Duldungsreflex:* Verharren brünstiger weiblicher Tiere in gespannter Haltung bei Berührung der Rückenregion.

Wichtig sind auch *Stellreflexe,* die Muskeltonus und Körperhaltung in Übereinstimmung mit dem Gleichgewicht bringen.

Wichtige *Automatie- und Reflexzentren* liegen im verlängerten Mark und in den zur Formatio reticularis zusammengefaßten Teilen des Hirnstamms.

1. *Atemzentrum*
   a) Exspirationszentrum
   b) Inspirationszentrum
   Reizung durch CO_2-Überschuß im Blut, durch Schmerz, Angst, Kälte usw.

Außerdem besteht der sog. *Hering-Breuersche Reflex:* Bei der Inspiration tritt eine Hemmung des Inspirationszentrums durch zunehmende Reizung der Vagusäste infolge der Ausdehnung der Alveolen auf. Bei der Ausatmung erfolgt mit zunehmender Erschlaffung der Alveolen eine Hemmung des Expirationszentrums.

2. *Vasomotorenzentrum:* Es beeinflußt das Herz, die Blutgefäße sowie die Blutspeicher und reagiert auf den CO_2-Gehalt des Blutes sowie auf die Reizung von Druckrezeptoren im rechten Herzvorhof, Aortenbogen und in der Halsschlagader. Die Reizung der Druckrezeptoren führt zur Verlangsamung der Herzfrequenz, Erweiterung der Blutgefäße und Senkung des Blutdrucks. Weitere Beeinflussungen sind durch Schmerz, Temperatur, psychische Erregung u. a. möglich.

3. *Zentrum für den Saugreflex:* Der Saugreflex wird bei Neugeborenen durch Berührung der Lippen und der Mundschleimhaut ausgelöst. Bei älteren Tieren wird er durch den Kaureflex abgelöst.

4. *Zentrum für den Schluckreflex:* Es wird bei der Berührung der Rachenschleimhaut und des Zungengrundes gereizt.

5. *Zentrum für den Hustenreflex:* Seine Erregung erfolgt bei mechanischer oder chemischer Reizung der Kehlkopfschleimhaut.

6. *Zentrum für den Niesreflex:* Es wird bei mechanischer oder chemischer Reizung der Nasenschleimhaut erregt.

In den kaudalen Rückenmarksabschnitten befinden sich wichtige Reflexzentren für den Genitalapparat *(Centrum genito-spinale)*, z. B. das Erektionszentrum und das Ejakulationszentrum. Diesen Zentren benachbart sind Zentren für die Harnblase *(Centrum vesico-spinale)* und den After *(Centrum ano-spinale)*.

13 Sinnesorgane, Organa sensuum

Sie nehmen die auf den Organismus einwirkenden Reize auf und leiten die Erregung dem Zentralnervensystem zu, das sie registriert, verarbeitet und wertet. Zwischen den Tierarten und vor allem auch zum Menschen bestehen Unterschiede in der Differenziertheit der einzelnen Sinne und auch in der Wertung der durch die Sinne aufgenommenen Reize. Die Sinneszellen sind hochspezialisiert und sprechen nur auf für sie spezifische Reize an. Sie sind entweder zu speziellen Organen lokal zusammengefaßt (Auge,

Ohr), auf eine Region verteilt (Geruchssinn, Geschmackssinn) oder aber im Organismus verbreitet (Tast-, Schmerz-, Temperatursinn).

a Auge, Oculus

Von den Säugetieren werden Lichtreize mit den Augen aufgenommen. Zwar reagieren auch andere Körperzellen auf Lichteinfall, z. B. die Pigmentzellen der Haut, aber nur über das Auge wird Licht bewußt wahrgenommen. Zusammen mit seinen Hilfs- und Schutzeinrichtungen bildet das Auge daher das *Lichtsinnesorgan, Organon visus*. Mit dem Auge kann allerdings nur Licht ganz bestimmter Wellenlänge und Intensität wahrgenommen werden.

Schutz- und Hilfseinrichtungen

Zu den Schutz- und Hilfseinrichtungen des Auges gehören die *Augenhöhle*, die *Augenlider*, der *Tränenapparat* und die *Augenmuskeln*.

Die Augenhöhle und die Lider schützen den Augapfel vor mechanischen, chemischen und thermischen Schädigungen. Der Tränenapparat sorgt für eine ständige Anfeuchtung der freien Oberfläche des Augapfels und schützt diese vor dem Austrocknen. Außerdem dient die Tränenflüssigkeit durch Abschwemmen von kleinen Fremdkörpern und beim Auftreffen geringer Mengen chemischer Reizstoffe durch Verdünnung dem Schutz vor mechanischen und chemischen Schädigungen. Die Augenmuskeln verleihen dem Augapfel seine Eigenbeweglichkeit und erweitern damit das Gesichtsfeld, ohne daß Bewegungen des Kopfes notwendig sind.

Die **Augenhöhle, Orbita,** wird vom vorderen Keilbein, dem Oberkieferbein, dem Tränenbein und dem Stirnbein gebildet. Während sie beim Pferd und Wiederkäuer wie beim Menschen vollständig knöchern umrandet wird, besteht beim Schwein und Fleischfresser eine Lücke zwischen dem Jochfortsatz des Stirnbeins und dem Jochbogen, die durch ein Band, Ligamentum orbitale, geschlossen wird. Im deutlichen Gegensatz zu den Verhältnissen beim Menschen ist die Augenhöhle beim Haustier zur Schläfengrube hin offen. Die Augenhöhle wird erst dadurch zu einem in sich geschlossenen Raum, daß sich die **Periorbita** als Kegelmantel aus straffem Bindegewebe vom Augenhöhlengrund zum -rand ausspannt. Sie legt sich dabei den knöchernen Anteilen an, grenzt aber auch die Orbita zur Schläfengrube und dem dort gelegenen Kaumuskel ab.

In der Periorbita befindet sich um den Augapfel, seine Muskeln und den Sehnerv ein Fettpolster, das **intraorbitale Fett,** das den Augapfel weich lagert. Bei starker Abmagerung hungernder, schwerkranker oder alter Tiere wird auch dieses Fett abgebaut, und der Augapfel sinkt ein.

Die **Augenlider, Palpebrae,** umschließen die *Lidspalte, Rima pal-pebrarum.* Sie ist während der Fötalzeit geschlossen und öffnet sich beim Fleischfresser erst einige Tage (9—14 Tage) nach der Geburt. An der Lidspalte unterscheidet man einen nasalen (medialen) und einen temporalen (lateralen) Lidwinkel.

Außer dem *oberen Augenlid, Palpebra superior,* und dem *unteren Augenlid, Palpebra inferior,* besitzen die Haussäugetiere ein *drittes Augenlid, die Nickhaut, Membrana nictitans s. Palpebra tertia.* Das **obere** und das **untere Augenlid** werden von der äußeren Haut mit feiner Behaarung bedeckt. Zum Augapfel hin bekleidet sie die *Lidbindehaut, Conjunctiva palpebrae,* eine Schleimhaut mit mehrschichtigem, nicht verhornendem Deckepithel, die zusammen mit der Bindehaut des Augapfels, Conjunctiva sclerae und Conjunctiva corneae, den *Bindehautsack* bildet.

Die Lidbindehaut besitzt sehr viele und feine Kapillaren, die beim Abheben des Augenlids gut sichtbar sind. Der Füllungszustand und die Beschaffenheit der Kapillaren der Lidbindehaut geben sichere Auskunft über die Kreislaufverhältnisse und eventuelle Erkrankungen des Gesamtorganismus.

Am Lidrand sind besonders lange und kräftige Tasthaare, die **Wimpern,** ausgebildet. Bei ihrer Berührung, aber auch schon bei Reizung durch unerwarteten Luftzug, wird die Lidspalte reflektorisch und sehr schnell geschlossen (Lidreflex). Am Lidrand münden auch die Ausführungsgänge der im Lid gelegenen *Tarsaldrüsen* (Meibomsche Drüsen). Das sind umfangreiche Talgdrüsen, die den Lidrand und die Wimpern mit ihrem Sekret, der sog. Augenbutter, benetzen.

Die Augenlider werden von den *Lidmuskeln* (Heber, Niederzieher und Schließmuskel der Augenlider) bewegt, die zusammen mit der kräftigen, bindegewebigen Grundplatte, *Tarsus palpebrae,* die Grundlage der Augenlider bilden.

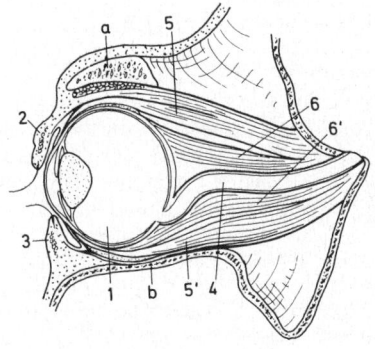

Abb. 234. Augenhöhle mit Auge und seinen Hilfseinrichtungen (nach ELLENBERGER und BAUM 1943). a Jochfortsatz des Stirnbeins; b Tränenbein. 1 Augapfel; 2 oberes Augenlid; 3 unteres Augenlid; 4 Sehnerv; 5 oberer gerader Augenmuskel; 5' unterer gerader Augenmuskel; 6 und 6' Rückzieher des Auges.

Das **dritte Augenlid, Nickhaut,** liegt im nasalen Augenwinkel. Es wird von dem *Blinzknorpel, Cartilago palpebrae tertiae,* gestützt und von der Bindehaut bedeckt. Die Nickhaut kann durch den *Nickhautmuskel,* der am Blinzknorpel ansetzt, über den Augapfel gezogen werden, wobei die Augenoberfläche scheibenwischerartig gereinigt wird. Bulbuswärts befindet sich in der Nickhaut die *Nickhautdrüse, Glandula palpebrae tertiae.*

Bei Spasmen des Nickhautmuskels (Tetanus) und beim Einsinken des Augapfels bei stark abgemagerten Tieren fällt die Nickhaut vor und bedeckt ständig den nasalen Teil des Augapfels.

Der **Tränenapparat, Apparatus lacrimalis,** besteht aus der *Tränendrüse, Glandula lacrimalis,* und *Abflußeinrichtungen für die Tränenflüssigkeit.* Die **Tränendrüse** liegt über dem dorsolateralen Quadranten des Augapfels unter dem Jochfortsatz des Stirnbeins (Pferd, Wiederkäuer) bzw. unter dem Ligamentum orbitale (Schwein, Fleischfresser). Sie sezerniert die seröse *Tränenflüssigkeit,* die sich aus mehreren Ausführungsgängen in den Bindehautsack ergießt und die Augenoberfläche feucht erhält. Die dünnflüssige, salzige Tränenflüssigkeit hat im Laufe der Phylogenese die Aufgabe des das Fischauge umspülenden Wassers übernommen. Sie sammelt sich im nasalen Augenwinkel im *Tränensee* und wird dort von je einem *Tränenpunkt* im oberen und im unteren Augenlid aufgenommen. Von hier aus fließt die Tränenflüssigkeit in die *Tränenröhrchen,* die sich im *Tränensack* vereinigen, und weiter in den *Tränennasengang, Ductus nasolacrimalis,* der in die Nasenhöhle mündet. Der Tränennasengang ist in seinen Anfangsabschnitten von einer knöchernen Röhre des Tränen- und des Oberkieferbeins umgeben. Sein Endabschnitt ist lediglich ein Schleimhautrohr. Die Mündung des Tränennasengangs ist beim Pferd als linsengroßes Loch in der Nasenöffnung am Übergang der äußeren Haut in die Nasenschleimhaut erkennbar und zugänglich.

Die **Augenmuskeln** (Abb. 235) verleihen dem Augapfel seine Eigenbeweglichkeit. Sie sind beim Haussäugetier durch Reflexbahnen so gekoppelt, daß alle Bewegungen von beiden Augäpfeln gemeinsam und koordiniert ausgeführt werden. Störungen in diesem System werden als *Schielen, Strabismus,* bezeichnet.

Am Augapfel setzen *vier gerade und zwei schräge Augenmuskeln* sowie *ein Rückzieher* des Augapfels an. Die **geraden Augenmuskeln** bewegen den Augapfel nach oben bzw. unten und zu den Seiten hin. Sie entspringen in der Umgebung des Sehnervenlochs in der Tiefe der Orbita und setzen in der Nähe des Übergangs von der harten Augenhaut (Sclera) in die Hornhaut (Cornea) an. Die beiden **schiefen Augenmuskeln** treten von nasal an den Augapfel heran und können den Augapfel um seine Längsachse drehen. Sie

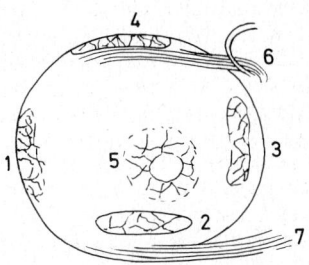

Abb. 235. Ansatzstellen der Augenmuskeln, linker Augapfel, Ansicht
von aboral. 1 lateraler, 2 ventraler, 3
medialer, 4 dorsaler gerader Augenmuskel; 5 Rückzieher des Augapfels;
6 oberer, 7 unterer schiefer Augenmuskel.

entspringen an der medialen Wand der Orbita und setzen dorsal
bzw. ventral am Augapfel an. Der **Rückzieher des Auges** entspringt an dem Sehnervenloch und setzt in der Umgebung der
Eintrittsstelle der Sehnerven in das Auge an. Er besteht aus vier
Anteilen, die die Bewegungen der geraden Augenmuskeln unterstützen. Bei gemeinsamer Aktion ziehen sie den Augapfel in die
Orbita zurück. Dabei fällt die Nickhaut vor.

Augapfel, Bulbus oculi

Er ist annähernd kugelförmig. Man unterscheidet an ihm einen
Äquator sowie einen lidseitigen und einen hirnseitigen Pol. Allerdings weicht die Form des Augapfels insofern von der idealen
Kugelform ab, als sich die vordere Augenkammer stärker vorwölbt.
Der Augapfel von Pferd und Wiederkäuer ist außerdem von Pol
zu Pol komprimiert, so daß er sich der Form einer Mandarine
nähert. Der Sehnerv tritt nicht auf der Höhe des Gehirnpols in
den Augapfel ein, sondern im ventro-nasalen Quadranten.

Der Augapfel besteht aus der *äußeren*, der *mittleren* und der *inneren Augenhaut* sowie der *Linse* und dem *Glaskörper.*

Die **äußere Augenhaut, Tunica fibrosa bulbi,** ist sehr straff und
gibt dem Augapfel seine Festigkeit. Der Binnendruck (Turgor) des
Auges, der die äußere Augenhaut wie einen gut gefüllten Ball in
Spannung hält, wird durch das Kammerwasser aufrecht erhalten.
Ein Verlust von Kammerwasser läßt den Augapfel schlaff und
kleiner werden. Vermehrte Produktion von Kammerwasser bzw.
Abflußbehinderungen führen zur schmerzhaften Überspannung
der äußeren Augenhaut und zu Schädigungen der Netzhaut (Glau-
kom, grüner Star).
Die äußere Augenhaut besteht aus zwei Abschnitten, der *harten
Augenhaut, Sclera,* und der *Hornhaut, Cornea.* Beide gehen im
Korneaskleralfalz ineinander über. Die **Hornhaut** (Abb. 236/1) ist
durch die spezifische Anordnung ihrer Bindegewebsfasern durch-
sichtig. Sie besitzt keine Blutgefäße. Die Hornhautzellen werden

also durch Diffusion ernährt. Die Hornhautoberfläche wird, wie auch der lidseitige Teil der Sklera, von dem Epithel der Bindehaut bedeckt und geschützt. Zur vorderen Augenkammer hin besitzt die Hornhaut eine sehr widerstandsfähige Membran, die *Descemetsche Membran*, die von einem einschichtigen Plattenepithel bedeckt wird.

Die **Sklera** (Abb. 236/2) besteht aus straffem Bindegewebe, das ihr die leicht bläuliche Färbung verleiht. Beim Rind enthält sie Pigment. Sie besitzt wenige, aber starke Blutgefäße und wird lidwärts von der Bindehaut bedeckt. In den übrigen Abschnitten ist sie durch lockeres Bindegewebe mit ihrer Umgebung verbunden. An ihr setzen die Augenmuskeln an (Skleralwulst). Am Gehirnpol bildet die Sklera eine Siebplatte aus, durch deren Löcher die Fasern des Sehnervs ins Auge eintreten. In diesem Gebiet verbindet sie sich auch mit einem Dura-Schlauch, der den Sehnerv umhüllt.

Die **mittlere Augenhaut, Tunica vasculosa bulbi,** ist reich an Blutgefäßen, Pigmentzellen und Nerven. Sie enthält auch die Binnenmuskeln des Auges. Da sie nach Entfernung der äußeren Augenhaut einer dunklen Traube ähnelt, wird die mittlere Augenhaut als *Traubenhaut, Uvea,* bezeichnet. Sie hat drei Anteile, die *Aderhaut,* den *Ziliarkörper* oder Faltenkranz und die *Regenbogenhaut.*

Die **Aderhaut, Chorioidea** (Abb. 236/3), beginnt bereits lidwärts vom Augenäquator und umschließt die hinteren Augenabschnitte. Sie ist reich an Blutgefäßen, die von stark pigmentiertem Bindegewebe umgeben sind. Im Gebiet des Gehirnpols bildet die Aderhaut (außer beim Schwein) das sog. *Tapetum lucidum,* einen je nach

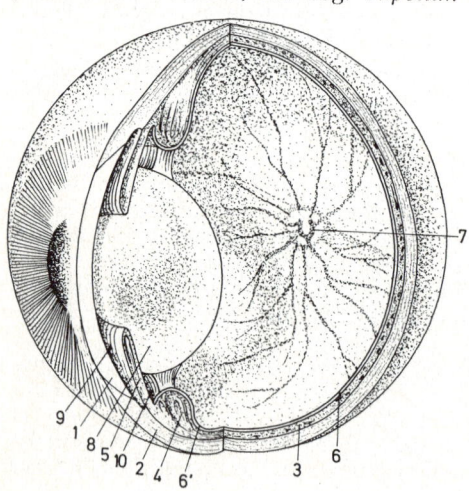

Abb. 236. Auge des Hundes, schematisch (in Anlehnung an eine Abbildung von Vet. Scope in Canine Medicine 1959). 1 Hornhaut; 2 Sklera; 3 Aderhaut; 4 Ziliarkörper; 5 Regenbogenhaut; 6 Netzhaut, Pars optica, 6' ihre Pars caeca; 7. Sehnerveneintritt; 8 Linse; 9 vordere Augenkammer; 10 hintere Augenkammer.

Tierart in verschiedenen Farben schillernden Bezirk. Dort sind die Zellen bzw. Bindegewebsfasern derart geordnet, daß das einfallende Licht durch Interferenz in seine Einzelkomponenten zerlegt wird. Gegen die Sklera ist die Aderhaut durch Lymphspalten getrennt.

Der **Ziliarkörper, Faltenkranz, Corpus ciliare** (Abb. 236/4) dient als Halte- und Bewegungsapparat für die Linse. Er schließt sich mit seiner *Grundplatte* der Aderhaut lidwärts an und entsendet *Ziliarfortsätze*, zwischen denen die Linse ausgespannt wird. Durch Änderung der Spannung des in der Grundplatte gelegenen *Ziliarmuskels* werden die Konvexität der Linse und damit ihr Brechungsvermögen verändert. Beim Menschen sind die Fasern des Ziliarmuskels zirkulär angeordnet. Wenn sich der Muskel anspannt, verringert sich sein Radius, und die Ziliarfasern geben der Eigenspannung der Linse nach. Die Linse wölbt sich dadurch zum Sehen in der Nähe stärker. Bei den Haussäugetieren verlaufen die Ziliarmuskelfasern radiär. Wenn sie sich anspannen, wird die Linse für das Sehen in die Ferne stärker abgeplattet (s. Akkomodation, Seite 373).

Die **Regenbogenhaut, Iris** (Abb. 236/5), folgt dem Ziliarkörper lidwärts. Sie bildet eine kulissenartige Trennung zwischen der vorderen und der hinteren Augenkammer, die nur durch ein zentrales Loch, die *Pupille*, in Verbindung stehen. Die Pupillenweite wird durch den Tonus zweier Muskeln bestimmt. Dieses sind der M. sphincter pupillae, der die Pupille verengt und vom Parasympathicus innerviert wird, und der von dem Sympathicus innervierte M. dilatator pupillae, der die Pupille erweitert. Der M. dilatator pupillae ist radiär angeordnet. Die Fasern des M. sphincter pupillae verlaufen bei runder Pupille zirkulär, bei schlitzförmiger Pupille spindelförmig. Die Pupille ist beim *Pferd* und *Wiederkäuer* queroval, beim *Schwein* und *Hund* rund und bei der *Katze* vertikalschlitzförmig.

Die *Farbe der Regenbogenhaut* und damit die Farbe der Augen wird durch die Zahl der in das Bindegewebe eingelagerten Pigmentzellen bestimmt. Wenn viele Pigmentzellen vorhanden sind, ist die Regenbogenhaut dunkelbraun gefärbt. Fehlen Pigmentzellen, so erscheint sie infolge der Streuung des Lichtes im Bindegewebe der Iris vor dem dunklen Augenhintergrund blau. Blaue Augen nennt man beim Pferd „Birkaugen". Sie sind beim Nutztier unerwünscht. Ist auch der Augenhintergrund unpigmentiert (bei Albinos), sind die Augen rot, weil man die Blutgefäße der Aderhaut durchleuchten sieht.

An der Peripherie der Regenbogenhaut im Winkel zur Hornhaut befindet sich ein feines Maschenwerk, dessen Poren in die Schlemmschen Kanäle führen. Durch diese kann das Kammerwasser abfließen. Die Weite und die Durchlässigkeit der *Schlemm-schen Kanäle* werden bei enger Pupille durch Zug der Irisfasern erhöht, bei weiter Pupille vermindert.

Die **innere Augenhaut, Tunica interna bulbi, Retina, Netzhaut** (Abb. 236/6), besitzt eine **Pars optica retinae,** die im Augenhintergrund liegt und die Sinneszellen trägt, sowie die **Pars caeca retinae,** die sich lidwärts anschließt und den Ziliarkörper sowie die Rückseite der Iris bedeckt. Bei den Pflanzenfressern (besonders Pferd und Ziege) ragen Teile der Pars caeca retinae als sog. *Traubenkörner* in die Pupille vor. Die Pars caeca retinae bildet das Kammerwasser und ist mit ihrer starken Pigmentierung daran beteiligt, das Auge zur Camera obscura zu gestalten. Die Retina ist eine Ausstülpung des Gehirns. In ihrer Pars optica sind daher die Sinneszellen zusammen mit anderen Ganglienzellen, die als Schaltzellen dienen, in mehreren Reihen angeordnet. Die Fasern der Sehnerven treten zur lumenseitigen Fläche der Retina durch und verteilen sich dort, ehe sie sich aderhautwärts wenden.

Die Schicht der Sinneszellen (Stäbchen und Zapfen) liegt unmittelbar unter der Aderhaut, von dieser nur durch eine dünne Lage einschichtigen, platten Pigmentepithels getrennt (Abb. 237/1). Die *Stäbchen* vermitteln Schwarz-Weiß-Eindrücke. Die *Zapfen* dienen dem Farbsehen (s. S. 372). An der Eintrittsstelle des Sehnervs in das Auge (*Discus nervi optici, Papilla optica*) befinden sich weder Stäbchen noch Zapfen. So entsteht ein *blinder Fleck,* der keine Lichtreize aufnimmt.

Die **Linse, Lens** (Abb. 236/8), ist wichtiger Bestandteil des vom Auge gebildeten optischen Systems. Die Veränderbarkeit ihres Lichtbrechungsvermögens garantiert ein stets scharfes Bild auf der Netzhaut, unabhängig von der Entfernung des betrachteten Gegenstandes. Allerdings gibt es einen Mindestabstand, der eingehalten werden muß, da andernfalls das Brechungsvermögen der Linse überfordert wird (*Nahpunkt*). Dieser Abstand beträgt beim Menschen mittleren Alters 12—15 cm.

Die Linse bildet sich aus dem Ektoderm und besteht aus langgestreckten Linsenepithelzellen, die von einer Linsenkapsel überzogen werden. Die Linsenepithelzellen treffen sich an der Vorder- und Rückseite der Linse je in einer Υ-förmigen Nahtstelle (*Linsenstern*). Das hintere Υ steht aufrecht, das vordere auf dem Kopf. Unter krankhaften Bedingungen können die Linsensterne sichtbar werden. Die Linse ist zwischen die Ziliarfortsätze eingespannt und in der Stärke ihrer bikonvexen Krümmung von der Spannung des Ziliarmuskels abhängig.

Der **Glaskörper, Corpus vitreum,** füllt als gallertartige, glasklare Masse den Raum zwischen Linse und Netzhaut aus. In der klaren

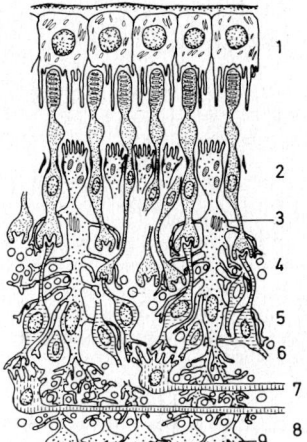

Abb. 237. Aufbau der Pars optica der Netzhaut (nach MELLER und GLEES in GLEES 1968). 1 Pigmentzellen; 2 Rezeptorenschicht; 3 Müllerzelle; 4 Synapsenschicht 1; 5 Bipolarzellschicht; 6 Synapsenschicht 2; 7 Ganglienzellschicht; 8 Optikus-Faserschicht; 9 Endflüsse der Müllerzelle.

Flüssigkeit des Glaskörpers *(Humor vitreus)*, die viel Hyaluronsäure enthält, befindet sich ein sehr feines Gitterwerk kollagenartiger Fasern, die nur elektronenoptisch nachweisbar sind.

Vordere und hintere Augenkammer. Außer dem vom Glaskörper ausgefüllten Zentralraum des Auges besitzt dieses zwei mit Kammerwasser angefüllte kleinere Räume. Die *vordere Augenkammer* befindet sich zwischen der Hornhaut und der Vorderfläche der Regenbogenhaut. Die *hintere Augenkammer* nimmt den Raum zwischen der Hinterfläche der Regenbogenhaut und der Linse mit ihrem Aufhängeapparat ein. Der Pupillenrand der Regenbogenhaut schleift auf der Vorderfläche der Linse und kann bei bestimmten Augenerkrankungen mit dieser verkleben. Das *Kammerwasser* wird in der hinteren Augenkammer gebildet, gelangt durch die Pupille in die vordere Augenkammer und fließt durch die Schlemmschen Kanäle ab (s. Seite 369).

Physiologie des Auges

Das durch die Hornhaut in das Auge einfallende Licht wird von der Linse so gebrochen, daß es die Netzhaut gebündelt trifft. Es muß deren verschiedene Schichten durchdringen, bis es die Stäbchen und Zapfen erreicht. Die Stäbchen vermitteln nur Hell-Dunkel-Eindrücke. Sie dienen daher zum Schwarz-Weiß-Sehen. Die Zapfen reagieren auf Farben, wobei unterschiedliche Zapfen für die Grundfarben Rot, Grün und Blau empfänglich sind. Das **Farbsehvermögen der Tiere** ist noch nicht abgeklärt. Man weiß, daß

Nachttiere nur Stäbchen, dagegen z. B. Tagvögel überwiegend Zapfen besitzen. Katzen und Hunde können Farben schlecht unterscheiden. Dagegen sollen Pferde, Wiederkäuer und besonders Schweine einen verhältnismäßig gut entwickelten Farbsinn haben, jedoch nicht für alle Farben in gleicher Weise. So können Pferde Rot offenbar schlecht erkennen. Bei den Untersuchungen über den Farbensinn der Tiere ist es immer schwer, Reaktionen der Tiere auf verschiedene Grautönungen der Farben auszuschließen (BUDDENBROCK 1952).

Die Zapfen sind besonders an den Stellen des schärfsten Sehens (*Fovea centralis* des Menschen, *Area centralis rotunda* der Haustiere) zahlreich. Pferd, Wiederkäuer und Schwein besitzen darüber hinaus noch eine *Area centralis striaeformis* oberhalb der Eintrittsstelle der Sehnerven. Sie dient vermutlich dem Bewegungssehen mit einem Auge.

Die Fähigkeit der Stäbchen zur Aufnahme des Lichtreizes ist, besonders bei schwacher Beleuchtung, von ihrem Gehalt an **Sehpurpur, Rhodopsin,** abhängig. Rhodopsin besteht aus *Retinin,* einem Aldehyd des Vit. A, und einem Eiweißkörper, dem **Opsin.** Bei Beleuchtung zerfällt es in Opsin und Trans-Retinin. In der Dunkelheit wird es in den Zapfen erneut synthetisiert. Die Synthese ist abhängig von der Anwesenheit von Vit. A. Durch gesteigerte Rhodopsinsynthese im Dunkeln kann die Empfindlichkeit der Augen für schwache Lichtreize stark gesteigert werden **(Dunkeladaptation).** Auch beim Farbsehen ist Retinin notwendig. Die Farbdifferenzierung kommt offenbar dadurch zustande, daß Retinin in den Zapfen an drei verschiedene Eiweißkörper gebunden ist, die in drei Zapfentypen vorkommen. Vitamin-A-Mangel verursacht Nachtblindheit und Störungen beim Farbsehen.

Die **Stärke der Lichtwahrnehmung** ist abhängig von der Intensität des Lichtes, der Dauer der Lichteinwirkung und der räumlichen Ausdehnung der Lichtquelle. Die Pupillenweite wird durch die Intensität des Lichteinfalls reflektorisch gesteuert. Beide Pupillen reagieren bei Änderung des Lichteinfalls eines Auges anfänglich gemeinsam. Dann stellt sich aber die Pupillenweite schnell für jedes Auge speziell ein.

Außer der Aufnahme von Licht- und Farbeindrücken dient der Gesichtssinn vor allem der Orientierung im Raum. Allerdings ist die Stellung des Gesichtssinnes in der Hierarchie der Sinnesorgane nicht bei allen Tierarten gleich. Der Hund z. B. orientiert sich sehr stark nach Geruchsempfindungen, so daß das Nachlassen des Sehvermögens oft sehr spät erkannt oder übersehen wird. Man muß auch unterscheiden zwischen dem Erkennen ruhender Gegenstände und der Wahrnehmung von Bewegungen. Während die Tiere den Menschen häufig in der Beachtung kleiner Bewegungen übertreffen, übersehen sie ruhende Gegenstände oft auch dann, wenn diese ihr Interesse wecken sollten. Das **Bewegungssehen** findet seine Grenzen bei zu großen und zu geringen Geschwindigkeiten der bewegten Körper. Bewegungen in Richtung der Sehachse werden ungenauer erkannt als Bewegungen quer zu derselben.

Für das **räumliche Sehen** sind zwei Augen notwendig. Die Entfernung der Gegenstände ergibt sich aus dem unterschiedlichen Winkel, aus dem das Bild des Gegenstandes die Augen trifft. Ersatzweise können beim Sehen mit einem Auge Größenverhältnisse zweier oder mehrerer Gegenstände oder die Änderung ihrer Lagebeziehungen in der Bewegung zum Entfernungsschätzen herangezogen werden. Raubtiere, Affen und der Mensch haben ein sehr großes *gemeinsames Gesichtsfeld der Augen*, da sie auf genaues Entfernungssehen angewiesen sind. Pflanzenfresser haben ein kleineres gemeinsames Gesichtsfeld der Augen. Sie können dafür ein großes Gesichtsfeld überblicken. Das Gesichtsfeld ist um so größer, je weiter die Sehachsen der Augen divergieren.

Mit der Entfernung des scharf gesehenen Gegenstandes ändert sich das durch ihre Krümmung bedingte Brechungsvermögen der Linse. Der Vorgang wird **Akkommodation** genannt. Der Mensch akkomodiert auf die Nähe, d. h. das ruhende Auge ist auf das Sehen in die Ferne eingestellt. Bei Annäherung des fixierten Objektes spannt sich der Ziliarmuskel an, und die Linse wölbt sich stärker. Unsere Haustiere sind nach dem Faserverlauf des Ziliarmuskels gezwungen, auf die Ferne zu akkomodieren. Der **Nahpunkt** ist der augennächste Punkt, auf den sich das Auge einstellen kann.

Sehbahnen

Die Bildeindrücke werden über den Sehnerv dem Gehirn zugeleitet. In der Sehnervenkreuzung (s. S. 345) werden die Nervenfasern beider Seiten mehr oder weniger vollständig ausgetauscht. Bei niederen Wirbeltierarten kreuzen sich alle Fasern. Bei den Säugetieren ist die Kreuzung um so vollständiger, je stärker die Augenachsen divergieren.

Bei höheren Säugetieren ist an der kaudo-medialen Fläche der Großhirnhemisphären ein *Sehzentrum* (Sehrinde) ausgebildet, in dem die Bildeindrücke verarbeitet werden. Vorher erfolgt eine Umschaltung im primären Sehzentrum des Mittelhirndachs, das bei niederen Tieren das alleinige Sehzentrum ist. Hier werden auch lichtreizbedingte Reflexe gesteuert. Beim höheren Säugetier ermöglicht dieses primäre Sehzentrum nach Zerstörung der Sehrinde noch primitive Reaktionen auf Lichtreize.

b Ohr, Auris

Das Ohr dient sowohl der Aufnahme, Leitung und Empfindung von Schallwellen (Hörorgan), als auch der Orientierung über die

Lage im Raum (Gleichgewichtsorgan). Das Hörorgan und das Gleichgewichtsorgan liegen eng beieinander und sind zum Organum vestibulocochleare vereinigt.

Am Ohr unterscheidet man das *Außenohr* mit der Ohrmuschel und dem äußeren Gehörgang zur Aufnahme der Schallwellen, das *Mittelohr* mit den Gehörknöchelchen (Hammer, Amboß und Steigbügel) zur Schalleitung und das *Innenohr* mit Vorhof, Schnecke und Bogengängen, in denen sich die Sinneszellen des Hör- und des Gleichgewichtsorganes befinden (Abb. 238).

Außenohr, Auris externa

Es beginnt bei den meisten unserer Haussäugetiere mit einer großen **Ohrmuschel**, *Auricula,* die ebenso wie der Anfangsteil des Gehörganges von Knorpel gestützt wird. Mehrere Gruppen von *Ohrmuskeln* (Einwärtszieher, Auswärtszieher, Heber, Niederzieher u. a.) ermöglichen es den Tieren, die Ohrmuschel der Schallquelle zuzuwenden und diese zu lokalisieren. Außerdem ist das Ohrenspiel ein wesentlicher Bestandteil der Mimik der Tiere und läßt die Stimmungslage der Tiere erkennen. Die Ohrmuschel ist meist behaart und besitzt vor allem am oralen Rand Tasthaare zum Schutz vor dem Eindringen von Fremdkörpern und Insekten.

Der **äußere Gehörgang**, *Meatus acusticus externus* (Abb. 238/1), steigt erst senkrecht ab und wendet sich dann in horizontalem Verlauf zum Schädel. Sein Anfangsteil ist knorpelig, sein Endteil knöchern gestützt. Er ist von mehr oder weniger stark behaarter Haut ausgekleidet, die viele Talgdrüsen besitzt. Diese produzieren das sog. Ohrenschmalz. Beim Hund, besonders bei Rassen mit Hängeohren, treten häufig Entzündungen des Gehörgangs auf, die landläufig als Ohrenzwang bezeichnet werden. Ursachen sind Parasiten, eingedrungene Fremdkörper, vor allem Grasgrannen, und zersetztes Ohrenschmalz.

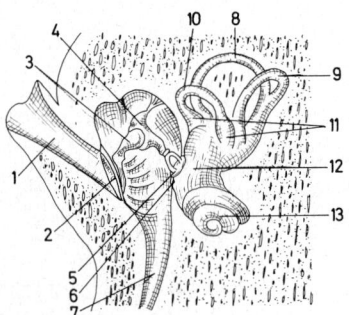

Abb. 238. Transversalschnitt durch das rechte Ohr eines Pferdes, Ansicht von oral nach aboral. Die Bogengänge sind um etwa 45° kranial gedreht dargestellt (nach KOCH 1965). 1 knöcherner Teil des äußeren Gehörgangs; 2 Trommelfell; 3 Hammer; 4 Amboß; 5 Steigbügel; 6 Schneckenfenster; 7 Tuba pharyngotympanica; 8 kaudaler, 9 medialer, 10 lateraler Bogengang; 11 Ampullen; 12 Vorhof; 13 Schnecke.

Vom Innenohr wird der Gehörgang durch das **Trommelfell,** *Membrana tympani* (Abb. 238/2), getrennt. Dieses ist eine bindegewebige Membran, die außen vom Gehörgangsepithel und innen vom einschichtigen Plattenepithel des Mittelohrs bedeckt ist. Das Trommelfell ist in einen Knochenring eingespannt und besitzt radiäre und zirkuläre Fasern.

Mittelohr, Auris media

Es liegt in der Paukenhöhle der Felsenbeinpyramide. Gegen das Außenohr wird es vom Trommelfell abgegrenzt und gegen das Innenohr von der Platte des Steigbügels im Vorhoffenster sowie von einer Membran im Schneckenfenster. In seinem Innenraum befinden sich die *Gehörknöchelchen.* Die **Hörtrompete,** *Tuba auditiva, Eustachische Röhre,* verbindet das Mittelohr mit dem Atmungsrachen (s. Seite 207). Die Paukenhöhle ist von einem einschichtigen Plattenepithel ausgekleidet. Sie wird vom N. facialis durchzogen, der bei Erkrankungen des Innen- oder des Mittelohrs geschädigt werden kann (proximale Fazialislähmung).

Die **Gehörknöchelchen** haben sich während der Phylogenese zum Teil aus Anteilen des primären Kiefergelenks entwickelt, und zwar der Hammer aus dem Articulare und der Amboß aus dem Quadratum. Der Steigbügel ist der Columella der Reptilien homolog. Sie übertragen die Schallwellen vom Trommelfell auf das Vorhoffenster und verstärken die Intensität der Wellen durch Hebelwirkung um ein Vielfaches (Mensch 20fach).
Der *Hammer, Malleus,* ist mit einem Stiel am Trommelfell befestigt. Sein Kopf liegt der knorpeligen Gelenkfläche des *Amboß, Incus,* auf. Der Amboß richtet einen kurzen Schenkel zum Paukenhöhlendach, mit dem er durch ein Band verbunden ist, und einem längeren Schenkel (beim Rind ist er kürzer als der vorige) ventromedial zum Steigbügelbogen. Zwischen Steigbügelbogen und Amboßschenkel ist ein kleines *Linsenbeinchen* eingeschaltet. Der *Steigbügel, Stapes,* verschließt mit seiner Platte das Vorhoffenster.

Innenohr, Auris interna

Es gliedert sich in den *Vorhof,* die *Schnecke* und die *Bogengänge.* Alle drei bilden das **Labyrinth.** Der Innenraum des knöchernen Labyrinths wird vom häutigen Labyrinth ausgekleidet. Zwischen beiden befinden sich mit *Perilymphe* angefüllte Spalten, *perilymphatische Räume.* Das häutige Labyrinth enthält die *Endolymphe.*

Durch das *Vorhoffenster, Fenestra vestibuli,* gelangt man in den **Vorhof, Vestibulum,** in dem die beiden Vorhofbläschen, *Sacculus* und *Utriculus,* gelegen sind (Abb. 238/12). Diese enthalten Sinneszellen für das statische Organ (Seite 378). Vom Vorhof gehen drei Bogengänge ab. Die Schnecke steht mit ihm ebenfalls in Verbindung.

Die **Bogengänge,** *Ductus semicirculares,* sind in drei zueinander senkrecht stehenden Ebenen angeordnet. Sie enthalten Sinneszellen, die Beschleunigungen bzw. Drehbewegungen registrieren.

Die **Schnecke, Cochlea,** schließt sich dem Vorhof an. Ihr Gang beschreibt 2 ¹/₂—4 Windungen um eine zentrale *Spindel.* Er ist durch eine zentral knöcherne, peripher membranöse Lamelle, *Lamina spiralis ossea* und *Lamina basilaris,* in zwei Etagen geteilt. Die mit dem Vorhof in Verbindung stehende obere Etage, *Scala vestibuli,* geht in der Spitze der Schnecke in die untere Etage, *Scala tympani,* über, die durch eine Membran im *Schneckenfenster, Fenestra cochleae,* verschlossen ist.

In der Schneckenspindel bilden Nervenzellen das *Ganglion spirale cochleae,* das mit dem N. cochlearis des N. acusticus verbunden ist

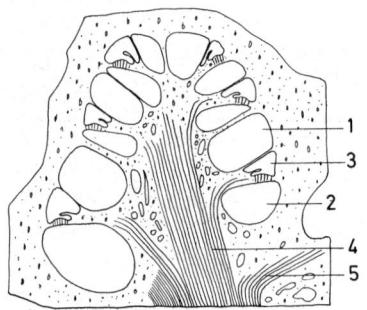

Abb. 239. Axialschnitt durch die Schnecke des Hundes (nach Krölling und Grau 1960). 1 Scala vestibuli; 2 Scala tympani; 3 Ductus cochlearis; 4 Ramus cochlearis des N. statoacusticus; 5 Ramus vestibularis des N. statoacusticus.

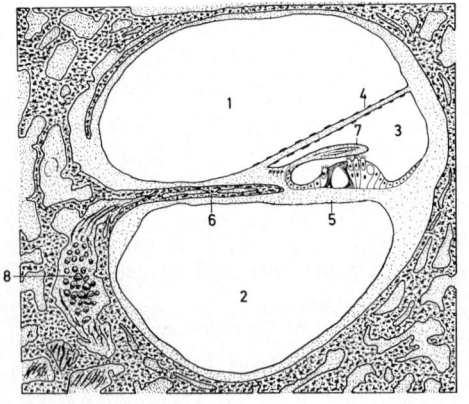

Abb. 240. Cortisches Organ (in Anlehnung an Kolb 1967). 1 Scala vestibuli; 2 Scala tympani; 3 Ductus cochlearis; 4 Membrana vestibularis; 5 Lamina basilaris; 6 Lamina spiralis ossea; 7 Membrana tectoria; 8 Ganglion spirale cochleae.

und von dem Nervenfasern in das **Cortische Organ** ziehen. Dieses besteht aus Neuroepithelzellen mit *Sinneshärchen*, die der Lamina basilaris aufsitzen und von *Stützzellen* umgeben sind. Über den Sinneshärchen befindet sich die *Membrana tectoria* (Abb. 240).

Eine *Membrana vestibularis* (Reissnersche Membran) grenzt den *Schneckengang, Ductus cochlearis*, in dem das Cortische Organ liegt, gegen die Scala vestibuli ab. Die Scala vestibuli sowie die Scala tympani enthalten Perilymphe, der Ductus cochlearis ist mit Endolymphe gefüllt.

Physiologie der Schallwahrnehmung

Die Schallwellen werden über das Außenohr, das Trommelfell und die Gehörknöchelchen als Schwingungen der Steigbügelplatte auf das Vorhoffenster übertragen. Dadurch wird die Perilymphe in der Scala vestibuli in Schwingungen versetzt. Über das Schneckenfenster erfolgt der Druckausgleich. Nach der *Resonanztheorie* von HELMHOLTZ nahm man an, daß jener Abschnitt der vom Vorhof zur Schneckenspitze breiter werdenden Basalmembran, welcher der Tonhöhe entspricht, in Schwingungen gerät. Dabei werden die Sinneshärchen von der Deckmembran gereizt. Nach der *Schallbildertheorie* von EWALD schwingt die gesamte Membran mit und bildet dabei bestimmte, dem Ton entsprechende Schwingungsknoten und -bänder.

In neuerer Zeit nimmt man an, daß die Druckwellen in der Endolymphe bei hohen Tönen nach kürzerer Strecke als bei tiefen gedämpft werden, so daß unterschiedliche Gebiete des Cortischen Organs gereizt werden (*hydrodynamische Theorie, Dispersionstheorie*).

Der Hörbereich reicht beim Menschen von 16 bis 20 000 Hertz. Im Alter können hohe Töne nicht mehr wahrgenommen werden. Der Hörbereich reicht beim 50jährigen meist nur noch bis 12 000 Hz., im hohen Alter nur noch bis 5000 Hz. Der Hörbereich der Hunde und Katzen erstreckt sich bis zu 50 000 Hz. Das ist z. B. bei der Anlage von Warnanlagen zu beachten, die mit einem hohen, für den Menschen nicht mehr wahrnehmbaren Dauerton arbeiten. Fledermäuse und Delphine nehmen das Echo der von ihnen selbst ausgestoßenen Schreie im Ultraschallbereich wahr und orientieren sich dadurch nach dem System des Radar.

Physiologie des Gleichgewichtssinnes

Die drei Bogengänge beginnen bzw. enden mit Erweiterungen, den *Ampullen*. Die häutige Auskleidung der Ampullen besitzt Rezeptoren, deren Sinneshaare zu einem Schopf, *Cupula*, verkleben. Der Schopf berührt eine gegenüberliegende rauhe Stelle (Abb. 241). Bei Seitwärts-, Dreh- oder Vorwärtsbewegungen bewegt sich die

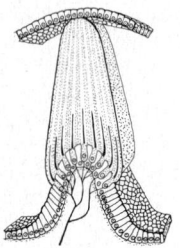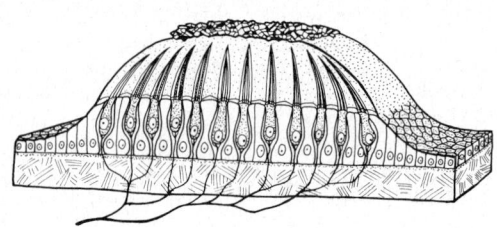

Abb. 241. Cupula (links) und Macula (rechts) (nach Kolb 1967).

Endolymphe in den Bogengängen. Dadurch reibt der Schopf der Sinneszellen an der rauhen Wand, und die Sinneszellen werden gereizt. Der laterale Bogengang liegt in der Horizontal-, der mediale in der Sagittal- und der aborale in der Querebene. Jeder Bewegungsrichtung ist daher ein Bogengang zugeordnet.

Im Sacculus und im Utriculus des Vorhofs befinden sich Ansammlungen von Sinneszellen, *Maculae,* deren Haare von einer gallertartigen Membran bedeckt sind. Auf dieser Membran liegen feine Kristalle aus Kalziumkarbonat, die Otolithen, Statolithen oder Statokonien genannt werden (Abb. 241). Sie reizen je nach Haltung des Kopfes verschiedene Sinneszellen der Maculae. Die Maculae des Vorhofs dienen vor allem der Orientierung über die Lage im Raum während der Ruhe sowie über Wahrnehmung von Bewegungen in der Vertikalen.

Die Sinneszellen der Bogengänge sprechen auf Bewegungsvorgänge, die mit Beschleunigung bzw. Bremsung verbunden sind, an. Das Gleichgewichtsorgan ist außerdem für die Erhaltung des Muskeltonus an Hals und Vordergliedmaßen verantwortlich. Bei seiner Zerstörung erschlaffen diese Muskelgruppen und geordnete Bewegungen sind unmöglich.

c   Geschmackssinn

Die Aufnahme von Geschmacksempfindungen ist beim höheren Säugetier auf die Mundhöhle beschränkt. Zahlreiche der pilzförmigen und vor allem die umwallten und gefalteten Papillen der Zunge besitzen **Geschmacksknospen** (s. S. 223). Diese bestehen aus Sinneszellen mit Sinneshärchen, die zwiebelschalenförmig von Deckzellen umhüllt sind. Die Härchen der Sinneszellen erreichen durch einen kleinen Porus die freie Oberfläche und kommen mit den gelösten Geschmacksstoffen in Berührung. In der Nähe der Geschmacksknospen findet man meist unter der Schleimhaut ausgedehnte Lager von serösen *Spüldrüsen,* deren Sekret die

Oberfläche der Geschmacksknospen freispülen, damit sie neuen Eindrücken zugänglich werden. Vereinzelte Geschmacksknospen befinden sich auch in der Gaumen- und der Rachenschleimhaut. Mit Sicherheit wurden bisher nur die vier Geschmacksqualitäten süß, sauer, bitter und salzig nachgewiesen, die vom Menschen in bestimmten Zungenregionen besonders deutlich wahrgenommen werden können (süß und salzig auf der Zungenspitze, sauer auf der Zungenseite und bitter auf dem Zungengrund). Die meisten der „Geschmacksempfindungen" bei der Nahrungsaufnahme werden als Geruchsreiz im Nasengrund aufgenommen. Die Verhältnisse bei den Haussäugetieren sind schwer zu klären, dürften aber denen des Menschen ähnlich sein. Bekannt ist, daß manche Tierarten bestimmte Geschmacksrichtungen bevorzugen. Bei Vögeln, besonders bei Körnerfressern, dominieren die Tastrezeptoren im Schnabel über die Geschmackszellen. Die von der Zungenspitze und dem Zungenkörper aufgenommenen Geschmacksreize werden über den N. trigeminus, die vom Zungengrund über den N. glossopharyngeus dem Gehirn zugeführt.

d Geruchssinn

Die Sinneszellen zur Aufnahme von Geruchreizen befinden sich in der Riechschleimhaut des Nasengrundes. Die Riechzellen sind primäre Sinneszellen, d. h. sie sind spezialisierte Nervenzellen. Sie treten mit 6—8 Sinneshärchen an die Schleimhautoberfläche (Abb. 242). Am basalen Pol der Zelle entspringt ein Neurit, der durch die Siebplatte des Siebbeins tritt und im Riechkolben des Gehirns Kontakt mit anderen Ganglienzellen aufnimmt. Je nachdem, ob der Geruchssinn gut entwickelt ist, wie z. B. beim Hund, oder schwach, wie beim Menschen, spricht man von Makrosmotikern bzw. Mikrosmotikern. Bei den Makrosmotikern

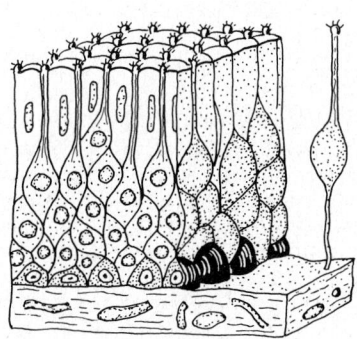

Abb. 242. Sinneszellen der Riechschleimhaut (nach GLEES 1968).

kann das Geruchsorgan das dominierende Sinnesorgan sein, so daß der Gesichtssinn untergeordnet ist. So bedeckt z. B. beim Menschen das Riechepithel eine Fläche von 5 cm² mit etwa 8 Mill. Sinneszellen, beim Schäferhund dagegen 150 cm² mit 220 Mill. Sinneszellen. Im Riechkolben sind die Neuriten zahlreicher Rezeptoren mit einer Nervenzelle verbunden. Dadurch kommt es zu einer Verstärkung des Geruchsreizes. Beim Kaninchen z. B. kommen 26 000 Rezeptoren auf eine Ganglienzelle des Riechkolbens. Die Reizschwelle für die meisten Geruchsstoffe ist sehr niedrig, so daß geringste Konzentrationen wahrgenommen werden können. Duftstoffe spielen eine bedeutende Rolle im Sozialverhalten der Tiere (Abgrenzung des Territoriums, Partnersuche und -wahl, Abschreckung u. v. a.).
Über die physiologischen Vorgänge bei der Geruchswahrnehmung liegen noch keine gesicherten Kenntnisse vor.

e   Hautsinne und Organsinne

Zu dieser Gruppe lassen sich Rezeptoren zusammenfassen, die über den gesamten Organismus verteilt sind. Sie vermitteln, meist in ihrem Zusammenwirken, dem Gehirn Daten über die Situation im Organismus und seine Wechselbeziehungen zur Außenwelt (Muskeltonus, Gliedmaßenstellung, Temperatur und Beschaffenheit berührter Gegenstände und umgebender Medien usw.). Über die Funktion dieser Rezeptoren bei den Säugetieren liegen noch wenige experimentelle Ergebnisse vor, so daß man bei der Beschreibung weitgehend auf die beim Menschen gewonnenen angewiesen ist. Wesentliche Unterschiede in der physiologischen Funktion dürften jedoch kaum bestehen. Unterschiede sind eher in der Einordnung der einzelnen Empfindungen in die Werteskala der Sinne bei den verschiedenen Tierarten zu suchen.

Schmerzrezeptoren. Der Schmerzsinn hat eine große Schutzfunktion für den Organismus. Bei seinem Ausfall erleidet der Körper ausgedehnte Verletzungen und Verstümmelungen, ohne daß Gegenreaktionen ausgelöst werden. Entzündungen laufen unbeachtet ab, und erkrankte Glieder oder Organe werden nicht geschützt.

Die Rezeptoren sind als freie Nervenendigungen über die gesamte Haut verteilt. Schmerzrezeptoren befinden sich auch in den meisten Geweben und Organen, wenn auch in unterschiedlicher Zahl. Besonders schmerzempfindlich sind z. B. das Periost und die Gelenkkapseln. In manchen Organen sprechen die Rezeptoren dagegen nur auf spezielle Reizungen an. So werden z. B. im Darm stärkere Dehnungen der Wand als sehr schmerzhaft empfunden, während Druck nicht registriert wird. Die Schmerzrezeptoren der inneren Organe sind über Nervenfasern, die mit den Fasern des vegetati-

ven Nervensystems verlaufen, mit Schmerzfasern der Haut verbunden, so daß sich Schmerzen dieser Organe auf ganz bestimmte
Zonen der Haut übertragen. Diese Zonen werden *Headsche Zonen*
genannt. Über diese Hautzonen lassen sich rückwirkend wiederum
die Organe beeinflussen, z. B. durch Wärmeanwendung. In der Ve-
terinärmedizin macht man sich dieses Phänomen bei der Fremd-
körperdiagnostik zunutze (Rückengriff). In letzter Zeit sind An-
sätze zur Erforschung und Ausnützung der Zonen des Rinderuterus vorhanden (KOTHBAUER 1966, SCHALLER und KOTHBAUER 1968).

Temperaturrezeptoren. Der Temperatursinn ist auf die Körper-
oberfläche und einige Schleimhautbezirke von Mundhöhle, Speiseröhre, Nasenhöhle und Luftröhre beschränkt.

Für Kälte- und für Wärmeempfindungen sind getrennte Rezeptoren ausgebildet, die auf Temperaturänderungen ansprechen. Sie
geben im wesentlichen relative Werte an, d. h. Abkühlung oder
Erwärmung gegenüber dem bisherigen Zustand. Nur extreme
Temperaturwerte werden als ständiger Temperaturreiz empfunden. Die Temperaturempfindlichkeit ist nicht in allen Körperre-
gionen und Schleimhautbezirken gleich. Außerdem kommen Ge-
wöhnungseffekte hinzu. So können z. B. vom Menschen in der
Mundhöhle Temperaturen der Speisen toleriert werden, die von
anderen Körperteilen als ausgesprochen heiß bzw. kalt empfunden werden.

Mechanorezeptoren. Auf Mechanorezeptoren beruht der Tastsinn
der Haut und der Schleimhaut der Körperöffnungen. Die Rezeptoren vereinigen sich zu sog. Druckpunkten, deren Verteilung in
den verschiedenen Regionen differiert. Je nach Reizqualität und
-intensität werden Berührungs-, Druck-, Vibrations- oder Kitzel-
empfindungen wahrgenommen. Es gelang jedoch auch elektronenmikroskopisch nicht, für die verschiedenen Wahrnehmungen spezielle Rezeptorentypen zu finden (HEBEL und SCHWEIGER 1967).
Wichtig sind bei den Haussäugetieren vor allem die Mechanorezeptoren an den Wurzeln der Haare, insbesondere der Tast- oder
Sinushaare, durch deren Reizung Schutzreflexe ausgelöst werden.
Mechanorezeptoren spielen weiterhin eine große Rolle in der
Steuerung vegetativer Funktionen. So ist die Vormagenmotorik
von der Reizung von Mechanorezeptoren in der dorsalen Pansenwand abhängig. Der Blutdruck wird über Mechanorezeptoren der
großen Gefäße, besonders der Halsschlagader (Karotissinus) geregelt.

In den Muskeln und deren Sehnen sowie in den Gelenkkapseln
und -bändern geben Mechanorezeptoren Auskunft über den Muskeltonus sowie die Stellung und Belastung der Gliedmaßen und
ihrer Gelenke.

Chemorezeptoren. Außer den Sinneszellen für Geschmacks- und Geruchsempfindungen gibt es Rezeptoren im Blutgefäßsystem, im Herzen, vor allem im Aortenbogen und im Karotissinus, die auf chemische Reize ansprechen. Diese Rezeptoren reagieren im wesentlichen auf Änderungen der CO_2- und O_2-Konzentration des Blutes und sind in die Regulation des Blutdrucks und der Atmung einbezogen, ebenso wie die Osmorezeptoren des Karotissinus, die über die vermehrte bzw. verminderte Natriumrückresorption in der Niere bei der Regulation des Flüssigkeitshaushaltes mitwirken.

14   Endokrines System

Das endokrine System umfaßt die Drüsen mit innerer Sekretion. Diese bilden in ihren Drüsenepithelzellen Wirkstoffe, die Hormone, und geben sie in den Blutkreislauf ab. Sie besitzen daher keinen Ausführungsgang. Einige dieser Drüsen haben neben der Hormonbildung auch noch andere Funktionen, z. B. die Keimdrüsen und die Bauchspeicheldrüse. Andere, wie z. B. die Nebenniere und die Hypophyse, produzieren mehrere Hormone mit unterschiedlichem Wirkungsort und -mechanismus. Dem endokrinen System sind auch die sog. Gewebshormone und ihre Bildungsstätten zuzurechnen, die nicht in wohldefinierten Drüsen lokalisiert sind. Hormone sind als chemische Boten aufzufassen, die lebenswichtige Vorgänge im Organismus steuern und aufeinander abstimmen. Das endokrine System tritt damit als Steuerungssystem neben das vegetative Nervensystem. Während man früher beide Systeme als getrennt betrachtete, hat man in den letzten Jahrzehnten immer deutlicher erkannt, in wie hohem Grade diese beiden Steuerungssysteme sich gegenseitig beeinflussen, und daß selbst zum Zentralnervensystem enge Beziehungen bestehen. In diesem Zusammenhang sei nur an die Veränderungen erinnert, die unter dem Einfluß der Sexualhormone eintreten, z. B. zur Zeit der Brunst. So konnten auch morphologisch und physiologisch enge Verbindungen zwischen dem Gehirnstamm (Hypothalamus) und der Hypophyse nachgewiesen werden, die ihrerseits wiederum die anderen endokrinen Drüsen beeinflußt. Zwischen der Hypophyse und den von ihr gesteuerten Hormondrüsen bestehen aber auch Wechselbeziehungen nach Art eines Regelkreises, d. h. das gesteuerte Organ wirkt auf das Steuersystem zurück. Auf die interessanten Ergebnisse der Kybernetik sei verwiesen.

Die Hormone haben keine einheitliche chemische Struktur. Sie sind in sehr geringen Mengen wirksam. Wirkstoffe mit Hormonwirkung beim Tier wurden auch in Pflanzen gefunden, so daß die ursprüngliche Gliederung der Wirkstoffe in solche, die dem Organismus von außen zugeführt werden (Vitamine), und solche, die im Organismus produziert werden (Hormone), nicht mehr haltbar ist. Die Hormone wirken am Erfolgsort entweder durch Beeinflussung enzymatischer Vorgänge, durch Änderung der Zellwandpermeabilität oder auch durch die Aktivierung von Genen, die die Synthese spezifischer Proteine (z. B. Enzyme) steuern.

a Hypothalamus-Hypophysen-System

Die **Hypophyse, Hirnanhangsdrüse, Hypophysis** (Abb. 243) ist der Gehirnbasis angeschlossen, mit der sie über den *Hypophysenstiel* verbunden ist. Sie ist linsen- bis bohnengroß. Man unterscheidet an ihr einen *Vorder-*, einen *Mittel-* und einen *Hinterlappen*. Vorder- und Mittellappen entwickeln sich aus einer Ausstülpung des Mundhöhlendachs des Embryo. Der Hinterlappen entstammt dem Zwischenhirn. Er wird auch *Neurohypophyse*, der Vorderlappen dagegen *Adenohypophyse* genannt. Die Hypophyse bildet mehrere Hormone, die andere endokrine Drüsen aktivieren, die sog. „tropen" Hormone oder *Tropine*. Sie wurde daher gerne als „Dirigent des endokrinen Orchesters" bezeichnet. Wie man jetzt aber weiß, untersteht dieser Dirigent einem Vorstandsgremium. Die Hypophyse hat enge Beziehungen zum Hypothalamus des Zwischenhirns und wahrscheinlich auch noch zu anderen Kerngebieten. So werden z. B. die Hormone des Hypophysenhinterlappens (Oxytocin und Vasopressin) im Hypothalamus gebildet und über Neurite zum Hinterlappen transportiert (Neurosekretion). Aber auch die Hormonproduktion des Vorderlappens wird z. T. von Releasing- bzw. Inhibiting-Hormonen des Hypothalamus geregelt. Hypophyse und Hypothalamus sind daher als funktionelle Einheit anzusehen.

Folgende Hormone werden von der Hypophyse abgegeben:

Hypophysenvorderlappen (HVL)

Somatotropes Hormon (STH), Somatotropin (Wachstumshormon). Es hat kein spezielles Erfolgsorgan, sondern steuert im Zusam-

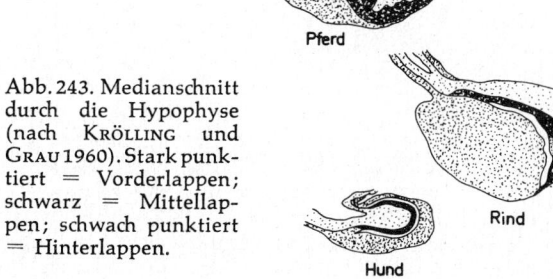

Pferd   Schwein

Abb. 243. Medianschnitt durch die Hypophyse (nach KRÖLLING und GRAU 1960). Stark punktiert = Vorderlappen; schwarz = Mittellappen; schwach punktiert = Hinterlappen.

Rind

Hund   Katze

menspiel mit anderen Faktoren (Ernährung, Erbgut, Schilddrüsenhormon u. a.) das Wachstum. Bei verminderter Abgabe dieses Hormones in der Wachstumsperiode tritt proportionierter hypophysärer Zwergwuchs auf. Bei Überangebot in dieser Zeit entsteht Riesenwuchs. Wird dieses Hormon nach Abschluß der Körperwachstumsperiode vermehrt gebildet, z. B. von Hypophysentumoren, so vergrößern sich die Körperspitzen (Kiefer, Nase, Zehen). Der Zustand wird Akromegalie genannt.

Thyreotropes Hormon (TSH), Thyreoidea stimulierendes Hormon, Thyreotropin. Es wird unter dem Einfluß des Hypothalamus gebildet und abgegeben. Es stimuliert die Schilddrüsentätigkeit. Das Schilddrüsenhormon mindert seinerseits die TSH-Produktion, wenn es in erhöhter Konzentration im Blut auftritt (Regelkreis).

Adrenokortikotropes Hormon (ACTH), Kortikotropin. Das Kortikotropin veranlaßt die Nebennierenrinde (NNR) zur Bildung und Abgabe der Glukokortikosteroide, welche u. a. die ACTH-Ausschüttung mindern. Eine vermehrte ACTH-Abgabe erfolgt immer dann, wenn der Organismus besonderen Belastungen ausgesetzt ist, wobei es nicht auf die Art der Belastung ankommt. Es kann sich um Infektionen, Temperaturschwankungen u. v. a. handeln. Derartige Belastungen wurden von SELYE als **Streß** bezeichnet. Die Gegenregulationen des Organismus werden von SELYE als Allgemeines Anpassungssyndrom (AAS) bezeichnet. Nach der einleitenden Alarmreaktion mit vermehrter ACTH-Ausschüttung stellt sich im Resistenzstadium eine erhöhte Widerstandsfähigkeit ein. Übersteigt die Belastung durch den Stressor die Adaptionsfähigkeit des Organismus, tritt das Stadium der Erschöpfung ein. Diese kann durch Verabreichung von NNR-Hormonen vermieden werden.

Gonadotrope Hormone, Gonadotropine. Sie beeinflussen die Keimdrüsen. Als extrahypophysäre Gonadotropine sind bekannt: das HCG (Human Chorionic Gonadotropin) und das PMSG (Pregnant Mare Serumgonadotropin), die in der Plazenta des Menschen bzw. des Pferdes gebildet werden.

a) **Follikelstimulierendes Hormon (FSH),** Follitropin. Beim weiblichen Tier fördert das FSH zusammen mit dem LH die Reifung der Follikel. Beim männlichen Tier regt es das Wachstum der Hoden und die Spermiogenese an.

b) **Luteinisierendes Hormon (LH),** Lutropin, **Zwischenzellstimulierendes Hormon (ICSH),** Interstitial Cell Stimulating Hormone. In den Eierstöcken erlangen die Follikel unter dem Einfluß des LH ihr Reifestadium und springen. Nach der Ovulation bilden sich, ebenfalls unter der LH-Wirkung, Gelbkörper (Luteinisierung). In den Hoden regt es das Wachstum der Leydigschen Zwischenzellen an und veranlaßt sie zur Testosteronproduktion.

Die FSH- und die LH-Sekretion werden durch das FSH/LH Releasing Hormone des Hypothalamus angeregt.

c) **Prolaktin (PRL),** laktotropes Hormon, Laktotropin, luteotropes Hormon, LTH. PRL aktiviert das Milchdrüsengewebe, löst zusammen mit STH die Laktation aus und regt die Milchsekretion an. Bei Säugetieren fördert es den Mutterinstinkt, bei Vögeln den Brutinstinkt. Bei der Ratte und der Maus ist PRL für die Erhaltung des Gelbkörpers und die Progesteronbildung nötig. Die PRL-Ausschüttung wird durch ein Prolactin Releasing Hormone (PRH) stimuliert, durch ein Prolactin Inhibiting Hormone (PIH) des Hypothalamus gehemmt.

Hypophysenmittellappen (HML)

Bisher ist nur ein Hormon des HML bekannt, das **Melanotropin (MSH,** Melanophorenhormon, Intermedin). Seine Wirkung beim Säugetier ist noch nicht geklärt. Man vermutet, daß es die Resynthese des Sehpurpurs und damit die Dunkeladaptation fördert. Bei Amphibien bewirkt es die Ausbreitung der Pigmentkörner in den Chromatophoren und die dunklere Färbung der Haut.

Hypophysenhinterlappen (HHL), Neurohypophyse

Antidiuretisches Hormon (ADH), Adiuretin, Vasopressin. Es erhöht die Rückresorption des Wassers in der Niere. Seine Bildung erfolgt im Hypothalamus. Die Bildung und die Ausscheidung sind im wesentlichen vom osmotischen Druck des arteriellen Blutes abhängig. Der Abbau des ADH erfolgt in der Leber und den Nieren. Bei Zerstörung bzw. Schädigung des HHL beispielsweise durch einen Tumor kann der Harn nicht mehr genügend konzentriert werden. Es bildet sich die sog. Wasserharnruhr, Diabetes insipidus, aus. Durch hohe ADH-Gaben wird die Dünndarmmuskulatur erregt, und die Arteriolen und Kapillaren verengen sich. Der Blutdruck steigt an.

Oxytocin. Es wird, wie das ADH, im Hypothalamus gebildet und dem HHL zugeführt. Es greift vor allem an den glatten Muskelzellen an. Berührungsreize an der Milchdrüse, Saugen und Stoßen der Jungtiere, Anrüsten, bedingen eine Oxytocin-Ausschüttung. Das Oxytocin bewirkt das Einschießen der Milch durch Kontraktion der Myoepithelzellen der Drüsenalveolen und durch Öffnung der Sphinkter in den Milchgängen (s. Seite 313).

Die Oxytocin-Ausschüttung kann durch bedingte Reflexe ausgelöst werden.

Besonders empfindlich ist vor allem auch die gedehnte Uterusmuskulatur hochgravider Tiere. Oxytocin löst bei der Geburt die Wehen aus. Zu schwache Wehen können durch Oxytocin-Gaben verstärkt werden. Die Gefäße werden durch Oxytocin verengt, aber nicht so stark wie durch ADH.

b Schilddrüse, Glandula thyreoidea

Die Schilddrüse liegt kaudal vom Kehlkopf der Luftröhre an. Beim *Menschen, Rind* und *Schwein* ist sie eine einheitliche Drüse, die rechts und links der Luftröhre je einen Lappen bildet. Beide Lappen sind über einen mehr oder weniger breiten *Isthmus*, der ventral der Luftröhre liegt, verbunden.

Der Isthmus ist bei *Pferd, kleinen Wiederkäuern* und *Fleischfressern* zurückgebildet und höchstens noch als bindegewebiger Streifen erkennbar. Beide Schilddrüsenlappen erlangen dadurch eine große Selbständigkeit, so daß sie auch als linke und rechte Schilddrüse bezeichnet werden (Abb. 245). Die Schilddrüse erhält Äste der Halsschlagader und ist stark durchblutet. Sie besitzt eine bindegewebige Kapsel, von der aus Bindegewebe als Drüseninterstitium in die Tiefe zieht. Das Parenchym ist in Form kleiner Bläschen angeordnet. Sie werden *Schilddrüsenfollikel* genannt und sind von einem Kapillarnetz umsponnen (Abb. 246). Im Lumen der Follikel wird das Schilddrüsenhormon gespeichert *(Schilddrüsenkolloid).* Der Hauptbestandteil dieser Speicherform ist das *Thyreoglobulin.* Unter dem Einfluß des TSH des HVL werden die Schilddrüsenhormone **Thyroxin** und **Trijodthyronin** in die Blutbahn abgegeben. Beide sind jodhaltige Tyrosinderivate. Bei Jodmangel können sie nicht synthetisiert werden, es treten Mangelsymptome auf. Trijodthyronin ist etwa 5mal wirksamer als Thyroxin. Die Funktionstüchtigkeit der Schilddrüse kann durch markierte Jodverbindungen kontrolliert werden. Die Schilddrüsenhormone greifen fördernd in den Gesamtstoffwechsel ein. Verstärkte Schilddrüsentätigkeit erhöht den Grundumsatz, verminderte senkt ihn.

Bei der *Basedowschen Krankheit* ist die Schilddrüsentätigkeit krankhaft gesteigert. Sie geht mit Abmagerung, Nervosität, beschleunigter Herztätigkeit und hervorquellenden Augen einher. Beim Tier sind derartige Erscheinungen selten. Sie treten am häufigsten beim Hund auf. Die Unterfunktion der Schilddrüse bedingt beim Menschen während des Wachstums Verblödung, bei Erwachsenen Trägheit, Ödembildung und Fettsucht. Bei Ferkeln mit Jodmangel treten hohe Aufzuchtverluste, Haarlosigkeit, Wachstumsdepressionen und stark vergrößerte Schilddrüsen auf (BUSSIAN 1975). Zur Prophylaxe des Jodmangels wird in prädisponierten Gegenden (Alpen, Pyrenäen, Karpaten) dem Kochsalz Jod zugesetzt.

Schilddrüsenvergrößerungen werden *Kropf* (Struma) genannt. Es gibt Überfunktions- und Unterfunktionskröpfe sowie Kröpfe mit normaler Funktion.

Stoffe, die die Schilddrüsenfunktion verringern, werden *Thyreostatika* genannt. Sie hemmen den Einbau des Jod-Ions in Tyrosin oder auch die Aufnahme von Jodid. Andere konkurrieren mit Ty-

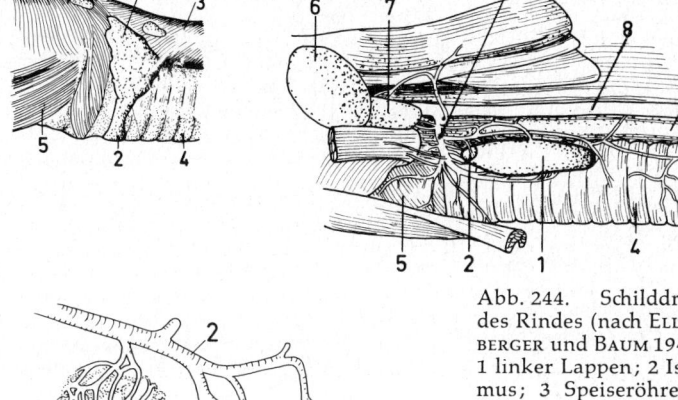

Abb. 244. Schilddrüse des Rindes (nach ELLENBERGER und BAUM 1943). 1 linker Lappen; 2 Isthmus; 3 Speiseröhre; 4 Luftröhre; 5 Kehlkopf.

Abb. 245. Schilddrüse des Hundes (nach LOEFFLER 1955). 1 linker Schilddrüsenlappen; 2 äußeres Epithelkörperchen; 3 Speiseröhre; 4 Luftröhre; 5 Kehlkopf; 6 Unterkieferspeicheldrüse; 7 Unterkieferlymphknoten; 8 Halsschlagader; 9 kraniale Schilddrüsenarterie.

Abb. 246. Kapillarnetz von vier Schilddrüsenfollikeln, Ausgußpräparat (nach LOEFFLER 1955). 1 Arterie; 2 Vene.

rosin um das Jod. Thyreostatische Substanzen befinden sich besonders reichlich in Kohlsorten. Thyreostatika wurden zur Verbesserung der Mastleistung verfüttert. Das Fleisch wies aber eine erhöhte Wässerigkeit auf. Nach dem neuen Lebensmittelgesetz ist der Einsatz von Hormonen zur Beeinflussung vom Tier stammender Lebensmittel untersagt.

Versprengtes Schilddrüsengewebe findet man nicht selten im Halsgebiet oder auch in der Brusthöhle. Solche akzessorischen Schilddrüsen können ebenso wie die Schilddrüse entarten und Tumoren bilden.

Vor etwa 20 Jahren wurden in der Schilddrüse Zellen gefunden, die in Gruppen zwischen den Follikeln liegen. Sie bilden ein Hormon, das **Calcitonin,** und werden daher *C-Zellen* genannt. Das Calcitonin steigert den Kalziumeinbau in das Skelettsystem.

c Epithelkörperchen, Glandulae parathyreoideae, Nebenschilddrüsen

Die Epithelkörperchen sind kleine, etwa linsengroße Epithelansammlungen. Auf jeder Körperseite sind im allgemeinen zwei Epithelkörperchen ausgebildet. Eines derselben liegt im gleichseitigen Schilddrüsenlappen verborgen (*inneres Epithelkörperchen*). Es fehlt beim Schwein. Das andere (*äußeres Epithelkörperchen*) liegt entweder dem Schilddrüsenlappen lateral dicht an (Pferd, Fleischfresser [Abb. 245/2]), oder gesondert im Gebiet der Aufteilung der A. carotis communis in die A. carotis externa und interna (Wiederkäuer, Schwein). Die Epithelkörperchen sind sehr schwer zu finden, weil sie sich makroskopisch kaum vom Schilddrüsengewebe unterscheiden und das Epithelkörperchen in der Karotisgabel von mehreren gleichgestalteten Lymphknoten umgeben ist. Gelegentlich kommen akzessorische Epithelkörperchen im Halsgebiet vor.

Im histologischen Bild stellt sich das Gewebe der Epithelkörperchen als eine Ansammlung von Epithelzellen dar, die von einem reich verzweigten Kapillarnetz durchzogen wird.

Das Hormon der Epithelkörperchen ist das **Parathormon (PTH).** Es reguliert den Kalzium- und Phosphorspiegel des Blutserums. Ein Mangel an Parathormon äußert sich vor allem in einer Senkung des Serum-Kalzium-Spiegels. Dadurch werden Muskelkrämpfe ausgelöst. Vermehrte Parathormon-Produktion, wie sie z. B. bei Epithelkörperchentumoren (primärer Parathyreoidismus) oder als sekundärer Parathyreoidismus im Verlauf einiger Erkrankungen vorkommt, erhöht das Niveau des Serum-Kalzium-Spiegels. Das für die Erhaltung des erhöhten Serumspiegels benötigte Kalzium wird durch verstärkte Osteoklastentätigkeit aus dem Skelettsystem gewonnen (Osteoporose). Gleichzeitig bewirkt das Parathormon eine verstärkte Phosphatausscheidung durch die Nieren.

d Bauchspeicheldrüse, Pancreas

Die Bauchspeicheldrüse besitzt neben ihren exkretorischen Drüsenanteilen, die den Bauchspeichel sezernieren, Zellinseln mit innersekretorischer Funktion, die *Langerhansschen Inseln.* In diesen Inseln sind zwei Zelltypen, die *A-Zellen* (α-Zellen) und die *B-Zellen* (β-Zellen) vereinigt. Sie sind unregelmäßig verteilt und von Kapillaren umgeben. Die A-Zellen bilden das Hormon **Glukagon,** die B-Zellen **Insulin.** Beide Hormone greifen in den Kohlenhydratstoffwechsel ein (s. auch Seite 256).

Insulin senkt den Blutzuckerspiegel, indem es die Permeabilität der Muskelzellen für Glukose und andere Zucker erhöht. Außerdem wird in den Zellen der Abbau der Kohlenhydrate gefördert.

Diese werden z. T. zur Fettsynthese herangezogen. In der Leber wird die Glykogenbildung gefördert.

Bei Insulinmangel erhöht sich der Blutzuckerspiegel. Der Organismus versucht, durch verstärkte Zuckerausscheidung mit dem Harn einen Ausgleich zu schaffen. In schweren Fällen gelingt dies aber nicht (*Zuckerkrankheit, Diabetes mellitus*). Das Glukagon erhöht den Blutzuckerspiegel, besonders dadurch, daß der Glykogenabbau in der Leber gesteigert wird. Mit der Nahrung aufgenommene Zucker werden vermindert in der Leber gespeichert.

Eine bestimmte Form des Diabetes mellitus, und zwar der Altersdiabetes, beruht auf dem Dominieren der A-Zellen über die B-Zellen. Das Insulin steht dabei in genügender Menge zur Verfügung, kommt aber wegen der erhöhten Glukagon-Produktion nicht genügend zur Wirkung. Mit Sulfonamid-Abkömmlingen kann in solchen Fällen die Glukagon-Produktion gedämpft werden. Beim sog. Jugenddiabetes bilden die B-Zellen zu wenig Insulin. Die Behandlung kann daher nur durch Injektion von Insulin erfolgen. Die Zuckerkrankheit kommt auch bei Tieren vor, besonders beim Hund.

e Nebennieren, Glandulae suprarenales

Die Nebennieren liegen retroperitoneal vor dem kranialen Nierenpol. Auf jeder Körperseite ist eine Nebenniere ausgebildet. Beim Wiederkäuer wandert die linke Nebenniere nicht mit der Niere auf die rechte Körperhälfte. Sie bleibt in ihrer ursprünglichen Lage.

Die Form der Nebennieren ist annähernd dreieckig (Abb. 247). Ihre Farbe ist bei den *Wiederkäuern* und beim *Pferd* rotbraun, beim *Schwein* schokoladenbraun und beim *Fleischfresser* gelblich. Jede Nebenniere besteht aus *Mark* und *Rinde*. Die Nebennierenrinde (NNR) entsteht aus dem mesodermalen Zölomepithel. Das Nebennierenmark (NNM) bildet sich aus dem Neuroepithel und ist dem Gewebe des Sympathicus sehr ähnlich. Bei Fischen sind beide Anteile noch getrennt.

Nebennierenrinde (NNR)

Sie ist lebensnotwendig. Ihr Ausfall ruft tödliche Hormonmangelerscheinungen hervor, wenn die Hormone nicht verabreicht werden. Im Feinbau kann man drei Zonen unterscheiden, die *Bogenzone, Zona arcuata* (Pferd, Schwein, Fleischfresser) bzw. *glomerulosa* (Mensch, Wiederkäuer), die *Säulenzone, Zona fasciculata,* und die *Netzzone, Zona reticularis.*

Die von der NNR gebildeten Hormone sind Steroide. Sie werden *Kortikosteroide* genannt und lassen sich nach ihren Hauptwirkungen in drei Gruppen einteilen:

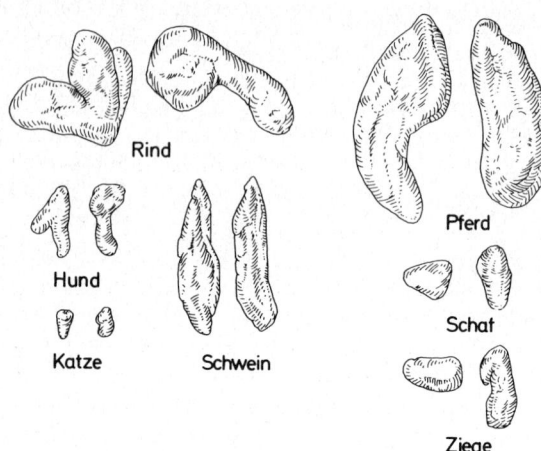

Abb. 247. Form der Nebennieren bei den Haussäugetieren, Ventralansicht, kranialer Pol oben (nach ELLENBERGER und BAUM 1943).

1. *Glukokortikosteroide,* die vor allem auf den Kohlenhydratstoffwechsel wirken, aber auch viele andere Wirkungen erkennen lassen. Sie sind die wichtigste Gruppe.
2. *Mineralokortikosteroide,* die in den Mineralstoffwechsel eingreifen.
3. *Geschlechtshormone.*

Die Glukokortikosteroide werden in der Zona fasciculata gebildet, die Mineralokortikosteroide in der Zona arcuata und die Geschlechtshormone in der Zona reticularis.

Von den bisher 50 aus der NNR gewonnenen Steroiden haben vor allem 6 physiologische Bedeutung. Es sind dies die **Glukokortikosteroide** *Kortikosteron, Dehydrokortikosteron, Kortison* und *Hydrokortison* sowie die Mineralokortikosteroide *Desoxykortikosteron (DOCA)* und *Aldosteron.*

Die Glukokortikosteroide haben folgende Wirkungen:
1. Förderung der Glykogenbildung in der Leber, vor allem aus Proteinen bei gleichzeitiger Einschränkung des Glukoseverbrauchs.
2. Hemmung der mesenchymalen Gewebsreaktion (Bindegewebsbremse) durch:
   a) Hemmung der Fibro- und Angioblastenbildung
   b) Abnahme der Kapillarerweiterung
   c) Hemmung der Hyaluronidase
   d) Hemmung der Osteogenese

3. Antiallergische Wirkung durch Bindung des Histamins, das bei Antigen-Antikörper-Reaktionen auftritt.
4. Schwächung der Infektionsresistenz.
5. Verminderung der Zahl der im strömenden Blut enthaltenen eosinophilen Granulozyten und der Lymphozyten.

Die **Mineralokortikosteroide** beeinflussen vor allem den Mineralstoff- und Wasserhaushalt. Aldosteron ist 25—30mal wirksamer als DOCA. Aber auch die Glukokortikosteroide haben ähnliche Wirkungen, wenn auch nicht so ausgeprägt. Die Ausschüttung der Mineralokortikosteroide erfolgt unabhängig vom ACTH. Sie wird vom Flüssigkeitsgehalt des Extrazellularraumes und von der K^+-Konzentration des Blutserums unter Mitwirkung des Renin-Angiotensin-Systems gesteuert. Aldosteron und DOCA steigern den Na^+-Eintritt in die Zellen und den K^+-Austritt. Sie fördern die Na^+-Rückresorption in den Nieren und dem Magen-Darm-Kanal und die K^+-Ausscheidung in den Nieren. Mit dem Natrium wird Wasser zurückgehalten.

Die NNR bildet in geringem Umfang auch **Geschlechtshormone,** vor allem *Androgene* (Testosteron und Androstendion). Ihre Bedeutung ist noch nicht geklärt. Bei NNR-Tumoren können sie vermehrt gebildet werden. Dann verursachen sie das sog. adreno-genitale Syndrom mit verfrühter Geschlechtsreife der männlichen und Virilisierung der weiblichen Individuen. Die NNR produziert auch *weibliche Geschlechtshormone,* vor allem *Östrogene,* aber auch *Progesteron.* Die von der NNR gebildeten Östrogene können vielleicht für die bei weiblichen Tieren gelegentlich nach der Kastration noch auftretenden Brunstsymptome verantwortlich sein. Beim völligen Versagen der NNR entsteht die *Addisonsche Krankheit* mit bronzefarbener Pigmentierung der belichteten Hautpartien, Vergreisung und Abmagerung. Der Tod tritt schließlich im Koma ein.

Nebennierenmark (NNM)

Es bildet zwei Hormone, das **Adrenalin** (Epinephrin) und das **Noradrenalin** (Arterenol). Beide sind Abkömmlinge des Thyrosins. Das Mengenverhältnis von Adrenalin zu Noradrenalin ist bei den Tierarten unterschiedlich. Bei *Fleischfressern* überwiegt das Noradrenalin, bei *Pflanzenfressern* das Adrenalin. Sie haben starke Wirkung auf das Gefäßsystem.

In der Ruhe werden von beiden Hormonen geringe Mengen sezerniert, die zur Regulation des Blutkreislaufes und im Stoffwechsel benötigt werden. Adrenalin erhöht z. B. den Glykogenabbau in der Leber und der Muskulatur.

Darüber hinaus hat aber besonders das Adrenalin eine große Bedeutung als Hormon der Notfallsituation. Wenn größere Mengen

Adrenalin in die Blutbahn gelangen, verengen sich die Blutgefäße der Haut und des Magen-Darm-Kanals, und die Gefäße der Skelettmuskulatur erweitern sich. Das Blut wird dadurch bevorzugt der für die Flucht benötigten Muskulatur zugeführt. Außerdem wird das Zentralnervensystem erregt.

Adrenalin und Noradrenalin werden nicht nur im NNM gebildet, sondern auch in den postganglionären Synapsen des N. sympathicus. Daher hat der Ausfall des NNM keine schwerwiegenden Folgen. Noradrenalin dient neben geringen Mengen Adrenalin als Überträgerstoff an den Synapsen der postganglionären Neuronen des Sympathicus.

f Keimdrüsenhormone

Die Keimdrüsen wurden bereits im Zusammenhang mit den männlichen und weiblichen Geschlechtsorganen besprochen (Seite 273). An dieser Stelle soll daher nur auf die Geschlechtshormone eingegangen werden.

Männliche Geschlechtshormone, Androgene

Das wichtigste Geschlechtshormon der männlichen Tiere ist das **Testosteron.** Es wird in den Leydigschen Zwischenzellen der Hoden unter dem Einfluß des ICSH gebildet. Es ist ein Steroid. In geringen Mengen wurde auch *Androstendion* gefunden, aus dem das Testosteron hervorgeht. Der Abbau erfolgt vor allem in der Leber, aber auch in den Nieren.

Das Testosteron ist für die Ausbildung der primären und der sekundären männlichen Geschlechtsmerkmale verantwortlich. Wird die Testosteronproduktion vor der Geschlechtsreife durch Entfernung der Hoden (Kastration) unterbrochen, so werden die sekundären Geschlechtsmerkmale unvollständig oder gar nicht entwickelt. Geschlechtsreife Eber müssen 10–12 Wochen vor der Schlachtung kastriert werden, weil sonst das Fleisch durch den ausgeprägten Geschlechtsgeruch für den menschlichen Verzehr untauglich ist. Die akzessorischen Geschlechtsdrüsen entwickeln sich nur unter dem Einfluß der männlichen Geschlechtshormone zu ihrer vollen Größe. Bei Frühkastration bleiben sie klein. Durch rektale Untersuchung der Bulbourethraldrüsen kann man daher in Zweifelsfällen beim Schwein Kryptorchiden von Kastraten unterscheiden. Die männlichen Geschlechtshormone greifen auch in den Stoffwechsel des Gesamtorganismus ein. Sie fördern den Eiweißansatz. Diesen Effekt macht man sich bei der Jungbullenmast zunutze.

Androgene werden in geringen Mengen auch in der Nebennierenrinde synthetisiert, und auch die Eierstöcke sind zur Testosteron-Bildung befähigt. Andererseits werden in den Hoden auch weibliche Geschlechtshormone, besonders Östrogene, gebildet. Jedes

Individuum unterliegt also dem Einfluß männlicher und weiblicher Geschlechtshormone. Die dominierende Gruppe bestimmt den Geschlechtscharakter und das Geschlechtsverhalten. Durch krankhafte Veränderungen der Hormondrüsen können sich die Dominanzverhältnisse ändern. Im allgemeinen treten dann auch Störungen im Geschlechtsverhalten auf.

Weibliche Geschlechtshormone (s. auch Seite 294)

Östrogene sind Hormone, die vor allem die Brunstsymptome auslösen und unterhalten. Sie werden in den Tertiär- und den Graafschen Follikeln der Eierstöcke, aber auch in der NNR, in den Hoden und in der Plazenta gebildet. Östrogene Verbindungen sind auch in manchen Pflanzen wie Kleesorten, Sojabohnen und Rhabarberwurzeln enthalten (Phytoöstrogene). Die Östrogene des tierischen Organismus sind Steroide.

Im Graafschen Follikel werden *Östradiol*, *Östron* und beim Menschen *Östriol* gebildet. Ihr Gemisch wird als Follikelhormon bezeichnet. Das wichtigste Hormon ist das Östradiol.

Die Östrogene fördern die Entwicklung der sekundären weiblichen Geschlechtsorgane, besonders der Milchdrüse. Während des Zyklus nimmt die Dicke der Uterusschleimhaut unter dem Einfluß des Follikelhormons zu, und die Drüsen vergrößern sich (Proliferationsphase). Ein dünnflüssiger, klarer Schleim (Brunstschleim) wird abgesondert, und die Umgebung der Scheide und des Scheidenvorhofs sowie die Scham werden ödematisiert. Die Tiere zeigen psychische Unruhe und suchen den Geschlechtspartner auf.

Das **Progesteron**, *Gelbkörperhormon*, wird unter dem Einfluß des LH bzw. des LTH im Corpus luteum gebildet. Es läßt sich aber auch in der NNR und in der Plazenta nachweisen. Es löst die Sekretion der Uterusdrüsen aus und schafft somit in der Gebärmutter die letzten Voraussetzungen für die Ernährung des Embryo (Sekretionsphase). Die Uterusmuskulatur wird für die Oxytocinwirkung unempfindlich. Im HVL wird die FSH-Sekretion durch Progesteron gehemmt, so daß keine Tertiärfollikel bis zum Follikelsprung heranreifen. Kurz vor der Ovulation wird ein ähnlicher Hemmeffekt durch das Follikelhormon hervorgerufen, und zwar als Rückkopplung mit Umschaltung auf vermehrte LH-Produktion.

g   Epiphyse, Zirbeldrüse, Corpus pineale, Epiphysis cerebri

Die Epiphyse liegt kaudodorsal am Dach der 3. Gehirnkammer. Bei manchen Fischen und Lurchen dient die Epiphyse als Lichtempfindungsorgan. Beim Säugetier ist die Funktion noch nicht restlos geklärt. Wahrscheinlich bildet die Epiphyse ein Hormon, das die Entwicklung der Geschlechtsorgane vor der Pubertät hemmt. Außerdem wurde aus der Epiphyse ein *Chromatophoren-*

tropin, das *Melatonin*, isoliert. Es bewirkt bei Amphibien eine Aufhellung der Haut.

h   Gewebshormone, aglanduläre Hormone, Lokalhormone

Gewebshormone sind Substanzen, die von Zellen produziert werden und in kleinsten Mengen wirken. Im Gegensatz zu den echten Hormonen werden sie jedoch nicht in speziellen Drüsen gebildet, sondern in größeren Gewebsgebieten oder in kleinen, verstreut liegenden Bezirken. Sie wirken meist in der Nähe ihres Bildungsortes.

Gewebshormone des Magen-Darm-Kanals

Sekretin wird von der Schleimhaut des Dünndarms, besonders des Zwölffingerdarms, gebildet, wenn saurer Mageninhalt in den Dünndarm gelangt. Es regt auf dem Blutweg die Bauchspeicheldrüse zur Sekretion des Bauchspeichels und die Leberzellen zur Gallensekretion an.

Pankreozymin wird ebenfalls im Zwölffingerdarm gebildet und regt auf dem Blutweg die Bauchspeicheldrüse zur Abgabe enzymreichen Sekrets an.

Chylocystokinin wird im Zwölffingerdarm gebildet und nach Übertritt von Nahrungsbrei aus dem Magen in den Darm in die Blutbahn abgegeben. Es bringt die Wand der Gallenblase zur Kontraktion. Beim Pferd fehlt es.

Gastrin wird von der Pylorusschleimhaut und im Anfangsteil des Duodenum gebildet. Es regt die Fundusdrüsen zur Sekretion an. Sein Antagonist ist das im Dünndarm gebildete *Enterogastron*.

Lokal wirkende Gewebshormone

Azetylcholin ist der Überträgerstoff des ZNS und seiner peripheren Nerven sowie des N. parasympathicus und der präganglionären Fasern des N. sympathicus. Es wird durch Cholinesterase abgebaut.

Histamin wird besonders reichlich in den Mastzellen des Bindegewebes gefunden, aber auch in Nervenzellen und in manchen Arten von weißen Blutkörperchen. Es erhöht die Kapillarpermeabilität und wird besonders reichlich bei Antigen-Antikörper-Reaktionen freigesetzt, wahrscheinlich durch Änderung der Zellwandpermeabilität der Mastzellen. Mehrere der bei allergischen Reaktionen auftretenden Symptome werden der Wirkung des Histamins zugeschrieben.

Serotonin befindet sich besonders in den Blutplättchen, aus denen es bei der Blutgerinnung frei wird, aber auch im Gehirn und in den Mastzellen. Es ruft beim Zerfall der Blutplättchen eine Gefäßkontraktion hervor. Außerdem fördert es die Peristaltik des Magen-Darm-Kanals und die Gehirntätigkeit.

i Prostaglandine

Eine besondere Gruppe stellen die Prostaglandine (PG) dar, die man nach der Art ihrer Wirkung aber wohl mit einigem Recht den Hormonen zuordnen kann. Sie bestehen aus langen, 20 Kohlenstoffatome enthaltenden Fettsäuremolekülen mit einem fünfgliedrigen Ring. Nach Unterschieden in diesem Ring unterscheidet man eine A-, B-, C-, D- und F-Reihe. Jede dieser Reihen weist noch unterschiedliche Glieder auf, die mit Zahlen gekennzeichnet werden, z. B. PGE_1, PGE_2 u. a.

Die Prostaglandine wurden vor etwa 40 Jahren in der Spermaflüssigkeit des Menschen aufgrund ihrer kontrahierenden Wirkung auf die Uterusmuskulatur entdeckt. Inzwischen wurden Prostaglandine in zahlreichen Organen und Geweben mit vielfältigen, z. T. antagonistischen oder auch nur lokalen Wirkungen gefunden. Anwendung fanden sie bisher besonders in der Human- und Veterinärgynäkologie, in der sie zur Einleitung von Aborten und Geburten eingesetzt werden. Aber auch für die Behandlung von Magen- und Darmgeschwüren, von Entzündungen und des Asthmas scheinen sie geeignet. In der Tierproduktion haben sie besonders wegen ihrer bei einigen Tierarten nachgewiesenen luteolytischen Wirkung (s. Seite 286) zur Brunstsynchronisation Bedeutung erlangt.

Physiologische Grundlagen der Infektionsabwehr

Jeder Organismus ist zeitlebens unzähligen schädlichen Einwirkungen (Noxen) ausgesetzt. Das Ergebnis der Auseinandersetzung zwischen Organismus und Noxe ist einerseits abhängig von der Widerstandskraft des Organismus, andererseits von der Art der Schädlichkeit und der Intensität, mit der sie einwirkt.

Wird der Körper von Viren, Bakterien, Pilzen oder anderen Mikroorganismen befallen, so spricht man von einer Infektion. Die Abwehrmöglichkeiten des Organismus gegen Krankheitserreger lassen sich in zwei Gruppen gliedern, die *Resistenz* und die *Immunität*. Beide Systeme sind eng verflochten und ergeben zusammen eine gestaffelte Abwehr.

Die **Resistenz** ist *unspezifisch* und *angeboren*. Sie ist zu verschiedenen Zeiten, abhängig von Lebensalter, Allgemeinzustand, Ernährung, Haltungsbedingungen, eventuelle Trächtigkeit usw., unterschiedlich stark. (Über die Beziehungen zwischen Ernährung, Resistenz und Immunität s. MAYR und BUSCHMANN 1967). Die Resistenz macht den Organismus gegen zahlreiche Erregerarten unempfindlich. Sie beruht teils darauf, daß die Krankheitserreger keine Affinität zu den Zellen einer Tierart haben (z. B. Resistenz der Rinder gegen das Virus der Schweinepest), teils darauf, daß der Organismus ein wirkungsvolles, unspezifisches Abwehrsystem besitzt, das viele Erreger unschädlich machen kann. Eine besondere Rolle spielen dabei die Phagozyten des retikulohistiozytären Systems (RHS). Man unterscheidet **Makrophagen** (Retikulumzellen, Kupffersche Sternzellen, Histiozyten, Monozyten) und **Mikrophagen** (Granulozyten). Zahlreiche Arten der Mikroorganismen üben eine Anziehungskraft (positive Chemotaxis) auf die Phagozyten aus. Diese beseitigen die Krankheitserreger, außer jenen, die aufgrund spezifischer Fähigkeiten diesen Abwehrwall durchbrechen können. (Eine Übersicht über die Phagozytosefähigkeit dieser Zellen geben MEYER und Mitarbeiter 1967.)

In die unspezifische Abwehr sind auch *Sekrete* und *Exkrete* des Körpers eingeschaltet, z. B. die Salzsäure des Magens und die Fettsäuren des Schweißes. Berücksichtigt werden müssen außerdem jene Bakterien, die mit dem Organismus in mehr oder weniger enger Symbiose leben und die Oberflächen der Haut und der Schleimhäute besiedeln. Sie verdrängen zahlreiche Krankheitserreger, vor allem auch solche, gegen die eine Behandlung nicht oder nur schwer möglich ist, z. B. auch pathogene Pilze. Die Resistenz der Tiere verdient in der letzten Zeit besondere Aufmerksamkeit, nachdem sich durch die Konzentration der Tiere in Massenbeständen besonders unter den Jungtieren unspezifische Infektionen auszubreiten drohen.

Spezifische Krankheitserreger sind gekennzeichnet durch ein besonders starkes Eindringungs- und Infektionsvermögen *(Virulenz)* und die Eigenschaft, krankhafte (meist typische) Veränderungen hervorzurufen *(Pathogenität)*. *Pathogene Bakterien* wirken in erster Linie durch ihre Toxine (Exo- oder Endotoxine) schädigend. Außerdem bilden sie sog. Aggressine, mit deren Hilfe sie die Phagozyten lähmen oder wegleiten (negative Chemotaxis). Einige können auch mittels ihrer Enzyme (Kollagenase, Hyaluronidase) das Bindegewebe auflockern und ihre Ausbreitung fördern. Die *Virusarten* schädigen den Organismus besonders durch Störung des Zellstoffwechsels. Einige Arten bevorzugen bestimmte Gewebe (Epitheliotropismus des Maul und Klauenseuche Virus, Neurotropismus des Tollwutvirus u. a.).

Gegen sehr viele dieser spezifischen Krankheitserreger vermag der Körper ein besonderes Abwehrsystem zu entwickeln, das gegen einzelne Erregerarten, oft sogar gegen spezielle Typen (z. B. MKS-Virustypen) gerichtet ist. Diese Abwehr wird **Immunität** genannt. Die Immunität ist erworben (induzierte Abwehrreaktion) und setzt die Auseinandersetzung des Organismus mit dem Erreger bzw. dessen Stoffwechselprodukten voraus. Sie beruht auf der Fähigkeit der **Plasmazellen** und der Immunozyten, sog. Antikörper zu bilden, die mit dem Erreger oder dessen Toxin reagieren und sie unschädlich machen (Tab. 49). Die Erreger oder die Toxine wirken dabei als *Antigen* (aktive Immunisierung). Insofern bestehen enge Verknüpfungen zwischen der Immunität und einer ähnlich verlaufenden Abwehrreaktion, der Allergie. Während die Immunität gegen Erreger und ihre Toxine, aber auch eigene oder implantierte Gewebe, gerichtet ist und im allgemeinen ohne äußerlich erkennbare Zeichen abläuft, ist die Allergie gegen artfremdes tierisches oder pflanzliches Eiweiß, aber auch gegen synthetische Substanzen oder Elemente, wie z. B. Jod, gerichtet und von verschiedenartigen Symptomen begleitet. Gemeinsam ist der Immunität und der Allergie die **Antigen-Antikörper-Reaktion.**

Grundlage der Immunitätsbildung ist das lymphatische System. Die Vorgänge sind bis heute noch nicht restlos geklärt, obwohl sie wegen ihrer Bedeutung in der Medizin Gegenstand angestrengter Forschung sind. Es existieren daher verschiedene Anschauungen, die außerdem einem ständigen Wechsel unterworfen sind. Als si-

cher darf aber gelten, daß in dem Geschehen an zentraler Stelle die
Lymphozyten stehen. Diese werden im Thymus bzw. im Bursa-
äquivalent aus *immunologisch nichtkompetenten Vorstufen* zu
kompetenten, immunologisch jedoch noch nicht geprägten bzw.
gebundenen (uncommitted) Lymphozyten umgewandelt (s.
Schema). Bei Berührung mit einem Antigen bilden sich diese Lymphozyten zu *Immunoblasten* um, die ihrerseits *geprägte (commit-*
ted) Lymphozyten bilden. Die geprägten T-Lymphozyten sind Träger sog. **zellständiger Antikörper,** die sie zeit ihres Lebens behalten.
Aus anderen Immunoblasten gehen *Plasmazellen* hervor, die Anti-

---

Tab. 49. Übersicht über das Immunsystem (nach SPECHT aus LEONHARDT
1974)

Zelluläre Immunität	**Humorale Immunität**
	Knochenmark Produktion: *Stammzelle* ↓ kurzlebiger, immunologisch noch inkompetenter — **Lymphozyt** —	
Thymus	*Bursaäquivalent* (Tonsillen? Peyersche Plaques? Wurmfortsatz?)
Prägung: langlebiger, immunologisch kompetenter **T-Lymphozyt** ↓	Prägung: langlebiger, immunologisch kompetenter **B-Lymphozyt** ↓
Lymphknoten, Milz Proliferation nach *Primärkontakt* mit Antigen langlebiger, kompetenter, sensibilisierter **T-Lymphozyt** = *Gedächtniszelle* Proliferation nach *Sekundär-* *kontakt* mit Antigen *Immunoblast* ↓	*Lymphknoten, Milz* Proliferation nach *Primärkontakt* mit Antigen langlebiger, kompetenter, sensibilisierter **B-Lymphozyt** = *Gedächtniszelle* Proliferation nach *Sekundär-* *kontakt* mit Antigen *Immunoblast* ↓
Immunozyt *Bildung zellständiger Antikörper*	**Plasmazelle** *Bildung humoraler Antikörper*

körper bilden, welche sie als sog. **humorale Antikörper** in das Blutplasma abgeben. Diese Antikörper sind *Immunglobuline* und können mit dem Blutserum oder dem Kolostrum, bei Vögeln mit dem Ei, zur Erzeugung einer passiven Immunität übertragen werden (passive Immunisierung).

Die *Monozyten* spielen bei der Immunität und bei der Allergie insofern eine wichtige Rolle, als sie das Antigen erst aufnehmen und in eine von den Lymphozyten verwertbare Form bringen müssen.

Kommt der Organismus mit einem spezifischen Krankheitserreger in Kontakt, so sind verschiedene Reaktionen möglich:

1. Handelt es sich um die erste Infektion mit einem hochvirulenten Erreger, dann erkrankt der Organismus meistens, weil die Antikörperbildung erst nach etwa 14 Tagen voll angelaufen ist.
2. Hat der Organismus bereits eine Infektion mit dem gleichen Erreger überstanden oder ist er aktiv immunisiert worden, indem er mit abgeschwächten oder abgetöteten Erregern geimpft wurde, so beginnt die Antikörperbildung im allgemeinen aufgrund des „immunologischen Gedächtnisses" sofort sehr stark. Der Organismus erkrankt nicht oder nur sehr leicht.
3. Sind dem Organismus Antikörper aus dem mütterlichen Blut, durch Kolostralmilch oder Seruminjektion zugeführt worden (Laktationsimmunität, passive Immunität), so besitzt er einen vorübergehenden Schutz.
4. Besitzt der Erreger keine sehr starke Virulenz, dann kann der Organismus immun werden, ohne sichtbare Krankheitssymptome zu zeigen. Es handelt sich in solchen Fällen um *„stumme Infektionen"*, die zur sog. *„stillen Feiung"* führen.

Die Immunität darf nicht mit dem ständigen Vorhandensein von Antikörpern gleichgestellt werden, denn ein Individuum kann immun gegen einen Erreger sein, ohne daß sich Antikörper nachweisen lassen. Es hat aber die Fähigkeit erlangt, sofort nach Kontakt mit einem Erreger mit der Antikörperproduktion zu beginnen.

Zwischen dem Erreger und dem Organismus kann sich auch ein Gleichgewicht einstellen, bei dem der Erreger in kleiner Zahl im Körper überlebt. Derartige *latente Infektionen* können akut werden, wenn das Abwehrsystem des Körpers geschwächt wird, z. B. durch Gaben hoher Dosen Glukokortikoide. Latent infizierte Tiere können den Erreger unerkannt ausscheiden und somit verbreiten.

Unter den Krankheitserregern gibt es solche, die eine sehr starke, lebenslange Immunität hervorrufen, und solche, gegen die sich nur eine kurzdauernde Immunität ausbildet. Durch wiederholte Impfungen kann bei schlecht immunisierenden Erregern eine Steigerung der Antikörperbildung und damit eine Verlängerung des Impfschutzes erzielt werden (sog. *Booster-Effekt*).

Die Fähigkeit, eine Immunität zu erwerben, bildet sich erst einige Wochen nach der Geburt aus, weil das lymphatische System vorher nicht ausgereift ist. Interessant ist in diesem Zusammenhang, daß ein Antigen, das in der Fötalzeit in den Körper gebracht wurde, als körpereigen gewertet und nach der Geburt nicht als Antigen erkannt wird. Es entwickeln sich gegen dieses Antigen keine Abwehrreaktionen.

Literatur

Das folgende Verzeichnis enthält die zitierte Literatur, und zwar nach Büchern und Zeitschriftenveröffentlichungen getrennt. Dadurch soll dem Studierenden die Information über begleitende und weiterführende Bücher erleichtert werden. Aus demselben Grund sind hier auch einige Werke aufgeführt, die im Text nicht eigens genannt wurden. Zitiert wurde im Text vor allem an solchen Stellen, an denen der Verfasser vermutete, daß der eine oder der andere Leser eingehendere Information wünscht, vor allem aber dort, wo neu erschlossene bzw. in der Entwicklung befindliche Gebiete angesprochen wurden.

Bücher

BARGMANN, W.: Histologie und mikroskopische Anatomie des Menschen. Georg Thieme, Stuttgart 1964, 5. Aufl.

BOGNER, H., und MATZKE, P.: Fleischkunde für Tierzüchter. BVL Verlagsgesellschaft, München, Basel, Wien 1964.

BUCHER, O.: Cytologie, Histologie und mikroskopische Anatomie des Menschen mit Berücksichtigung der Histophysiologie und der mikroskopischen Diagnostik. Hans Huber, Bern, Stuttgart, Wien 1970, 7. Aufl.

BUDDENBROCK, W. v.: Vom Farbensinn der Tiere. Kosmos-Bändchen Nr. 193. Franckh, Stuttgart 1952.

Canine Medicine. Amer. Vet. Public. Inc., Santa Barbara, Californien 1959, 2. Aufl.

ELLENBERGER, W., und BAUM, H.: Handbuch der vergleichenden Anatomie der Haustiere. Springer, Berlin 1943.

FABER, H. VON, und HAID, H.: Endokrinologie (UTB 110). Ulmer, Stuttgart 1972.

FERNER, H.: Grundriß der Entwicklungsgeschichte des Menschen. Ernst Reinhardt, München, Basel 1964.

GLEES, P.: Das menschliche Gehirn. Hippokrates, Stuttgart 1968.

GRAU, W., und WALTER, P.: Grundriß der Histologie und vergleichenden mikroskopischen Anatomie der Haussäugetiere. Paul Parey, Berlin und Hamburg 1967.

GROSSBAUER, J., und HABACHER, F.: Der Huf- und Klauenbeschlag. Urban und Schwarzenberg, Berlin und Wien 1928.

GRÜTTNER, F., und LIENHOP, E.: Taschenbuch der Fleischwarenherstellung. Günter Hempel, Braunschweig 1962, 6. Aufl.

HABERS, E.: Nucleinsäuren. Biochemie und Funktionen. Georg Thieme, Stuttgart 1969.

402   Literatur

HOFMANN, R.: Zur Topographie und Morphologie des Wiederkäuer-
magens im Hinblick auf seine Funktion. Beiheft 10 zum Zbl. Vet.
med., Paul Parey, Berlin und Hamburg 1969.
KARLSON, P.: Kurzes Lehrbuch der Biochemie für Mediziner und
Naturwissenschaftler. Georg Thieme, Stuttgart 1962, 3. Aufl.
KLIMA, J.: Cytologie. Eine Einführung für Studierende der Naturwis-
senschaften und Medizin. Gustav Fischer, Stuttgart 1967.
KNESE, K.-H.: Knochenstruktur als Verbundbau. Versuch einer techni-
schen Deutung der Materialstruktur des Knochens. Zwanglose
Abhandlungen aus dem Gebiet der normalen und pathologischen
Anatomie, Heft 4. Georg Thieme, Stuttgart 1958.
KOCH, T.: Lehrbuch der Veterinär-Anatomie. Bd. I: Bewegungsapparat
(1960). Bd. II: Eingeweidelehre (1963). Bd. III: Die großen Versor-
gungs- und Steuerungssysteme (1965). Gustav Fischer, Jena.
KOLB, E.: Lehrbuch der Physiologie der Haustiere. Gustav Fischer, Jena
1967, 2. Aufl.; 1974, 3. Aufl.; 1980, 4. Aufl.
KRÖLLING, O., und GRAU, H.: Lehrbuch der Histologie und vergleichen-
den mikroskopischen Anatomie der Haustiere. Paul Parey, Berlin
und Hamburg 1960.
LEONHARDT, H.: Histologie, Zytologie und Mikroanatomie des Men-
schen. Georg Thieme, Stuttgart 1974, 4. Aufl.
LIENHOP, E.: Handbuch der Fleischwarenherstellung. 8. Aufl. Verl.
Günter Hempel, Braunschweig 1974.
LULLIES, H.: Physiologie II. Medizin von heute, Heft 2. Troponwerke,
Köln-Mülheim 1957.
McELROY, W. D.: Biochemie und Physiologie der Zelle. Franckh, Stutt-
gart 1964.
NICKEL, R., SCHUMMER, A., und SEIFERLE, E.: Lehrbuch der Anatomie
der Haustiere, Bd. I: Bewegungsapparat (1968, 3. Aufl.). Bd. II:
Eingeweide (1967, 2. Aufl.). Paul Parey, Berlin und Hamburg.
NUSSHAG, W.: Lehrbuch der Anatomie und Physiologie der Haustiere.
S. Hirzel, Leipzig 1968, 8. Aufl.
RINGLER, E.: Rinder. In: BOGNER, H., und RITTER, H. CH.: Tierhaltung.
Eugen Ulmer, Stuttgart 1965.
ROMER, A. S.: Vergleichende Anatomie der Wirbeltiere. Paul Parey,
Berlin und Hamburg 1966.
PFLUGFELDER, O.: Lehrbuch der Entwicklungsgeschichte und Entwick-
lungsphysiologie der Tiere. Gustav Fischer, Jena 1970, 2. Aufl.
SCHEPER, J.: Entwicklung der Schweinezucht. In: Institut für Fleisch-
erzeugung und Vermarktung der Bundesanstalt für Fleischfor-
schung, Kulmbach (Hsg.), Beiträge zum Schlachtwert von Schweinen. 1982.
SCHEUNERT, A., und TRAUTMANN, A.: Lehrbuch der Veterinär-Physio-
logie. Paul Parey, Berlin und Hamburg 1965, 5. Aufl.; 1976, 6. Aufl.
SCHMIDT, L.: Schweine. In: BOGNER, H., und RITTER, H. CH.: Tierhaltung.
Eugen Ulmer, Stuttgart 1965.
SCHÖN, L.: Grobgewebliche Zusammensetzung von Schweinehälften
und Merkmale zur Schlachtwertschätzung. In: Institut für Fleisch-
erzeugung und Vermarktung der Bundesanstalt für Fleischfor-
schung, Kulmbach (Hsg.), Beiträge zum Schlachtwert von Schweinen, 1982.

Spörri, H., und Stünzi, H.: Pathophysiologie der Haustiere. Paul Parey, Berlin und Hamburg 1969.
Swanson, C. P.: Die Zelle. Franckh, Stuttgart 1964.
Weiss, E.: Pathophysiologie des Blutes und der blutbildenden Gewebe. In: Spörri, H., und Stünzi, H.: Pathophysiologie der Haustiere. Paul Parey, Berlin und Hamburg 1969.
Wittke, G.: Physiologie der Haustiere. Paul Parey, Berlin und Hamburg 1972.
Ziegler, H., und Mosimann, W.: Anatomie und Physiologie der Rindermilchdrüse. Paul Parey, Berlin und Hamburg 1960.
Zietzschmann, O., und Krölling, O.: Lehrbuch der Entwicklungsgeschichte der Haustiere. Paul Parey, Berlin und Hamburg 1955, 2. Aufl.

Zeitschriftenveröffentlichungen

Adamiker, D., und Glawischnig, E.: Elektronenmikroskopische Untersungen an der Schweinemilchdrüse. Wien. tierärztl. Mschr. 54, 507—518, 575—583, 1967.
Anderson, L. L., Neal, F. C., und Melampy, R. M.: Hysterectomia and ovarian function in beef. Amer. J. Vet. Res. 23, 793—802, 1962.
Arbeiter, K.: Zur Superfetation beim Pferd. Dt. tierärztl. Wschr. 72, 1—3, 1965.
Bahnsen, C. A.: Untersuchungen über Beckenmasse bei Deutschen veredelten Landschweinen. Diss. Hannover 1964.
Beermann, W.: Operative Gliederung der Chromosomen. 103. Verh. Ges. Dt. Naturf. Ärzte, Weimar 1964, 148—159, Springer, Berlin, Heidelberg, New York 1965.
Böhme, G.: Unterschiede am Gehirnventrikelsystem von Hund und Katze nach Untersuchungen an Ausgußpräparaten. Berliner Münchener tierärztl. Wschr. 80, 195—196, 1967.
Bussian, E.: Jodmangel bei Saugferkeln, die unter industriemäßigen Bedingungen aufgezogen werden. Mh. Vet. med. 30, 182—187, 1975.
Clark, zit. nach Scheunert, A., und Trautmann, A., 1965.
Comberg, G.: Neuere Untersuchungen zu den Mineralstoffgehalten der Rindermilch. Dt. tierärztl. Wschr. 74, 613—616, 1967.
Danneel, R.: Die Entstehung der Farbmuster bei Säugetieren. Naturwiss. Rdsch. 21, 420—424, 1968.
Dirksen, G.: Die Motorik der Vormägen des Wiederkäuers. Zt. Tierphysiol., Tierernähr., Futtermittelkde. 19, 13—24, 1964.
Dougherty, R. W., und Cook, H. M.: Routes of eruptated gas expulsion in cattle. A quantitative study. Amer. J. Vet. Res. 23, 997—1000, 1962.
Dougherty, R. W., Stewart, W. E., Nold, M. M., Lindahl, J. L., Mullenax, C. H., und Leek, B. F.: Pulmonary absorption of eruptated gas in ruminants. Amer. J. Vet. Res. 23, 205—212, 1962.
Elias, A. H.: De structura glomeruli renalis. Anat. Anz. 104, 26—36, 1957.
Fleckenstein (1955), zit. nach Scheunert, A., und Trautmann, A., 1965.

404   Literatur

FRANK, W.: Zur hormonalen Trächtigkeitsdiagnose bei der Stute. Tierärztl. Umschau 21, 177—182, 1966.

GIESECKE, D.: Die funktionelle Vormagenentwicklung des Wiederkäuers. Tierärztl. Umschau 22, 398—403, 1967.

GLAWISCHNIG, E.: Die Milchleistung der Sau und die chemische Zusammensetzung der Saumilch. Wien. tierärztl. Mschr. 51, 830—836, 1964.

GOLLER, H.: Vergleichende Rückenmarkstopographie unserer Haustiere. Tierärztl. Umschau 14, 107—110, 1959.

GRAU, H.: Lymphozyt und Außenwelt. Zbl. Vet. med., A, 11, 333—342, 1964.

GRAU, H.: Über die Bedeutung der subepithelialen Lymphstrukturen. Forsch. Fortschr. 41, 230—232, 1964.

GRAU, H.: Die Lymphgefäße, ein Sonderdrainagesystem der Bindegewebsräume. Wien. tierärztl. Mschr. 52, 353—359, 1965.

GRAU, H.: Lymphozyt und exogene Kernsubstanzen. Zbl. Vet. med., A, 14, 1—14, 1967.

GÜRTLER, H., und KOLB, E.: Neuere Erkenntnisse über den Ablauf der Verdauungsvorgänge in den Vormägen der Wiederkäuer. Mh. Vet. med. 22, 348—355, 1967.

HAYEK, E.: Die Mineralsubstanz der Knochen. Klin. Wschr. 45, 857—863, 1967.

HEBEL, R., und SCHWEIGER, A: Zur Feinstruktur und Funktion sensibler Rezeptoren. Zbl. Vet. med., A, 14, 15—25, 1967.

HEITMANN, H. H., HORN, V., und SCHNAPPAUF, H. P.: Anfertigung eines Leukozytenkonzentrates zur Differentialzählung des weißen Blutbildes. Zbl. Vet. med., A, 16, 61—63, 1969.

HOMANN, M.: Untersuchungen an der tiefen Beugesehne und dem Sesamum ungulae bei Rindern mit Stallklauen. Vet. Diss. München 1968.

KNEZEVIC, P.: Die Klauenpflege beim Rind. Wien. tierärztl. Mschr. 47, 240—251, 1960.

KOESTER, H.: Der Eitransport. 21. Mosbacher Kolloquium d. Ges. f. Biol. Chemie. Hoppe-Seyler's Z. Physiol. Chem. 351, 422, 1970.

KOTHBAUER, O.: Die Provokation einer hyperalgetischen Zone der Haut und eines „Schmerzpunktes" durch Reizung eines Uterushornes beim Rind. Wien. tierärztl. Mschr. 53, 803—812, 1966.

LOEFFLER, K.: Blutgefäße der Schilddrüse des Hundes. Vet. Diss. Hannover 1955.

LOEFFLER, K.: Zur Topographie der Nasenhöhle und der Nasennebenhöhlen bei den kleinen Wiederkäuern. Berliner Münchener tierärztl. Wschr. 71, 457—465, 1958.

LOEFFLER, K.: Zur Topographie der Nasenhöhle und der Nasennebenhöhlen beim Schwein. Dt. tierärztl. Wschr. 66, 237—242, 1959.

LORENZ, K.: Die instinktiven Grundlagen menschlicher Kultur. Naturwiss. 54, 377—388, 1967.

MARX, D., und HAASE, H.: Vermutliche Superfötation bei einem Schaf. Zuchthygiene 1, 106—109, 1957.

MARX, D., und HAASE, H.: Zur Diagnose und Therapie der krankhaften Vielträchtigkeit. Mh. Vet. med. 14, 44—46, 1959.

MAYER, G.: Über die Bedeutung des Längenwachstums der Extremitäten beim Rinderfetus im Hinblick auf die Fixation der intrauterinen Lage. Vet. Diss. München 1965.

MAYR, A., und BUSCHMANN, H.: Beziehungen zwischen Ernährung, Resistenz und Immunität bei Infektionskrankheiten. Tierärztl. Umschau 22, 443—455, 1967.

MEYER, H.: Verbreitung der α_{s1}- und β-Caseintypen in deutschen Rinderrassen. Dt. tierärztl. Wschr. 74, 535—537, 1967.

MEYER, H., und BAHNSEN, C.: Zur Beckenlänge bei Fleischschweinen. Berliner Münchener tierärztl. Wschr. 78, 343—345, 1965.

MEYER, H., LEIRER, R., und STEINBACH, G.: Phagozytose. Mh. Vet. med. 22, 27—36, 1967.

NICKEL, R.: Über den Bau der Hufröhrchen und seine Bedeutung für den Mechanismus des Pferdehufes. Morph. Jb. (Leipzig) 82, 119 bis 160, 1938.

NICKEL, R., und WILKENS, H.: Zur Topographie des Rindermagens. Berliner Münchener tierärztl. Wschr. 68, 264—270, 1955.

NICKEL, R., und WILKENS, H.: Zur Topographie der Nasenhöhle und der Nasennebenhöhlen beim Pferd. Dt. tierärztl. Wschr. 65, 173 bis 180, 1958.

PAWELETZ, N., und LETTRÉ, R.: Darstellung des regelrechten Ablaufes der Mitose und seiner Interpretation auf Grund neuer Untersuchungen. Materia medica Nordmark 20, 635—644, 1968.

PETKOV, A.: Proliferations- und Degenerationsprozesse an der Gebärmutterschleimhaut beim trächtigen Schaf. Anat. Anz. 119, 177—187, 1966.

PETRY, G. und AMON, H.: Licht- und elektronenmikroskopische Studien über Struktur und Dynamik des Übergangsepithels. Zellforsch. 69, 587—612, 1966.

PREUSS, F.: Beschreibung und Einteilung des Rinderuterus nach funktionellen Gesichtspunkten. 1. Teil: Anat. Anz. 100, 46—64, 1953. 2. Teil: Morph. Jb. 93, 193—319, 1953.

PREUSS, F., und HENSCHEL, E.: Über die reitende Patella des Pferdes. Berliner Münchener tierärztl. Wschr. 82, 409—413, 1969.

RÜSSE, M.: Der Geburtsablauf beim Rind. Arch. exp. Vet. med. 19, 763 bis 805, 963—1026, 1965.

SCHALLER, O., und KOTHBAUER, O.: Die segmentale Projektion des Ovars und des Uterushornes auf die Haut des Rindes. Vortrag auf dem Kongreß der Europäischen Vereinigung der Veterinäranatomen, Belgrad, 9.—11. 9. 1968.

SCHMID, D. O.: Die genetische Bedeutung der Hämoglobin-Typen beim Tier. Zbl. Vet. med. 9, 705—716, 1962.

SCHMID, D. O.: Über den erblichen Polymorphismus des roten Blutfarbstoffes bei den Rindern der Höhenrassen. Z. f. Tierzücht. Züchtungsbiol. 79, 286—290, 1963.

SCHMID, D., und THEIN, P.: Über embryonale und foetale Hämoglobine beim Rind. Zbl. Vet. med., A, **14**, 32—37, 1967.

SCHNORR, B., und VOLLMERHAUS, B.: Das Oberflächenrelief der Pansenschleimhaut bei Rind und Ziege. (Erste Mitteilung zur funktionellen Morphologie der Vormägen der Hauswiederkäuer.) Zbl. Vet. med., A, **14**, 93—104, 1967.

SCHULZ, IRENE, und FRÖMTER, E.; Mikropunktionsuntersuchungen an Schweißdrüsen von Mucoviscidosepatienten und gesunden Versuchspersonen. Mucoviscidose, cystische Fibrose. 2. Dt. Sympos., Georg Thieme, Stuttgart 1968.

SCHULZ, IRENE, ULLRICH, K. J., FRÖMTER, E., HOLZGREVE, H., FRICK, A., und HEGEL, U.: Mikropunktion und elektrische Potentialmessung an Schweißdrüsen des Menschen. Pflügers Arch. **284**, 360—372, 1965.

SLIJPER, E. J.: Comparative biologic-anatomical investigations on the vertebral column and spinal musculature of mammals. Verh. Kon. Ned. Akad. v. Wetensch., Afd. Nat.-Kde 2. Sect. D 42, 1—128. N. V. Noord-Hollandsche Uitgevers Maatschappij, Amsterdam 1946.

STOCKINGER, L.: Struktur der Skelettmuskulatur unter besonderer Berücksichtigung der Elektronenmikroskopie. Wien. tierärztl. Mschr. **79**, 418—420, 1967.

WEGNER, W.: Die elektrophoretisch nachweisbare Heterogenität des Hämoglobins bei Tieren, unter besonderer Berücksichtigung der in deutschen Rinderrassen auftretenden Hämoglobinvarianten. Vet. Diss. Hannover 1965.

WELS, A.: Das Blutvolumen der Ziege in Abhängigkeit von Alter und Gewicht. Zbl. Vet. med., A, **13**, 239—245, 1966.

WILKENS, H.: Zur Topographie der Nasenhöhle und der Nasennebenhöhlen beim Rind. Dt. tierärztl. Wschr. **65**, 580—585, 1958.

WILKENS, H.: Zur makroskopischen und mikroskopischen Morphologie der Rinderklaue mit einem Vergleich der Architektur von Klauen- und Hufröhrchen. Zbl. Vet. med., A, **11**, 163—234, 1964.

ZIPPER, J.: Beitrag zur Frage der sogenannten Schollenleukozyten. I. Vorkommen und Morphologie. Zbl. Vet. med., A, **13**, 329—336, 1966.

Sachregister

Halbfett gedruckte Zahlen (bei mehreren Seitenangaben) verweisen auf die wichtigeren Stellen.

Fruktosane 262
FSH/LH Releasing Hormone 293,
294, 384
Führungslinie 88
Fundusdrüsen **229**, 234, 261, 394
Funiculus spermaticus 277
Furchungstypen 37
Fürstenbergscher Venenring 311
Fußblase 298, 307
Fußhaut 296
Fußrolle **157**, 327
Fußung 82

Galaktin 293
Galakturonsäure 262
Galle 249
Gallenblase **246**, **249**, **251**
Gallengang 249
Gallengangsystem 248
Gallenfarbstoffe 250
Gallensäuren 249
Gallertgewebe 51
Gammaglobulin 167
Ganglienleiste 338
Ganglienzelle 335
Gaster 228
Gastrin 394
Gebärmutter 287
Gebärmutterhals 289
Gebißanomalien 122
Geburt 307
Geburtsgewicht 308
Geburtsweg 86
Geißeln 20
Gehirn 341
Gehirnnerven 353
Gehirn-Rückenmarksflüssigkeit
341
Gehirn- und Rückenmarkshüllen
339
Gehör- und Gleichgewichtsnerv
355
Gehörknöchelchen 375
Gelbkörper 286
Gelbkörperhormon 286, **294**, **393**
Gelbkörperreifungshormon 293,
384
Gelbsucht 250
Gelenk 70
Gelenkformen 71
Gerinnungszeiten 171

Geruchssinn 379
Gesäuge 309
Geschlechtsgeruch (Eber) 144, 281,
392
Geschelchtshormone 277, 281,
285, 293, 391, **392**
Geschlechtsorgane 273
— männliche 273
— weibliche 283
Geschmacksknospen **223**, 378
Geschmackssinn 378
Gesichtsmuskeln 146
Gesichtsschädel, 101, **106**
Gestagen 294
Gewebshormone 394
Gewebsmastzellen 56
Gitterfasern 49
Gaumen 222
Gaumenbein 108
Gaumenhöhle 107, 108, **111**
Gaumenmandel 226
Gaumensegel 222
Gaumensegelmandel 226
Gll. buccales 225
Gl. bulbourethralis 278
— lactifera 309
— mandibularis 224
Gll. parathyreoideae 388
Gl. parotis 224
— pinealis **345**, 393
Gll. sublinguales 225
Gl. suprarenalis 389
— thyreoidea 386
— vesicularis 277
Glanzstreifen 133
Glaskörper 370
glatte Muskulatur **125**, 141
Gliazellen 339
Glissonsche Kapsel 245
Glied 278
Gleichbeine 83
Gleichgewichtssinn 377
Gleitsehne 57
Gleittheorie von Huxley 130
Globuline, α-, β-, γ- 167
glomerulotropes Hormon 391
Glomerulum 266
Glykocholsäure 250
Glykogen **32**, 137, 388, 390
Glykokoll **23**, 254

Zehenstrecker 156, 160
Zelle 11, 13
— Reizbarkeit 35
— Steuerungsmöglichkeiten 34
— Vermehrung 35
Zellkern 13, 17
Zellorganellen 13
Zentralkörperchen 19
Zentralnervensystem 339
Zentralvene 246
Zentriolen 19
Zentrosomen 19
Zeugopodium 77
Ziliarkörper 369
Zilien 20
Zink 32, 316
Zirbeldrüse 345, 393
Zirkumanaldrüsen 244
Z-Streifen 129

Zuckerkrankheit 389
Zuckungskurve 134
Zugsehnen 57
Zugvolumen 217
Zunge 222
Zungenbein 110
Zwerchfell 149
Zwischenhirn 344
Zwischenkieferbein 107
Zwischenrippenmuskeln 148
Zwischenscheitelbein 103
Zwischenwirbelscheiben 60, 97
Zwischenzellmasse 39, 47
zwischenzellstimulierendes
    Hormon 384
Zwölffingerdarm 241
Zylinderepithel 43
Zytopempsis 16
Zytoplasma 13

UTB
FÜR WISSEN
SCHAFT

Fachbereich
Veterinärmedizin/Zoologie

Dedié/Bostedt: Schafkrankheiten
UTB-GROSSE REIHE
(Ulmer). 1985. DM 68,--

Isenbügel/Frank:
Heimtierkrankheiten
Kleinsäuger, Amphibien, Reptilien
UTB-GROSSE REIHE
(Ulmer). 1985. DM 64,--

Kraft: Kleintierkrankheiten 1 –
Innere Medizin
UTB-GROSSE REIHE
(Ulmer). 1984. DM 64,--

Gylstorff/Grimm:
Vogelkrankheiten
UTB-GROSSE REIHE
(Ulmer). Ca. 1987. Ca. DM 88,--

Michel/Salomon/Gutte:
Morphologie landwirtschaftlicher
Nutztiere
UTB-GROSSE REIHE
(Quelle & Meyer). 1986. DM 39,80

13 Loeffler: Anatomie und
Physiologie der Haustiere
(Ulmer). 6. Aufl. 1983. DM 26,80

63 Menke/Huss: Tierernährung und
Futtermittelkunde
(Ulmer). 3. Aufl. 1987. DM 32,80

367 Hentschel/Wagner:
Zoologisches Wörterbuch
(Gustav Fischer). 3. Aufl. 1986.
DM 32,80

368 Jacobs/Seidel:
Systematische Zoologie:
Wörterbücher der Biologie
Systematische Zoologie: Insekten
(Gustav Fischer). 1975. DM 18,--

609 Meyer: Taschenlexikon der
Verhaltenskunde
(Schöningh). 2. Aufl. 1984. DM 19,80

729 Kloft: Ökologie der Tiere
(Ulmer). 1978. DM 19,80

790 King/Mc Lelland:
Anatomie der Vögel
(Ulmer). 1978. DM 19,80

791 Cleffmann: Stoffwechsel-
physiologie der Tiere
(Ulmer). 2. Aufl. 1987. DM 29,80

1396 Rehkämper:
Nervensysteme im Tierreich
(Quelle & Meyer). 1986. DM 19,80

1437 Noakes: Fruchtbarkeit
und Geburtshilfe beim Rind
(Gustav Fischer). 1987.
Ca. DM 24,80

1438 Weaver: Chirurgie und
Lahmheiten beim Rind
(Gustav Fischer). 1987.
Ca. DM 32,80

Preisänderungen vorbehalten.

Das UTB-Gesamtverzeichnis erhalten Sie bei Ihrem Buchhändler oder
direkt von UTB, 7000 Stuttgart 80,
Postfach 80 11 24.